动 静 之美

Sketch 移动 UI 与交互动效设计详解

黄方闻 编著

人民邮电出版社

北京

图书在版编目（ＣＩＰ）数据

动静之美：Sketch移动UI与交互动效设计详解 / 黄
方闻编著. — 北京：人民邮电出版社，2016.8
ISBN 978-7-115-42620-8

Ⅰ．①动… Ⅱ．①黄… Ⅲ．①图象处理软件 Ⅳ.
①TP391.41

中国版本图书馆CIP数据核字(2016)第139463号

内 容 提 要

本书全面、细致地介绍了 Sketch 软件的使用方法，以及和 Sketch 软件无缝衔接的几款交互动效软件的使用方法。本书不局限于软件本身的使用方法，更多的是设计思路和设计规范等内容的分享，让读者在掌握 UI 设计和交互动效设计精髓的同时彻底掌握 Sketch，并能用 Keynote、Principle 和 Pixate 等软件进行交互动效设计。

本书的配套学习资源包括案例源文件和近 600 分钟的辅助教学视频，帮助读者快速理解书中的知识点。读者可通过在线方式获取这些资源，具体方法请参看本书前言。

本书适合广大初、中级 UI 设计师，交互设计师和产品经理等相关从业人员阅读使用，同时也适合需要学习 Sketch 软件的设计爱好者阅读。

◆ 编　　著　黄方闻
责任编辑　张丹丹
责任印制　陈　犇

◆ 人民邮电出版社出版发行　　北京市丰台区成寿寺路 11 号
邮编　100164　　电子邮件　315@ptpress.com.cn
网址　http://www.ptpress.com.cn

印张：18.75
字数：553 千字　　　　　2016 年 8 月第 1 版
　　　　　　　　　　　　2016 年 8 月北京第 1 次印刷

定价：88.00 元
读者服务热线：(010)81055410　印装质量热线：(010)81055316
反盗版热线：(010)81055315

随着移动互联网的迅速崛起，对移动产品界面的设计质量和迭代速度都有了更高的要求，市面上开始涌现出一批专门针对移动UI设计的软件，Sketch便是其中的佼佼者。Sketch因其强大的功能以及极低的入门门槛已经成为越来越多UI设计师和交互设计师的首选设计工具。UI设计和交互设计相对于其他设计而言已经不仅仅是视觉层面的需求，更多的是从用户需求和用户心理去分析思考，并在工作中经常需要将界面"动"起来。

在Sketch出现之前，我使用Photoshop作为主要的UI设计工具，当时设计一个界面，需要拉各种辅助参考线，每次新设计一个界面又得重新创建一个文件，切图也需要花很长时间……可是当时觉得一切都很自然，直到Sketch的出现。

接触到Sketch是一个偶然的机会，得益于我天生较强的好奇心，喜欢尝试一切新的事物，当时国内知道Sketch的人少之又少，但当我试着使用Sketch设计完第一个界面的时候，发现再也离不开它了。慢慢地我习惯向周围的人介绍Sketch的各种优点，从同事到朋友；也习惯在使用Sketch的几年内不断在互联网上获取和Sketch相关的一切资源，从国内到国外。

到2016年，Sketch在国内的普及度已经非常高了，关于Sketch的特点以及这款软件在UI设计方面所具备的优势，我相信随着大家对本书的深入阅读，心中会有一个答案，但是我想说的是，非常感谢选择了Sketch的你，你也应该要感谢勇于尝试新软件的自己，可以确定的是，学完Sketch，你所得到的将远大于你所付出的。

本书在编写过程中尝试使用一种不同于市面上一般软件教程的写作顺序，即采用实际工作中的设计顺序去写作，让大家在学习过程中，不仅可以掌握软件的使用方法，同时可以明白不同功能会在什么情况下使用。我希望大家在阅读完本书后不仅能掌握使用软件的技能，更能成为一名合格的UI设计师。

本书内容分为两部分：第一部分是UI界面的设计教程，大家可以在该部分中学习如何使用Sketch进行移动UI界面、图标和Apple Watch界面的设计；第二部分是交互动效教程，大家可以在该部分学习如何将几款优秀的交互动效设计软件和Sketch搭配进行动效的设计。

本书适合刚从事UI设计行业的新人、在校学生以及所有想学习Sketch和交互动效的朋友们。在本书的编写过程中，因时间和个人水平有限，如果有错漏之处敬请各位读者和前辈批评指正！

另外，特别感谢本书的编辑佘战文先生，没有你的帮助和支持，本书不可能完成；衷心感谢史晨旭、onez、张汉东、陶振兴、张钰、汤微、王铎、张玲、阁楼妖怪和慕歌为本书写的推荐语。还需要感谢我的父母和我的妻子刘女士，在本书写作过程中，是你们给了我坚持下去的信心。

本书献给所有勇于尝试的你们。

本书所有的学习资源文件均可在线下载，扫描封底的"资源下载"二维码，关注我们的微信公众号即可获得资源文件下载方式。资源下载过程中如有疑问，可通过我们的在线客服或客服电话与我们联系。在学习的过程中，如果遇到问题，也欢迎您与我们交流，我们将竭诚为您服务。

您可以通过以下方式来联系我们。

官方网站：www.iread360.com

客服邮箱：press@iread360.com

客服电话：028-69182687、028-69182657

黄方闻

2016年于北京

前言

推荐

　　Sketch是一款非常适合UI设计师的潮流工具，而这本书不但深度讲解了Sketch的设计技巧和规范，还巧妙搭配了其他最新的互联网设计工具。可以说这是一本设计师的枕边书。

史晨旭 时光创新联合创始人 工信部"中国用户体验联盟"理事

　　这是一本 Sketch 和交互动效结合的参考书，不高大上，也不小清新，但满满干货。不仅谈"怎样做（how-to）"，更告诉你"为什么（why）"。

onez sketch.im 创始人

　　本书不仅是一本简单的Sketch使用说明书，作者站在设计之"道"的角度，来帮助你活学活用，尤其对我这种程序员来说，更是福音，让我真正做到以道驭器！

张汉东 资深程序员、Rubyist、《诱人的Ruby》视频作者、《Ruby原理剖析》译者

　　本书是Sketch和交互动效结合的参考书，为我们品牌设计师转型提供了非常好的学习资料，让我们一起跟上时代步伐。

陶振兴 诺班品牌策划创始人

　　Sketch是UI、UE设计师常用的设计工具，在高效输出设计和辅助制作动效上有良好的表现。本书不仅详细地讲述了Sketch的基础知识，还从应用场景、规范思考和动效设计的角度进行了深刻的讨论，为想要了解学习Sketch的人带来了福音。

张钰 百度高级交互设计师

　　身为设计师了解最流行的设计趋势以及最高效实用的设计软件是必修之课。Sketch是新晋神器，功能完备，轻量宜用。扁平化设计的流行和屏幕分辨率的提升推动了Sketch这款软件的流行。本书中有详细的基础介绍，还从流行趋势、设计规范、动效，以及更多方面进行思考分析，并总结出来分享给大家，想了解更多关于UI、UE和产品的人，此书必看。

汤微 美丽说高级UI设计师

　　这是一本对UI界面和交互动效设计进行全面介绍的书，面向移动应用的设计师和产品经理。特别是在操作系统上有详细的介绍和分析。看完这本书，你可以在实际的工作中更好地使用移动设计的模式和基础规范。把这本书当作移动界面设计和交互设计的源泉，好好享受这本书带来的乐趣吧！

王铎 MICU创始人

　　对于设计工作者来说，这是一本很好的工具书，它可以帮助你推进项目；而对于初学者，它则是一本很好的参考书，能在设计道路上助你一臂之力！

张玲 泊藏优选首席UI设计师

　　当阅读完本书的内容后，在我的脑海中蹦出的第一个关键词是"实用"，第二个关键词是"方法"。当然，肯定还会有更多的关键词，等你来发现。

阁楼妖怪-奚郁浩

　　看得出来这是一本十分用心写的书。

　　在移动网络日渐发达的今天，能够有一本专门讲解UI设计的启蒙书籍真是广大设计爱好者及向往UI设计同仁们的福音。本书由浅入深地帮助读者剖析了UI设计的来龙去脉，从行业发展到设计核心无一不全！不得不说这是一本能够帮助诸多迷途中渴望求学的设计师找到明亮方向的灯塔！这不仅是一本能够带你进入UI设计世界的书，更是一本能够让你读懂UI设计的书。

　　本书融合了作者多年的从业实战经验以及个人对UI设计的独到理解，真实地讲解了设计体验、出稿流程、理论知识和个人技巧等。更加惊喜的是本书结合实例，带领大家进入一个犹如工作的环境，通过实战更有代入感地让大家学会实践操作。一本书能够做到"动静结合"地传递知识是很难得的。

　　不断地学习，不断地进步，这是作为设计师不被淘汰的基本！而学习是个十分困难、长久的过程。这本书精而不枯，相信一定能够给大家带来一种新的学习感受和学习思维。

　　相信您仔细阅读此书后一定能与我产生共鸣！

慕歌

目录

CHAPTER 01 移动UI设计师的入门   011

1.1 移动UI的发展   012

1.1.1 第一阶段：移动UI设计的目的是保证软件的可用   012

1.1.2 第二阶段：从可用到易用   012

1.1.3 第三阶段：内容为王的设计追求减法和好用   013

1.2 移动UI设计师的工作流程   014

1.3 不同移动平台之间的差异   015

1.4 移动UI设计师应了解的基本常识   018

1.4.1 移动UI设计中用到的单位   019

1.4.2 常用移动设备的尺寸   019

1.4.3 文字设计注意事项   021

1.4.4 为触控而设计   022

1.4.5 从iOS9的特点看设计趋势   023

1.5 本章小结   024

CHAPTER 02 初识Sketch   025

2.1 Sketch的安装   026

2.2 Sketch的界面介绍   027

2.2.1 欢迎界面   028

2.2.2 Sketch的主界面   029

2.3 Sketch的快捷键   032

2.3.1 Sketch的快捷键列表   033

2.3.2 自定义快捷键   036

2.4 Sketch的常见问题   037

2.5 本章小结   038

CHAPTER 03 从线框原型开始   039

3.1 线框原型的基本概念   040

3.2 绘制线框原型的注意事项   041

3.2.1 导航菜单的样式   041

3.2.2 线框原型中的层次   042

3.2.3 线框原型风格对设计的影响   043

3.3 使用Sketch绘制线框原型   044

3.3.1 注册页线框原型的绘制   044

引申知识点01——回到Sketch文档的历史版本   045

引申知识点02——Sketch的画板预设   046

引申知识点03——画板的检查器 048

引申知识点04——图层面板 049

引申知识点05——模板 052

引申知识点06——图层组的检查器 054

引申知识点07——形状图层的检查器 055

引申知识点08——文字图层的检查器 057

3.3.2 内容列表页线框原型的绘制 059

3.3.3 完整线框原型的绘制 061

3.3.4 绘制线框原型的思考 062

3.4 本章小结 062

CHAPTER 04 移动UI界面的设计 063

4.1 iOS应用界面设计规范思考 064

4.2 安卓应用界面及Material Design设计规范思考 067

4.3 移动界面中文字的设计思考 069

4.4 移动界面中颜色的设计思考 071

引申知识点09——Sketch的颜色面板 072

引申知识点10——Sketch的插件及安装 076

4.5 使用Sketch设计移动界面 080

4.5.1 注册登录页面和注册页面的设计 081

引申知识点11——Sketch输入框的运算 081

引申知识点12——文本共享样式 082

引申知识点13——符号 084

引申知识点14——位图图层的检查器 086

引申知识点15——位图的插入 086

引申知识点16——毛玻璃效果 087

引申知识点17——图层共享样式 089

4.5.2 内容页面的设计 092

引申知识点18——内容填充插件Content-generator-sketch-plugin 097

4.5.3 使用Sketch设计移动界面的注意事项 098

4.6 移动界面的多分辨率适配 100

引申知识点19——自适应设计插件Fluid for Sketch 101

4.7 本章小结 102

CHAPTER 05 移动UI图标的设计 103

5.1 移动UI中图标设计的思考 104

03

04

5.1.1 功能型图标设计的思考 　104

5.1.2 展示型图标设计的思考 　106

5.2 功能型图标的绘制 　107

5.2.1 绘制功能型图标之前 　108

5.2.2 使用Sketch进行功能型图标的设计 　108

引申知识点20——钢笔工具 　110

引申知识点21——像素视图模式 　113

引申知识点22——布尔运算 　115

引申知识点23——剪刀工具 　118

5.3 展示型图标的绘制 　120

5.3.1 绘制展示型图标之前 　120

5.3.2 使用Sketch进行展示型图标的绘制 　121

5.4 图标资源的获取和使用 　124

5.4.1 专业的图标网站 　124

5.4.2 图标的源文件 　125

5.5 本章小结 　126

CHAPTER 06 设计稿的后续处理 　127

6.1 在移动设备上实时预览 　128

6.2 将设计稿进行分享 　129

6.3 交付给开发的文件 　130

6.4 使用Sketch进行切图、标注和导出 　131

6.4.1 Sketch画板和图层的导出 　131

6.4.2 使用Sketch的切片工具进行切图 　133

引申知识点24——切片图层检查器 　134

6.4.3 使用Sketch进行标注 　135

6.5 展示型图标的导出 　141

6.6 本章小结 　142

CHAPTER 07 Apple Watch界面的设计 　143

7.1 了解Apple Watch 　144

7.2 使用Sketch设计Apple Watch的图标 　147

7.2.1 主屏幕图标 　148

7.2.2 菜单图标 　151

7.3 使用Sketch设计Apple Watch的通知界面 　153

7.3.1 Short Look界面 　153

7.3.2 Long Look界面   154

7.4 使用Sketch设计Apple Watch的速览界面   157

7.5 使用Sketch设计Apple Watch的App界面   159

7.5.1 Page-based导航方式的设计   159

7.5.2 Hierarchical导航方式的设计   161

引申知识点25——蒙版   162

7.6 Apple Watch中常见界面内容设计方法   165

7.6.1 圆形进度条的设计方法   165

引申知识点26——Sketch中图层的旋转   168

7.6.2 表盘的设计方法   170

7.7 展示Apple Watch中的界面   173

7.7.1 扁平风格界面展示   173

7.7.2 模拟真实使用场景   175

7.8 本章小结   178

CHAPTER 08 Sketch知识点补充及使用技巧   179

8.1 Sketch知识点的补充   180

8.1.1 Sketch的系统偏好设置   180

8.1.2 Sketch的标尺、参考线、网格和布局   183

8.1.3 Sketch工具的补充介绍   186

8.2 Sketch的使用小技巧   194

8.2.1 灵活运用描边属性   194

8.2.2 复制图层的CSS属性   196

8.2.3 Sketch对位图文件的处理   197

8.2.4 按一定规律复制图层   200

8.2.5 背景模糊   200

8.2.6 路径文本   203

8.2.7 按指定尺寸导出   204

8.3 本章小结   204

CHAPTER 09 移动交互动效设计基础知识   205

9.1 从AE来看动画是怎么形成的   206

9.2 更加真实的动效   210

9.3 理解移动交互动效设计   213

9.3.1 移动交互动效设计的概念   213

9.3.2 移动设备的手势   213

07

08

09

9.4　移动交互动效设计的注意事项　　217

9.5　本章小结　　220

CHAPTER 10　让界面动起来　　221

10.1　常见UI动效软件介绍　　222

10.1.1　快速交互原型的动效软件　　222

10.1.2　时间轴为设计导向的动效软件　　224

10.1.3　信号流式的动效软件　　225

10.1.4　编程类动效软件　　227

10.2　使用Keynote进行动效设计　　229

10.2.1　Keynote的基础入门　　229

10.2.2　Keynote设计UI动效的初始化设置　　234

10.2.3　元素变形——Keynote的神奇移动　　235

10.2.4　Keynote和Sketch的无缝衔接　　238

10.3　使用Principle进行动效设计　　244

10.3.1　Principle的基础入门　　244

10.3.2　Principle的动效设计　　250

10.3.3　Principle的导出和分享　　264

10.4　使用Pixate进行动效设计　　266

10.4.1　Pixate的基础入门　　267

10.4.2　使用Pixate设计动效　　273

10.4.3　Pixate的导出和共享　　281

10.5　探索更多的交互动效设计软件　　282

10.5.1　值得期待的Silver Flows　　282

10.5.2　快速上手全新的设计软件　　287

10.6　本章小结　　290

CHAPTER 11　移动UI设计师的成长　　291

11.1　设计参考资源的收集和对Sketch源文件的分析　　292

11.2　动效资源的获取和对动效图的分析　　296

11.3　UI设计思维的提升　　298

后记　　300

移动UI设计师的入门

中国互联网信息中心（CNNIC）在2014年7月21日发布的数据显示，截至2014年6月，我国网民手机上网比例首次超过计算机，并且手机网民规模持续上涨，而计算机网民规模持续下降。2015年底，安卓手机的旗舰机型内存大部分达到了3GB，甚至到了4GB，且随着WIFI的进一步普及，4G网络覆盖范围的扩大以及费率的不断下调，移动设备无论从性能上还是网速上都在和传统桌面设备不断缩小差距。可以预见，对移动设备的支持，将成为所有公司的首要战略目标。对设计师产生的直接影响是越来越多的设计师转型成为移动UI设计师。

在本章中，我将和大家一起来探讨移动UI的基本知识，相信无论您是从传统的桌面UI设计师转型为移动UI设计师，还是完全从其他行业转型过来的设计师，都会对移动UI有新的体会和收获。

1.1 移动UI的发展

1.1.1 第一阶段：移动UI设计的目的是保证软件的可用

在2007年苹果公司推出iPhone之前，世界上的手机大部分都是键盘手机，当时智能手机的市场还是诺基亚的天下，手机键盘的第1排和第2排一般是确定键、返回键、五维导航键和电话的接听与挂断键，顶部是信号栏，菜单和退出等功能按钮位置固定在下方，如图1-1所示。大部分智能手机运行的系统为塞班S60，除此之外，市场占有率较高的智能手机系统还有微软的Windows Mobile以及黑莓的BlackBerry OS。

当时手机上功能按钮的位置基本上是固定的，特别是同一厂商的不同手机之间的操作几乎相同。正因为如此，我把手机从诺基亚换成摩托罗拉的时候适应了很长的一段时间，因为两者的确定和退出按钮的顺序是完全相反的。

在这一阶段我们得出移动UI设计的一条很重要的启发：**移动UI设计需要满足的最低要求必须是可用的**。试想一下，如果当时手机厂商把功能菜单设计到屏幕的顶端，用户便无法通过按键选择，从而导致这个手机不可用。

图1-1

1.1.2 第二阶段：从可用到易用

2007年，苹果公司发布了iPhone，如图1-2所示，号称重新定义了手机。事实上也确实如此，整个手机的正面只有一个按键（Home键），其余便是一整块屏幕。在苹果公司召开的发布会上，人们第一次看到iPhone时，整场惊叹声和掌声不断，这款完全使用触控操作，拥有流畅动效的手机彻底颠覆了人们对手机的认识。

2008年，世界上运行的第一款谷歌研发的安卓（Android）系统手机HTC Dream（G1）发布，如图1-3所示。当时的安卓系统还非常不完善，甚至连虚拟键盘都不支持。但到2009年，全球首款搭载安卓1.6操作系统的手机HTC Hero（G3）发布，如图1-4所示。安卓开始有了同iPhone OS（在2010年更名为iOS）竞争的能力，并且HTC Hero手机成为2009年度最受欢迎的手机。

图1-2

图1-3

图1-4

在该阶段的UI设计，随着手机性能和屏幕分辨率的不断提升，界面的精细程度和动效得到了前所未有的提升。相比2007年之前运行Windows Mobile系统的触屏手机，iOS和安卓设备的手机均使用了电容屏，即使没有触控笔也能精确点击，该阶段的UI均是为触控而生，UI界面设计结合对拇指热区的研究，以及使用眼动仪等设备来科学准确地定位用户的行为习惯，无论图标还是界面都是高度的拟物设计，通过对用户生活中物体的拟真来尽可能降低新用户的学习成本。

这一阶段我们得出移动UI设计的第2个重要启发：**移动UI设计在满足可用的前提下，应尽可能地做到易用。易用包括极低的学习成本，极少的思索过程以及可预见性的操作。**极低的学习成本要求新用户在面对一个新事物时，能尽快上手，不需要或者尽量少地给出新手指导；极少的思索过程要求用户在使用一款软件的时候能用他已经掌握的知识知道如何操作，这一过程是很自然的、不需要花时间去思考的；而可预见性的操作是指用户在点击屏幕后出现的界面是符合他心理预期的。

这一阶段iOS和安卓的影响力越来越大，几乎垄断了整个触屏智能手机系统。

1.1.3 第三阶段：内容为王的设计追求减法和好用

到2010年，PC操作系统的霸主微软推出了移动操作系统Windows Phone，如图1-5所示。全球第一款搭载Windows Phone操作系统的手机诺基亚Lumia800于2011年上市，该系统采用全新的UI——Metro UI。该界面最大的特点是由动态磁贴（Live Tile）构成，与iOS和安卓以应用为主要呈现对象不同，Metro界面强调的是信息的本身。

Windows Phone（WP）的推出是UI设计史上一个重要的里程碑，虽然Windows Phone的市场份额非常少，但是Metro界面引发人们对"内容为王"的思考。2013年苹果公司发布iOS7，如图1-6所示，将iOS的风格全面带入扁平化时代。而安卓则早在2011年发布的Android 4.0就有扁平设计的趋势，更是在2014年推出全新的设计语言Material Design，如图1-7所示，将移动UI的设计推向了一个新的时代。

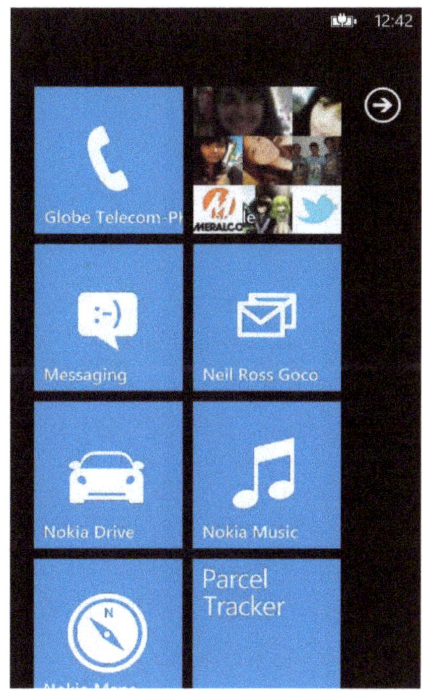

图1-5

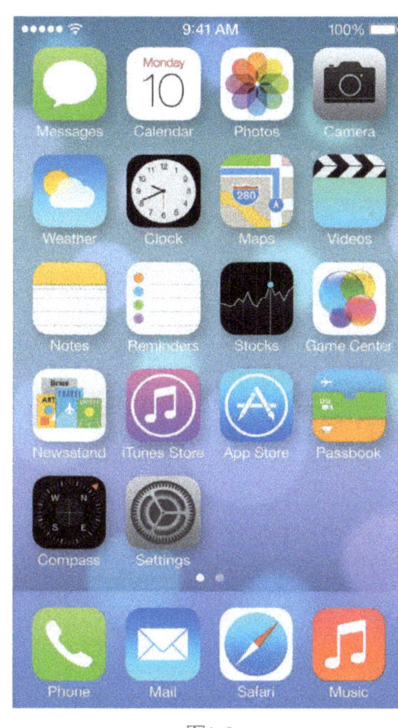

图1-6

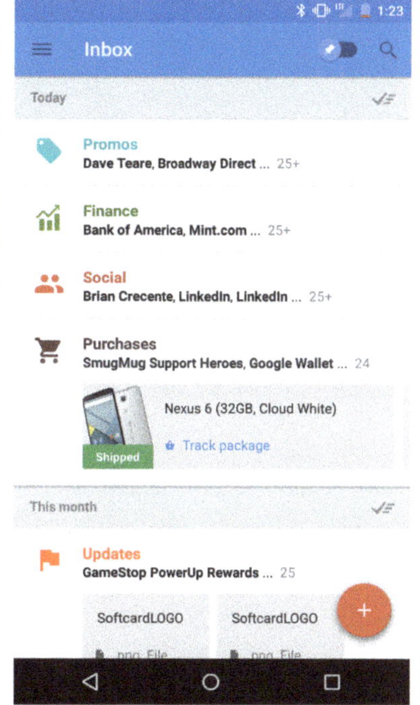

图1-7

在该阶段，移动UI的设计开始朝着"内容为王"的方向发展，以iOS为例，从2007年发布到2013年推出的iOS7中间已经有近7年的时间，大部分用户已经完全熟悉iOS的基本操作，此时便可以不再需要拟物化的界面来降低用户的学习成本，反而建议通过更少的视觉干扰来让用户将注意力集中在内容本身。在该阶段，手机屏幕越来越大，一些大屏手机用户已经不能单手操作，这时候移动UI设计更是同手势的运用相结合，如iOS系统的左滑出现删除界面，下滑出现搜索界面等。

这一阶段的移动UI设计更加理性和成熟，UI界面视觉元素占据界面比重越来越低，但是用户能在更少的时间获得更多的内容，并拥有了更加沉浸式的体验。由此我们得出的第3个启发：**移动UI的设计在满足可用的前提下，做到了易用的同时应追求好用。**

通过对移动UI的发展的大致介绍，可以看到移动UI设计追求的过程是一个从可用到易用到好用的过程，并且也注意到硬件的发展和局限同样对移动UI的设计有着至关重要的影响。

判断一套UI是否优秀，视觉方面只是高层次的部分。我们首先应关注的是这套设计是否可行，毕竟设计界面的出发点，是为了解决用户的某个问题。

大家在今后对某UI进行分析的时候，也可以从这3个层次进行思考和分析，也同样建议大家利用业余时间多关注一下移动设备硬件的发展，了解我们设计的界面运行在何种设备上，对提升我们设计水平也有着很大的积极作用。

1.2 移动UI设计师的工作流程

和普通的UI设计师一样，一般来说，一个产品的开发大概包括：需求分析→交互原型→界面设计、研发→测试→上线这几个流程。各公司根据自己研发团队的习惯有所不同，但是大同小异，一个非常典型的工作流程如图1-8所示。需要注意的是，虽然移动UI设计师的工作处于工作流的一部分，但是不代表UI的工作仅限于此。

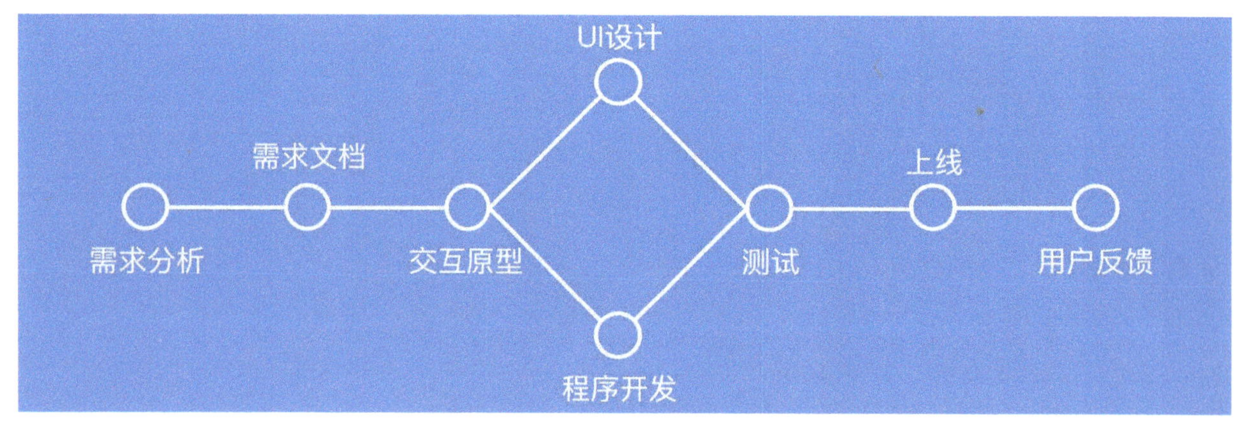

图1-8

根据公司规模以及对UI定位的不同，在同一流程中UI设计师所需要做的工作也可能不同。在中小型研发团队中，很可能没有设置交互设计师岗位，这时候UI设计师有可能需要同时参与交互原型的设计。

一般来说，最有效率的模式是UI设计和程序开发同步进行，但是也有可能因为团队习惯的不同，需要UI设计走在程序开发前面。当UI设计完成后，在程序开发阶段UI设计师做的工作更多的是协助并监督程序开发人员对设计界面1：1的实现。

建议所有的UI设计师在工作中可以适当对流程的各个节点的工作内容做一些了解，特别是产品研发前期，对需求分析得越深入，对需求文档理解得越透彻，设计出来的UI界面才能更加符合产品的定位，避免了反复修改和沟通成本，提升工作效率。而在产品上线后，应多关注用户的反馈，并自我多做总结和思考，在产品的后期版本迭代中不断对界面设计进行优化。

很多优秀的产品UI界面都是在不断迭代中才慢慢变好的。作为一名移动UI设计师，要脚踏实地地设计好每个界面，切忌好高骛远，平时应多虚心听取他人的意见，要相信没有完美的界面，永远有值得改进的空间。同时也要认真对待每一次界面的修改，尊重自己的劳动成果，对自己的设计负责。

1.3 不同移动平台之间的差异

UI设计师和其他设计师不同，设计的最终效果会受很多客观因素的影响，如不同平台的差异会对设计产生一些影响。尽管从理论上来说，无论设计出什么样的界面，程序都可以实现出来，但是你设计的UI界面越符合对应平台的设计规范，越能够降低用户的学习成本，提升用户体验。另外不同平台会有自己固有的一些组件（UIkit），若能恰当地引入到你的产品中，不仅尊重了用户固有的操作习惯，也方便了程序员的直接引用，节省了开发时间。

说到移动平台，目前市场上占有率排名前3的为安卓、iOS和Windows Phone。而此三者中，安卓和iOS又占据了绝大部分的市场份额，且已经相对成熟。因此建议大家在进行UI设计的时候，优先考虑安卓和iOS平台的设计规范；而安卓和iOS之间，除非产品本身只支持安卓系统，否则建议优先考虑iOS平台的设计规范。

作为移动UI设计师，我们关注不同平台的差异，其实更多的是视觉和交互层面的差异，幸运的是，谷歌和苹果公司有分别对安卓和iOS系统编写设计规范。强烈建议任何移动UI设计师在进行UI设计之前，都一定要至少读一遍相应平台的设计规范。

设计规范在相应的开发者官网可以查找到。iOS的设计规范地址为：https://developer.apple.com/library/ios/documentation/UserExperience/Conceptual/MobileHIG/index.html#//apple_ref/doc/uid/TP40006556-CH66-SW1（iOS Human Interface Guidelines），如图1-9所示。国内一些设计团队有将其翻译成中文，影响比较大的有腾讯ISUX团队的翻译：http://isux.tencent.com/ios8-human-interface-guidelines.html和极客学院的翻译：http://wiki.jikexueyuan.com/project/ios-human-interface-guidelines/。但是翻译毕竟有滞后性，国内的中文翻译基本上停留在iOS8的设计规范上，所以建议英文好的朋友直接阅读官方文档。

安卓虽然没有系统地设计规范，但是谷歌公司为其研发的Material Design编写了详细的设计规范，该规范的地址为http://www.google.com/design/spec/material-design/，如图1-10所示。对于英文阅读有一定困难的朋友，极客学院也已经将该规范翻译成中文，大家可以通过http://wiki.jikexueyuan.com/project/material-design/访问。

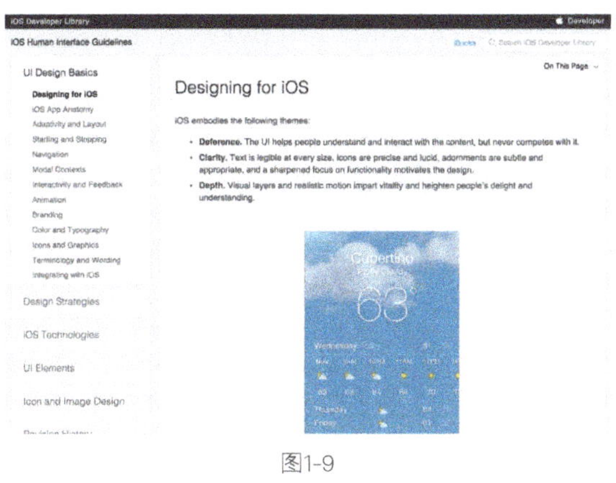

图1-9

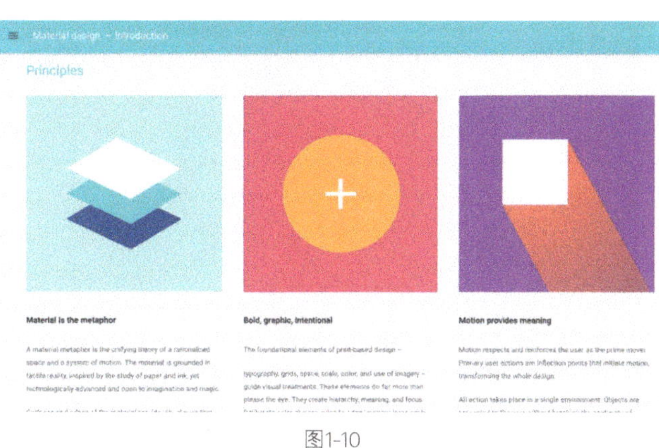

图1-10

上述设计规范是对应平台的设计理论基础，本书后面所有涉及的界面、图标以及动效设计均遵循上述设计规范。

大家读完设计规范，便可更有目的性地去分析市面上上线产品的UI设计的好坏，以及这样设计的背后逻辑，也自然会清楚不同平台之间的差异。

我们同样也可以从一些跨平台的App上直观地看到不同平台的差异。一般来说，同款产品在不同平台上是否设计不同的界面取决于研发团队本身的设计理念、大的市场环境以及实现的成本和效率。团队本身的设计理念是指是否崇尚尊重整个生态的规范和秩序，大的市场环境是指该产品的核心用户是否以某一平台为主，或者多平台用户是否有相似的使用习惯，而实现成本和效率更好理解，因为任何一处的不同都会消耗更多的时间在开发上。

以Apple Music为例，图1-11~图1-13是同一版本Apple Music在iOS平台的UI界面。3个界面分别为应用的主界面、搜索界面以及功能菜单界面。

<table>
<tr><td align="center">图1-11</td><td align="center">图1-12</td><td align="center">图1-13</td></tr>
</table>

而图1-14~图1-16分别是该应用在安卓平台对应的3个界面。大家可以直观地看到最大的区别在导航上的不同。

图1-14　　　　　　　　　　　图1-15　　　　　　　　　　　图1-16

　　大家可以看到在iOS平台上，导航采用的是经典的底部标签导航，而在安卓平台上，导航采用的是随着大屏手机出现而诞生的侧滑菜单（又名汉堡包菜单，Hamburger Menus），这是为了尊重不同平台的规范而进行的不同设计，还有一些细节如iOS平台上，顶部标题在标题栏的正中间，而安卓平台在左侧等。

　　大家再来看看微信在两大平台上的界面差异。

　　图1-17~图1-19是微信在iOS平台的界面，分别是聊天列表界面、列表交互界面以及设置菜单界面。

图1-17　　　　　　　　　　　图1-18　　　　　　　　　　　图1-19

图1-20~图1-22是微信在安卓平台的界面。

图1-20　　　　　　　　　　　　图1-21　　　　　　　　　　　　图1-22

大家可以看到在微信上面导航的样式是一致的，其实微信在安卓平台上也采用过侧滑菜单的样式，但是用户反馈中得到太多的否定态度，因为用户反映侧滑菜单没有底部标签菜单效率高，微信考虑到用户体验将安卓平台上的导航又重新设计成跟iOS平台一致。

但是两个平台之间，大家可以看到，iOS平台的下拉搜索功能被很完美地集成在微信iOS平台的聊天列表，而安卓平台上，搜索功能则放在顶部标题栏。iOS平台下的左滑删除交互形式也被微信的iOS版采用，而安卓平台上实现该功能则采用长按弹出框的形式。

有意思的是在设置界面，两者的设计也不同，除了iOS平台上列表右侧有右箭头而安卓平台上没有之外，两者的顺序也不同。在iOS平台上，"账号与安全"排在第1排，而安卓平台上，排在倒数第3排。这是因为相比iOS，安卓系统更容易受到攻击，安全性稍差，而导致了设计顺序的不同。

通过上面的一些简单分析，大家应该对不同平台的差异性有所了解，我们在不同平台采取何种设计方案，往往受很多因素影响，但是无论怎样，我们进行UI设计的出发点和归属便是提供良好的用户体验，让产品从可用到易用到好用。关于两个平台的差异性，在本书后面的设计实例中还会涉及，大家平时也可以用两个系统的设备分别对同一款产品进行体验和分析，相信一定有所收获。

1.4　移动UI设计师应了解的基本常识

在前面的知识中，向大家介绍了移动UI的发展，移动UI设计师的工作流程以及不同平台的设计规范，相信大家对移动UI设计的基本概念已经有所了解，在学完本节之后，便可以正式开始移动UI的设计了。但是在开始设计之前，有一些基本常识还需要介绍给大家。

1.4.1 移动UI设计中用到的单位

在移动UI设计中，经常会用到的单位有4种：px、pt、dp和sp，很多人对这4种单位有时分辨不清，在此做简单的介绍。

px（像素）：位图的最基本单位，也经常在描述屏幕分辨率时使用该单位。1px代表一个像素，我们所说的iPhone 6的分辨率为750px×1334px，则表示在该手机屏幕上，水平方向每行有750个像素点，垂直方向每列有1334个像素点。大家知道，iPhone 3Gs的屏幕分辨率为320px×480px，iPhone 4/4s的屏幕分辨率为640px×960px，但是两款设备的屏幕的物理尺寸一样为3.5寸。在相同物理尺寸屏幕的设备上，分辨率越高，显示效果越清晰。因为对应的PPI（每英寸拥有的像素数）也越高。PPI的计算方法相对比较复杂，大家不必深入了解，明白含义即可。

pt（磅）：专用的印刷单位，大小为1/72英寸，是一个长度单位。在iOS开发中，特别是文字，也经常使用该单位。pt和px之间有个换算单位，在PPI为72时，1pt=1px；而PPI为144时，1pt=2px。也就是说当我们使用750px×1334px的尺寸进行设计时，标注的文字尺寸给开发人员时，一般开发人员会用除以2的数值。这就是为什么本书中我们使用的设计软件——Sketch，采用1倍尺寸进行设计的原因。

dp（也称dpi，设备独立像素）：在安卓设备的开发中使用较多。以ppi为160的屏幕为标准，1dp=1px，dp和px的换算公式为dp×（ppi/160）=px。当ppi为320时，1dp=2px。为了简单起见，Android把屏幕密度分为了4个广义的大小，即低（120dpi）、中（160dpi）、高（240dpi）和超高（320dpi），大家在进行设计时，只需要对照相应尺寸进行换算即可。安卓手机的具体尺寸在后面会介绍到。

sp（可缩放独立像素）：谷歌官方推荐文字使用该单位，非文字使用dp单位。sp和dp类似，但是不同的是安卓系统里面可以设置文字大小，如果使用sp单位进行开发，则文字大小会随着系统文字大小改变，而使用dp则不会。但考虑到有时候文字大小的变化会导致界面布局发生改变，所以建议大家可以根据文字内容选择使用dp还是sp。如果是菜单和标题等文字，可以考虑使用dp，如果是大篇的文本，如新闻类和短信类等文字内容，推荐使用sp为单位。

总之，这些基本单位是构成UI设计的最基本的前提之一，要真正理解并彻底掌握最好的办法便是不断地实践，大家可以在设计后将界面导入到手机查看以便加深理解。另外我们将要学习的设计软件Sketch，有强大的插件支持，会自动进行换算，让单位的问题变得异常简单。如果大家一口气没法明白也没关系，随着我们学习的深入，再回过头来看这里，会有一种顿悟的感觉。

1.4.2 常用移动设备的尺寸

1.iOS设备

iPhone从2007年面世到现在一共有11款设备，屏幕分辨率从最初的320px×480px到iPhone 6/6s Plus的1242px×2208px。其实iPhone每一款设备屏幕的选择都是有一定的逻辑的，如iPhone 2G/3G/3GS的分辨率相同，iPhone 4/4s的分辨率是上一代产品的4倍，即每个像素中长和宽各多了一倍，而iPhone 5/5s的屏幕的宽和上一代产品相同等，这些特性让开发人员无需变动太多的代码便能轻松适配iPhone的各种设备，这也是iOS平台拥有最多App且各App质量都相对较高的原因之一。

对于UI设计师来说，在设计界面时，了解iPhone各屏幕的尺寸且熟悉iOS系统本身的一些元素的尺寸对于设计合格的界面是非常有必要的，下表中列出了目前市面上所有的iPhone设备的屏幕分辨率以及相同iOS系统元素在不同设备上的尺寸。列表中元素名称所在位置如图1-23所示。

在进行iOS平台界面设计的时候，大家可以根据自己的习惯先选择一种分辨率进行设计后再进行适配，目前业内习惯使用iPhone 6/6s分辨率进行设计，因为在该分辨率下设计，往下适配与往上适配都比较方便。

图1-23

设备	适配倍数	分辨率 （px）	密度 （ppi）	状态栏 （px）	导航栏 （px）	标签栏 （px）
iPhone 6/6s Plus	@3×	1080px×1920px				
1242px×2208px（设计版）	401ppi	54 px				
60 px（设计版）	132px	146 px				
iPhone 6/6s	@2×	750px×1334px	326 ppi	40 px	88 px	98 px
iPhone 5/5c/5s	@2×	640px×1136px	326 ppi	40 px	88 px	98 px
iPhone 4/4s	@2×	640px×960px	326 ppi	40 px	88 px	98 px
iPhone 2G/3G/3Gs	@1×	320px×480px	163 ppi	20 px	44 px	49 px

2.安卓设备

安卓设备相对于iOS设备品牌和机型太多不可能一一统计，因此谷歌将市面上的所有设备按照屏幕分辨率不同分成低密度、中密度、高密度和超高密度4种类型，这样分的好处之一是系统会根据屏幕的分辨率自动判断使用多大的字号等，下表是常见的安卓设备的屏幕尺寸。需要注意的是，分辨率和屏幕大小并不一定正相关，相同ppi下分辨率越大屏幕尺寸越大，但是若ppi不同，则不一定，所以下表中左侧会有一个小屏幕、中屏幕、大屏幕和超大屏幕的分类，但是每个屏幕分类中可能出现几种分辨率的情况。

对于下表，大家无需像iOS设备尺寸表格那样完全熟悉并记住，大家只需要了解并知道这样的概念即可，实际上大部分安卓设备的屏幕长宽比为16:9，在设计中使用1920px×1080px尺寸进行设计即可。

密度／屏幕	低密度 （ldpi:120）	中密度 （mdpi:160）	高密度 （hdpi:240）	超高密度 （xhdpi:320）
小屏幕	QVGA（240 px×320 px）		480 px×640 px	
中屏幕	WQVGA400（240 px×400 px） WQVGA432（240 px×432 px）	HVGA（320 px×480 px）	WVGA800（480 px×800 px） WVGA854（480 px×854 px）	640 px×960 px
大屏幕	WVGA800（480 px×800 px） WVGA854（480 px×854 px）	WVGA800（480 px×800 px） WVGA854（480 px×854 px）		
超大屏幕	1024 px×600 px	WXGA（1280 px×800 px） 1024 px×768 px 1280 px×768 px	1536 px×1152 px 1920 px×1152 px 1920 px×1200 px	2048 px×1536 px 2560 px×1536 px 2560 px×1600 px

注：以上为安卓设备SDK模拟机的尺寸。

提示　　大家不用被上述如此多的尺寸所吓倒，实际上在Sketch中已经内置了相关的尺寸，在实际设计中，我们在iOS平台设计时一般以iPhone 6/6s为基准进行设计，而安卓设备众多，一般以1920 px×1080 px尺寸进行设计。

1.4.3 文字设计注意事项

在iOS9设备上，系统默认的英文字体为San Francisco字体，中文字体为苹方字体。官方对中文字体没有做过多介绍，但是对英文字体San Francisco（SF字体）有详细的介绍（https://developer.apple.com/fonts/）。值得注意的是，SF字体会随着字号的变化自动调整字母之间的间距，以确保无论什么情况下都能很清楚、清晰地阅读，在前面介绍的《iOS人机交互指南》中有介绍到。但规范中是以Photoshop为例，我将其转化成Sketch的间距数值，如下表所示。

字体大小 （pt）	字符间距 （Photoshop）	字符间距Character （Sketch）	字体大小 （pt）	字符间距 （Photoshop）	字符间距Character （Sketch）
6	41	0.25	17	-24	-0.41
8	26	0.21	18	-25	-0.45
9	19	0.17	20	19	0.38
10	12	0.12	22	16	0.35
11	6	0.07	28	13	0.36
12	0	0	32	12	0.38
13	-6	-0.08	36	11	0.4
14	-11	-0.15	50	7	0.35
15	-16	-0.24	64	3	0.2
16	-20	-0.32	80+	0	0

即当字体设置为16pt时，在Sketch中将字符间距设置为-0.32时阅读体验最佳。

中文虽没做如此说明，但大家在设计的时候也可以参考该表，适当地进行字符间距的调节，获取最佳的阅读体验。

安卓原生系统字体为Droid Sans Fallback字体，但是国内的ROM基本上都是第三方厂商定制而成，均对原生系统字体有所变动。大家在设计的时候使用华文黑体或者冬青黑，或者Mac系统上的黑体-简均可。

在设计界面的时候，也可以自定义字体，但是如果使用了自定义的字体，开发时必须将该字体文件放入安装包，这样会导致安装包体积变大，且自定义字体不一定符合所有人的审美，建议大家慎重使用。

为了保证移动UI界面的可读性，文字的尺寸不应低于11pt，即在iPhone 4及以上设备上，文字的尺寸应大于22px。一般正文的最佳阅读尺寸在16pt左右，并且行高一般为字体尺寸的1.2~1.5倍。以虾米音乐App为例，该界面最小文字尺寸为12pt，正文字体以16pt为主，如图1-24所示。

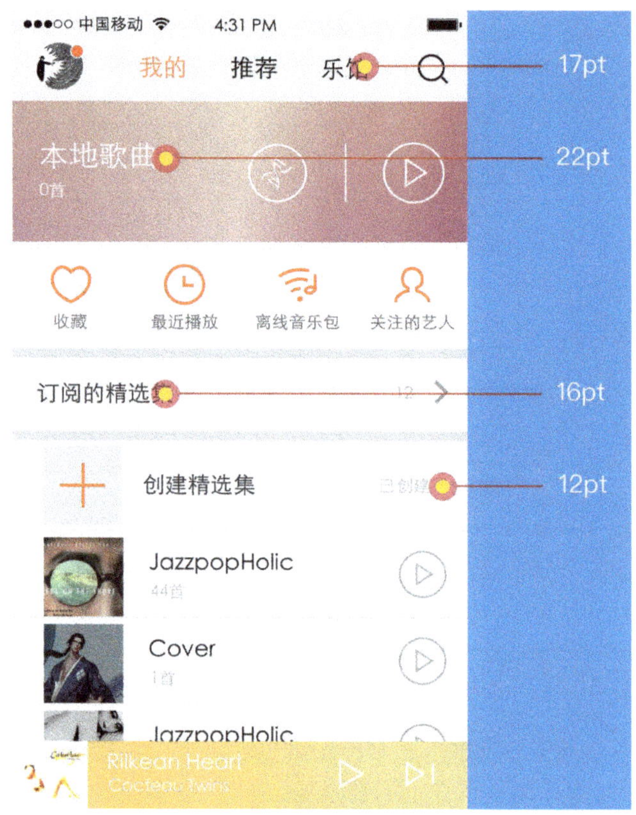

图1-24

1.4.4 为触控而设计

本章第一节介绍移动UI界面发展的时候，大家应该感受到了移动UI的设计受硬件的影响很大，本书之后所有讨论的移动UI设计均是为触屏设备而设计。这便要求我们设计的界面不仅是可点击的，而且应是容易点击的。

经过科研人员对大量数据的研究，得出"最小40像素"的概念。即在Retina设备上，可点击的范围不应低于40px即20pt。否则就是难以点击到的。但随着手机屏幕越来越大，分辨率的不断提升，现在已经将该数值提升到了30pt。

一般来说，我们在设计一个按钮或者一个可点击范围时，点击区域应在30pt以上，一个比较合适的尺寸是44pt。在本书第3章介绍界面设计的时候，还会讲到这一点。若可触控区域低于40px，手指大于触控区域，很可能会发生误触情况，如图1-25所示。

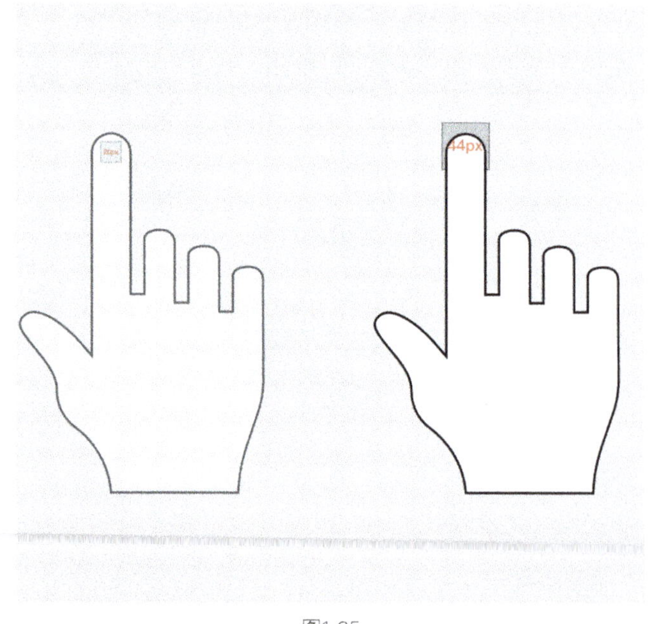

图1-25

1.4.5 从iOS9的特点看设计趋势

移动UI设计的一个重要特点便是多分辨率的适配。从iOS8开始苹果便提倡使用自适应布局。自适应布局通俗地讲便是一套界面在不同尺寸屏幕上均能得到较好的显示效果，界面根据屏幕大小自动适配呈现最佳显示效果。这就要求我们对自适应布局以及响应式设计等知识稍作了解。图1-26和图1-27分别是"大众点评App"在iPhone 5s和iPhone 6 Plus上的显示效果。这一设计思路在本书后面章节会详细介绍，在此不做展开。

图1-26

图1-27

在iPhone 6 Plus上，一些应用程序开始支持横屏模式。在iOS中，横屏模式不是简单地从竖屏到横屏的切换，而是有非常强的逻辑性的板块的切换以及布局。图1-28和图1-29所示的是系统自带的天气应用的界面分别在竖屏模式和横屏模式的效果。

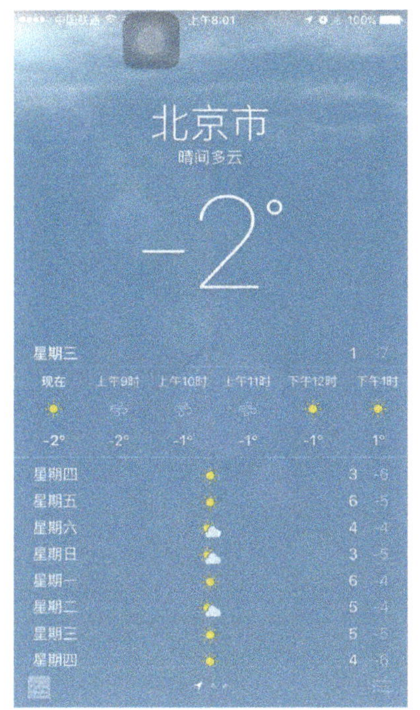

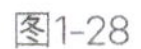

图1-28

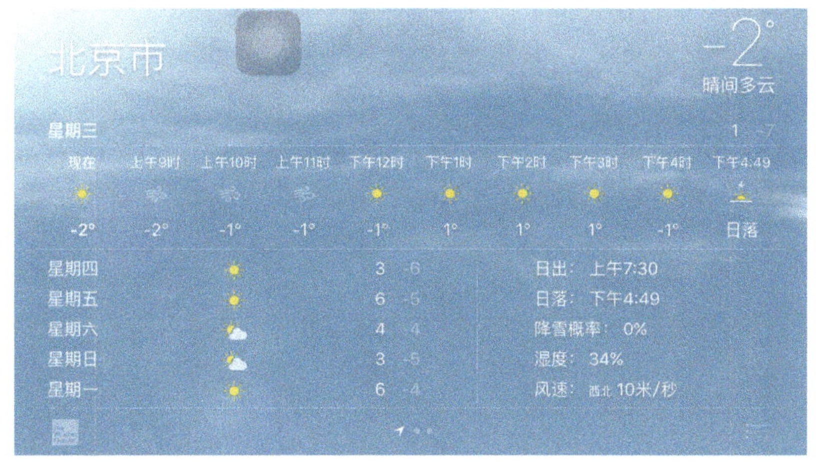

图1-29

2015年发布了iPhone 6s，最大的一个特点是硬件支持3D Touch技术，该技术可以让用户更方便地对内容进行预览，如图1-30所示。

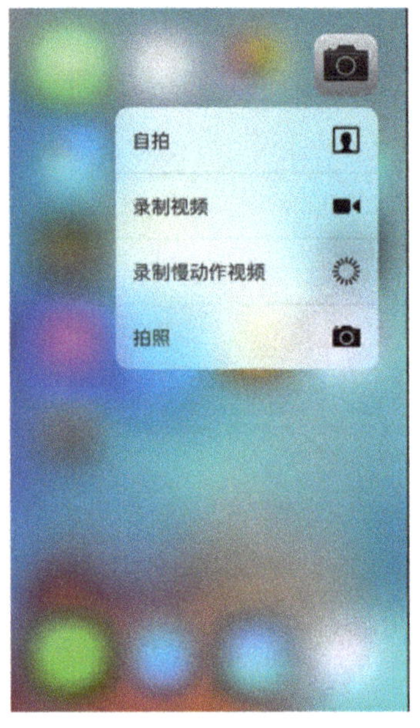
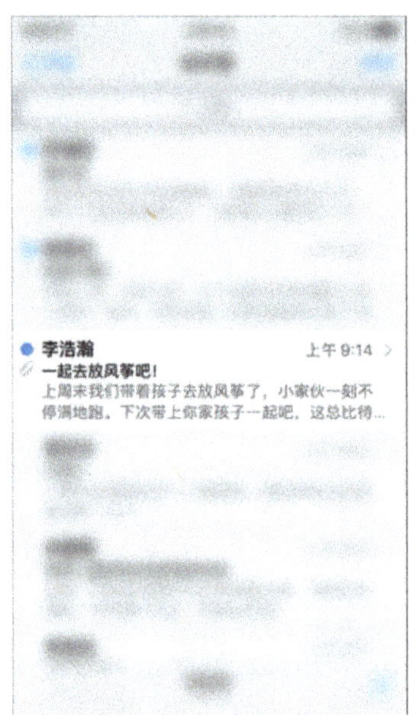

图1-30

可以预见在2016年将会有更多的手机支持该技术，现在市面上已经有大量支持3D Touch技术的App。本书后文中也会讲到该界面的设计。关于3D Touch的官方文档，本人也已经将其翻译成中文，大家可以在http://pan.baidu.com/s/1c1gsD1Y进行下载。

互联网产品迭代速度非常快，作为移动UI设计师，在第一时间熟悉最新的技术并将其运用于实际工作中，是很有必要的。

1.5 本章小结

本章作为全书的入门章就为大家介绍到这里，作为一名移动UI设计师，建议大家不要把注意力永远只是集中在设计本身，有时候应该跳出来多看看，毕竟UI是感性与理性的结合，我们应尽可能地通过对UI界面的优化提升用户体验。深入了解设计规范以及多去观摩优秀的App设计，并对新技术敢于了解学习，相信大家最终一定能设计出非常优秀的移动UI界面。

从第2章开始，本书的主角Sketch便正式登场了，作为专门为移动UI设计而生的工具，相信随着大家对它深入了解，一定能爱上这款软件。该软件能让大家的设计效率与设计质量提升N个等级，国内越来越多的团队也将该软件作为首选的设计软件，且参加面试的时候，若能熟练使用该软件，定会为面试成绩加分不少。

初识Sketch

在进行移动UI界面设计之前，应该先选择一款最适合的设计软件。在早期，Photoshop是不二之选，但是随着移动互联网的飞速发展，软件的迭代速度也在不断加快，市面上出现了越来越多可供选择的设计软件，其中成立于2008年的Bohemian Coding团队所研发的Sketch软件成为这些新设计软件中的佼佼者。相比Photoshop，Sketch专门为UI设计而生，特别是扁平化时代的来临，让Sketch在UI设计上越来越具有优势。这款软件十分小巧、简单，功能却异常强大，以至于国内越来越多的设计师甚至是产品经理以及程序员都将该软件作为工作的主要软件。

2012年Sketch软件获得苹果设计奖，在前不久又获得由著名的New Awards颁发的2015年度应用奖，并且在Subtraction.com发起的2015年设计工具调查中，Sketch在线框图设计和UI设计两大领域获得票数第一，该结果是由来自全球196个国家地区的投票产生的。大家在Sketch的官网上可以看到全部的奖项以及详细介绍。

大家是不是迫不及待地想要学习这款软件了？别急，从本章开始，我将带领大家一起来研究这款神奇的软件，结合我对该软件多年的使用经验，在本书中会向大家介绍大量Sketch的实用小技巧，让大家的工作效率呈几何倍增。但是在这之前，我们首先需要认识一下这款软件。

2.1 Sketch的安装

首先需要注意的是，Sketch是一款Mac OS系统独占软件，且该软件需要运行在OS X 10.9及以上的系统。满足这两个条件后便可以去下载并安装Sketch了。

Sketch官方在2015年12月2日宣布退出Mac App Store，于是官网下载成为安装Sketch的唯一途径。在浏览器中输入Sketch的官网地址http://www.sketchapp.com/，打开Sketch的官方网站，如图2-1所示。在官方网站中单击Download Free Trial按钮便可下载试用版。Sketch提供一个月的免费试用期，试用版的功能和正式版的功能无任何区别。当然，大家也可以单击Buy Now for $99按钮直接付费购买，付费页面是中文的，并且支持支付宝付款，十分方便。

下载完成后得到一个大小为23.3MB的sketch.zip文件，解压后得到图2-2所示的黄色钻石图标文件，然后将该文件拖入应用程序的文件夹，便完成了Sketch的安装。

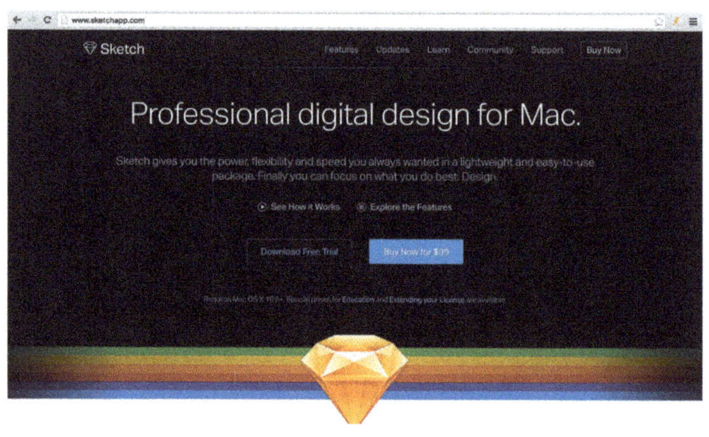

图2-1

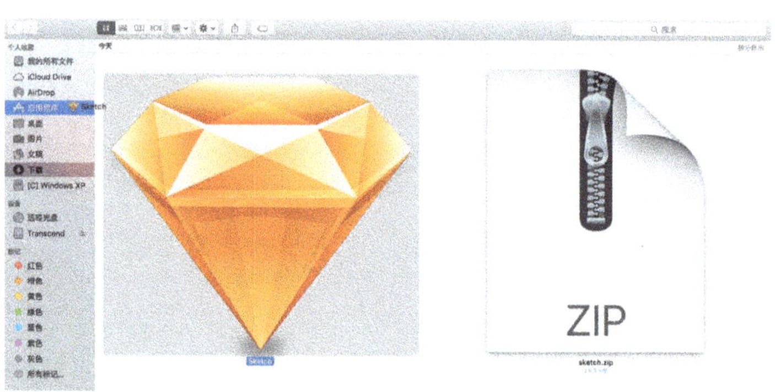

图2-2

安装完Sketch后，可以从两个地方找到Sketch，一个是应用程序文件夹中，如图2-3所示；另一个是在Dashboard中，即按键盘上的F4键，在屏幕上左右滑动，即可找到Sketch图标，如图2-4所示。找到后单击即可打开该软件。

图2-3

图2-4

打开后在Dock中即可看到该软件的图标。为了方便起见，建议大家在Dock中用鼠标右键单击该图标，然后在弹出的菜单中选择"在Dock中保留"选项，如图2-5所示。这样在退出Sketch后，Sketch也能保留在Dock里，方便以后快速找到并打开该软件。

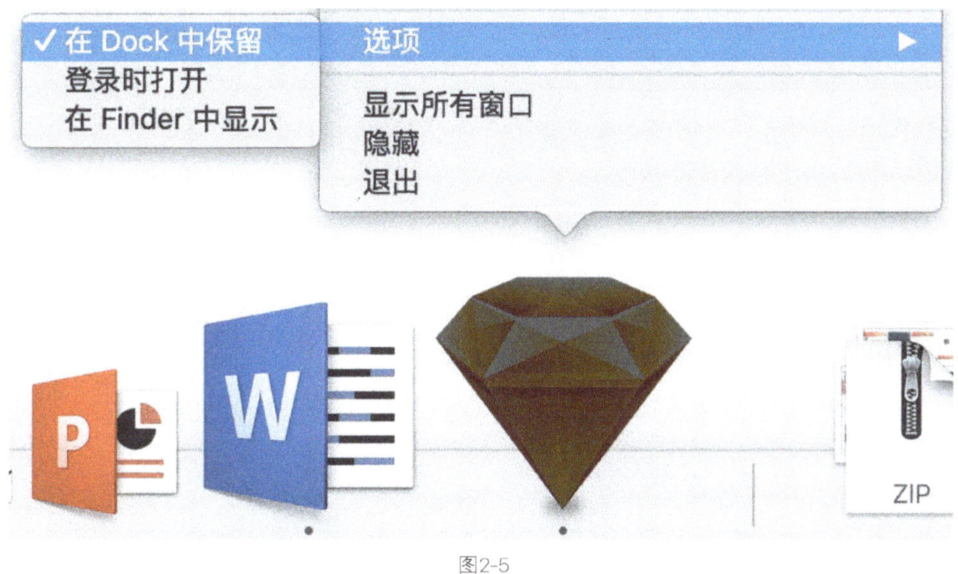

图2-5

2.2 Sketch的界面介绍

本书的后续内容中，在带大家通过使用Sketch进行界面和图标等设计时，将会详细介绍Sketch的全部知识点，在本节中只是向大家介绍Sketch的界面布局，希望大家对该软件有个初步了解，对各板块的详细内容不做深入介绍。

安装完Sketch后，第一次打开该软件，会发现屏幕上两个地方发生了变化，一个是顶部出现了菜单栏，另一个是出现了欢迎窗口，如图2-6所示。

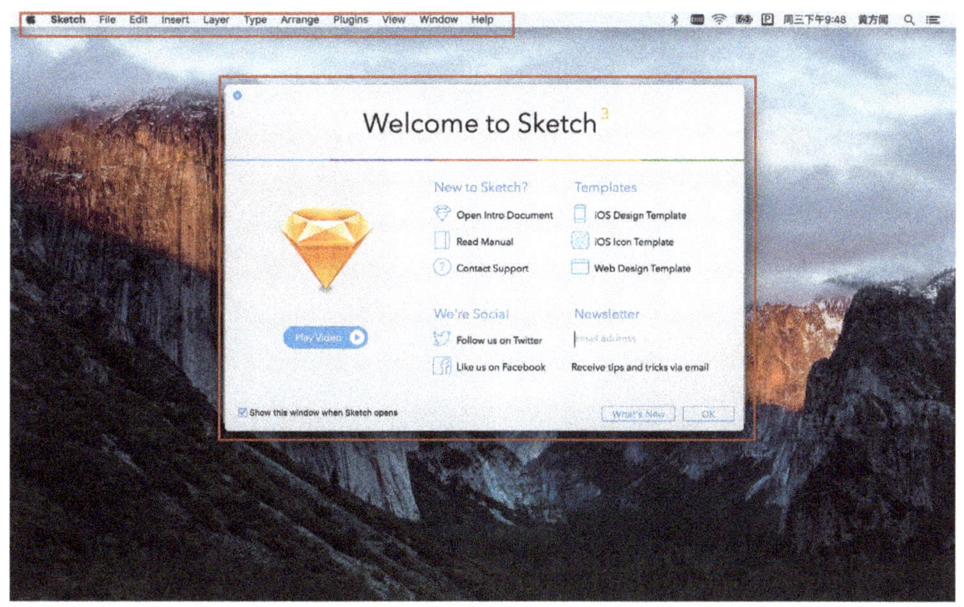

图2-6

2.2.1 欢迎界面

本书使用的是Sketch的最新版本3.4.4，Sketch的欢迎界面十分简洁，如图2-7所示。

图2-7

Sketch欢迎界面的顶部是标题Welcome to Sketch3（欢迎使用Sketch3）。

Sketch欢迎界面主体部分的左侧是一个钻石图标和一个按钮，单击该按钮Play Video（播放视频）即可跳转到官网的介绍视频，视频中展示了Sketch强大的功能和无可比拟的优势。

Sketch欢迎界面主体部分的右侧包含了4个部分。

左上部分New to Sketch？（Sketch新用户）： 主要是新手指导，下面的3个菜单分别是打开介绍文档、阅读用户指南和联系支持。单击该部分的第2个菜单即可跳转到官网的在线用户指南，该指南是Sketch的官方使用教程，推荐大家前往阅读。

右上部分Templates（模板）： 是快速打开Sketch模板的地方，在这里可以快速打开iOS界面设计模板、iOS图标模板以及网页设计模板。Sketch非常强大的一个功能是软件集成了常用的UI模板，对于UI模板将在后面的章节中详细介绍。

左下部分We'␣re Social（官方社交账号）： 可以跳转到Sketch研发团队的官方Twitter和Facebook地址，大家可以从这里看到最新的Sketch研发动态。

右下部分Newsletter（订阅动态）： 大家可以在email address处填写电子邮件地址，输入完之后右下角的OK按钮会变成Submit（提交）按钮，则可以不定期地收到官方推送的Sketch的实用小技巧和最新消息。

Sketch欢迎界面的底部，左侧的选项处若取消勾选，则表示下次打开Sketch时不再出现该欢迎界面，若勾选，则表示每次打开Sketch时都出现欢迎界面。右侧的What's New按钮可以跳转到官网的版本更新介绍页面，可以看到当前和历史版本的更新内容。单击OK按钮则关闭欢迎界面并创建一个新的Sketch文档。

2.2.2 Sketch的主界面

Sketch完全遵循了Mac系统的软件设计规范，如果大家使用过苹果公司的iWork软件——Pages、Numbers和Keynote的话，会对这样的页面布局很熟悉。可以把Sketch的整个主界面分成5个部分，如图2-8所示，下面对这5个部分做简单的介绍。

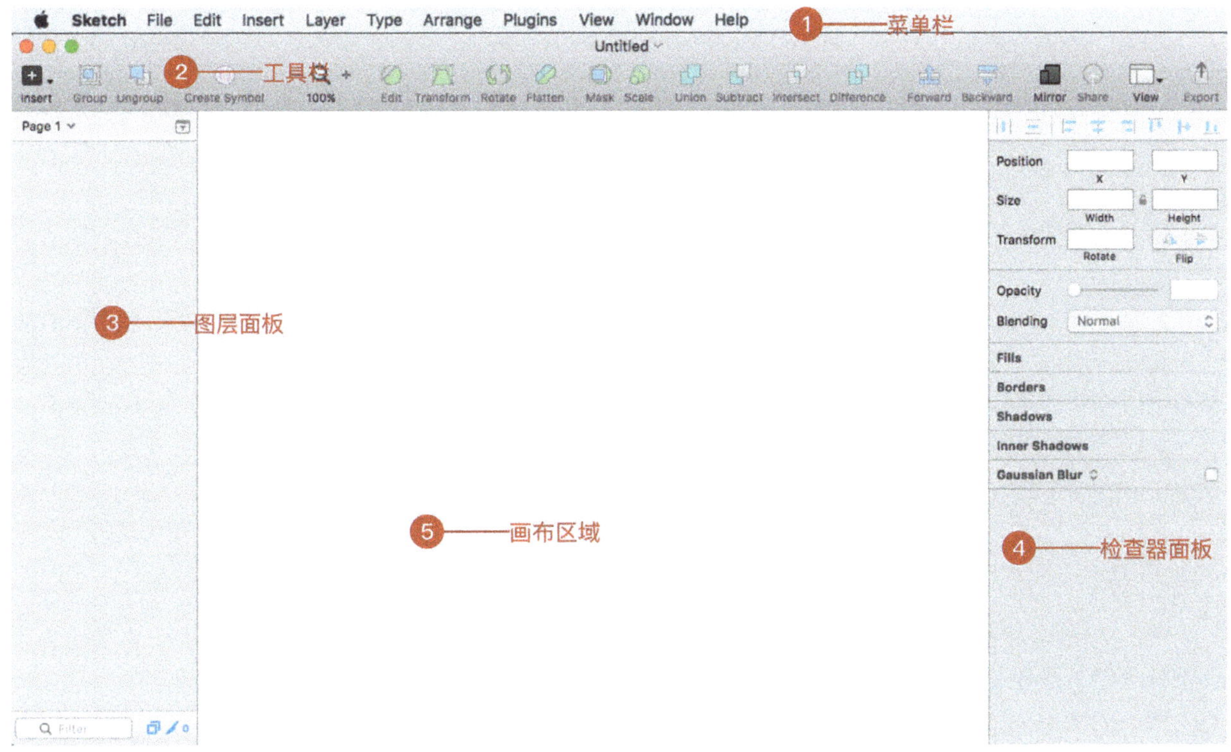

图2-8

1.菜单栏

图2-8中的①所在区域为顶部的菜单栏，如图2-9所示。Mac系统上所有软件的菜单栏都会在顶部左侧，该部分内容会随着当前激活的软件而自动变更。最左侧的苹果图标是无论什么软件菜单栏都会出现的，这是系统菜单，与软件无关。除此之外从左到右分别是Sketch、文件、编辑、插入、图层、文字、排列、插件、视图、窗口和帮助。

图2-9

Sketch：此处菜单功能和苹果图标功能类似，只是这是针对Sketch软件本身的，这里可以从关于Sketch看到Sketch当前版本，可以进行Sketch偏好设置、检查更新、链接到Mirror以及退出等操作。

File（文件）：这个菜单和其他常见的设计软件的文件菜单功能相似，提供新建、打开、存储、导出和打印设置等功能。

Edit（编辑）：该菜单可以对文档进行撤销、重做、剪切、拷贝、粘贴、选取颜色和拷贝CSS属性等操作。

Insert（插入）：此菜单可以提供快速插入基本形状以及使用钢笔工具、铅笔工具和符号等功能。

Layer（图层）： 该处可以对图层进行操作，包括创建符合、布尔运算、变形、路径及蒙版等功能。

Type（文字）： 这里可以对文字进行操作，包括设置文本样式、调整文本属性以及将文本转换为轮廓和路径文本等。

Arrange（排列）： 此处可以快速将图层进行对齐，以及进行移动图层的顺序、锁定图层、隐藏图层和将图层编组等操作。

Plugins（插件）： Sketch的插件功能为Sketch提供了无限的可能。在该处可以对插件进行安装和删除等管理以及执行某个插件。

View（视图）： 这里可以对图层列表、网格、标尺和参考线等进行隐藏或者显示的设置。

Window（窗口）： 这里可以对Sketch界面进行最小化、缩放和前置等操作。

Help（帮助）： 在此可以找到Sketch的官方使用手册、欢迎窗口、访问支持页面以及联系到开发人员等。

大家可以发现，Sketch的菜单栏和大部分常用的设计软件甚至是一般软件的菜单栏的设置相似，除了Plugins（插件）菜单是Sketch比较特殊的一个菜单外，其他的功能基本上从字面就可以理解。而在菜单栏展开列表的右侧，有一些选项会有字幕或者特殊符号和字幕的组成，这便是这一选项的快捷键。在下文中便会介绍到Sketch的快捷键，建议大家从一开始接触Sketch便尽量使用快捷键进行操作，这样即便Sketch是英文软件也丝毫不会影响我们的操作，并且设计的效率也会提高很多。

2.工具栏

图2-8中的②所在的区域为Sketch的工具栏，如图2-10所示。大家可以将工具栏理解为一些常用工具的快捷入口。要执行某一功能，只需要选中图层后单击该功能在工具栏上的图标即可。除了Sketch工具栏上默认的工具外，我们可以对工具栏进行自定义，将我们最常用的工具放在工具栏上。

图2-10

要自定义工具栏，我们将光标移动到工具栏所在区域，然后单击鼠标右键，接着在出现的菜单中选择"Customize Toolbar…（定制工具栏）"选项即可，如图2-11所示。另外菜单上面的4个选项可以设置工具栏的显示方式，分别为图标与文字都显示、仅显示图标、仅显示文字以及隐藏工具栏。第5个选项勾选则显示较小的图标，去掉则显示较大的工具栏图标。大家可根据习惯进行设置。

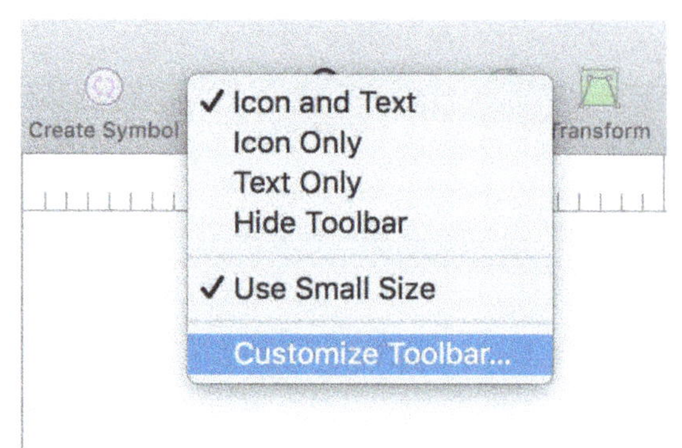

图2-11

在弹出的对话框中可以看到Sketch中可以放到工具栏上的所有工具，要将该对话框中的工具放置在工具栏中，只需要用鼠标选中该工具并拖曳到工具栏松开即可，如图2-12所示。

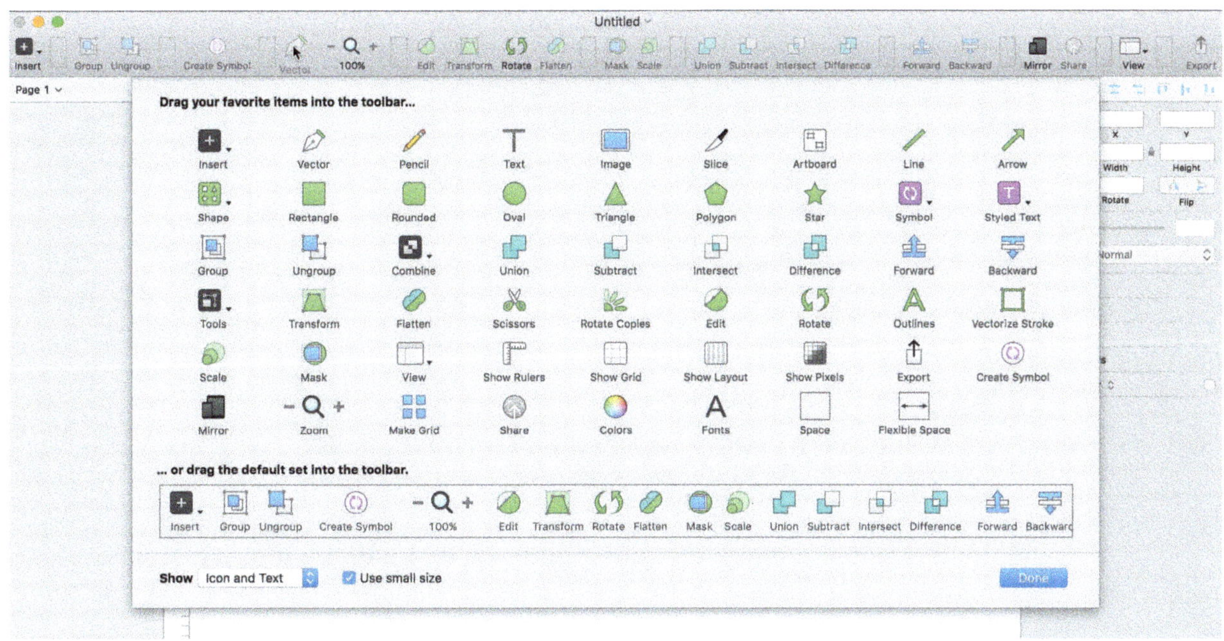

图2-12

如果要将工具栏上的工具删除，只需要执行相反操作，即选中需要删除的工具并拖曳到工具栏之外的地方放手，会看到一个烟雾消失的动效即表示删除成功。

在对话框下面有一组被矩形框隔离出来的工具条，该工具条是系统默认工具栏上的工具，如果需要恢复工具栏的默认工具，只需要将该矩形框选中拖曳到工具栏即可。

设置好后单击右下角的Done按钮，即可完成工具栏的自定义。

> 工具栏的隐藏与显示的快捷键是command+option+T，或者通过菜单View-Hide/Show Toolbar进行切换。
>
> 对于工具栏里图标的含义，在本书后面均会涉及，在此不做过多介绍，需要说明一下的是最后两个工具——Space和Flexible Space，这两个工具并没有实质性的作用，只是用于将工具栏上的工具与工具之间隔开。两者的不同之处在于Space是固定空格，而Flexible Space会随着Sketch界面窗口的缩放而自动进行间隔大小的缩放。
>
> 实际上工具栏里的工具大部分是有快捷键的，建议大家尽量使用快捷键进行操作，工具栏上只需要设置一些较常用但快捷键比较复杂的工具即可。

3.图层面板

图2-8中的③所在的区域为Sketch的图层面板，如图2-13所示。该面板是对图层进行管理操作的功能区域，图层的概念和Photoshop的图层概念类似，对于该面板的功能在下一章会详细介绍，在此不做展开。

图层面板的隐藏与显示的快捷键是command+option+1，或者通过菜单View-Show Layers List进行操作，勾选代表显示，取消勾选代表隐藏。

图2-13

4.检查器面板

图2-8中的④所在的区域为Sketch的检查器面板，如图2-14所示。检查器的英文名为inspector，是Mac软件中对属性栏的特殊称呼，和iWork的inspector类似，在该面板中可以对图层的属性进行设置并执行导出等操作。该面板的内容会因图层性质的不同而发生变化。该面板的功能在后续章节会详细介绍，在此不做展开。

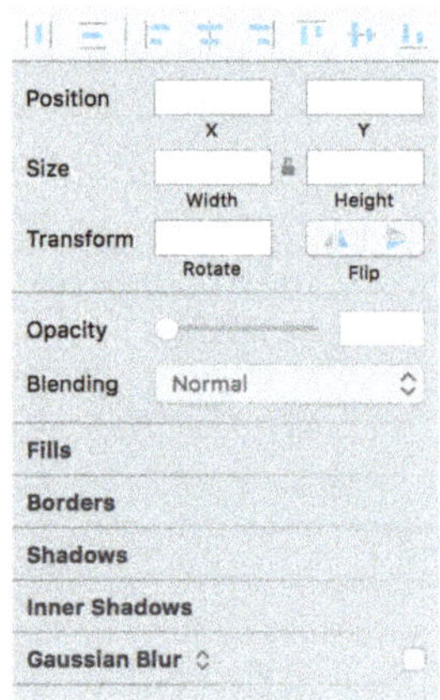

图2-14

检查器面板的隐藏与显示的快捷键是command+option+2，或者通过菜单View-Show Inspector进行操作，勾选代表显示，取消勾选代表隐藏。

如果按快捷键command+option+3，则同时隐藏或显示图层面板和检查器面板，或通过菜单View-Hide/Show Layers and Inspector执行该命令。

5.画布区域

图2-8中的⑤所在的区域为Sketch的画布区域，这是我们进行设计的主要工作区。Sketch的画布是无限大的，我们可以在上面创建无数个Artboard（画板）来进行界面设计。

按快捷键command+ . 可进入演示模式，或通过菜单View-Presentation Mode执行。在该模式下，画布布满整个屏幕，在为同事或客户展示设计界面时特别有用。

通过以上的简单介绍，大家对Sketch应该已经不再那么陌生了，同时也应该发现了Sketch是一款特别简单的软件，对这款软件的讲解将贯穿整本书，相信大家看完本书，达到精通Sketch的程度是很容易的。

2.3 Sketch的快捷键

和所有的设计类软件相似，Sketch大部分功能都有快捷键，就算没有预设快捷键的功能我们也可以通过自定义快捷键来设置。相信使用快捷键的好处大家都明白，但是很多人却因为使用软件产生习惯而不会去使用快捷键或者总是忘记快捷键。

所以建议大家从刚接触软件开始就养成使用快捷键的习惯，当需要使用某个工具的时候要习惯不去从菜单中找而是直接按该功能的快捷键，这样不用多久便能把使用快捷键变成一种习惯。对于Sketch来说，熟练使用快捷键的设计师相比不使用快捷键的设计师效率会提升一大截。

至于如何记住快捷键，不建议大家死记硬背，而是希望大家在需要使用某个工具的时候，尽量使用快捷键执行，如果不记得可以在本节的快捷键列表中进行查询，或者直接在菜单选项的右侧看到相应快捷键，相信这样反复几次之后自然会记住。

本节下面会有Sketch的常用快捷键的列表，大家可以选择性地阅读，等需要的时候再来查询。但是有一个快捷键是需要特别说明的——option键。

Sketch有非常强大的智能参考线，我们在设计时选中图层，然后按住option键并移动鼠标，便可自动测量出该图层和其他图层或者是画板的边距，对于确定我们是否对齐非常有用，如图2-15所示，光标移动到哪个图层便测量该图层和光标所在图层的边距。

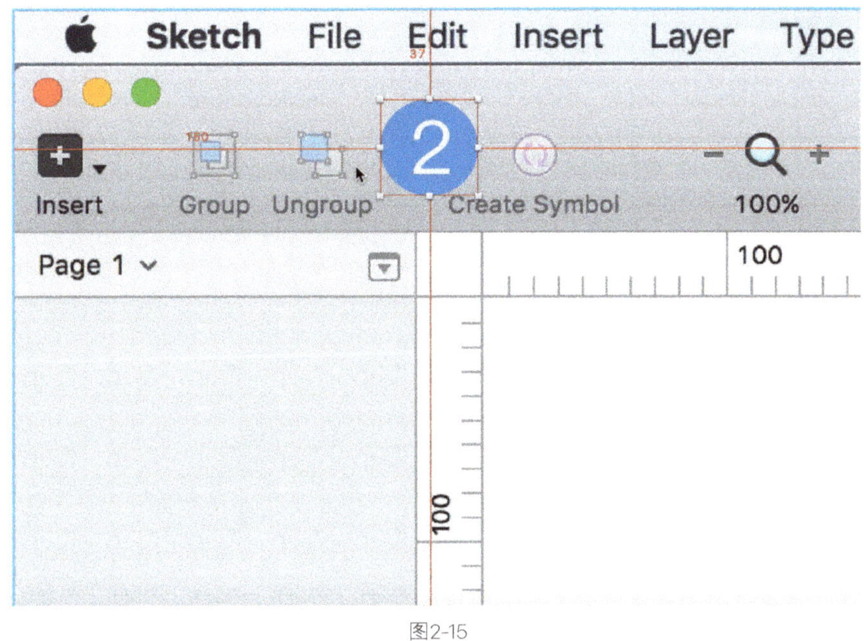

图2-15

另外我们还需要经常使用shift键，按住shift键可以绘制正形状，如正方形和圆，按住shift键并按方向键可以10倍的速度移动或变更属性数值。

2.3.1 Sketch的快捷键列表

以下的快捷键列表按照功能分类。该快捷键列表翻译自http://sketchshortcuts.com/并对其内容做了一些标注说明和细微改动。在快捷键列表中功能键的按键名对应键盘按键如下所示。

command键　　　　option键　　　　control键　　　　shift键

1.插入相关的快捷键

新建画板	A
切片工具	S
矩形工具	R
圆角矩形工具	U
椭圆工具	O
直线工具	L
钢笔工具	V
铅笔工具	P
文本工具	T

2.文本相关的快捷键

粗体L	command + B
斜体	command + I
下划线	command + U
增大字号	option + command + +
减小字号	option + command + -
增加字符间隙（该快捷键需要在文本编辑状态下使用）	option + control + L
减小字符间隙（该快捷键需要在文本编辑状态下使用）	option + control + T
更改字体	command + T
将文本转化为轮廓（转曲）	shift + command + O
文本左对齐（该快捷键需要在文本编辑状态下使用）	command + shift + {
文本居中对齐（该快捷键需要在文本编辑状态下使用）	command + shift +	
文本右对齐（该快捷键需要在文本编辑状态下使用）	command + shift + }
特殊字符（该快捷键需要在文本编辑状态下使用）	control + command + 空格

3.画布视图相关的快捷键

放大画布	command + +
缩小画布	command + -
实际尺寸查看	command + 0
在画布中央显示所有画板	command + 1
缩放选中图层	command + 2
中心显示选中图层	command + 3
激活检查器属性输入框（默认第一个输入框，再次按切换到下一个）	option + tab
显示/隐藏标尺	control + R
显示/隐藏网格线	control + G
显示/隐藏栅格层	control + L
进入/退出像素视图模式	control + P
显示/隐藏选取手柄	control + H
显示/隐藏像素网格	control + X
移动画布	空格键 + 按鼠标拖曳

4.Sketch窗口相关的快捷键

Sketch窗口切换	command + ~
显示/隐藏图层面板	option + command + 1
显示/隐藏检查器面板	option + command + 2
同时显示/隐藏图层和检查器面板	option + command + 3
显示/隐藏工具栏	option + command + T
进入/退出演示模式	command + .
进入/退出全屏模式	control + command + F

5.形状相关的快捷键

保持当前选中	option + command
将当前图层设置为蒙版	control + command + M
合并形状（布尔运算）	option + command + U
减去顶层形状（布尔运算）	option + command + S
保留重叠部分形状（布尔运算）	option + command + I
减去重叠部分形状（布尔运算）	option + command + X
改变选中图层尺寸	command + 方向键
以10为单位改变选中图层尺寸	shift + command + 方向键
改变曲柄状态——直线角（形状编辑模式下）	1
改变曲柄状态——镜像曲柄（形状编辑模式下）	2
改变曲柄状态——非连续对称曲柄（形状编辑模式下）	3
改变曲柄状态——非对称曲柄（形状编辑模式下）	4

6.图层相关的快捷键

显示选中图层与其他图层距离	按住option
显示选中图层与图层组内图层距离	按住option + command
复制图层	按住option + 按鼠标拖曳（或者command + D）
复制图层样式	option + command + C
粘贴图层样式	option + command + V
拾色器	control + C
变形工具	command + shift + T
旋转工具	command + shift + R
显示/取消颜色填充	F
显示/隐藏描边	B

7.图层、图层组和画板排列等相关的快捷键

将图层上移一层	option + command + 上方向键
将图层移到顶层	control + option + command + 上方向键
将图层下移一层	option + command + 下方向键
将图层移到底层	control + option + command + 下方向键
隐藏图层	shift + command + H
锁定图层	shift + command + L
重命名图层	command + R
将图层编组	command + G
解散图层编组	shift + command + G
选择上一个图层	shift + tab
选择下一个图层	tab
选择父级画板	esc
搜索图层	command + F
选择上一页画布	fn + 上方向键
选择下一页画布	fn + 下方向键

2.3.2 自定义快捷键

对于一些我们经常需要用到但默认快捷键中没有的我们可以自定义快捷键。

第1步：在Mac系统中，所有软件自定义快捷键的入口都相同。在应用程序中找到"系统偏好设置"并将其打开，然后在"系统偏好设置"中找到"键盘"，如图2-16所示。

第2步：单击进入键盘设置，切换到"快捷键"选项卡，在该选项卡左侧选择"应用快捷键"，然后单击右侧的+号，如图2-17所示。

第3步：在弹出的对话框中将"应用程序"选择为Sketch，然后在"菜单标题"处填写需要设置快捷键的菜单，如需要给剪刀工具设置快捷键，那么就在Sketch中找到剪刀工具，再对着输入剪刀工具的名称。注意这里标题字母必须是完全一致的。接着用鼠标左键单击"键盘快捷键"的输入框，并在键盘上按需要设置的快捷键，会发现框内自动填上了刚才按的按键名，最后单击"添加"按钮，完成快捷键的添加，如图2-18所示。添加成功后便会在右侧列表中看到刚才所添加的快捷键。

第4步：这时我们便可以在Sketch中使用刚才自定义的快捷键了。如果需要删除快捷键，只需要在快捷键列表中选中需要删除的内容，然后单击下方的-号即可，如图2-19所示。

图2-16

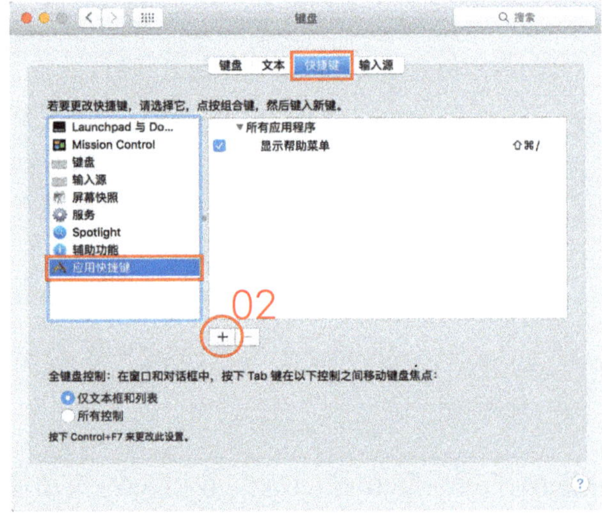

图2-17

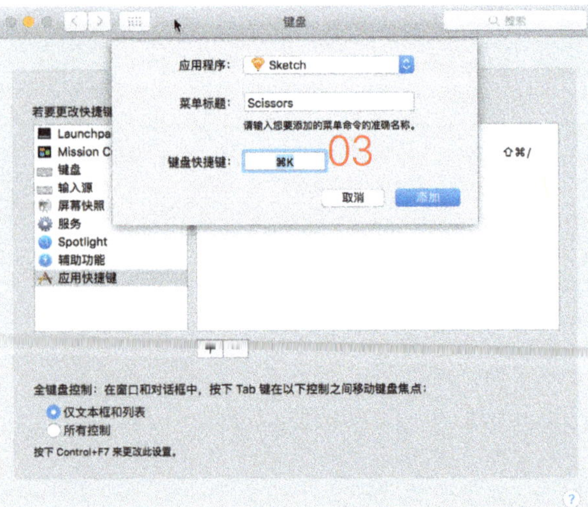

图2-18

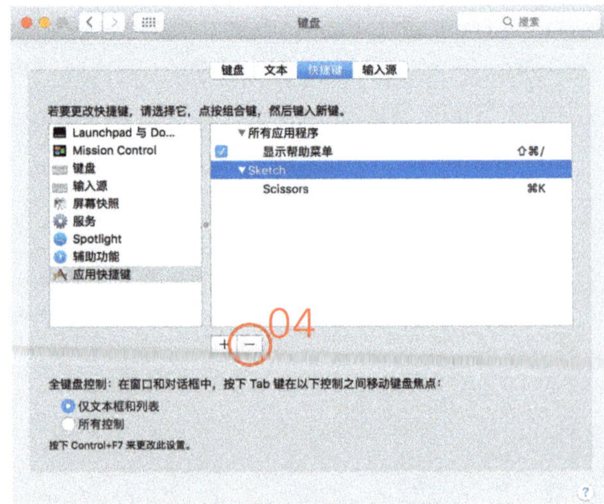

图2-19

2.4 Sketch的常见问题

上面几节对Sketch做了一个大致的介绍，但对于一款新接触的软件，相信大家还会有不少的疑问。下面整理了一些人刚接触Sketch时经常问的一些问题，希望能对大家有所帮助。

? Sketch是否可以替代Photoshop?

首先需要说明的是，Sketch和Photoshop是两款定位完全不同的软件，Sketch是一款矢量软件，而Photoshop是一款位图编辑软件。在UI设计领域，Sketch在一定程度上可以代替Photoshop，且因为Sketch是为UI设计而生的软件，在某些地方相比Photoshop具有绝对的优势。但是Sketch的位图处理功能非常少。仅用Sketch可以设计出非常优秀的UI界面。但是如果需要对位图进行处理，或者要进行很精细的超写实的图标绘制还是推荐使用Photoshop。实际上，对于设计师来说并不是会一种软件就能懂得设计，软件只能把我们头脑里的想法给实现出来，但是决定UI的好坏的往往是设计师脑海中的想法，这也是本书希望解决的一个问题，相信您哪怕不是使用Sketch做设计，在本书后续章节中所讲到的一些思路方法也能对您起到一定的作用。

? Sketch是否有Windwos版本?

从Sketch的研发团队Bohemian Coding的Twitter以及官方博客等来看，该团队暂时没有做其他平台的打算，事实上Sketch的很多操作都是遵循于Mac系统规范的，所以对于Mac用户来说该软件是非常容易掌握的，不过即使使用者是刚从Windows系统转过来的也可以很快上手。但是如果使用者只愿意使用Windows系统，唯一的办法是用虚拟机安装Mac系统后再使用Sketch，但是要达到较好的体验的话对计算机硬件要求相对较高，所以并不是特别推荐。

? Sketch是否有中文版本?

如果关注Bohemian Coding的话会发现截至2015年12月，该团队的全部成员一共才13人，并且大部分是全栈人才，即既负责设计又负责编程。Sketch的版本更新相对比较快，该团队目前把研发重点放在产品本身上，所以暂时没有多国语言支持的版本。但随着Sketch在国内的影响力持续增大，国内越来越多的Sketch相关的网站和论坛以及著作的出现，让学习Sketch变成一件很容易的事情，加上Sketch软件本身便非常容易掌握，而且如果您使用快捷键进行操作，软件的语言已经不是问题了，在本书中涉及的英文名词都会在后面附上中文翻译。之前有汉化版本的出现，但是软件的汉化往往具有一些滞后性，所以建议大家使用官方原版。

? Sketch如何升级?

一般来说如果Mac在联网状态下，打开Sketch后会自动检查更新，如果有更新会弹出图2-20所示的界面，单击Install Update按钮即可在线下载更新。

若下载完成，则出现图2-21所示界面，单击蓝色按钮Install and Relauch即可重启Sketch完成升级。

如果没有进行自动检测升级，或者在弹出更新提示界面时不小心点了Skip This Version（跳过这个版本）按钮，也没关系，我们可以单击菜单栏上的Sketch，在弹出的菜单选项中选择"Check For Updates...（检查更新）"选项即可，如图2-22所示。

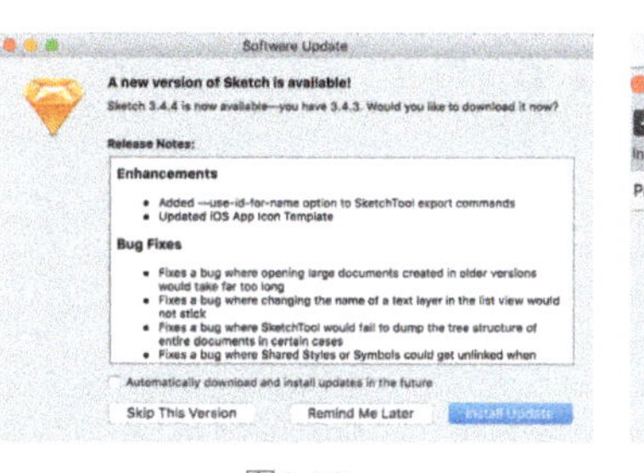

图2-20

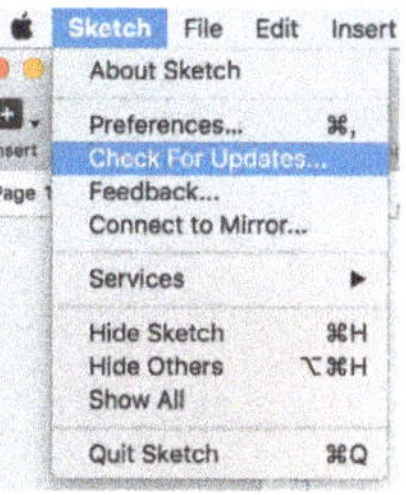

图2-22

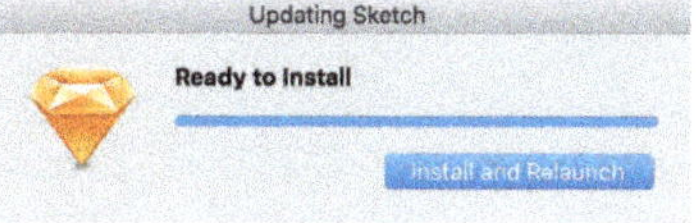

图2-21

需要注意的是，新版本的Sketch中保持的Sketch文档无法在旧版本中打开，好在Sketch的升级非常简单，一般几秒钟便可完成，且升级后所有的设置都保持不变，而每次Sketch的升级都带来Bug的修复，在大版本的升级中也会带来全新的功能，而版本之间的迭代也把握得非常好，基本上不会产生什么新的学习成本，所以建议大家始终让Sketch保持最新版本。

但是如果是在工作中您所在的团队均使用Sketch进行设计开发的话，还是建议遵循团队所有人的意见，毕竟只要一台Mac上的Sketch升级后，该Mac保存的Sketch文档便无法在没升级的Mac上打开，且除了全部升级之外没有其他解决办法，这样会造成一些同事的被迫升级。

❓ Sketch是否有优惠获取的办法？

Sketch目前的定价在99美元，相比Photoshop的售价来说这个价格是超值的，特别是对UI设计师来说。一般来说Sketch的优惠分成特殊时间段的优惠以及常规优惠。

特殊时间段的优惠是官方短期进行的一些优惠活动，如Sketch3刚上线的时候，Sketch2的老用户便可以五折购买Sketch3。这样的活动具有一定的随机性，要想知道这些信息最好的办法是保持对Sketch官网的关注以及对研发团队Twitter等社交网络的关注。

Sketch的常规优惠包括教育优惠以及团购优惠。如果您是在校大学生或者老师，便可申请五折购买Sketch，申请地址为https://backend.bohemiancoding.com/store/edu/，如图2-23所示。在表单中分别填上姓名、电子邮件，并上传学生证或者教师证的扫描文件，然后填写年龄、国家和专业等信息，并可选填一些备注说明后，单击Request按钮即可，不用多久会在电子邮件中收到官方的邮件回复，若审核通过便可五折购买。需要注意的是，上传证件的时候最好附上翻译件，因为纯中文的证件扫描件可能无法通过审核，另外，通过审核后必须在30天内购买，否则资格失效。

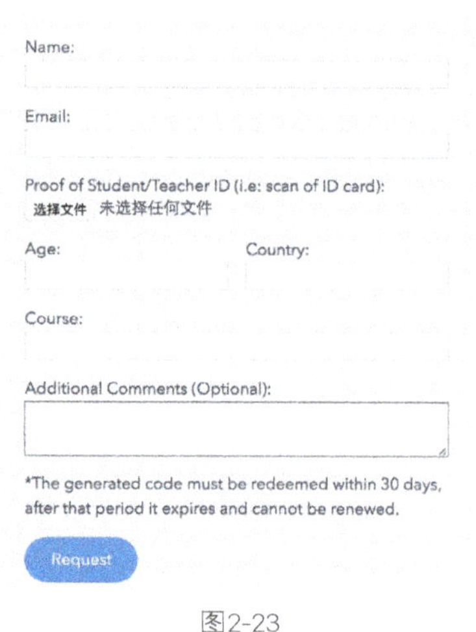

图2-23

如果是使用团购优惠，根据购买数量的不同优惠力度不同，在官网购买时，在购买数量处输入团购的套数，然后单击更新数量，系统便会根据数量的不同自动计算出相应的优惠价格。

2.5 本章小结

本章向大家初步介绍了Sketch这款软件，从下一章开始我们将正式对移动UI设计进行学习，在这之前大家可以思考一下这款软件为什么能在这么快的时间内取得如此大的成绩，除了Sketch精准的市场定位和本身强大的功能以及优异的性能外，还有一个很重要的原因是该软件上手十分容易，一般设计师经过几个小时的学习便可掌握Sketch。而使该软件如此简单易用的一个重要原因是该软件的UI设计是非常优秀的。该软件界面的设计是严格遵循Mac软件设计规范的，所以很多Mac用户即使是第一次使用该软件也没有特别大的陌生感。

我们在对一款应用软件进行UI设计的时候，也一定要做类似的思考，务必寻求感性与理性的最佳平衡。如果分析一款软件的UI设计，不是只从视觉层面，而是开始从更深层次进行思考的时候，那么我们离成为一名优秀的UI设计师的距离不知不觉中又近了一步。

CHAPTER 03

从线框原型开始

　　一般情况下，作为UI设计师在开始UI设计之前会拿到两份文档，即产品需求文档和交互原型。能否用好这两份文档对最终UI效果的呈现有很大的影响。一般来说产品需求文档（PRD）是产品经理的产出，而交互原型是交互设计师的产出，但是国内很多研发团队没有设置交互设计师岗位，这就导致无论是产品经理还是UI设计师都有可能会涉及交互原型缺失的情况。很多朋友在没有原型的时候直接上手开始设计，一旦对需求没有理解透彻，就要做大量的改动，从而导致不断地改稿加班。

　　在本书上一章提到，Sketch不仅是一款非常优秀的UI设计软件，也是一款非常优秀的线框原型绘制工具。在本章中，我将和大家一起，学习如何使用Sketch进行线框原型的绘制，以及绘制线框原型图中所需要注意的一些事项。

　　但必须说明的是，Sketch在现在的版本中并不具备热点交互功能，要做页面跳转效果还需借助其他软件，但是作为UI设计师，学习一些与原型相关的知识，不仅可以加深自己对产品的理解，做到跟团队人员更有效的沟通，减少设计后改稿的次数，更能慢慢培养自己的产品感，提升自己的专业度。

3.1 线框原型的基本概念

　　线框原型是最基本的原型，是产品设计和开发中重要的工具。一般来说，与产品相关的任何人员都有可能是该图的阅读者，是沟通产品和设计以及程序员的最好桥梁。一般线框图可以由线框、无色但有灰度的方块、文字、线条以及箭头构成。线框图应让产品的界面以最简单的视觉形式呈现出来，在该图上人们可以分析出该页面的功能和内容，以及如何来到该页面与从该页面可以跳往其他哪些页面。线框图可以从单个页面进行分析，也可以从一组页面进行分析。线框图也可以绘制得很粗，仅向人们展示页面布局信息，也可以绘制得很细，能让人们看懂每个页面的各板块都由什么组成，如图3-1所示。

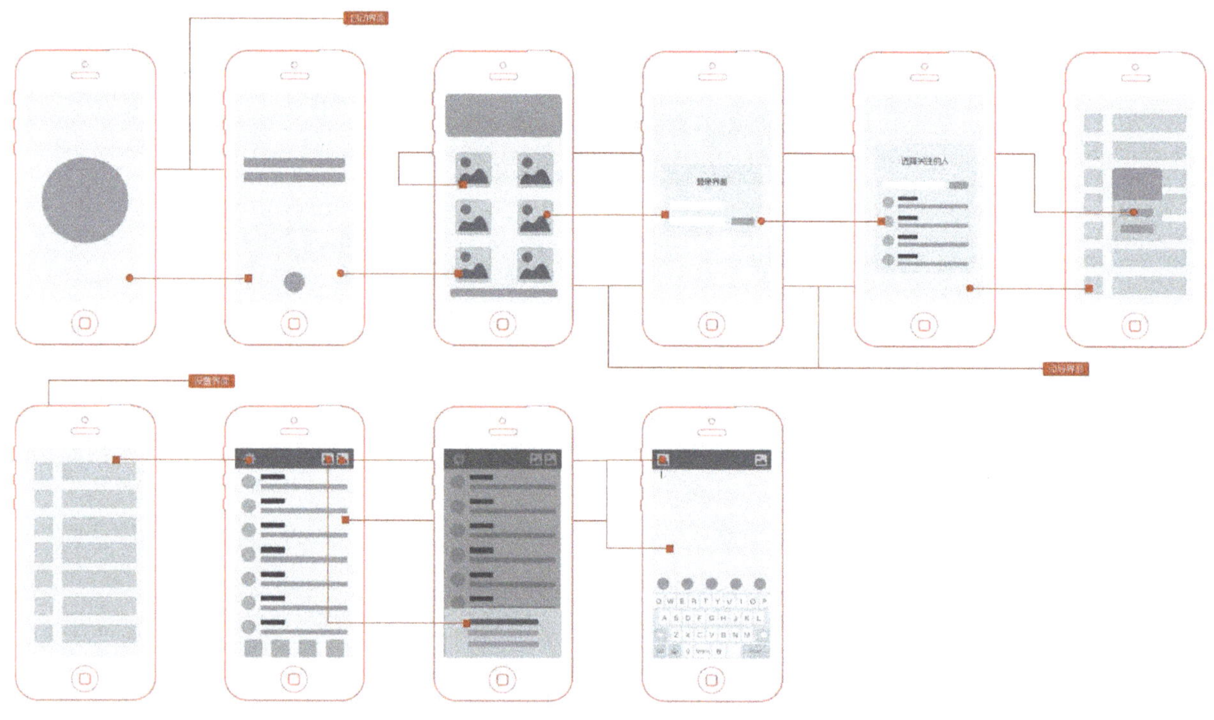

图3-1

　　线框原型一般情况下是内部研发人员交流使用的，主要作用在于向设计人员展示要做什么。线框图和可交互的原型图不同，它一般是静态且抽象的，所以理论上它可以通过任何形式呈现。实际上，一般为了节约时间，很多公司的研发团队直接在纸上或者在白板上绘制线框图。一个完整的线框图应能解释以下5个问题。

结构： App各页面之间的层级关系以及页面之间内容的层级关系。

内容： 该页面是由什么组成的。

信息展示形式： 通过什么方式呈现的。

功能： 页面各板块是如何工作的。

交互行为： 与用户是如何交互的。

如图3-2所示，在该线框图中，我们可以看到，该页面是通过其他页面跳转过来的，点击左上角图标可以返回，该页面由列表组成，可以上下滑动，每个列表中包含头像、名称和信息等内容，而社交内容又包含按钮、图片和文字，并能显示信息发生的时间等。

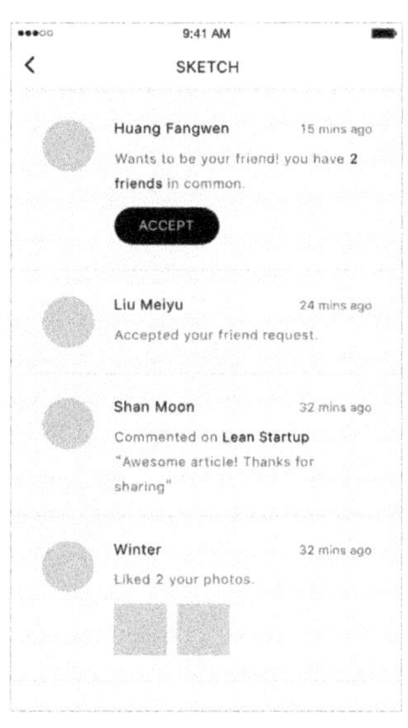

图3-2

有了该线框图，设计人员便可以思考如何进行设计，并可以对照需求文档看该页面功能是否已经完整，程序员便可开始搭建产品框架等工作。如果发现功能并不完整或者出现了错误，在该图上进行修改比直接设计好出现问题后再修改要快得多。

3.2 绘制线框原型的注意事项

绘制线框原型虽然非常简单，对技术要求不高，但是以下事项是需要注意的。

3.2.1 导航菜单的样式

一般最常见的导航菜单的样式有两种，即经典的底部标签菜单和侧滑菜单，分别如图3-3和图3-4所示。建议从一开始便确定好采用哪种菜单，这对后续页面的设计会有很大的影响，一般来说，决定使用何种菜单会从以下几个方面综合考虑。

操作系统习惯：iOS系统下导航菜单一般使用底部标签菜单。而安卓系统多采用Material Design的侧滑菜单样式。

导航菜单的数量：底部标签菜单最多不应超过5个标签，也就是说菜单数量在5个及以下的可以采用底部标签菜单，菜单数量在5个以上的建议采用侧滑菜单。

用户使用频次：如果页面之间用户需要频繁切换且功能权重差不多的情况下建议使用底部标签菜单，如果该应用某一页面的功能占据该应用大部分功能，且用户菜单之间切换不频繁的话，建议使用侧滑菜单。

其他的考虑还有核心用户的年龄层、操作习惯，以及设备硬件相关的，如屏幕尺寸等，但是这些很难准确把握。

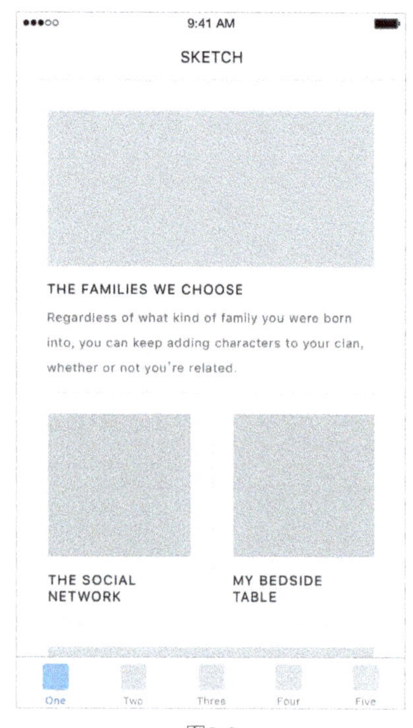

图3-3

图3-4

3.2.2 线框原型中的层次

很多人绘制线框原型的时候，往往只是把线框内容往上面一堆，这样虽然表达出了该页面的内容以及布局，但是无法看出层次。设计人员在拿到没有层次的线框图后进行设计有可能会走偏，无法得到最好的用户体验。

虽然现在是扁平化设计趋势，但是扁平化设计也是有层次的，特别是采用Material Design设计——所有的元素都是有1dp厚度的。如果没有层次体现，设计人员便可能无法分清前后关系。图3-5所示的是Material Design的封面图，这样能很清楚地表达出层次关系。

图3-5

层次不仅包括板块之间的关系，在同一板块之间也会有层次关系，如上一节中图3-2所示，在列表的第一行能很清楚地看到按钮、姓名和时间之间的层次关系。

但是需要注意的是，线框原型应尽量避免用颜色去表现层次，这样会对设计人员产生干扰，如图3-6所示。对比图3-2会发现若用颜色来体现按钮层次，设计人员有可能会认为该按钮只能使用此颜色，或该颜色为产品希望设置的主题色。

> **提示**
>
> 线框图应该是无色的，或者是同一颜色的，图3-5所示也是可行的。层次的体现应该通过同一颜色的Alpha值的不同来进行表示，字体之间可通过粗细和大小来体现。
>
> 另外还需要注意的是，灰度的不同有时候不一定代表重要程度的不同，而只是元素之间的顺序不同。图3-2中，顶部标题栏和列表底色的不同，表示标题栏在列表上方，向上滑动的时候标题栏会遮住列表。

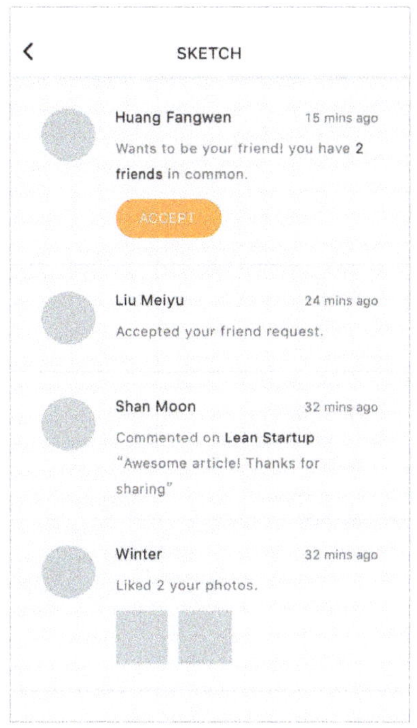

图3-6

3.2.3 线框原型风格对设计的影响

虽然线框原型重点是解释上一节中所说的5个问题，但除非是在纸上或白板上手绘线框原型，否则线框原型图在一定程度上还是会对设计有一些影响的。绘制线框原型的人也应该持续关注设计趋势，避免风格严重落后的情况出现。最典型的是很多线框原型的绘制者是产品经理，基本上使用组件模板进行快速原型制作，但是可能软件中会出现内置iOS7以前的系统组件，这就导致绘制出来的原型图还具备一定的写实风格。在图3-7中按钮上面的渐变，很难让人相信这是一款"现代"设计风格的应用程序。

以上是对线框原型的一些简单介绍，希望大家有了一些大致的感觉。但是需要注意的是，我们毕竟是设计师，我们使用原型的目的是为了更好地设计，参与原型的绘制也是为了帮助我们更快理清系统逻辑实现设计。在进行原型绘制的时候，也需要注意平衡好实用性和设计感之间的关系，线框原型是功能远大于视觉的工具，虽然使用Sketch可以绘制出更加专业美观的线框原型，但是也不必花太多时间在细节上。在原型这里我们应跳出来，从全局宏观方面把握软件整体，等需求和原型确定了再从细节处思考，设计力求完美的UI界面。

图3-7

3.3 使用Sketch绘制线框原型

在本节中，会带大家一起绘制两个线框原型，即注册页和内容列表页。这是大部分App都应该有的两个页面，具有一定的代表性。最终的效果如图3-8和图3-9所示。

图3-8

图3-9

3.3.1 注册页线框原型的绘制

（1）打开Sketch，关闭欢迎界面后会自动创建一个名字为Untitled（未命名）的Sketch新文档，若没有自动创建，可以使用快捷键command+N进行新建，或执行"File（菜单）>New（新建）"命令进行新建，如图3-10所示。

（2）保存Sketch文档并对其重命名。很多朋友在新建完文档后便直接开始设计，但是建议大家养成创建新文档后就进行保存，防止因意外退出而造成损失。可以使用快捷键command+S，或执行File>Save...菜单命令进行保存，保存时Sketch会弹出对话框，如图3-11所示。在Save As处填写需要的文档名，Where处选择保存的路径，如果希望保存的路径不在列表中，单击Save As那一行最右侧的下箭头，即可自行选择需要存储的路径，一切完成后单击Save按钮完成保存。

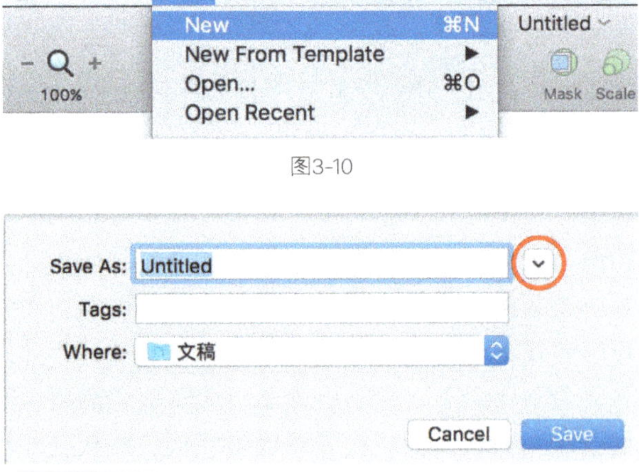

图3-10

图3-11

提示

Sketch具有自动保存功能，即我们只需要进行第一次保存后，后续的任何操作包括退出Sketch都可以不用执行保存命令，但因为Sketch具备退回到文档之前历史状态的功能，所以建议每次进行大的变动后都使用快捷键command+S执行一次保存操作，因为每执行过一次保存操作，Sketch就会认为这是一个新的版本，退回历史状态功能也只对执行过保存命令的版本有效。判断保存功能与否只需要看工具栏上方正中间文档名的状态。我们对Sketch做任何改动，文档名旁都会出现Edited（已编辑）的字样，执行保存命令后该字样消失，即完成保存，如图3-12所示。

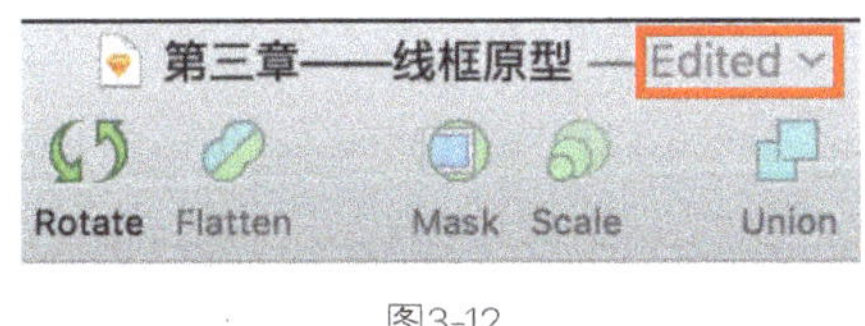

图3-12

引申知识点01——回到Sketch文档的历史版本

网上有一个关于设计师的经典笑话，是说好不容易设计了好多个版本，老板最终拍板说还是要第一版吧，可是第一版已经删除了。相信该场景大家都有共鸣，工作中往往会对同一设计稿做多次修改，每做一次修改就会另存为一个新版本。如果修改的次数多了，文档数也同时会增多，这样不仅占空间而且不易整理。

2007年，苹果在Mac OS X v10.5 Leopard（美洲豹）系统中首次推出Time Machine功能，允许用户将系统恢复到任何一个时间点，但是该功能需要外接移动硬盘不断进行备份，且一恢复便是整个系统。

Sketch完美解决了上面的问题，我们可以通过Sketch将文档恢复到任一历史版本。要执行这一操作非常简单，只需要执行File>Revert To>Browse All Versions...菜单命令，如图3-13所示，即可进入恢复页面。

在该模式下，左侧是当前版本，右侧是该文档的全部历史版本，单击页面缩略图，即可放大查看，并且可以对其进行操作，单击历史版本右侧的上下按钮，即可切换版本，或者单击屏幕最左侧的时间线进行选择。如需要恢复到某一版本，只需要找到该版本，并单击下方的Restore（恢复）按钮即可。若不需要恢复，直接单击下方的Done按钮即可直接退出该模式，如图3-14所示。

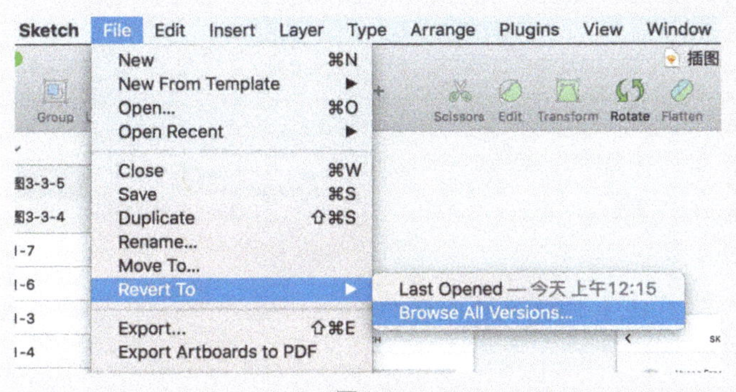

图3-13

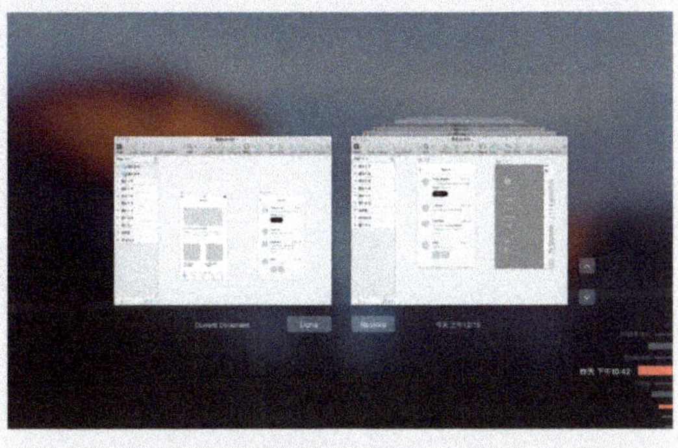

图3-14

需要注意的是，历史版本只会记录对该文档执行过保存命令的版本，系统自动保存的不会出现在这里，所以若需要使用该功能，最好在每次有较大修改的时候执行保存命令。

（3）使用快捷键A新建画板，或者执行工具栏的"Insert（插入）>Artboard（画板）"命令新建画板操作，如图3-15所示，然后在右侧的检查器中选择iPhone 6尺寸新建一个iPhone 6尺寸大小的画板，如图3-16所示。

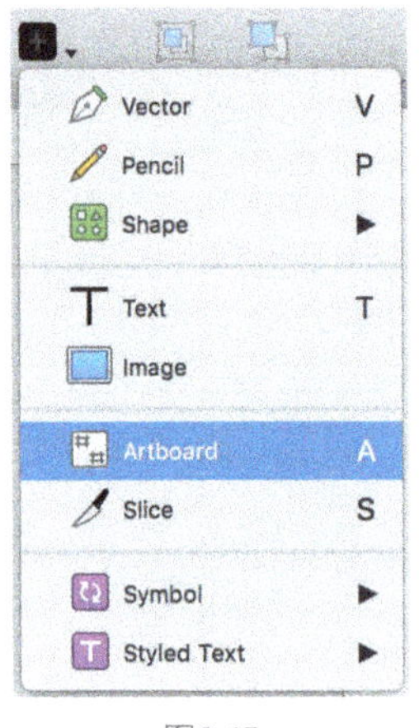

图3-15

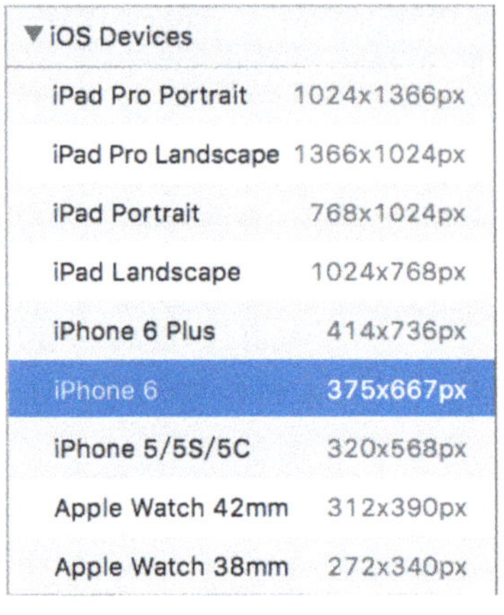

图3-16

很多朋友在这里往往会很困惑，因为iPhone 6的屏幕分辨率应该是750px×1334px，为什么在这里是375px×667px？这是因为在Sketch中是使用1倍尺寸进行设计的，375px×667px正好是750px×1334px的一半。在完成设计到出设计稿的时候，导出2倍大小的图即是iPhone 6的尺寸。那么使用1倍设计有什么好处呢？前面我们说到，iOS开发中文字使用pt作为单位，若按照750px×1334px尺寸设计，在此尺寸下1pt=2px，这时程序员需要将设计稿中文字尺寸除以2进行编程，造成一定的麻烦。而在导出设计稿的时候，导出的设计稿为1:1大小，却需要命名为@2x，导出为1.5倍大小，需要命名为@3x，而若使用1倍尺寸设计，导出图片的时候1倍、2倍和3倍大小正好对应，省去了很多麻烦。且Sketch是矢量软件，理论上导出任何像素大小的位图都不会产生虚边。关于导出的内容本书后续章节会详细说明，在此不做展开。

那么为什么是使用iPhone 6尺寸呢？因为在现阶段，iPhone 6/6s是用户量最多的iOS设备，且iPhone 6/6s尺寸设计出来的设计稿更容易做iPhone 5s及以下设备的适配以及iPhone 6/6s Plus的适配。当然，大家也同时需要考虑实际情况，即通过手上的设备来进行尺寸选择的参考，若手上现在只有iPhone 5s的手机，则使用iPhone 5尺寸也是可行的。而在iOS和安卓平台上，若该软件是跨平台的且是新研发的，我们一般情况下优先考虑iOS的设计。若该应用是安卓独占的，则应选择安卓设备的画板。

引申知识点02——Sketch的画板预设

说Sketch是为UI设计而生的软件一点也不为过，我们在新建画板的时候，大多数情况下只需按快捷键A，然后在检查器中选择画板尺寸即可完成创建，无需做其他任何设置。Sketch的画板预设会随着市面上硬件设备的更新而保持更新，在本书写作时Sketch的最新版本为3.4.4，内置的画板预设如图3-17所示。从上往下，依次是iOS设备尺寸、响应式Web网站尺寸、Material Design设计尺寸（可理解为安卓设备尺寸）、iOS图标尺寸、安卓图标尺寸、Mac图标尺寸、苹果电视系统图标、国际标准纸张尺寸。最后是用户自定义尺寸，需要用户进行过自定义才会有内容。

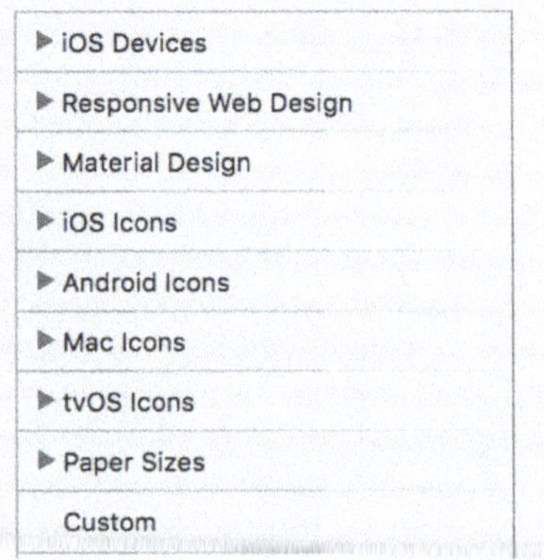

图3-17

单击列表最左侧的箭头展开列表，即可看到每种尺寸类型下详细的尺寸，左侧为设备名称，右侧为尺寸数值，如图3-18所示。

若不单击左侧箭头而单击父列表内容，则会批量创建该类型下所有尺寸的画板。

在某些特殊情况下，我们也需要自定义尺寸，Sketch提供非常简单的自定义尺寸的办法，且自定义的尺寸能保存在该列表中，下次可以直接使用。

需要自定义尺寸时，按快捷键A后，单击检查器右下角+号按钮，如图3-19所示，然后在弹出的窗口中Name处输入预设名称，接着输入尺寸即可，前面的数字表示宽，后面的数字表示高，如图3-20所示。

此时我们便可在Custom中看到刚才自定义的画板了。需要注意的是，无论我们对自定义的画板如何命名，在新建画板列表中显示的只会是Custom Preset，但是单击该画板模板创建的画板的名称为我们刚才自定义画板时设置的名字。

对自定义的画板进行编辑和修改也十分简单，在需要修改的自定义画板上单击鼠标右键，然后在出现的菜单选择第1项Edit Preset（编辑预设）即可对自定义的画板预设进行修改，选择第2项Delete Preset（删除预设）即可完成对该预设的删除操作，如图3-21所示。

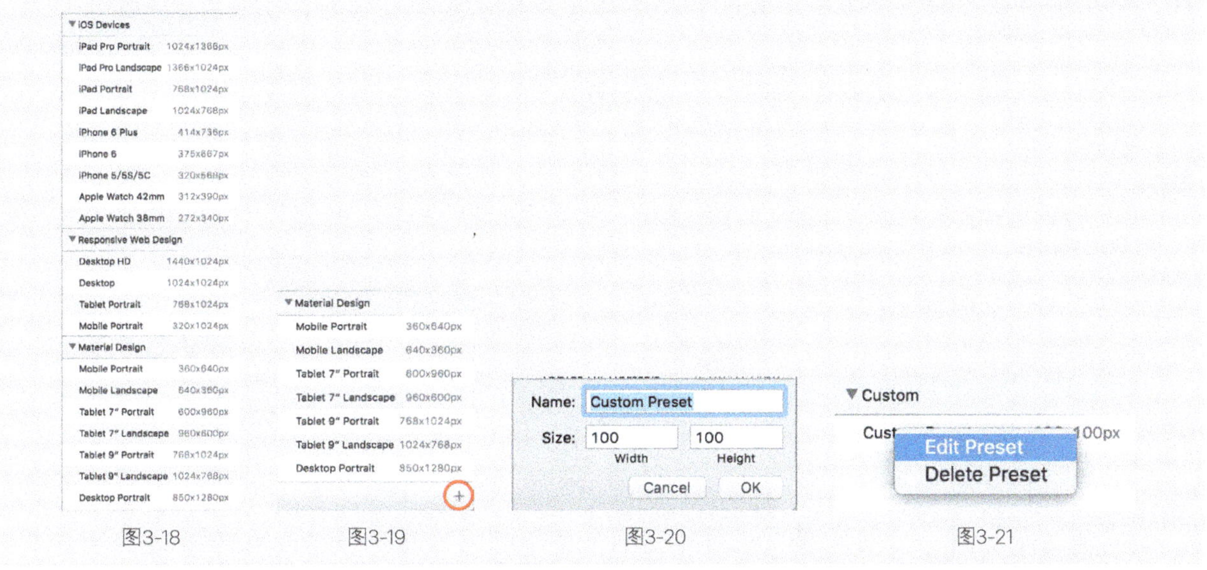

图3-18　　　　　　　　图3-19　　　　　　　　图3-20　　　　　　　　图3-21

（4）在右侧检查器中勾选Background Color，如图3-22所示。这一步如果不养成习惯会比较容易忘记，因为Sketch导出的位图一般以PNG格式为主，而PNG是支持Alpha通道的，如果没有设置背景色，导出的PNG图片就会是透明背景，而非设计时的白色背景，会导致视觉上不一致的情况。

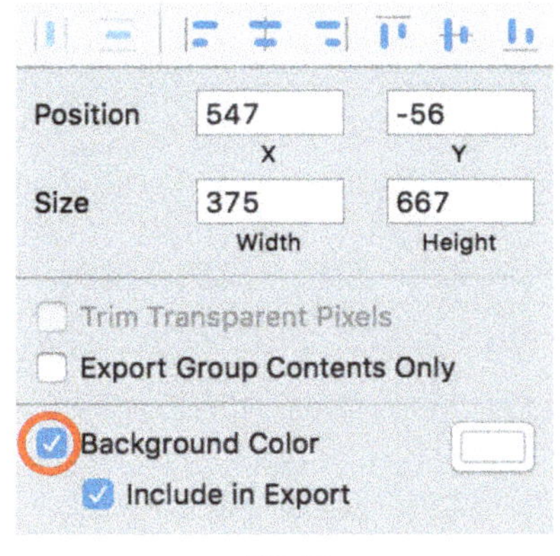

图3-22

引申知识点03——画板的检查器

Sketch检查器会根据选中图层的不同而做相应的更改，在选中画板后，检查器内容呈现如图3-23所示。

在检查器的顶端是对齐按钮，这一排按钮是不管选中什么图层都会保留的，从左到右分别是水平分布对齐、垂直分布对齐、左对齐、水平居中对齐、右对齐、顶部对齐、垂直居中对齐和底部对齐。其中前两个对齐按钮在选中3个或3个以上元素时可用。在选中画板状态下，要实现对齐功能需至少选中两个画板。

在对齐按钮下方是位置和尺寸大小属性，第1排Position（位置）表示画板在画布中的位置，第1个数字为x轴，第2个数字为y轴。第2排Size（尺寸）表示画板的尺寸。虽然我们是通过画板预设创建的画板，但是可用在这里对画板进行任意修改，前面的数字为宽度，后面的数字为高度。该功能一般用于设计需要滑动的屏幕内容时加长尺寸。

Trim Transparent Pixels（修剪透明像素），该功能只有在最后一栏Include in Export（导出时包含背景色）取消勾选状态下可用，勾选该内容后，导出时会自动对透明像素进行修剪。

Export Group Contents Only（仅导出组内容图层），选中该内容导出时，只会导出该画板上的内容，而不会导出不在该画板的内容。

在图3-23中新建两个画板，并将两个画板重叠，在A画板上将背景色设置为蓝色，且在上面绘制一个圆形，B画板不做任何修改。从检查器中导出预览图可以看到此时选中B画板导出时会包含A画板的内容。若勾选上Export Group Contents Only（仅导出组内容图层），则如图3-24所示，导出的内容不包含A画板的内容。

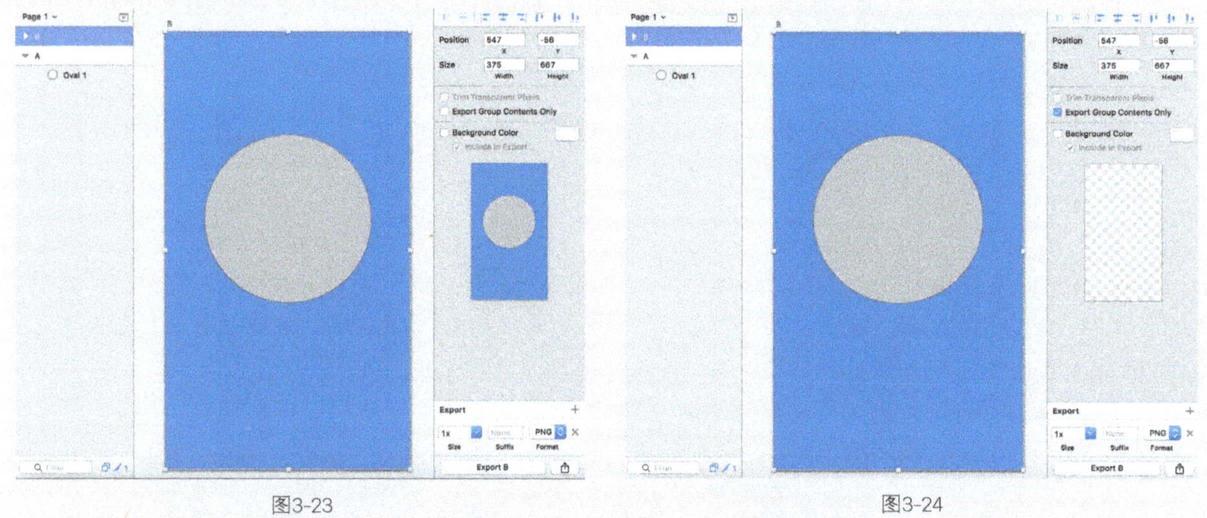

图3-23 图3-24

Background Color（背景色），勾选该选项即可设置画板背景色。

Include in Export（导出时包含背景色），若取消勾选，则在画布上画板有背景色，但导出时不包含背景色。一般情况下建议勾选。

（5）在图层面板上双击该画板名，将其重命名为"注册页"，然后重复上述步骤再次创建一个iPhone 6尺寸画板，并将其命名为"内容列表页"，如图3-25所示。

图3-25

引申知识点04——图层面板

图层面板是Sketch中非常重要的一个面板，它不仅是对图层本身进行管理的区域，更是一个界面内容的导航器，在图层面板中通过图层列表可以看到界面的层级关系。

在图3-26中图层面板从上往下是Pages（画布）、Artboard（画板）、图层组和图层4个部分。这也构成了Sketch中所有元素的层级关系，任何元素都可以是一个图层，一个以上的元素可以进行编组组成一个图层组，而一个画板内的元素包括图层、图层组以及切片。一个画布可以创建无数个画板，而一个Sketch文档又可以创建无数个画布。

在默认情况下，画布列表是收起状态，如图3-27所示。单击画布名即可快速进行画布切换。在实际工作中我们一般把同一类功能的画板放在同一个画布，不同功能类型的画板放在不同的画布。如与"登录"和"注册"相关的画板可以在一个画布内，与"设置"相关的画板在另一个画布内。进行多画布设置一方面可以避免一个画布上画板过多导致管理困难不方便查找，另一个方面因每次载入画板变少而让Sketch文档能迅速打开。

要新建画布或对画布重命名，则需要展开画布列表，单击右侧的下拉箭头即可展开，此时箭头变成一个+号，单击该+号即可添加画布，而该箭头滑到画布列表下方并变成一个上箭头，单击该箭头即可收起画布列表，如图3-28所示。

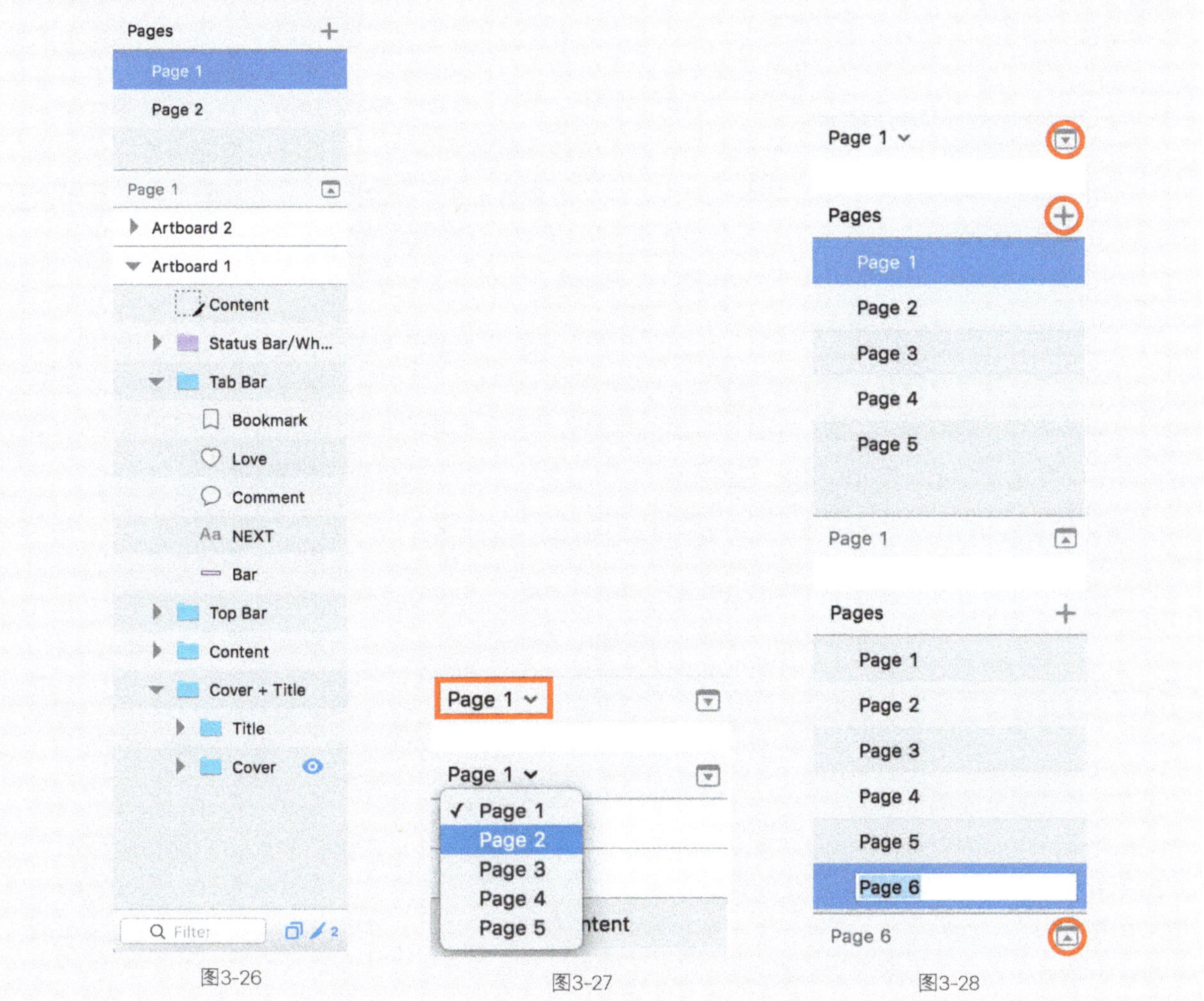

图3-26   图3-27   图3-28

若要对画布重命名，只需要在画布列表中用鼠标左键双击需要修改的画布名即可进入编辑模式，修改后单击输入框外任意地方完成修改。若需要复制画布，只需要在需复制的画布名上单击鼠标右键，然后在弹出的菜单中选择Duplicate Page（复制画布）即可。复制的画布在原画布的下方。若需要删除画布，只需要在该画布上单击鼠标右键，接着在弹出的菜单中选择Delete Page（删除画布），此时会出现一个对话框提示是否确定删除画布，单击Delete按钮即可删除画布，如图3-29所示。

在图层面板上，不管画板下面有无图层或图层组，画板名左侧都有一个箭头，箭头向下代表列表展开，向右代表收起。单击画板名即可选中该画板，用鼠标左键双击即可对画板重命名。

图层组有两种类型：紫色代表是符号图层组，蓝色代表普通图层组，如图3-30所示。如果在紫色图层组内进行内容修改，则该文档中有该图层组的所有画板上的内容都做更改。

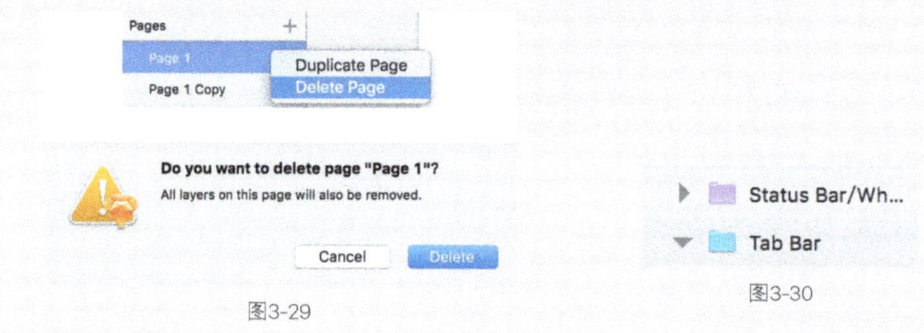

图3-29　　　　　　　　　　　　　　　　　　　图3-30

一般图层有5种，从上往下分别为形状组合图层、形状图层、文本图层、位图图层、切片图层，如图3-31所示。

形状组合图层和形状图层的区别在于形状组合图层左侧会有箭头，展开可以看到该形状是由哪几个形状经过布尔运算得出。两者的缩略图均与自身形状有关。选中形状组合图层后按enter键可展开该图层，再次按enter键进入编辑模式。选中形状图层按enter键直接进入编辑模式。

文本图层的缩略图由Aa组成，选中该图层按enter键可以进入文字编辑状态。

位图图层由位图图标表示，选中该图层按enter键即可进入位图编辑模式。

切片图层本身没有内容，它的内容取决于它所覆盖的图层，在图层面板中，切片图层的缩略图为一个虚线方块和刀状的图标组成，并且切片图层没有图层顺序的概念，理论上它一直在顶层。

在图层面板中，普通图层缩略图用灰色显示，共享样式图层缩略图用紫色显示。

图3-31

和Photoshop的图层列表一样，图层之间除切片图层外有顺序，在图层列表上方的图层会覆盖下方的图层，我们可以通过在图层面板中选中并拖动该图层来调整图层之间的顺序，也可以选中图层按快捷键来调整。option + command + 上（下）方向键可将图层上（下）移一层，control + option + command + 上（下）方向键可将图层移至顶层（底层）。

使用快捷键command+D可以复制图层到图层列表，command+C可以复制图层到剪贴板，command+X可以剪切图层，comand+V可以粘贴图层。

选中多个图层，按快捷键command+G可以对图层进行编组，选中图层组按快捷键shift+command+G可以对图层组取消编组。

我们也可以对图层或图层组进行隐藏或锁定操作，隐藏的图层在画布上无法看到，锁定的图层在画布上无法被选中。右侧出现眼睛图标且该项呈灰状态表示该图层被隐藏，右侧出现锁的图标则表示该图层被锁定，如图3-32所示。

要隐藏图层，我们只需将光标移动到图层列表中需要隐藏的图层处，右侧会出现眼睛的图标，对该图标单击即可隐藏该图层，再次对眼睛图标单击即可取消隐藏。我们也可以使用快捷键shift + command + H执行该操作。

若要锁定图层，需要在该图层上右击，选择Lock Layer即可，如图3-33所示。也可以使用快捷键shift + command + L执行该操作。要取消锁定，在锁的图标上单击即可。

我们可以双击图层对图层重命名，或使用快捷键command+R进行重命名。

图层面板的底部，如图3-34所示。第1个为搜索功能，单击搜索框可对该画布中所有图层进行搜索，单击中间的按钮，所有的图层都不可选中，单击第3个切片按钮，则该画布上所有的切片图层隐藏也无法选中。该按钮旁的数字表示该画布中切片的数量。

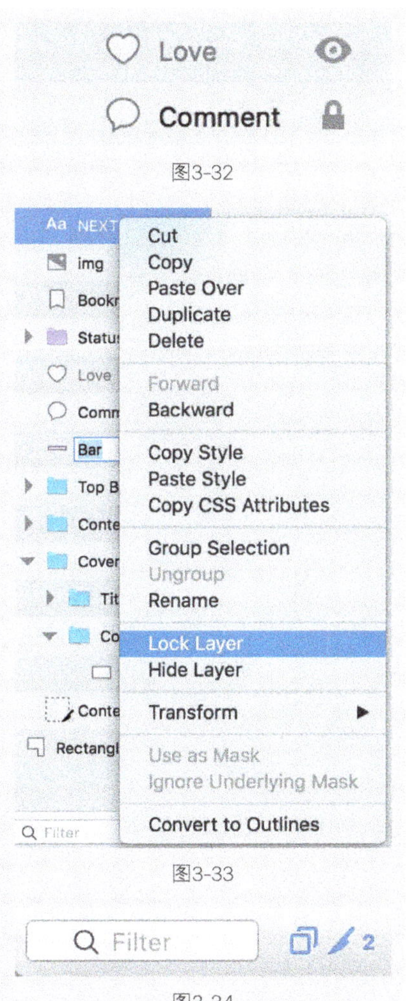

图3-32

图3-33

图3-34

（6）执行File>New From Template>iOS UI Design菜单命名，打开Sketch内置的iOS模板，如图3-35所示。选择黑色状态栏，并使用快捷键command+C进行复制，接着回到线框原型文档，选中注册页画板，按快捷键command+V进行粘贴，最后选中内容列表页画板，按快捷键command+V再次粘贴，效果如图3-36所示。

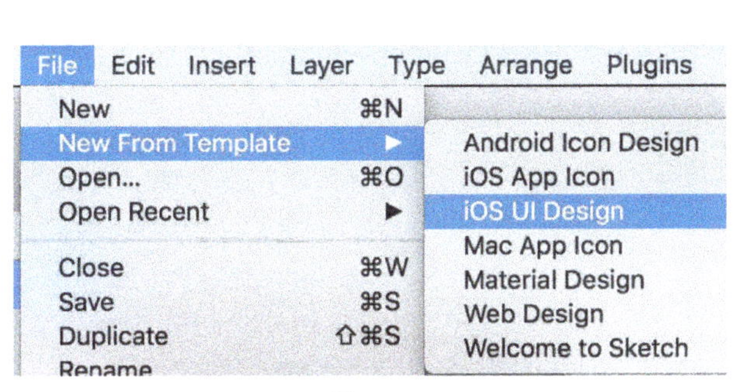

图3-35

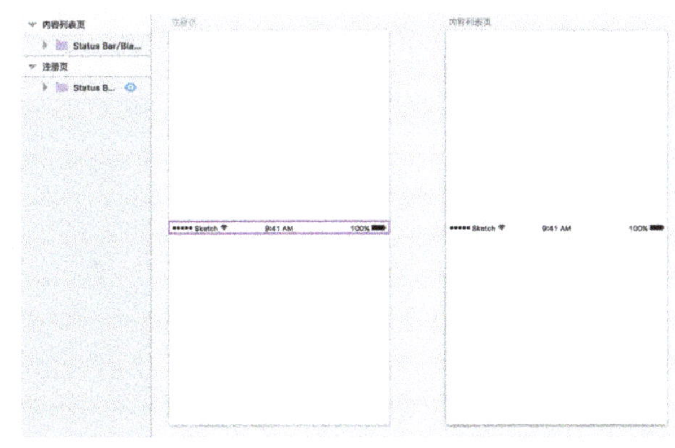

图3-36

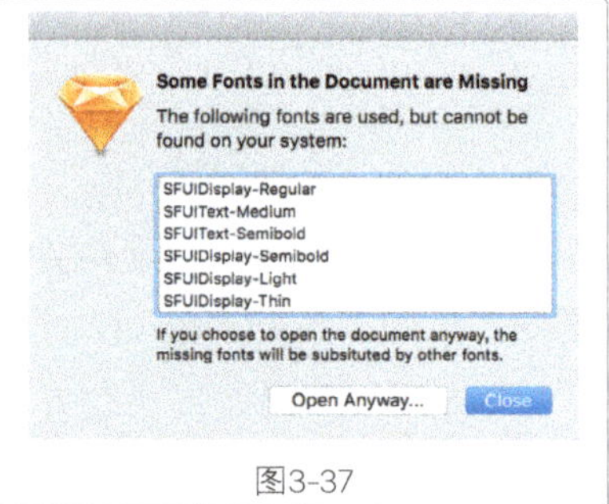

提示

有的朋友在打开iOS模板的时候可能会弹出图3-37所示的对话框，这是由于Mac系统中缺少该Sketch文档中所含字体的原因，大多数情况下字体问题不大，我们选择Open Anyway...（仍然打开）即可。请注意不是默认蓝色的按钮来打开该模板。

图3-37

引申知识点05——模板

如果说Sketch的画板预设能说明Sketch是为UI设计而生的话，那么Sketch内置的模板则让Sketch相比同类型的设计软件领先了一大截。

Sketch内置的模板全部是严格按照iOS人机交互指南以及Material Design设计规范制作而成的。使用模板进行设计，不仅能让效率提升，而且对于新入行的UI设计师来说，能避免出现一些错误，确保设计出来的UI界面是可用的。

Sketch内置的模板几乎覆盖了全部平台，如图3-38所示。执行"File>New From Template"菜单命令选择对应模板即可进入。内置的模板从上到下包括安卓图标模板、iOS App图标模板、iOS UI模板、Mac App图标模板、Material Design模板、Web网页设计模板以及欢迎使用Sketch（严格意义上说，该页不是模板，但是对于Sketch新用户来说，该页面提供了一个快速入门的指南，建议前往阅读一遍）。

图3-38

Sketch的模板会随着软件版本的升级而升级，尤其是iOS和安卓相关的模板，会严格根据官方的规范变动而变动。

使用内置的模板也十分简单，只需要选中所需的元素，复制并粘贴到自己的设计文档中即可。上文便是一个例子。当然模板的作用远不止简单的复制粘贴，在本书后续章节也会频繁使用到模板。

如果大家打开模板文档后对每个元素还不是很了解，大部分原因是因为大家对iOS和Material Design规范还不熟悉，Sketch的模板均使用Sketch制作而成，模板中每个图层都可被修改和查看，建议大家在读完本章了解图层的检查器后，对照规范对模板中的图层进行研究，相信会有很大的收获，并对设计规范了然于胸。

模板除了让设计更加规范外，还可以让设计整体风格统一。

一套App往往具有相同的元素，如各页面中相同功能的按钮，相同层级的文字以及所使用的主要颜色等，一个研发团队往往有多位设计师，如果把这些相同元素提取出来做成模板，则可以让设计师设计出来的界面风格更加统一，提升团队效率。

Sketch为我们提供了自定义模板的功能。我们新建一个Sketch文档，将需要做成模板的元素提取出来后，放入该文档，然后执行File>Save as Template...菜单命令，接着在弹出的对话框中为该模板命名（支持中文），完成后单击OK按钮即可，如图3-39所示。之后我们便可以从File>New From Template中找到该模板。

若有过自定义模板，在该菜单中则会出现Reveal in Finder（在Finder中显示）选项，单击即可打开自定义模板所在文件夹，我们可以对其进行修改和删除，如图3-40所示。

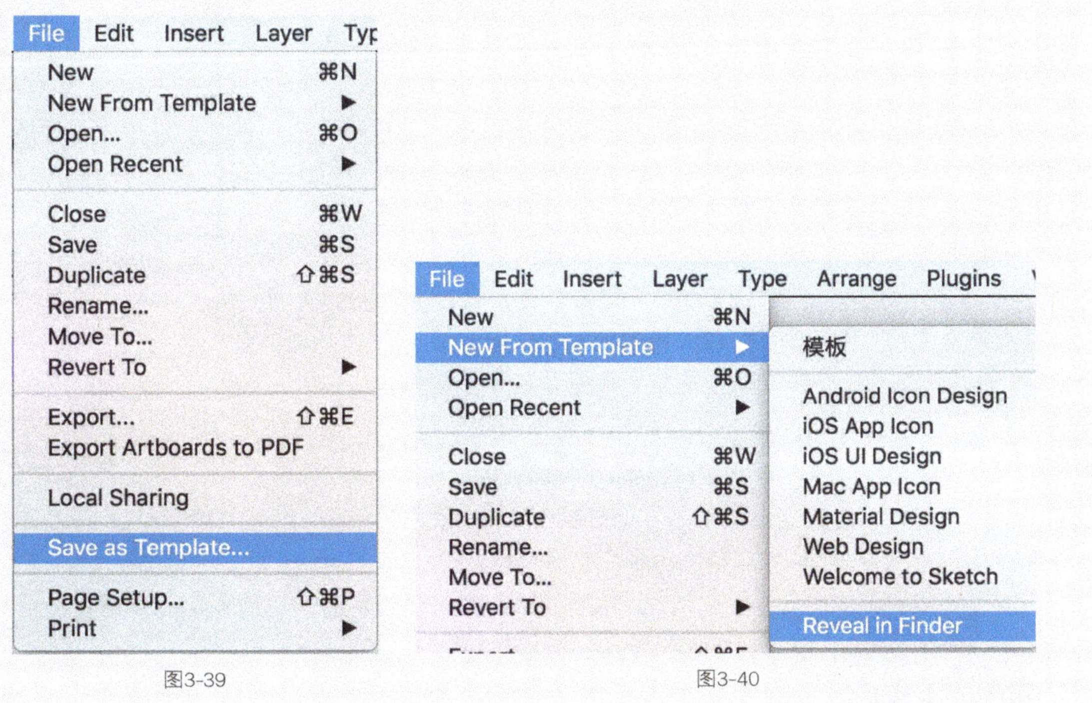

图3-39　　　　　　　　　　　　　　　　图3-40

（7）选中状态栏图层组，在右侧检查器中单击顶部对齐按钮，即可将状态栏移至顶端。我们也可以选择手动将状态栏拖到画板顶部，但是效率没有使用对齐功能高且没对齐功能准确。为了确保对齐，我们在进行顶部对齐的同时还可以单击一次水平居中对齐按钮，确保该状态栏在画布顶部正中间。我们也可以直接在Position属性处直接输入x轴为0，y轴为0对齐。选择另一状态栏，执行同样的对齐操作，如图3-41所示。

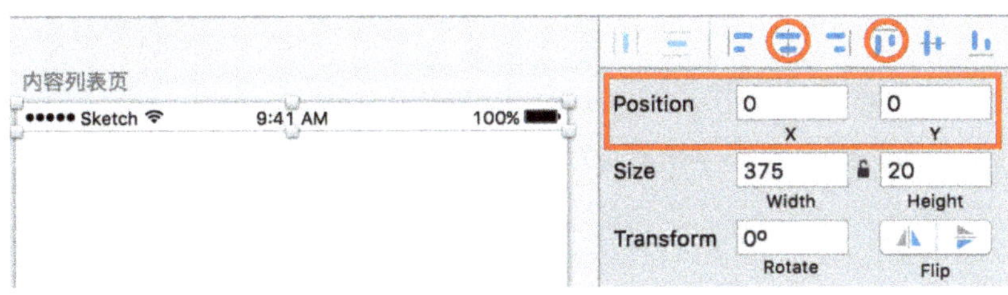

图3-41

引申知识点06——图层组的检查器

选中图层组后，检查器会呈现图3-42所示的内容。

顶部是对齐工具。若只选中一个图层或图层组，单击该工具则会将该图层或图层组与所在画板为目标进行对齐。

Position和Size功能同画板的检查器。但是在Size的宽度和高度之间有一个锁的图标，图3-42中锁图标为解开状态。单击变成锁定状态，此时长宽比锁定，变更其中任何一个数字，另一个数字也随之按之前比例变更。

Transform（变换）一行可对图层组做简单的变换操作。Rotate（旋转）处可以让图层组精确旋转。0° 表示不做旋转，360° 和0° 效果一致，相当于转了一圈回到原点。光标移动至输入框会出现上下控制按钮，单击可按1° 的幅度进行数字的变更。我们也可以直接手动输入数值。正数代表顺时针旋转，负数代表逆时针旋转。后面两个按钮分别是水平翻转和垂直翻转的功能。

Click-through when selecting（单击直接选中图层），默认情况下，我们在画布中单击图层组会直接选中该图层组而非组内的图层，若勾选该选项，在画布中对图层组单击则直接选中组内的某一图层而非图层组。该功能笔者建议取消勾选，毕竟我们编组的目的在于便于成组的管理和移动，若特殊情况需要对组内图层进行选择，可在画布中对该图层所在图层组双击直到选中。我们也可以按键盘上的command键，然后再去选择图层，此时可以暂时忽略图层组直接选中图层。

No Symbol（无符号样式），关于符号的知识我们会在本书后续章节详讲。

Opacity（不透明度），该选项用来调节图层组透明度。100%代表完全不透明，0%代表完全透明。我们也可以通过数字键盘0~9进行快速设置，0代表100%，1~9分别代表10%~90%。

Blending（混合模式），类似于Photoshop中的图层样式中的混合模式，默认无混合样式，即Normal（普通）。单击出现下拉菜单，分别为Darken（加深）、Multiply（正片叠底）和Color Burn（颜色加深），这3个为变深效果。Lighten（减淡）、Screen（滤色）和Color Dodge（颜色减淡），这3个为变淡效果。Overlay（叠加）、Soft Light（柔光）和Hard Light（强光），这3个为饱和度的调整效果。Difference（差值）和Exclusion（排除），这两个为差集效果。Hue（色相）、Saturation（饱和度）、Color（颜色）和Luminosity（明度），这4个为颜色调整效果。下拉菜单如图3-43所示，每类效果中用细线给隔开便于快速定位。具体效果样式建议大家自行进行尝试。

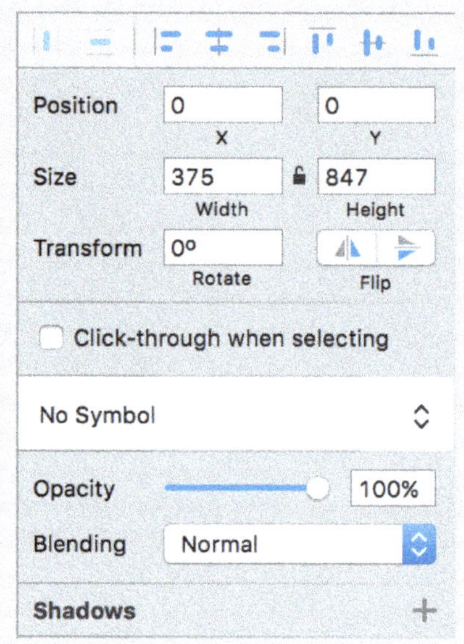

图3-42

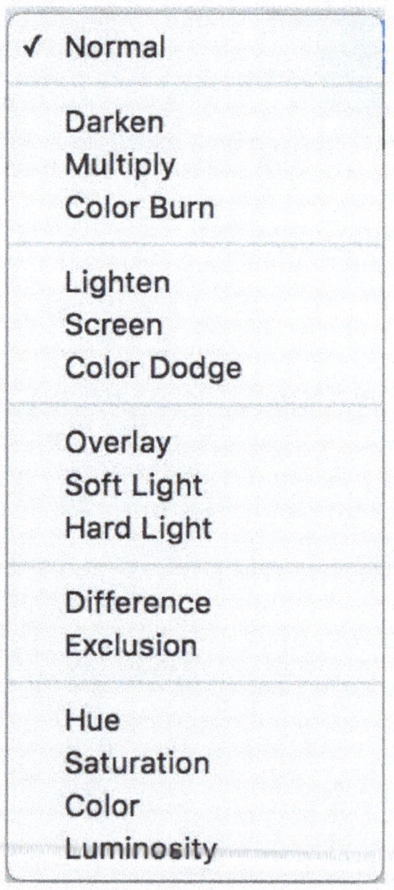

图3-43

Shadows（阴影），单击右侧的+号即可为该图层组添加阴影样式。

以上是普通图层组的检查器，如果图层组为符号图层组，则显示内容如图3-44所示。

两者的区别仅在于符号图层组的检查器中无Click-through when selecting选项。我们若将符号图层组转变为普通图层组，则图层组检查器也会变成普通图层组检查器。

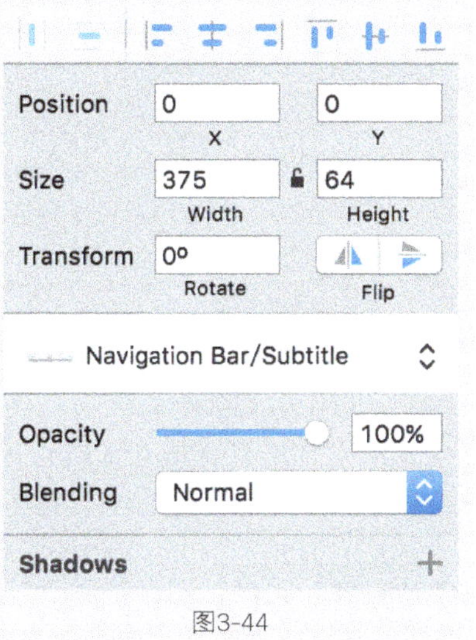

图3-44

（8）因为我们现在设计的是注册页面的线框原型，所以一般该页面是从启动页进入，所以应该有返回按钮。因此再次打开iOS UI模板选择标题栏模板，复制并粘贴到"注册页"。然后使用对齐按钮将其顶部居中对齐。这时候一些朋友可能发现该图层组挡住了状态栏，因此将状态栏的图层组移动至顶层，如图3-45所示。

图3-45

（9）之前我们提到，线框图最好不要出现颜色，避免对设计师造成干扰，且线框图应尽可能简洁并避免多余元素造成误解。所以将该模板中不需要的图层进行隐藏，然后将后退按钮图标变成黑色，如图3-46所示。

图3-46

引申知识点07——形状图层的检查器

形状图层是Sketch中很常见的图层，形状图层的检查器如图3-47所示。

我们将形状图层的检查器分成3部分，如图3-48所示。

第1部分和图层组相同，分别是对齐功能、位置、尺寸和变换属性。

第2部分是形状样式、透明度和混合模式的属性，该部分内容会随着形状的不同有所变化。Sketch一共可以绘制8种基础形状——Line（线）、Arrow（箭头）、Rectangle（矩形）、Oval（椭圆）、Rounded（圆角矩形）、Star（星形）、

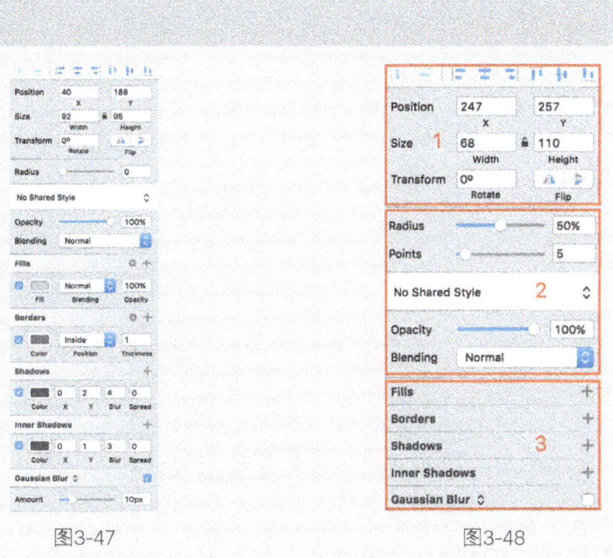

图3-47　　　　　　图3-48

Polygon（多边形）和Triangle（三角形），如图3-49所示。其中线形的快捷键为L、矩形为R、椭圆为O、圆角矩形为U，这4个快捷键很常用，应记住。

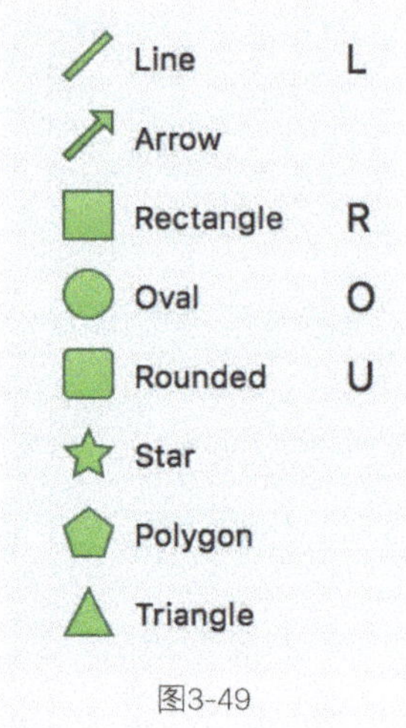

图3-49

其中线形、箭头、椭圆和三角形的形状图层检查器无Radius和Points的选项；矩形和圆角矩形的形状图层检查器无Points的选项；星形的形状图层检查器包含两种选项；多边形的形状图层检查器无Radius的选项。

Radius（半径），此处数值表示圆角的半径，数值越大则半径越大，在矩形中半径为0，若给矩形半径数值，则变成圆角矩形。可通过滑杆调节大小，但是滑杆最大数值有限，超过该数值的可以手动输入。

Points（角的个数），在多边形和星形中，此数值代表角的个数，如五角星的数值为5，六边形的数值为6。

该部分其他选项和图层组选项相同。

第3部分为填充描边样式。

Fills（填充），快捷键为F，单击右侧的+号可以添加填充，添加填充后可以设置填充颜色类型、填充混合模式以及填充不透明度。取消左侧勾选则去掉填充。Sketch允许多层填充，即可以通过单击右侧的+号添加多层填充。

Borders（描边），快捷键为B，和填充类似，添加描边后可以设置描边颜色、描边位置和描边粗细。其中描边位置有Center（中间）、Inside（内部）和Outside（外部）3种，描边粗细可以直接输入数字，支持小数。

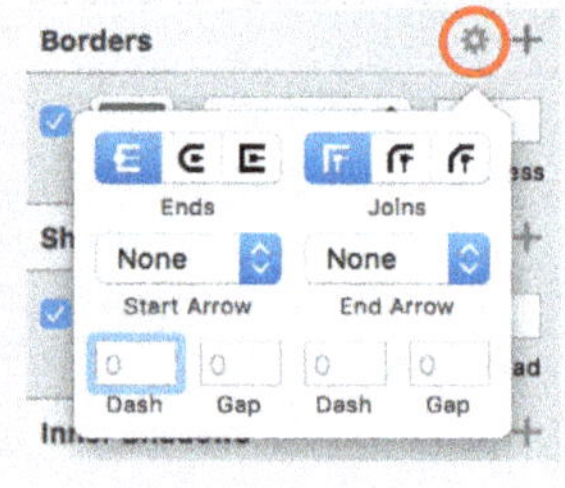

图3-50

在描边的右侧有齿轮图标，单击可设置描边样式，如图3-50所示。

第1排分别是描边端点和描边交叉处的样式。

第2排是设置描边开始箭头样式和描边结束箭头样式。

第3排4个输入框通过输入不同的数值可以绘制出虚线等效果，分别代表Dash（虚线）和Gap（间隙），单位为像素。Sketch中允许同一条虚线两种样式，如设置数值分别为2、1、4、2，则表示这条虚线由一个2像素的线段，1个像素的间隔，再4像素的线段和2像素的间隔为一组，组成的一条虚线。在实际工作中，如果组成虚线的线段保持一致，则任意填写前面2个或者后面2个输入框中的数值即可。

Shadows（阴影/投影），添加投影后检查器中投影属性如图3-47所示，颜色后面4个数值分别代表投影在x轴上移动距离，正数为右移，负数为左移；y轴移动的距离，正数为下移，负数为上移；投影大小和投影范围。

Inner Shadows（内阴影），添加内阴影后检查器中内阴影属性如图3-47所示，属性数值的设置和投影相似。

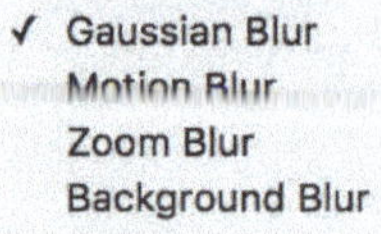

Gaussian Blur（高斯模糊），此处可以设置模糊效果，数值越大模糊效果越强。除高斯模糊外，还可以设置Motion Blur（动感模糊）、Zoom Blur（缩放模糊）和Background Blur（背景模糊），如图3-51所示。

图3-51

一般来说，设计iOS毛玻璃效果需要用到模糊效果。

（10）使用快捷键U创建一个圆角矩形，尺寸设置为320px×60px，将该矩形的圆角半径设置为6，然后使用对齐按钮将其和画板水平居中对齐，距离标题栏30px。在移动图层时，应该养成经常按option键的习惯，可以通过测量距离快速定位，如图3-52所示。接着去掉填充，将圆角矩形的不透明度设置为30%，最后将该图层命名为"账号输入框"，如图3-53所示。

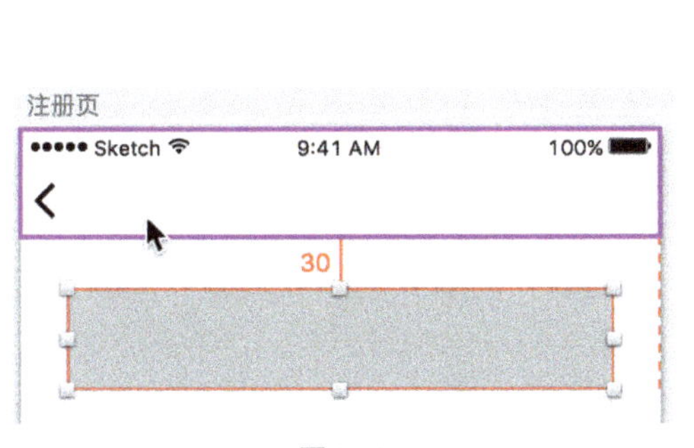

图3-52

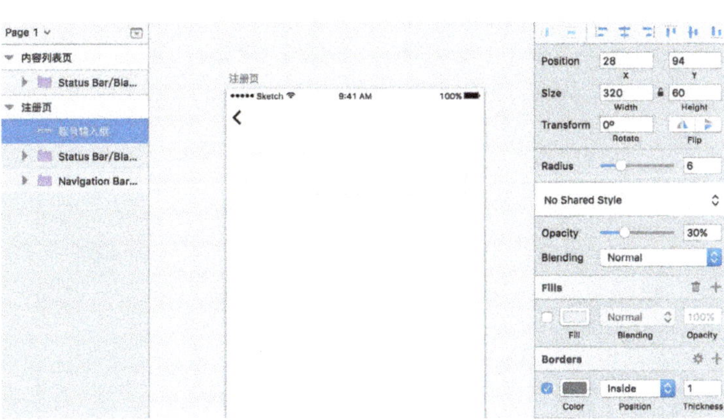

图3-53

（11）使用快捷键T插入文字，并和输入框垂直居中对齐，距离输入框左边10px，然后设置字体颜色为#999999，字体类型为苹方简体_Regular，字体大小为18号，50%不透明度。设置完后选中文字和输入框图层，按快捷键command+G进行编组，并将图层组命名为账号，如图3-54所示。

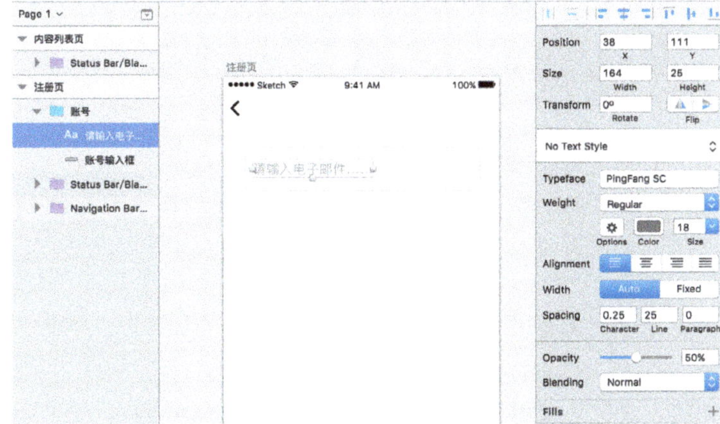

图3-54

引申知识点08——文字图层的检查器

文字图层和形状图层构成Sketch中最常用的两种图层，文字图层的检查器如图3-55所示，我们同样将其分成3部分。

第1部分和其他图层相同，需注意的是此处的高度由文字图层中文字行高总和决定，不能在此调整文字大小。

第2部分为文字图层特有的属性设置区域，第1排为字体共享样式。关于文字共享样式和图层符号知识我们会在第4章详细介绍。

Typeface（字体），此处设置字体，快捷键为command+T，在出现的列表中直接选择即可，也可以在搜索框中快速搜索字体。但是Sketch中字体名均为英文或者拼音，若需要中文字体，输入拼音搜索即可。

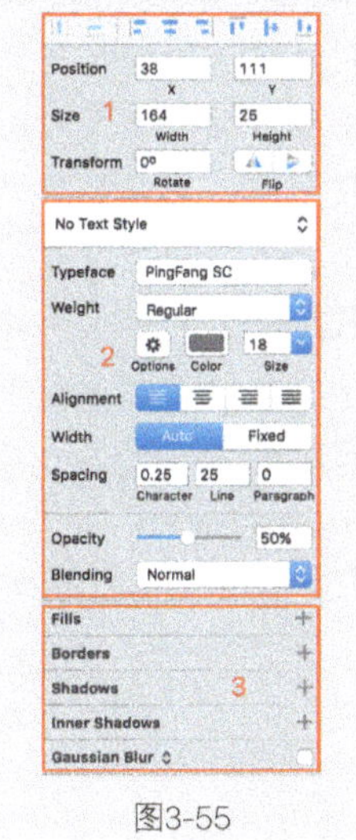

图3-55

Weight（字重/样式），此处设置字体样式，根据字体自身的样式决定，有些字体只有一种样式此项则不可选。苹方字体为iOS默认字体，提供了从细到粗6个样式。

齿轮图标单击打开后如图3-56所示，可以设置文字的下划线样式，以及列表样式。列表样式包括None（无）、Numbered（数字序号列表）和Bullet（符号列表）。

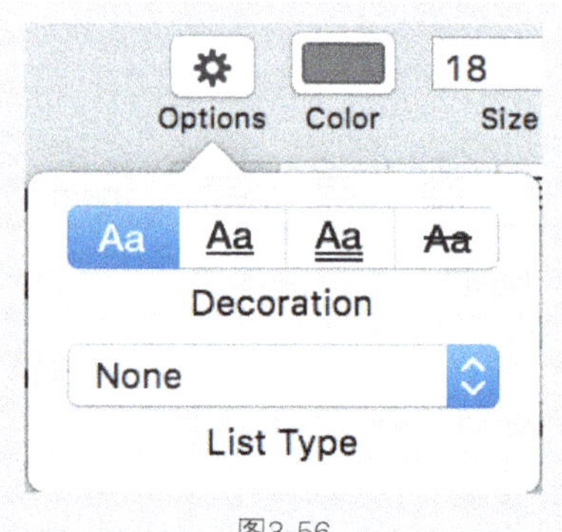

图3-56

Color处设置文字颜色，Size处设置文本大小，即字号。

Alignment（对齐），此处设置文本对齐方式，左对齐、居中对齐、右对齐和分布对齐。

Width（宽度），此处设置文本段的宽度。分别是自动调整和固定宽度。自动调整会随着你输入的文本让文本框的宽度随之扩宽，不会自动断行。而固定宽度则让文本内容当超过现有的宽度时会自动断行，以增加长度的形式显示。

Spacing（间距），此处设置文本的间距，分别是字符间距、行高和段落间距。

后面的不透明度和混合模式以及第3部分和其他图层的检查器此部分内容功能相同。

（12）选中注册图层组并按住option键拖曳，即可复制该图层组，同时按住快捷键option+shift并拖曳鼠标，即可在复制图层时和原图层保持水平/垂直移动。将复制的图层组移到距离原图层组20px位置，然后将图层组命名为密码，如图3-57所示。

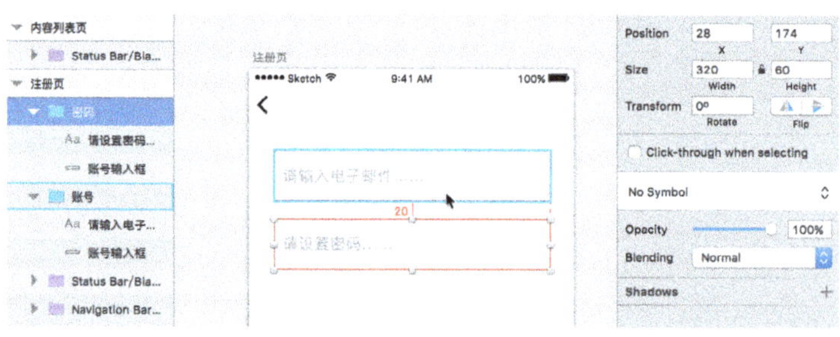

图3-57

（13）重复步骤12复制图层组，但是将复制的图层组移动至距离密码图层组70px的位置，然后将该图层组的输入框和文字不透明度调整为100%，并将输入框去掉描边，填充颜色为#000000，接着将文本颜色设置为#FFFFFF，居中对齐。因为文本和画板居中，所以可以直接通过检查器顶部的对齐按钮操作。最后将图层组重命名为注册按钮，如图3-58所示。

图3-58

（14）在底部输入类似于注册协议之类的文本，完成设置。需要注意的是，最后的文本可以设计出可单击效果，所以在"软件协议"4个字上给出粗体样式，与周边其他文字区分开来，如图3-59所示。

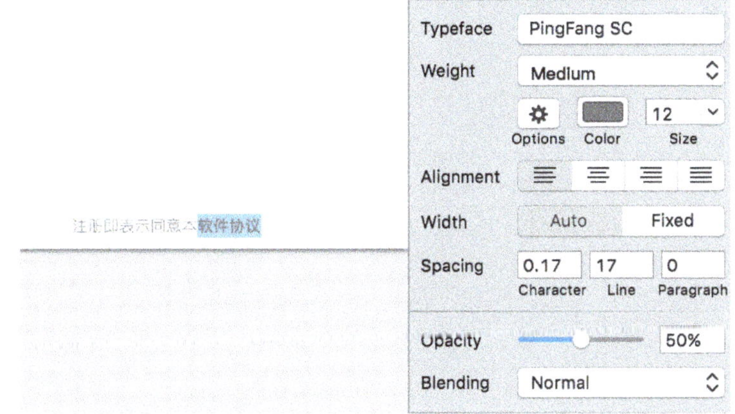

图3-59

3.3.2 内容列表页线框原型的绘制

（1）打开iOS UI模板，将标题栏复制粘贴到内容列表页。此时我们发现，注册页上的标题页也已经变更过来，这是因为标题页是符号图层组，为了彼此不受影响，使用快捷键command+Z撤销上述操作，然后在注册页中选中标题栏的图层组，接着单击鼠标右键，并在弹出的菜单中选择Detach from Symbol（从符号分离）命令，即可将符号图层组变成普通图层组，如图3-60所示。关于符号将在第4章详解。

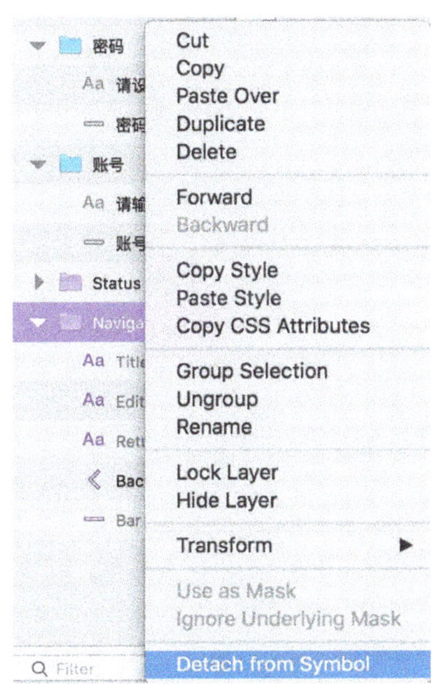

图3-60

（2）再次执行步骤1的复制粘贴操作，将标题栏粘贴过来，然后调整图层组顺序，并和画板顶部对齐，接着将后退按钮、Back文字和Edit文字图层隐藏，最后将Tittle文字改成"内容列表"，如图3-61所示。

图3-61

（3）再次回到iOS UI模板，复制搜索框并粘贴，然后将其位置移动至标题栏下方，如图3-62所示。因为有智能参考线，我们很容易对齐。

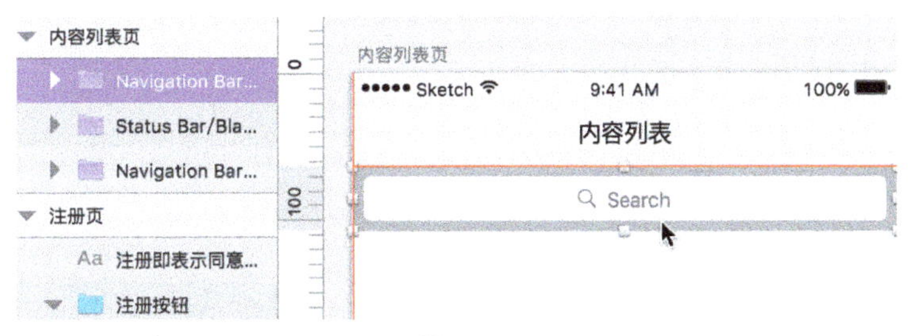

图3-62

（4）使用快捷键T，任意输入一段文字，将文字字号设置为16，行高设置为22，字体颜色设置为#666666，然后将宽度设置为Fixed，限制在250px宽。距离画板左边10px，搜索栏底边15px，如图3-63所示。

（5）再次使用快捷键T，输入时间相关文字，如10:00pm，字号设置为12，行高设置为17，字体颜色设置为#999999。距离画板左边10px，搜索栏底边6px，然后将两个文字图层选中，并按快捷键command+G进行编组，接着重命名为文字，如图3-64所示。

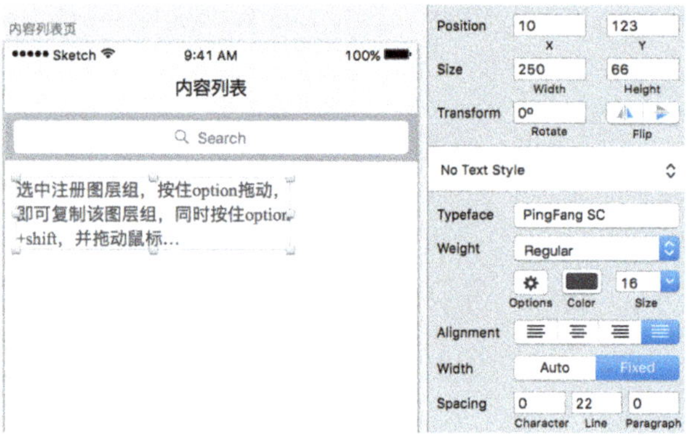

图3-63

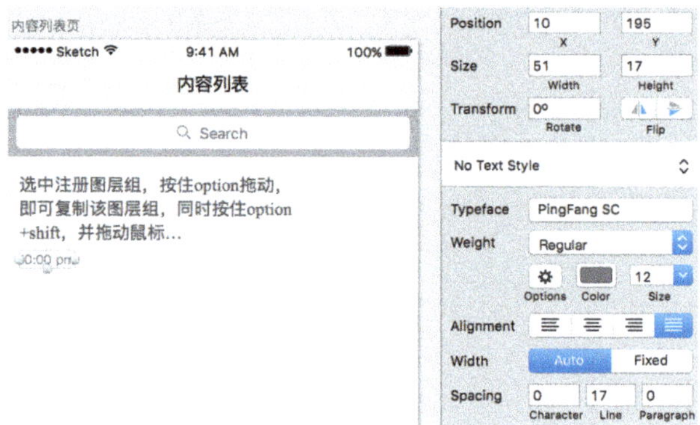

图3-64

（6）注意到文字图层组高度为89px，然后使用快捷键U，并按住shift键，绘制一个正方形的圆角矩形，尺寸为90px×90px，再将圆角半径设置为6。接着将该矩形和文字图层组水平居中对齐，并距离画板右边10px，最后去掉描边，并对其重命名为插图，如图3-65所示。

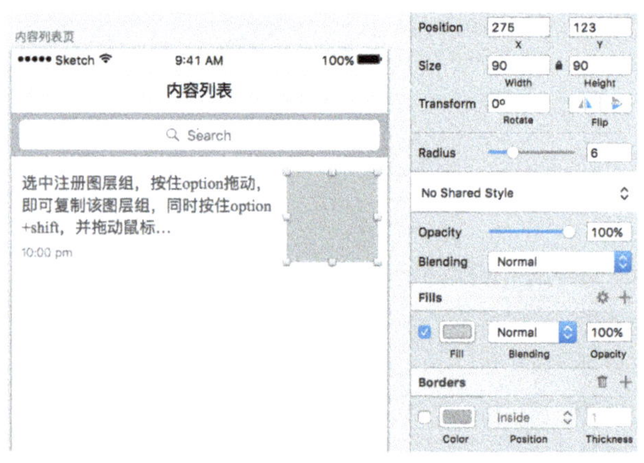

图3-65

（7）使用快捷键L并按住shift键水平绘制一条直线，尺寸为375px，然后和画板水平居中对齐，并垂直移动到距离文字图层底边为15px的位置。接着将其不透明度设置为20%，再将文字图层组、圆角矩形图层和直线图层选中按快捷键command+G进行编组，最后将图层组重命名为内容，如图3-66所示。

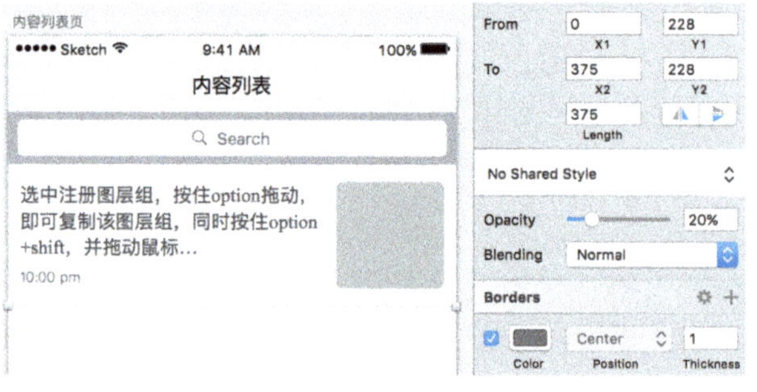

图3-66

（8）选中图层组，然后按住快捷键option+shift对其复制，接着将其移动到距原图层组底边15px的位置，重复该过程直到铺满画板，如图3-67所示。

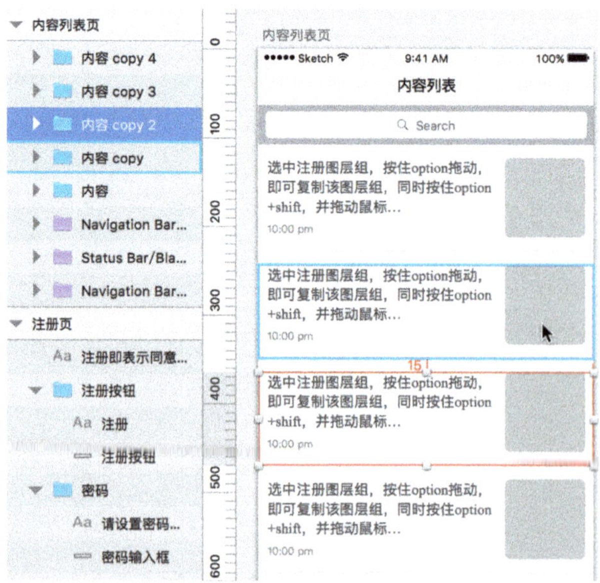

图3-67

（9）再次回到iOS UI模板，复制底部标签栏并粘贴，然后和画板底部对齐，接着修改标签颜色，将该标签的圆角矩形和文字颜色均调整为#000000，如图3-68所示。

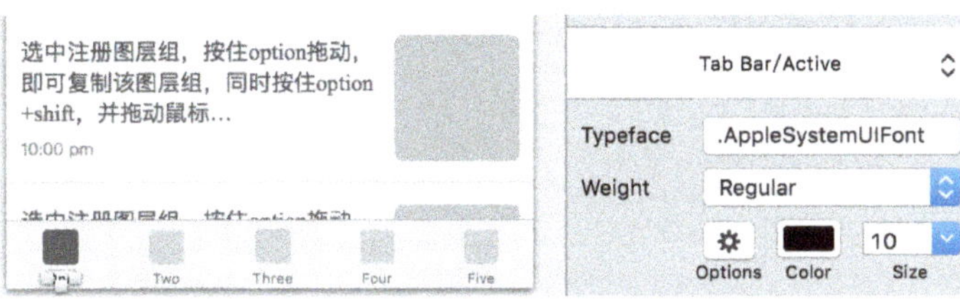

图3-68

（10）接下来对该线框原型做一个交互示意，选中第3排的内容图层组，然后将其整体向左移动至距离画板右边188px的位置，再按住alt键单击线段图层，选中该线段并将其和画板水平对齐。接着使用快捷键O，并按住shift键绘制一个尺寸为50px×50px的圆，再去掉填充，最后使用快捷键T，输入文字"删除"，字号设置为14px，并和该圆居中对齐，再对正圆和删除文字图层编组，将其重命名为删除按钮。完成后复制该图层组水平移动，将"删除"文字修改为"分享"，调整两个图层组到合适位置，即完成该线框图绘制，效果如图3-69所示。

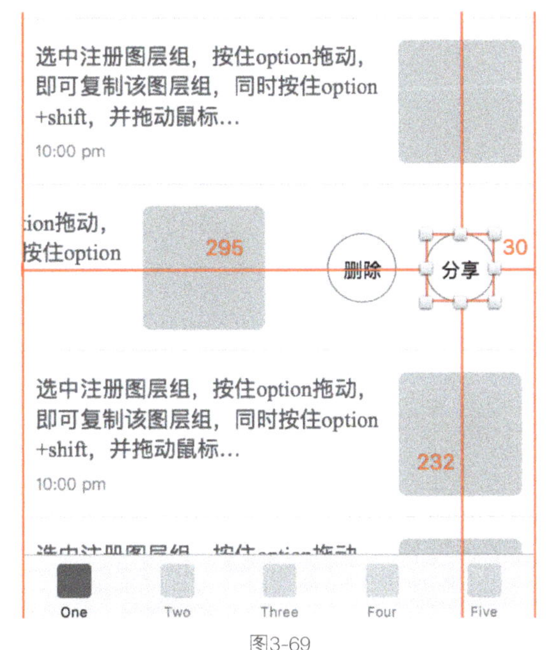

图3-69

3.3.3 完整线框原型的绘制

以上是两个单独绘制的线框原型，但实际工作中，作为交互设计师，在主流程的线框图绘制出来后，便应该绘制细节线框图，并提供交互示意。

以注册页为例，最终我们可以做出如图3-70所示的一组关于注册页面的线框原型图。这样可以更加清晰地展示文字输入前后按钮变化需求。

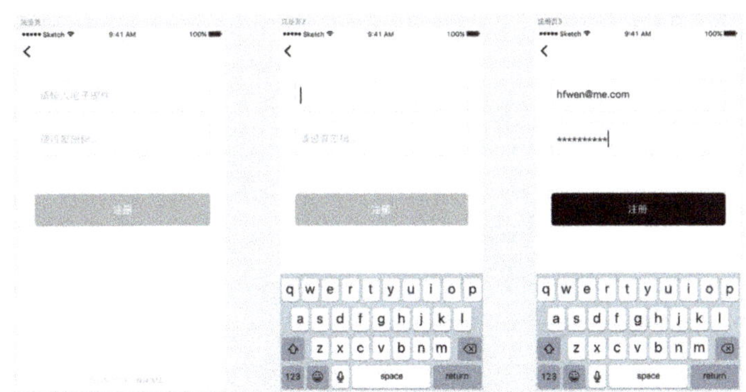

图3-70

借助于Sketch，这一过程变得异常简单。在进行设计时，建议新建一个画布，然后复制注册页画板到新建的画布，并在该画布上粘贴出3个画板，可以将画板名命名为"注册页1""注册页2"和"注册页3"。接着对每页内容进行调整，按钮变灰色只需要将不透明度进行调整即可。键盘可以从iOS UI模板直接复制使用。

iOS内置了几套键盘，应根据实际场景调用。如注册必须是手机号码，则弹出的键盘最好是纯数字键盘。

绘制好一套线框图之后，我们可以再提供交互示意图，如图3-71所示。

可以将绘制好的线框图画板全选并复制一份，然后新建一个画布进行粘贴，接着对每个画板执行 "Layer（图层）>Flatten Selection to Bitmap（将选取变为位图）" 命令，将每个画板变成位图，如图3-72所示。

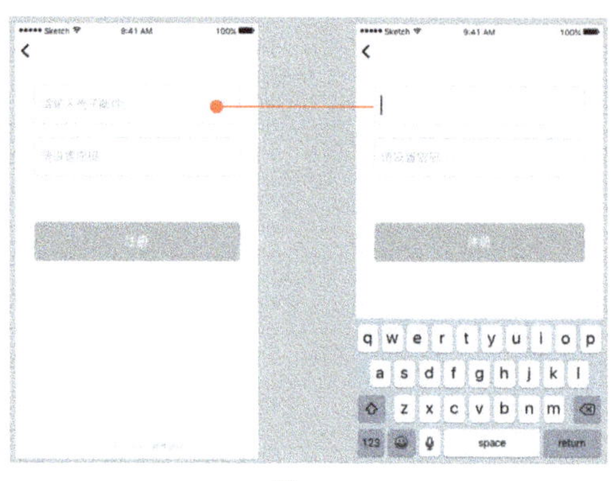

图3-71

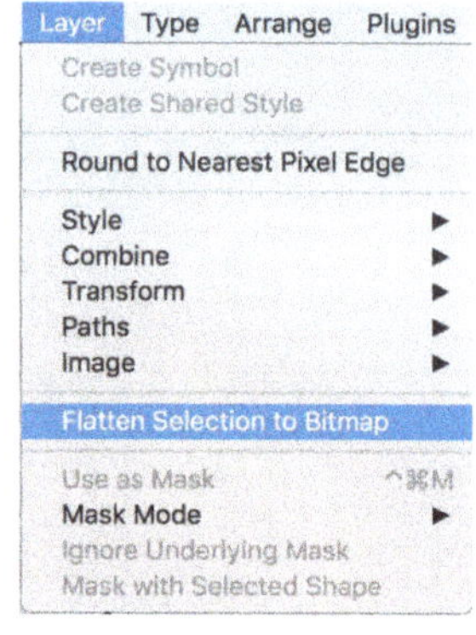

图3-72

接下来在所有变成了位图的画板底部绘制一个矩形，作为所有位图的背景，然后使用椭圆工具和直线工具进行交互示意线的绘制。绘制该线时，圆点表示开始，结束可以给一个正方形，也可以不给。直线可以90°转角，但是线与线之间不应该出现相交。

绘制完后，将所有图层选中并编组，然后将图层组导出即可。

3.3.4 绘制线框原型的思考

在绘制线框原型的时候，要把握好效率，不要过分去追求细节与视觉效果，当然能做到彼此兼顾更好，所以要灵活运用Sketch的复制粘贴以及智能辅助线等功能，做到又快又准。

绘制线框原型时对图层的命名和编组没有严格要求，但是建议大家从一开始就养成命名和编组的好习惯，这样在后续对文档进行修改时会方便很多，在做交互细节图时也会提升效率。

在进行输入框和按钮设计的时候，一定要有明显的差异性区分，不要出现图3-73所示的情况，若有输入框，按钮最好不要使用"幽灵按钮"的样式进行线框原型绘制，这样会让人产生误解，不容易发现这是个按钮。

图3-73

本书上文所给的范例中的尺寸和间距可以自行调整，不必做到一模一样，但是尺寸不应小于40px，在进行线框原型的设计时，也应结合用户的使用场景进行思考分析，如用户在拥挤的环境单手操作时应如何设计会有较好的用户体验等。

在实际工作中，拿到线框原型后，不要立刻上手开始设计，应仔细对原型图进行分析，确保没有逻辑等错误，有任何疑问应该及时和相关人员沟通，避免无效设计。

3.4 本章小结

在本章中，向大家介绍了如何用Sketch绘制线框原型，以及绘制线框原型的一些注意事项和思路。到现在为止，大家对Sketch的基本用法应该掌握了，从下一章开始将向大家介绍UI界面的设计，也会讲到Sketch更深层次的内容，UI设计是一个从理性到感性再回归理性的过程，大家可以试着对市面上优秀App的线框原型进行绘制，这个过程中不仅能让大家对Sketch的使用越来越熟练，更能锻炼逻辑思考能力。

CHAPTER 04

移动UI界面的设计

2013年，苹果推出iOS7操作系统，从此iOS的设计语言有了颠覆性的改变。自iOS7开始，iOS平台上的UI设计开始致力于为内容本身服务，让设计师更加关注的是动画和功能。2014年，谷歌推出Material Design，这是一套全新的不断发展的界面设计标准，相比iOS，Material Design做了更为严格的标准规定。

UI设计相比其他设计最大的区别在于UI设计不是纯视觉的行为，它需要考虑人机交互，我们在前面经常提到，UI设计的最低标准是必须满足软件的可用性。为了达到软件的可用性的目的，iOS和Material Design都做了相应的规范说明，对于刚入行的UI设计师来说，了解这些规则能避免走弯路，是非常有必要的。

本章将从规范开始，向大家介绍iOS和Material Design的规范，然后介绍颜色和文字排版方面的一些知识，并通过对几个实例的讲解让大家有更深的体会。需要注意的是，虽然iOS和Material Design是针对两个平台的设计规范，但是两者在一些设计思想上是相通的，并且安卓App也并不是全部都使用了Material Design的设计。另外需要说明的是，完整的设计规范除了设计思路，还包括尺寸、界面组件和图标等的规范，尺寸的规范在第1章已经讲解，本章只讲解界面组件的规范，关于图标的规范将在第5章进行讲解。

借助于Sketch，我们在设计中运用上述规范将变得异常简单，经过本章的学习，相信大家一定可以高效、高质地设计出优秀的移动UI界面。

4.1 iOS应用界面设计规范思考

苹果官方认为，所有的iOS程序设计都应该包含以下3个关键点：遵从、清晰和深度。

天气App是这一原则的典范，如图4-1所示。

图4-1

遵从要求： UI 能够帮助用户理解内容并与之互动，但却不会分散用户对内容的注意力，在该界面上，底部的按钮和界面本身融为一体，能清晰地代表是按钮，但是又不会分散用户对内容本身的注意力。

清晰要求： 每种大小不同的文字都必须是易读的，界面中的图标醒目且无多余的修饰，在功能上有突出的重点，很好地突显了设计理念。在该界面上，通过文字的大小对比以及清晰明了的天气图标，让用户很清晰地看到各部分文字指示的内容。

深度要求： 视觉层次和生动的交互操作赋予了 UI 生命力，不仅能够帮助用户更好地理解 UI，还能让用户在使用过程中感到惊喜。天气App的界面背景随着天气和时间的不同发生更改，能在不影响用户阅读的前提下让用户更有真实感，创造了超预期的体验。

在iOS7及以后的界面上，状态栏可以和背景融为一体，我们在进行设计的时候应尽可能地充分利用整块屏幕。

iOS提供了大量的界面控件，这些控件有些可以自定义，有些则不行，更不应该去自定义，这些控件是本节讲述的重点，在一般情况下，我们应该清楚这些控件的尺寸，而在需要对这些控件自定义的时候，我们也需要基于这些控件去做自定义。

苹果官方给出了这些控件的尺寸规范，Sketch的UI模板是严格遵守这些规范制作而成的，这就让我们省去了很多麻烦。可以在UI模板中选中每个控件并从检查器中查看相应尺寸。

为了方便起见，本书介绍的所有尺寸相关的数值都是在1倍尺寸中的数值，在1倍尺寸中，1px=1pt=1dp。

打开Sketch的iOS UI模板，如图4-2所示，可以看到里面包含了iOS系统各种状态下的控件，因为篇幅有限，在此不一一介绍。

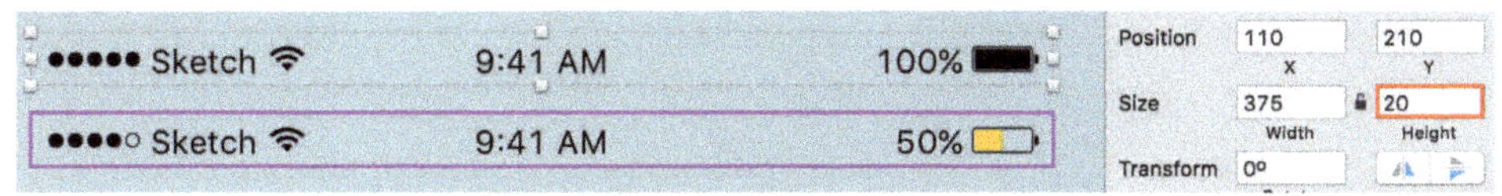

图4-2

在使用该模板时要注意以下3点。

第1点： 注意一些背景透明的控件，如状态栏。在iOS中状态栏可以和应用程序的背景融为一体，但是该状态栏本身有高度，在进行界面设计的时候状态栏的高度应为整体高度的20px，而非内容高度的15px。要查看整体高度只需要选中该控件图层组即可看到，如图4-3所示。

图4-3

第2点： 一些控件是具有透明属性的，并具有高斯模糊效果，这些在实际界面中会出现毛玻璃效果，如图4-4所示。因此在进行设计的时候要注意这一点，不要忽视了细节。在对内容做修改时，应保留其原有的样式。

第3点： 对于一些占据屏幕宽度100%的控件，控件里的内容元素和左右边框有固定的距离，我们应遵循该距离，或者不应小于该距离，在iOS上内容和屏幕边框的最小距离不应低于8px，如图4-5所示。

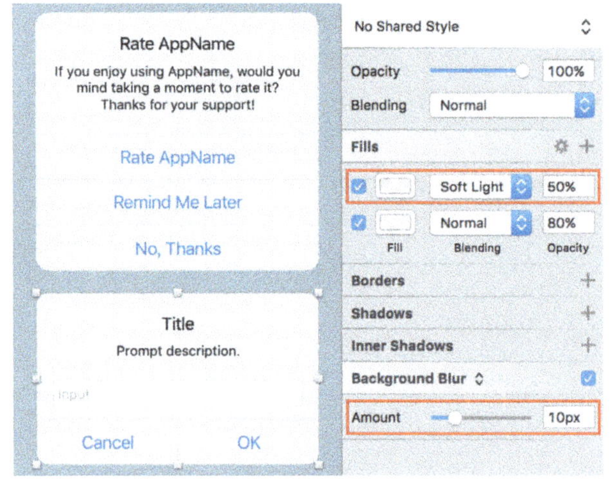

图4-4

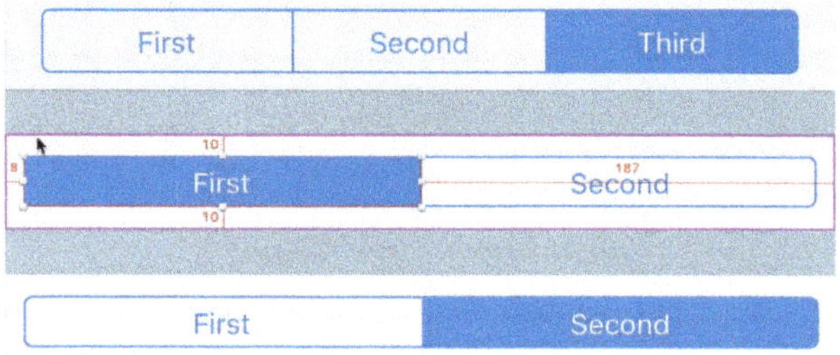

图4-5

根据这些控件进行设计界面就能设计得规范且优雅，一般常见的App，都是基于这些控件进行设计，如微信的顶部，如图4-6所示，便是对标题栏（又称导航栏）的控件进行修改，而搜索栏则是直接使用该控件。

如果特殊情况下，需要打破这些控件的规范进行设计，尺寸也不应该小于控件本身的尺寸。图4-7所示的是将标题栏和内容合并在一起。

图4-6

图4-7

虽然在iOS中并没有严格限制App的设计，但是通常情况下可以将这些控件理解为标准规范，若仅更改其内容则不应对其整体尺寸进行修改，如警告弹出框的样式，只是对文字内容和颜色进行修改，则该警告弹出框大小在正常情况下保持一致即可。若需要对控件进行自定义，则原有样式为最小尺寸，可以对其做一些扩大调整，但是不应缩小，包括文字和图标尺寸。

以上是对iOS平台UI界面设计规范的一些说明，大家在平时可以对Sketch中的UI模板进行分析思考。熟悉每个控件的样式和状态。另外每次iOS的更新，控件样式如果发生了变化，Sketch也会随之进行更新，所以应尽量保持Sketch软件为最新版本。

4.2 安卓应用界面及Material Design设计规范思考

首先应该明确的一点是，安卓应用的界面和Material Design并不是相等的。Material Design是谷歌在Google I/O 2014上推出的一套界面设计语言，适用于从移动端到桌面端的跨平台设计，并且将该设计运用在安卓5.0系统上，但是并非所有的安卓应用都遵循了该规范。但是可以看到，越来越多的安卓应用开始遵循该规范去设计，这也是谷歌第一套成体系的设计规范，所以我们讲到安卓会主要讲Material Design。

从Material Design的规范中可以看出，不同于《iOS人机交互指南》，该规范更为详细和严格地限制了界面中每个组件的样式，包括图标的大小、元素之间的间隔、不透明度和字号等，如图4-8所示。我们若需要使用Material Design进行设计，则应完全遵照该规范进行设计。

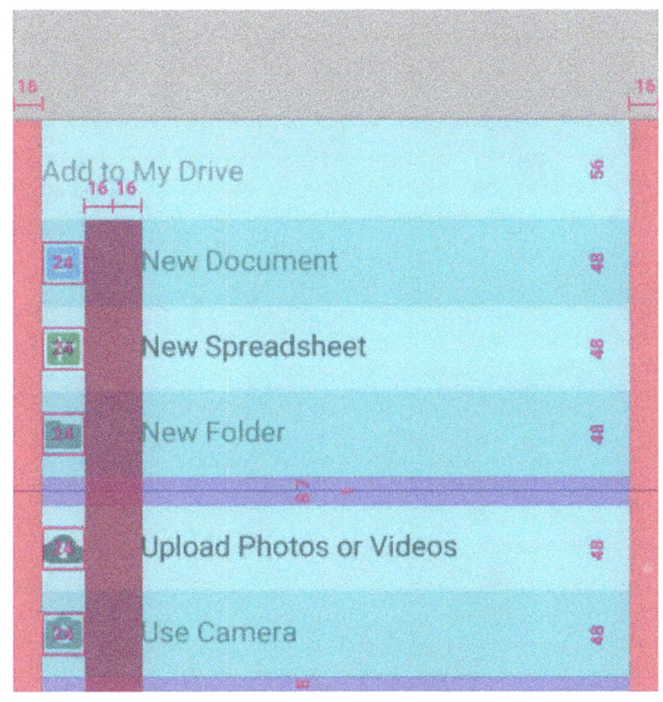

图4-8

Material Design还是一个在不断更新的设计语言，大家如果采用该设计语言进行界面设计，应时刻保持对官网的关注。Material是材料的意思，名字便体现了该规范的核心思想——把物理世界的体验带进屏幕。希望还原最真实的体验，让界面简洁和直观。

Material Design有严格的层级划分，界面上的每个元素都有厚度，在界面上可以通过阴影的不同来体现。在官网详细介绍了每个元素的厚度以及阴影的样式参数，并提供了正面例子和反面例子作为参考。因为该设计语言为了保证体验的高度一致，规范极其严格细致，导致一些朋友在初次接触它的时候不知道如何入手。为此，最好在自己的安卓手机上使用原生安卓系统，并体验谷歌的一系列应用，对照该设计语言进行理解。

在Sketch中，也提供了Material Design的设计模板，如图4-9所示。

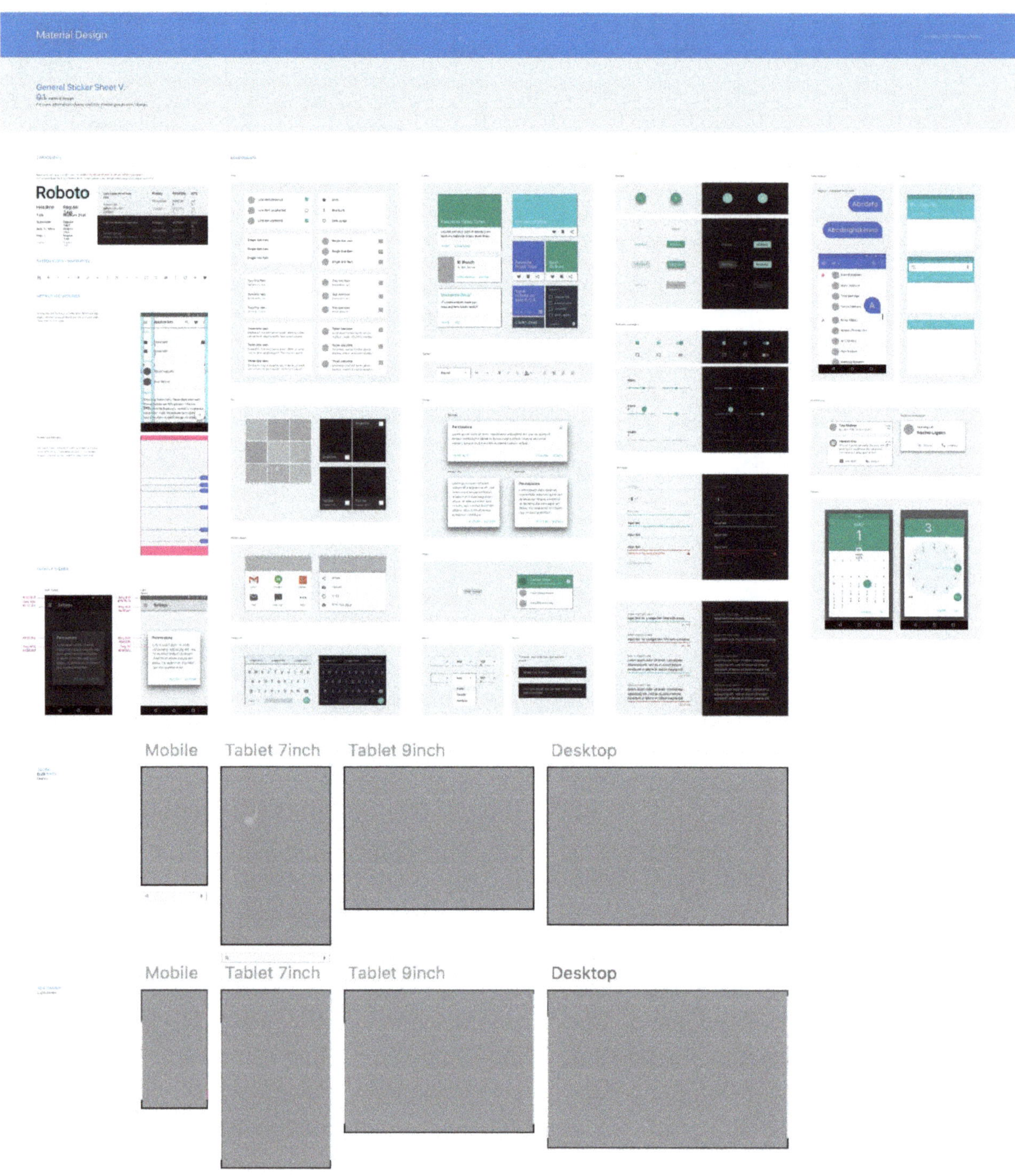

图4-9

　　在该模板中，包含各组件的样式，以及栅格图层。在Material Design中，把界面分成为若干个8px×8px组成的小格子，所有的组件的尺寸都是8的倍数。

　　在Material Design的模板中，比较难理解的是图4-10所示的模板。

　　该模板一般应用于界面内容的布局，官方将其称为比率边框，并给出图4-11的示例。

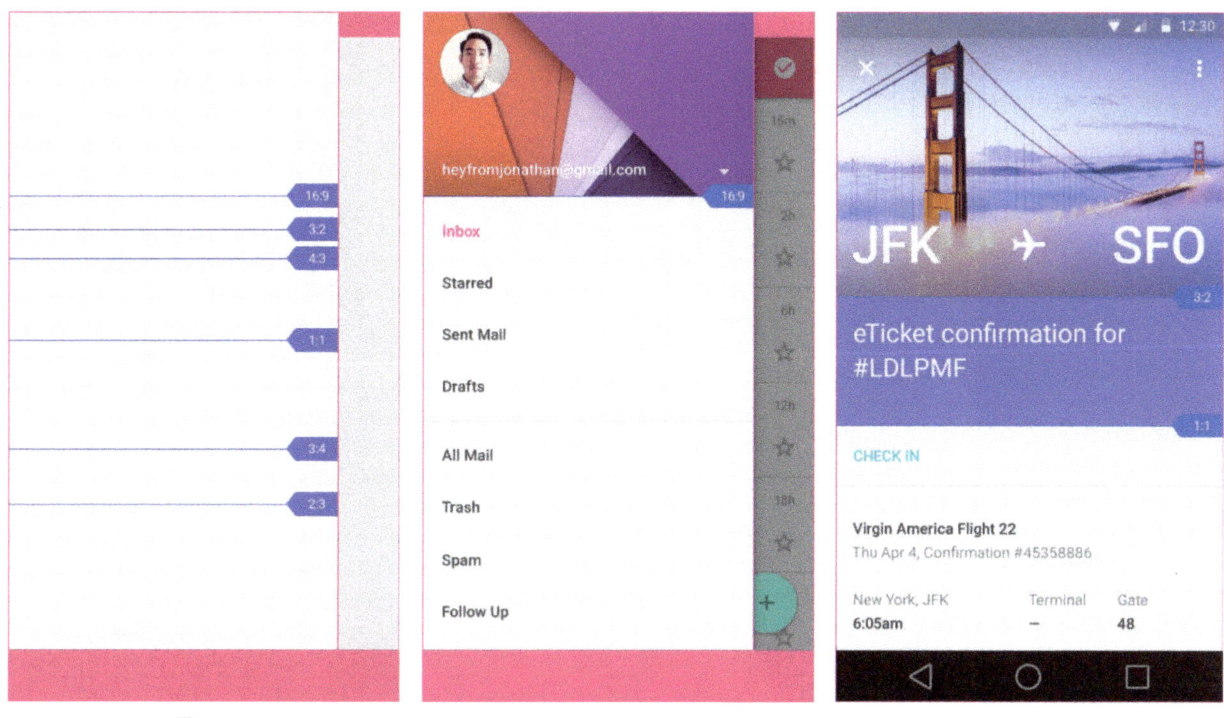

<table>
<tr><td>图4-10</td><td>图4-11</td></tr>
</table>

　　因为有了该比率，我们可以很容易设计出每个板块的高度，这样可以得到一个更为规范和视觉平衡的界面。

　　总之，Material Design可自定义的范围很少，但是该设计语言从出来开始便深受设计师们的喜爱，也已经有不少应用开始使用该规范进行设计，特别是一些小而美的阅读类和工具类应用。我们在平时设计界面的时候，即使不进行Material Design风格的界面设计，也可以进行参考，特别是需要做侧滑导航（抽屉导航）时。

　　有时候在iOS系统中若采用卡片设计，也可以参考Material Design的设计风格，特别是对卡片阴影参数的借鉴。

　　对Material Design感兴趣的朋友，建议在平时多关注使用该规范进行设计的App，并对其做深入的思考分析，相信弄懂该设计规范并不是一件很困难的事情。另外最好是可以使用一段时间的安卓5.0以上的原生系统，从系统层面开始对Material Design做了解，看该套规范是怎样链接系统和应用，以及在沉浸式体验和一致性体验做了哪些努力。

4.3 移动界面中文字的设计思考

　　文字是现代移动界面中最重要的元素之一，文字的设计将直接影响到界面整体的好坏。在做每一个界面设计时涉及文字的应从字号、行高、样式、字色和字体5个方面考虑。

　　以图4-12所示的App Store为例，从该界面可以看到，尽管使用同一种字体，导航和正文有不同的文字样式，正文之间又有不同的样式，但是通过样式的不同，我们能很清楚地把内容进行分组，也能很清晰地看到界面呈现的内容。

在本书1.4节中有提到一部分关于文字设计方面的注意事项。在图4-13中展示了苹方字体从64pt到11pt尺寸的对比效果，虽然11pt和64pt字号相差很大，视觉大小也有很大的差距，但是64pt的字体也并不显得特别突兀。这是因为在使用64pt字体时，将其样式设置为UltraLight（极细体）。

为此，在进行界面设计的时候面对特别大的字体，为了视觉的平衡可以对字重做一些调整。一般对iOS系统自带的字体来说，在11pt~18pt可以使用Regular样式；18pt~24pt可以使用Light样式，24pt~36pt可以使用Thin样式，36pt以上使用UltraLight样式。但是这是针对同一主体的字体来说。特别是在大段的文字中可以参考。

而在Material Design设计时，官方给了更为严格的规范，如图4-14所示。图中的单位sp在此处同上述的pt。

图4-12

图4-13

图4-14

在进行界面设计时，对字号的选择应有一定的逻辑性。在图4-15中红色框中文字字号一样，可以理解为标题文字，下面说明文字比该字号小，而第3段文字则更小。而每个板块中相同层级的文字字号一样。尤其在列表中，相同层级的文字字号应一致。

不管是iOS平台还是安卓平台，均允许自定义字体，一般情况下建议使用系统默认字体，但是对于一些应用来说，因为使用了自定义字体，反而更加吸引眼球。图4-16所示的"词ci"就是这类App的代表。

图4-15

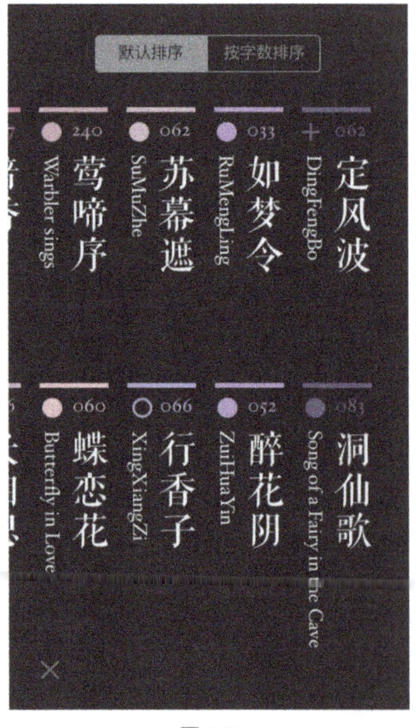

图4-16

但是即便是自定义字体，也建议使用大众容易接受的字体，字体的选择应把可读性作为首要考虑因素，否则再好看的字体，用户需要花时间去想这是什么字，也无法提供好的体验（游戏除外）。

在确定了字号、行高、样式和字体后，对文字颜色的选择也应该很慎重。在一般情况下，文字的颜色应该和背景色具有较高的对比度，以方便用户能清晰阅读。从图4-17和图4-18可以发现在iBooks上文字在浅色背景和深色背景下颜色不同，确保了可读性。

另外还需要注意的是，在使用深色文字的时候，一般避免使用纯黑（#000000），更多情况下使用#333333、#666666和#999999 3种颜色进行层次的区分，如果需要更多的区分，可以通过调整各自的不透明度来体现。

一个页面的文字应是以一个色系为主，若出现了其他颜色的文字，则应具有特殊的意义，如图4-19所示，界面中的蓝色文字代表着可以单击操作。

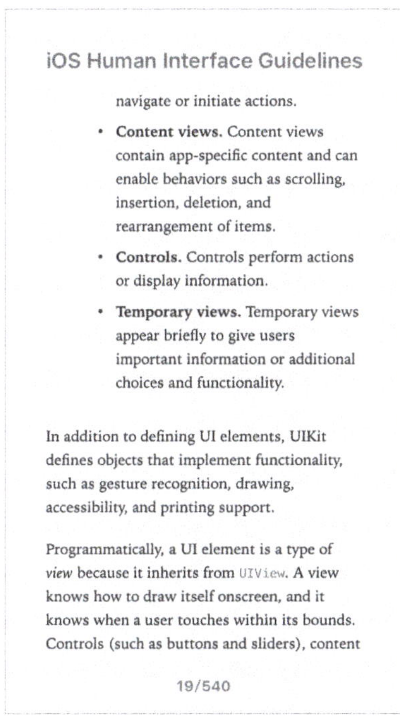

图4-17

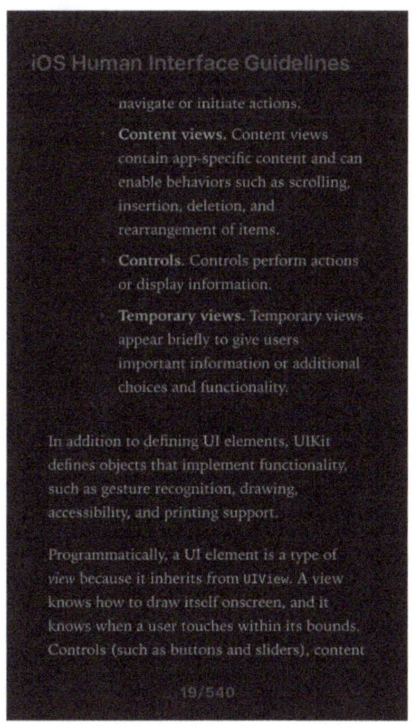

图4-18

图4-19

以上是对移动界面中文字设计的一些思考，对文字来说，排版也是起决定性作用的，关于排版大家应平时多关注一些平面广告和印刷品，另外罗宾·威廉姆斯写的《写给大家看的设计书》是有关排版的经典之作，推荐大家阅读。

4.4 移动界面中颜色的设计思考

颜色是非常难掌握的，特别是对于刚入门的设计师来说，经常容易把握不准颜色。有的时候，两个内容相同的界面，仅仅因为颜色的不同导致极大的视觉差异是很正常的。在现代UI设计中又常常只用一种主体色，因此选择适合的颜色对于设计好UI界面是非常重要的。

在iOS系统中，颜色用于表达互动性，传递灵活性，并提供视觉的连续性。图4-20所示的是iOS系统中内置的应用程序的颜色。

在Sketch中使用快捷键control+C可以打开吸色工具，吸取图中8种颜色，可以看到这8种颜色都具有很高的明度和饱和度，如图4-21所示。该颜色吸取自图4-20中第3种颜色。

图4-20　　　　　　　　　　　　　　　　　　　　　　　　　　图4-21

引申知识点09——Sketch的颜色面板

在Sketch中，提供了非常强大的颜色管理面板，如图4-22所示。该面板可以从检查器的任何颜色设置窗口单击弹出。

我们可以把该面板分成3个部分。

第1部分是颜色填充的类型。

第2部分是该面板的主要操作区域，该区域的内容会随着第1部分的变化而变化。

第3部分是颜色的快速选取区域，里面有系统内置的颜色预设，用户也可以对其进行管理和添加。

在第1部分颜色填充类型中，从左到右分别是纯色填充、线性渐变填充、径向渐变填充、角度渐变填充、图片填充和杂色填充。在不同图层上，这6种填充类型有可能不会全部出现，如文字的颜色填充只有纯色填充一种效果。

纯色填充时的颜色面板如图4-23所示。

同样把该面板分成3个部分。

第1部分是调色盘，选中该区域白色的圆圈并拖曳可以对当前色相的明度和饱和度进行调节。垂直方向从上到下是明度的从亮到暗；水平方向是饱和度的从低到高。按住shift键进行拖曳时，可以保持水平或者垂直方向移动。

第2部分的左侧是吸管工具，单击该工具出现图4-24所示的放大镜。该放大镜可以放大至像素级别，可以精确吸取每个像素点的颜色，确定要吸取的颜色后单击即可吸取。Sketch的吸管工具强大之处在于不仅可以吸取到像素级的颜色，更是可以吸取整个屏幕的色彩，而不局限于软件窗口范围内的颜色。

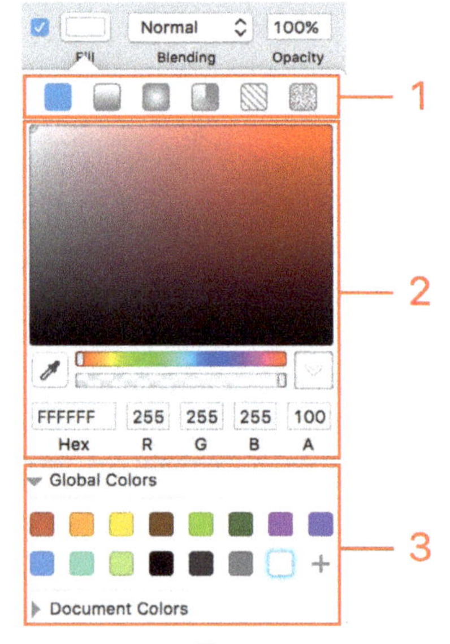

图4-22

图4-23

　　第2部分的中间是两个可以调节的滑杆，上方的滑杆用于进行色相的调节，用鼠标拖曳白色的滑块即可进行调节。下方的滑杆用于调节颜色的不透明度，从左到右不透明度从0%~100%。在第2部分右侧单击下拉按钮，可以快速选取当前画布上所有的颜色。

　　第3部分是上面颜色的数字方式体现。更改文本框里面的数字会改变颜色。左侧的数字框表示的是当前选取颜色的十六进制色彩数值。中间的R、G、B3个框一起表示当前颜色的RGB数值，最后的数字框表示颜色的Alpha通道。

　　在该部分对R、G、B下面3个字母所在区域单击，可以切换为H、S、B的色彩模式，如图4-25所示。H表示颜色的色相，S表示饱和度，B表示明度。

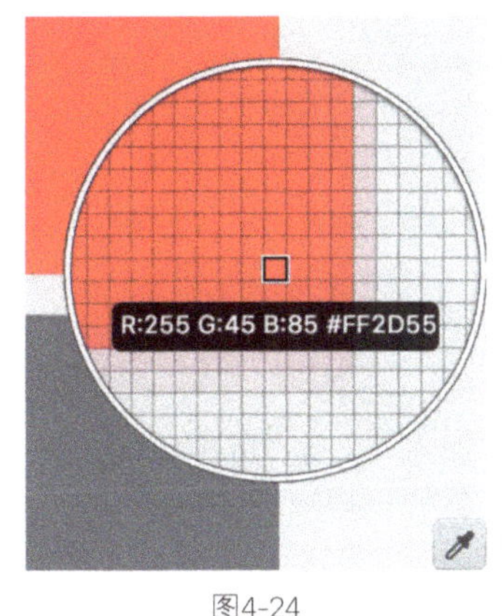

图4-24

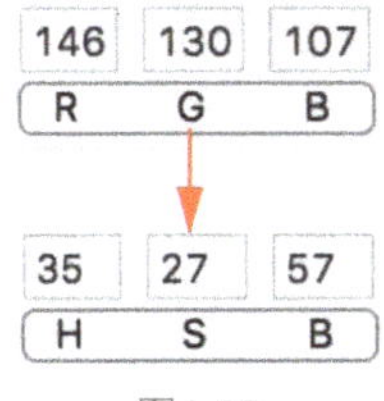

图4-25

　　图4-26所示的是线性渐变时的颜色面板。和纯色填充不同，调色板的上方出现一个控制渐变的滑杆，并且在应用了渐变的图层上也出现一个与之对应的控制杆。控制杆的上方的圆圈对应颜色面板滑杆的左端滑块，下方的圆圈对应右侧的滑块。

　　要对渐变进行调整，既可以从图层中选中圆圈拖动，也可以从颜色面板中选择滑块。但是从图层中选中圆圈后，可以任意拖动。要在渐变中再添加颜色，只需要用鼠标左键双击滑块任意地方或者控制杆的任意地方即可添加，要删除只需选中需要删除的点，然后按键盘上的delete键即可。

　　在颜色数值下方相比纯色填充多出下面的区域：Smooth Opacity（平滑不透明度），如图4-27所示。勾选该选项，会让渐变以一种更为平滑的方式进行过渡。右侧的箭头是调整渐变方向，以90°为单位进行顺时针或逆时针切换。

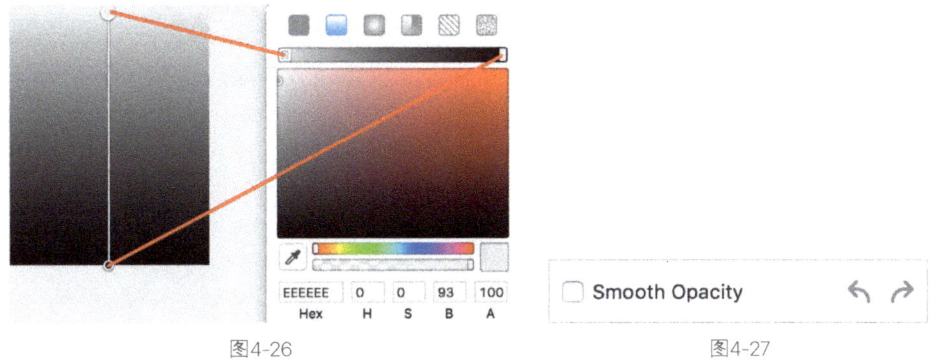

图4-26图4-27

　　图4-28所示的是径向渐变的颜色面板。与线性渐变不同的是除了渐变的控制滑杆，在图层上方可以调整径向的形状，在图层上会出现一个椭圆路径，表示渐变的形状，单击该路径会出现一个圆点，可以通过拖曳圆点进行渐变形状的改变。

　　在表现一些金属感的时候经常会使用到角度渐变，如图4-29所示，使用角度渐变时图层上会出现一个圆形路径，该路径无法调节，但是用鼠标在该路径上单击，即可添加渐变颜色。在该路径上滑动圆点即可调节渐变色。

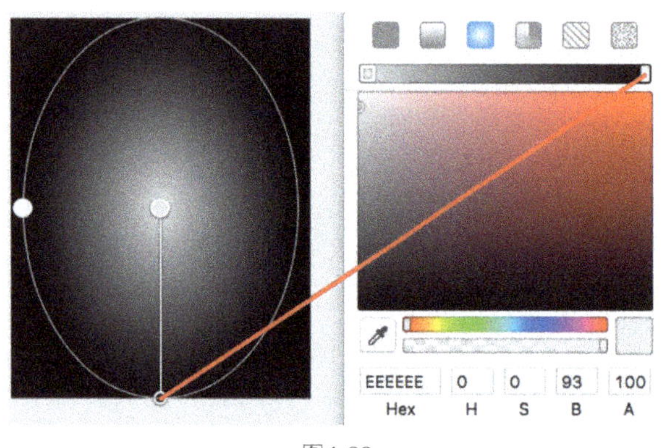

图4-28

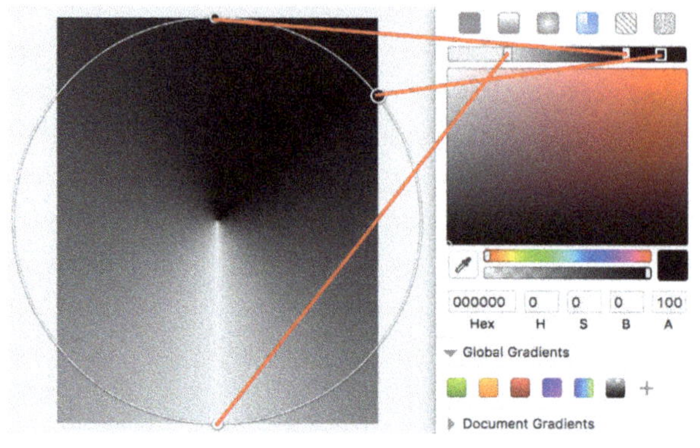

图4-29

图4-30所示的是图片填充时的颜色面板。单击Choose Image...按钮即可选择需填充的图片，按钮下方可以选择填充模式是Tile（平铺）还是Fill（拉伸填充）。若选择Tile，下方可以选择按原图百分比大小进行平铺。

图4-31所示的是杂色填充的颜色面板。在该模式下可在Type（类型）处选择杂色类型，包括Original（原版）、Black（黑色杂色）、White（白色杂色）和Color（彩色杂色）。Intensity（强度）用于调整杂色填充的强度。

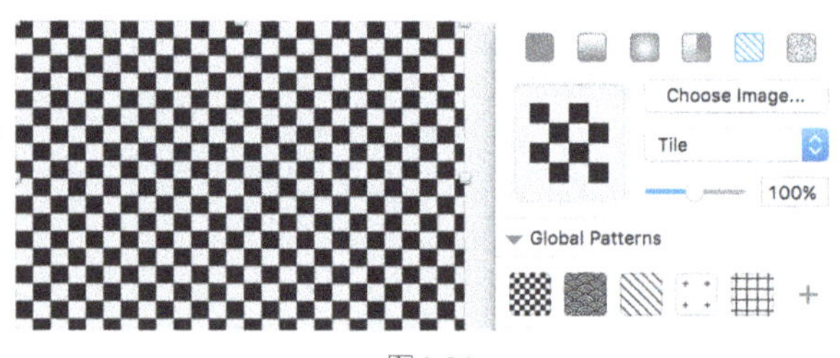

图4-30

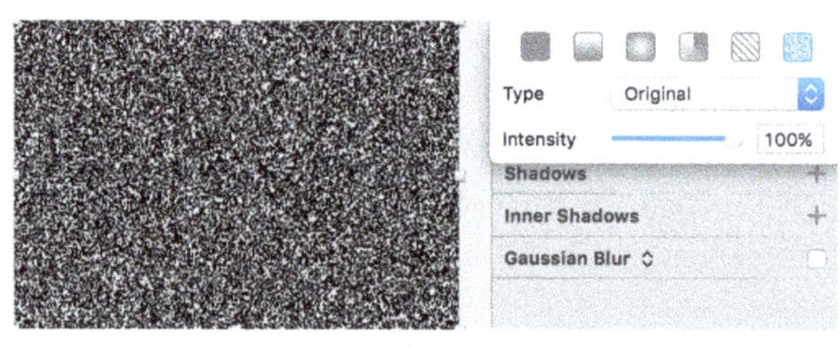

图4-31

在纯色和渐变填充的下方，会有系统的颜色/渐变色的预设，单击相应色块即可直接使用。当我们确定好设计界面的颜色后，也可以将颜色添加在此处，此时我们只需要单击后面的+号即可添加到列表。若需要删除，只需要在相应色块上单击鼠标右键，然后在弹出的Remove选项中单击即可删除，如图4-32所示。

图4-32

如果大家对界面的颜色把握不准，为了保险起见，推荐两种选取颜色的办法。

第1种是唯一主色调。

在确定一款主色之后，为了体现层次，可以通过改变改颜色的明度或者饱和度来获取更多的颜色。但是注意一般一套界面中只能二选一，即要么只改变明度，要么只改变饱和度，如图4-33所示。

假设需要3种颜色，则先将这3种颜色统一为主体色，然后将第1个色块的明度提升20％，将第3个色块的明度降低20%，第2个色块保持不变。但是在上述图片中，3个色块的明度已经是100％了，我们则不改变第1个色块，将第2个色块的明度调整为80％，第3个色块的明度调整为60％。即可得出图4-34所示的3种颜色。

图4-33　　　　　　　　　　　　　　　　　　图4-34

第2种是在保持明度和饱和度不变的前提下调整色相。

依然用图4-33所示的3个色块举例，在明度
和饱和度保持不变的情况下，改变色相，得到图
4-35所示的3个色块。

图4-35

总之，就是在H、S、B3个值中，每次只更改一个值，可以简单地得到一套配色。当然更多的时候不是通过输入数字的形式改变，而是从调色板上调，此时只需要按住shift键朝一个方向移动即可。若是采用第2种方法，则只需在色相的滑杆上拖动滑块即可。

当然也应该对颜色的基本知识有所了解，若不记得色盘，对相似色和对比色之类的没办法准确记住，有个小窍门就是看Sketch的色相滑杆，如图4-36所示，在滑块左右侧的颜色是相似色，距离该滑块为整个滑杆的一半距离的，可以看成是对比色，如红色块所在区域颜色。

提示

图4-36

在谷歌推出的Material
Design中，提供了一整套
颜色可供选择，里面的颜
色都是非常漂亮的，而
且已经给出了同一种颜色
的层级变化，如图4-37所
示。我们可以优先考虑这
些颜色。

图4-37

> **提示** 想要了解更多有关Material Design的颜色，可以查阅官方网站，也有很多网站提供了更为友好的浏览体验，如https://www.materialpalette.com/，便是非常出色的Material Design颜色的网站。

当然，也可以直接在Sketch中调用，因为Sketch有强大的插件支持，所以这一切都变得非常容易实现。安装插件Material Design Color Palette，即可非常容易获取Material Design的颜色，如图4-38所示。

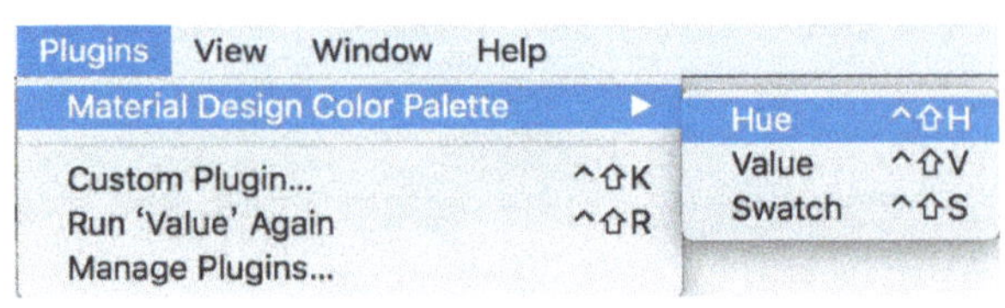

图4-38

从https://github.com/t32k/material-design-color-palette或者Sketch Toolbox搜索Material Design，安装该插件后，即可通过单击相应选项，在画布中创建一个该颜色组成的图层组，如图4-39所示。

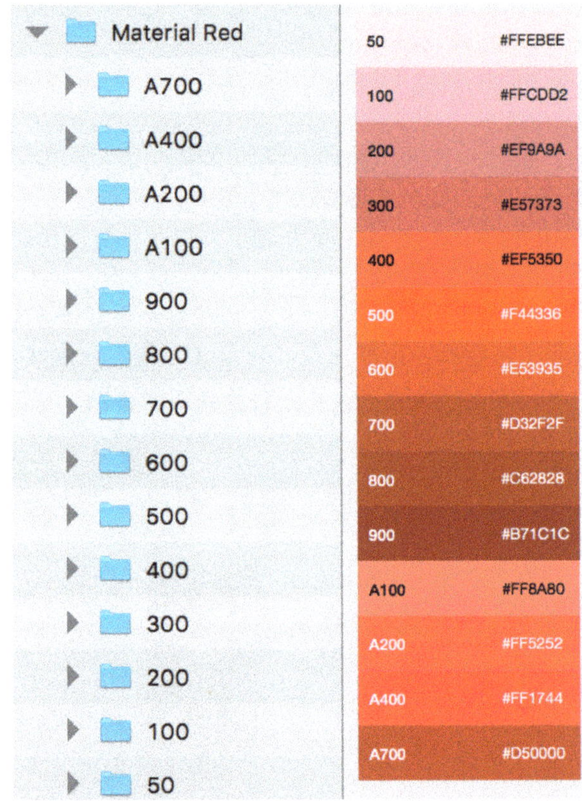

图4-39

引申知识点10——Sketch的插件及安装

Sketch的插件就如同iOS系统下的App Store。数以百计的插件让Sketch的功能不仅无限扩大，而且还极大地简化了一些复杂的操作，让效率得到前所未有的提升。

Sketch插件的安装方法十分简单，目前有两种方式可以安装Sketch的插件。

方式1：通过Sketch Toolbox安装。

Sketch Toolbox是一款由第3方开发的管理、查找和安装Sketch插件的工具，要使用该工具进行插件的安装和删除，首先需要从该工具的官网下载该工具，在浏览器中输入Sketch Toolbox的官网地址http://sketchtoolbox.com/进入官方网站，然后单击官网中的Download the beta按钮即可下载到该工具的zip包，如图4-40所示。下载完后解压，将得到的文件移动到应用程序文件夹即可。

安装完后，在"应用程序"中找到该工具，打开后得到图4-41所示的界面。

图4-40

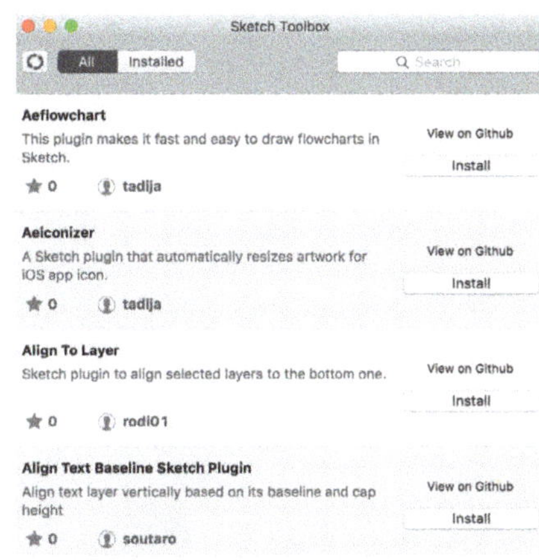

图4-41

Sketch Toolbox工具的界面十分简单，顶部从左到右分别是刷新列表、全部插件列表、已安装插件列表和搜索工具。

在全部插件列表下单击，即可跳转至该插件的Github主页。若单击Install按钮，即可下载并自动安装相应插件。安装完的插件便出现在已安装插件列表中。

更多情况下，会先使用搜索工具搜索插件，然后安装。若我们需要安装Material Design Color Palette这款插件，只需要在搜索栏搜索Material Design等关键词，搜索结果便出现在插件列表，如图4-42所示。

此时单击Install按钮，待按钮状态由Downloading...变成Uninstall便表示已经完成了对该插件的下载安装，接下来便可以在已安装插件列表中看到，如图4-43所示。

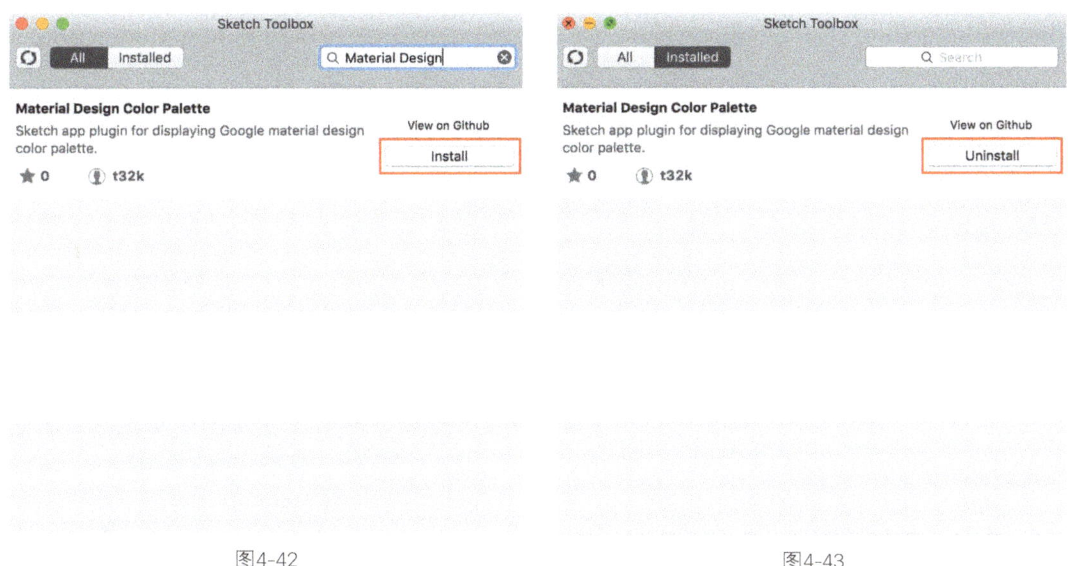

图4-42

图4-43

若要删除已安装的插件，只需要在已安装插件列表中，单击Uninstall按钮即可。

方式2：通过从Github下载插件后手动安装，对于插件的管理用Sketch自带的插件管理器。

还是以Sketch Palette（一款可以管理Sketch文档中调色板的插件）插件为例。从https://github.com/t32k/material-design-color-palette处下载到该插件的zip文件，然后用鼠标左键双击解压该文件，出现一个后缀名为.sketchplugin的文件，如图4-44所示。

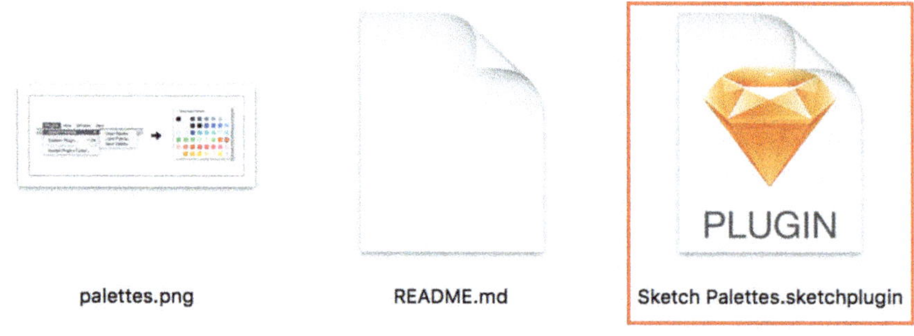

图4-44

用鼠标左键双击该文件，弹出图4-45所示的对话框，即表示插件已经安装成功。

需要注意的是，通过此方式安装的插件，不会在Sketch Toolbox的已安装插件列表中显示。但是因为Sketch版本经常升级，可能最新版本中，一些插件在Sketch Toolbox中安装不上，可通过方式2手动进行安装。

要使用插件，只需在Sketch的菜单栏中找到Plugins（插件）菜单即可，如图4-46所示。

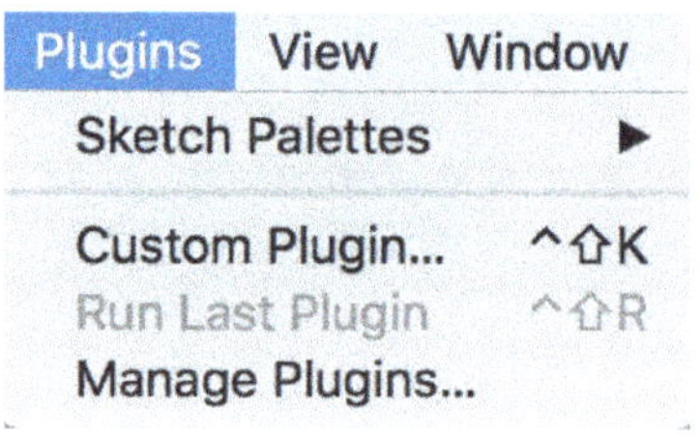

图4-45　　　　　　　　　　　　　　　　　　　图4-46

该菜单中除了插件还有3个菜单选项：Custom Plugin...（自定义插件）、Run Last Plugin（再次执行上次插件）和Manage Plugins...（管理插件）。

单击Custom Plugin...选项弹出图4-47所示的界面。因为插件本质上是一种脚本语言，会写相关代码的朋友可以直接在此处自己编写一个插件。

在使用过一次插件后Run Last Plugin即被激活，快捷键为control+shift+R，即可重复运行最近一次的插件命令，该操作对于需要频繁使用同一个插件的时候非常有用。

单击Manage Plugins...选项弹出图4-48所示的界面。该界面也同时可以在Sketch的偏好设置中找到。

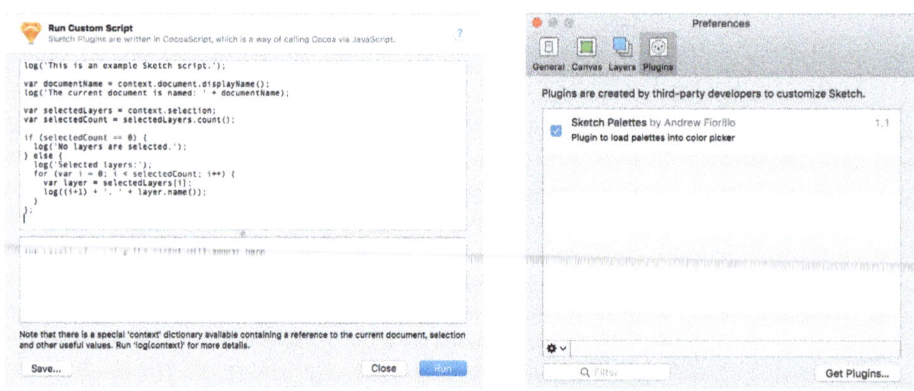

图4-47　　　　　　　　　　　　　　　　　　　图4-48

列表中可以看到所有已安装的插件，插件前面的勾选若取消，则该插件被禁用。在已安装插件列表中对某一插件用鼠标右键单击，弹出图4-49所示的选项。

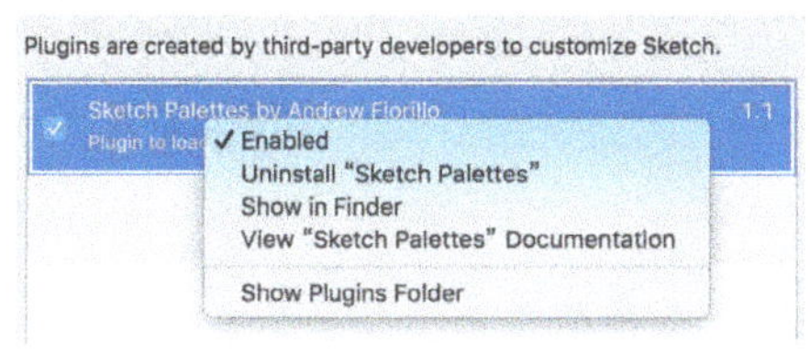

图4-49

Enabled（启用）的作用同插件列表前的勾选选项相同。

Unistall"……"（卸载……插件）单击即可卸载该插件。

Show in Finder（在Finder中显示）可以打开该插件所在文件夹。

View "……"Documentation（查看……插件文档），可以跳转至该插件的文档页，一般为Github网页。

Show Plugins Folder（显示插件文件夹）可以打开所有插件的文件夹。

单击列表左下方的齿轮图标，弹出的选项卡同右键菜单一样。下方的搜索框可以快速搜索已安装插件，右下方的Get Plugins按钮可以快速跳转至Sketch的插件官网。

Sketch上优秀的插件很多，大家可以通过搜索关键词，搜索到自己需要的插件，如需要找图标相关的插件，搜索icon为关键词即可。在本书后续章节也会推荐几款优秀的插件，Sketch上插件众多，没有任何一款插件可以解决所有的问题，大家应多试用体验，找到最适合自己的插件。

另外需要推荐给大家的一款工具是Adobe的色彩工具，如图4-50所示。网址为https://color.adobe.com/。

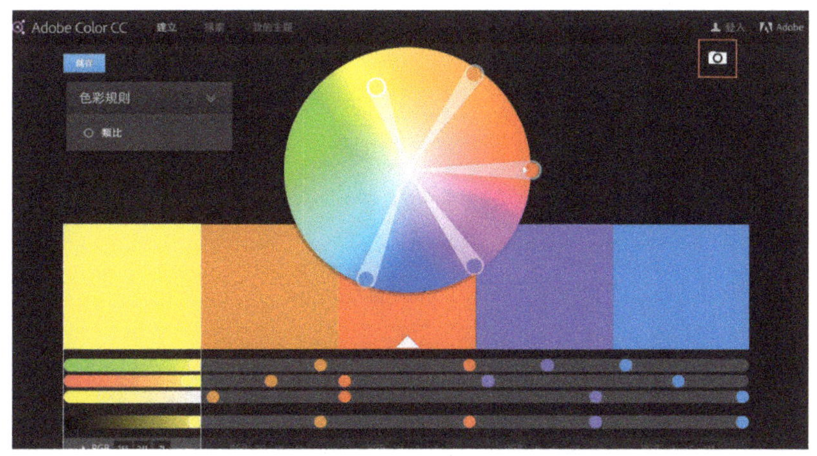

图4-50

选取色彩规则后，在调色盘上拖曳即可获取相关配色，在导航中选择探索，即可看到全球网友上传的配色。单击右上方的相机图标，可上传自己的图片，系统会自动提取该图片上的颜色。

总之，颜色是比较难把握的，大家平时应对配色的知识多了解、多思考。

一般我们在设计一款应用的界面时，会有3个途径确定主体色。

第1是参考研发该应用的公司的主体色，一般为公司的Logo色。

第2是从该款应用的作用领域思考，如计算机领域相关的应用，多选用蓝色等。

第3是从该应用的目标人群以及希望传递的感觉，并结合颜色的意义去思考。如给幼儿的应用，色彩应活泼明亮，而且每一款颜色都有自己的意义，在使用的时候也应多做考虑。

4.5 使用Sketch设计移动界面

在掌握了移动界面设计的基本知识后，便可以开始界面的设计，本节将带大家一起设计一套应用中非常重要的5个界面，其中两个界面是根据上一章所做的线框原型图设计而成。3个界面效果图如图4-51所示。

图4-51

在图4-51中大家可以看到界面中图标所在地方使用一个正方形替代，这是因为将在第5章讲图标设计后，再将图标进行替换。先放置正方形后再设计图标，这样会极大地提升界面的精细度与美观度，大家在第5章将体会到。

另外需要说明的是，Sketch作为一款优秀的UI设计软件，能帮助我们更好地进行设计，但是设计的最终效果还是取决于我们自己，本节中带领大家设计的5个界面更多的目的在于向大家展示如何利用Sketch进行界面的设计，里面的参数大家均可凭自己喜好自行调整，里面的设计步骤也可不用一一对应。我更希望是给大家起一个引导作用，大家在平时进行设计的时候，一定要不断探索出最适合自己的方式，达到效率和品质的最大化。

4.5.1 注册登录页面和注册页面的设计

1.注册登录页的设计

（1）打开Sketch按快捷键command+N新建一个文档，然后按快捷键command+S进行保存，接着使用快捷键A，创建尺寸为iPhone 6的画板，并将其命名为注册登录页，如图4-52所示。

图4-52

（2）使用快捷键R新建一个矩形，矩形尺寸设置为375px×667px，和画板完全重叠，颜色设置为#051425，注意取消描边，然后将该图层命名为"背景"，如图4-53所示。

（3）使用快捷键U创建一个圆角矩形，设置尺寸为327px×60px，注意去掉填充，描边设置为2px，颜色为#FFFFFF，圆角半径为6px，和画板垂直居中对齐，然后将图层命名为登录按钮。大家可能有疑问327这个宽度如何得出，因为iPhone 6在一倍尺寸下宽为375px，前面有提到，与边框边距最小值为8px，这里设置的是8的3倍即24px，则375-24-24=327px。非常幸运的是，Sketch的输入框中可以直接进行运算得出，如图4-54所示。

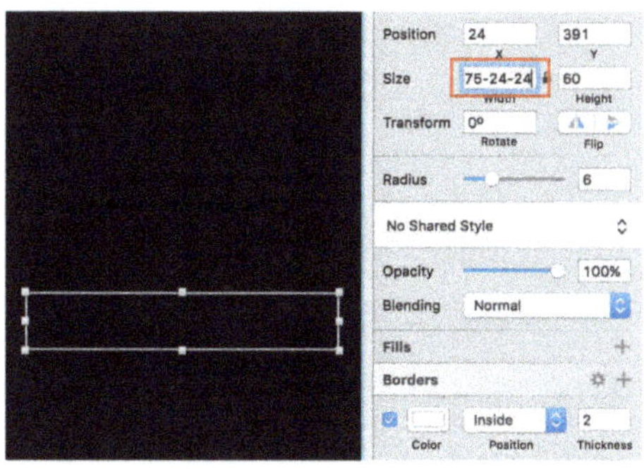

图4-53

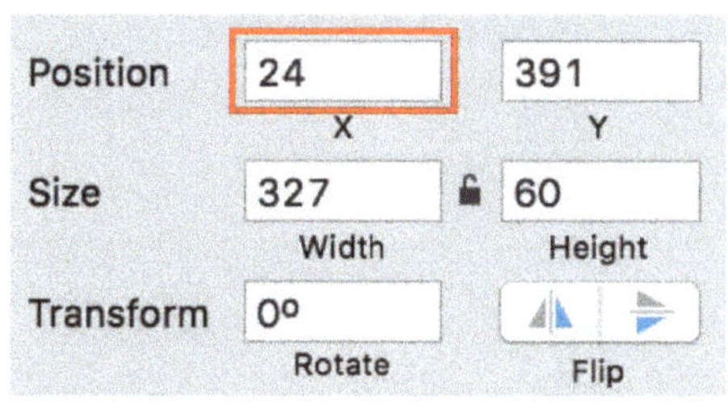

图4-54

引申知识点11——Sketch输入框的运算

Sketch的人性化无处不在，输入框可以进行简单的运算便是非常人性的一个功能。

在Sketch的检查器中，所有的数字输入框都可以直接输入数字，也可以在该输入框内做加减乘除的运算，如图4-55所示。

图4-55

在任意输入框内，可以输入一个算术式后，按enter键，便可计算出结果。在图4-55中要得出position处*x*轴的值是24，可以输入30-6，然后按enter键，便可得出24。

在圆角半径处的输入框，除了可以做加减乘除的运算外，还可以输入"左上角/右上角/右下角/左下角"的格式，来对圆角矩形的每个圆角半径进行设置。如在圆角矩形处输入6/0/20/0，则可绘制出左上角圆角半径为6，右上角圆角半径为0，右下角圆角半径为20，左下角圆角半径为0的图形，如图4-56所示。

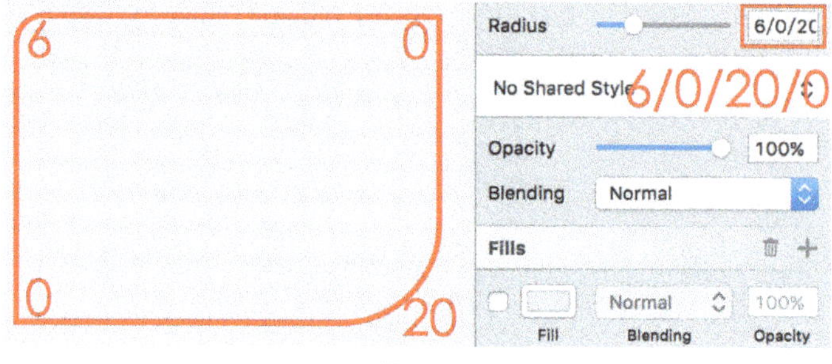

图4-56

（4）使用快捷键T插入文字"登录"，然后将字号设置为20，字体为苹方简体，颜色为#FFFFFF，并和登录按钮图层居中对齐，接着将该文字创建一个共享文本样式，并命名为按钮文字，最后将该文字图层和登录按钮图层选中按快捷键command+G进行编组，并将图层组命名为登录按钮，如图4-57所示。

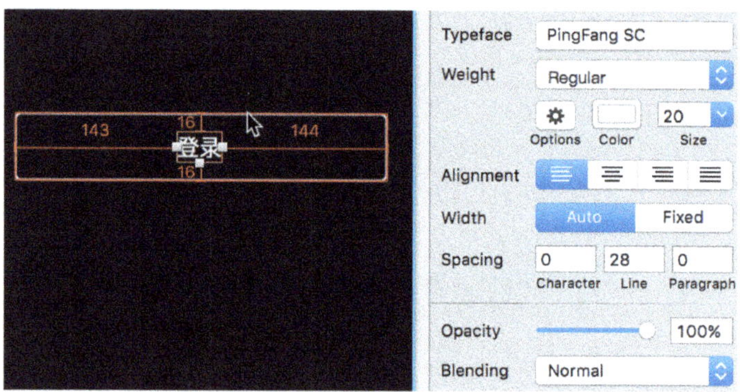

图4-57

> 提示　需要注意的是，文字的行高不同会导致使用对齐按钮或者智能参考线出现一些误差，这时候最好手动再做微调，确保视觉上的居中。

引申知识点12——文本共享样式

在进行移动界面设计的时候，为了让几十个界面看起来是"一整套"的，一个通常有效的办法是让这些界面中同一功能或同一层级的文本使用同一个样式：同一种字体、同样的字号、行高、字重和颜色等。

Sketch提供了文本共享样式功能，可以快速对不同的画板以及相同画板上的文字使用相同的样式，并且在使用相同样式的文本之间，只要任何一个文本更改了样式，其他使用该样式的文本的样式也随之更改。这样不仅让界面从视觉上看更加严谨规范，更极大地降低了后期的维护成本。

文本的共享样式只对文本图层起作用，要使用共享样式，首先应该创建一个共享样式，在Sketch中创建和管理文本共享样式都在文本图层的检查器上，如图4-58所示。

单击No Text Style（未使用文本共享样式）选项弹出如图4-59所示的界面。

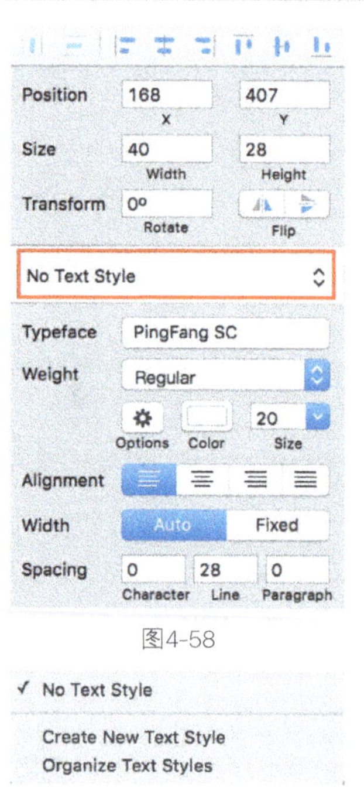

图4-58

图4-59

Creat New Text Style（新建文本共享样式），单击此选项可以新建一个文本共享样式，如设置好图4-57中的文本样式后单击Creat New Text Style，会变成一个输入框，并默认用图层名+Text Style命名，该名字为共享样式的名字，如图4-60所示。可以对其自定义名字，如将其命名为按钮文字，然后按enter键确认，即可完成文本共享样式的新建。

在创建完文本共享样式后，即可在检查器的文本共享样式菜单中找到该样式，如图4-61所示。要让其他文本也使用该样式，只需要选中需设置的文本后，再从文本共享样式菜单中单击该样式即可。

设置了文本共享样式的文字图层，在图层列表中前面的缩略图会变成紫色。图4-62所示分别为设置了文本共享样式和没有设置文本共享样式的图层列表中文本图层的显示形式。

若需要取消文本共享样式，只需要选中文本后，单击检查器中的文本共享样式菜单，选择No Text Style即可，如图4-63所示。

Organize Text Styles（管理文本共享样式），单击该选项，可对已有的文本共享样式进行管理，弹出图4-64所示的对话框。顶部是图层组共享样式（符号）、图层共享样式和文本共享样式的切换，在列表中有已有的文本共享样式，对其双击即可重命名。单击左下角的-号，即可删除该样式。

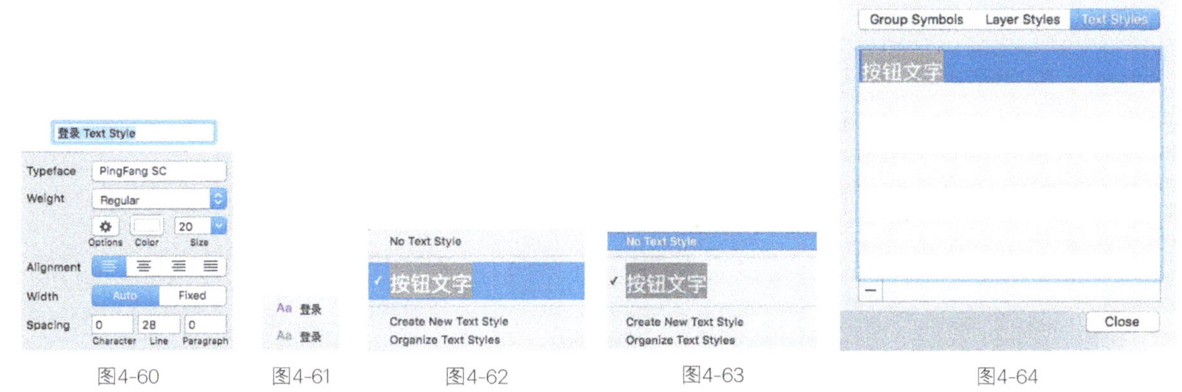

图4-60　　图4-61　　图4-62　　图4-63　　图4-64

（5）选中登录按钮图层组按住快捷键option+shift，并拖曳鼠标复制该图层组，然后将其调整到距离该图层组32px的位置，接着将复制的图层组重命名为注册按钮。按住command键的同时单击注册按钮图层组中的圆角矩形选中该图层，将其重命名为注册按钮。最后将该图层的填充和描边颜色都设置为# FFA200，再选中该组内的文本按enter键，将其修改为注册，并将其样式设置为按钮文字的文本共享样式，效果如图4-65所示。

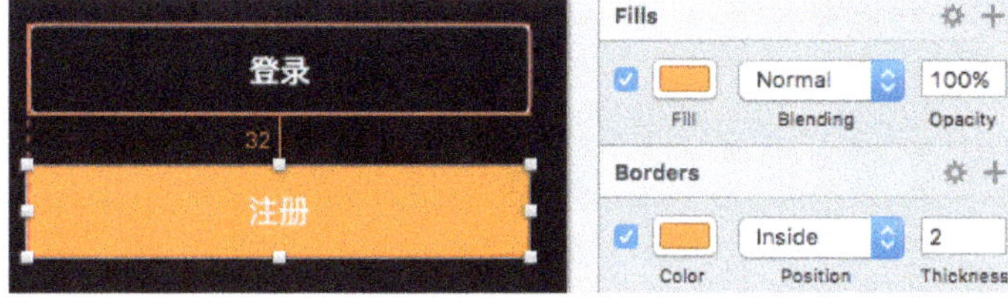

图4-65

（6）选中注册按钮图层组，在右侧检查器中将该图层组创建为符号，如图4-66所示。

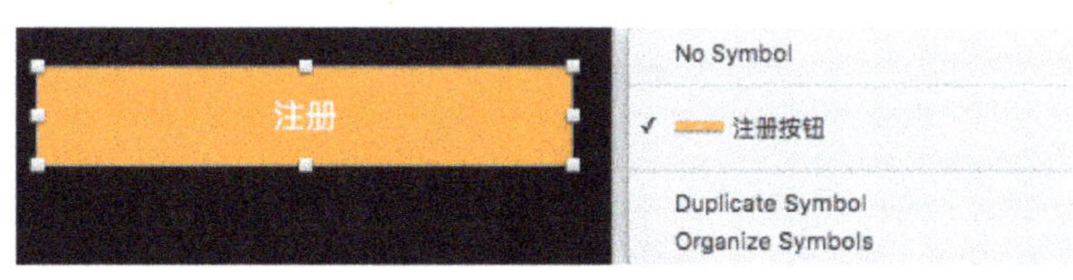

图4-66

引申知识点13——符号

和文本共享样式类似，Sketch中可以将图层组设置为符号，所以符号又称为图层组共享样式。使用相同符号的图层组，由完全相同的图层组成，对任一符号中的任何图层做修改，在该文档中使用该符号的图层组也全部做相同修改。

和文本共享样式不同的是，文本共享样式只会对文本的样式生效，文本的内容可以随意更改不会导致其他使用该文本共享样式的文本发生变动。但是符号中任何图层的变动都会引起使用该符号的图层组的变动。

选中图层组后，在检查器中单击No Symbol选项，弹出图4-67所示的下拉菜单。

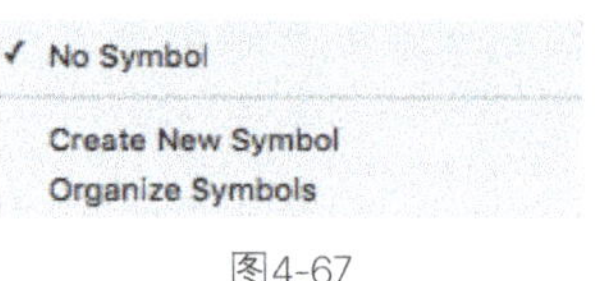

图4-67

单击Create New Symbol（新建符号）选项即可创建符号，步骤和创建文本共享样式相同。

单击Organize Symbols（管理符号）选项弹出图4-68所示的对话框，操作方式和文本共享样式的管理界面一样。

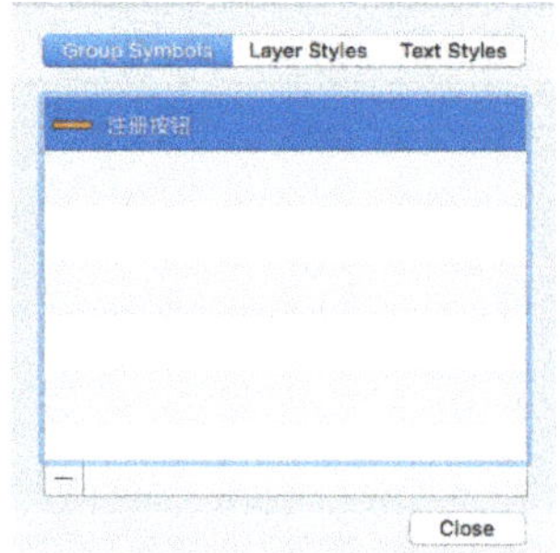

图4-68

但是符号的菜单和文本共享样式不同的地方在于图4-69所示，若文档中已经有符号，则选项中会多一个Duplicate Symbol（复制符号），单击该选项即可对该符号进行复制。

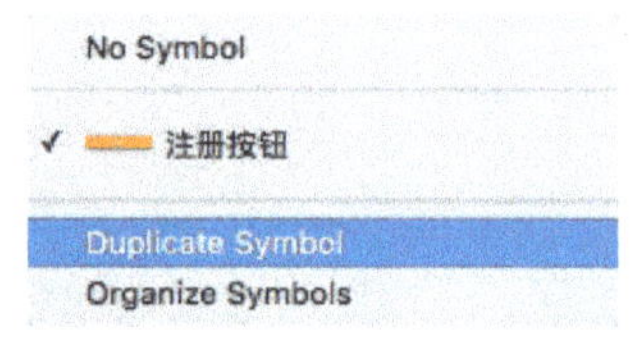

图4-69

对于符号的使用和文本共享样式相似，但是建议大家在工具栏上添加符号工具，如图4-70所示。

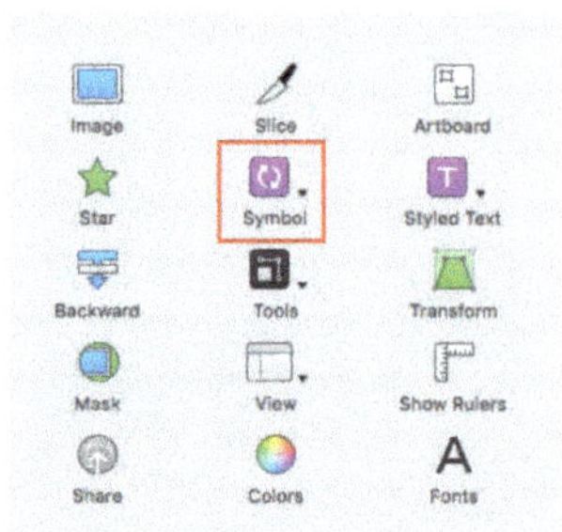

图4-70

添加该工具后单击该工具，然后在符号列表中单击符号，即可将该符号图层组复制到画板上，如图4-71所示。

若选中图层组单击工具栏上的Creat Symbol（创建符号）选项，也可以快速进行符号的创建。

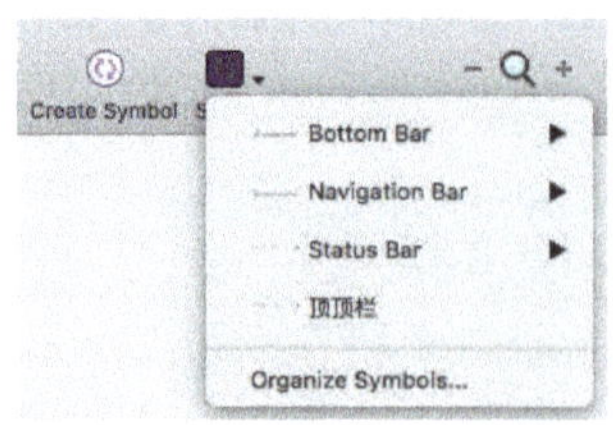

图4-71

需要注意的是，在图4-71中符号列表上有些符号右侧有向右的箭头，这代表还有下一层级，因为在Sketch中创建符号的时候，若将不同的符号命名为统一的"符号组名/符号名"格式，则在该列表下就会出现符号组名的一级菜单以及符号名的二级菜单。

例如，若我们将登录按钮创建符号，命名为"按钮/登录按钮"，将注册按钮创建符号，命名为"按钮/注册按钮"，则在工具栏的符号工具展开的菜单如图4-72所示。

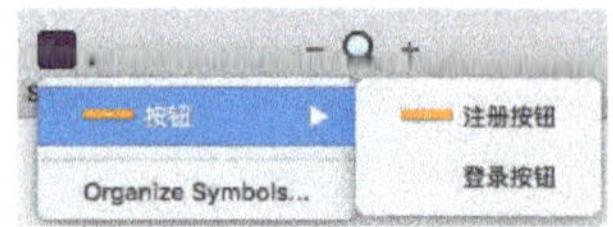

图4-72

使用该种方式命名能够方便对符号进行分组管理。若在符号非常多的情况下，不妨采用这种命名管理办法。

使用了符号的图层组在图层列表中的缩略图显示为紫色文件夹。要取消符号，除了可以在检查器中单击符号菜单再单击No Symbol选项外，也可以在图层面板上选中该图层组，然后单击鼠标右键，接着在弹出的菜单中选择Detach from Symbol（从符号中分离）命令进行取消，如图4-73所示。

总之，建议大家在设计中多使用符号，养成习惯后，对于一套界面的规范会有很大提升，而后期维护的效率也会大大提高。

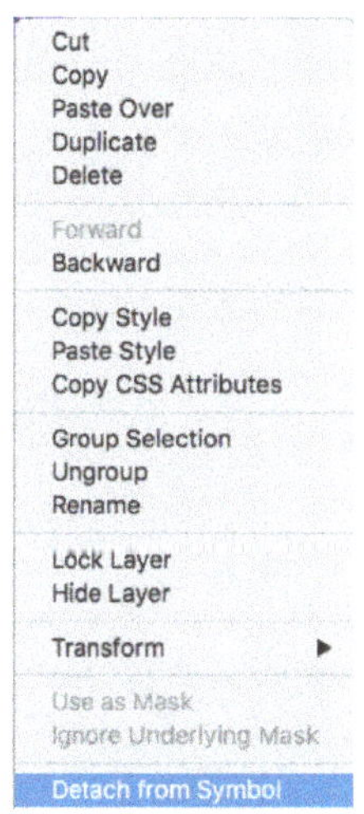

图4-73

（7）同时选中"注册按钮"和"登录按钮"图层组，移动到合适位置，如距离画板底边56px，如图4-74所示。

> 提示　当然，也可以按键盘上的方向键进行移动，每按一次移动1px。若按住shift键移动上下方向键，则每次移动10px。

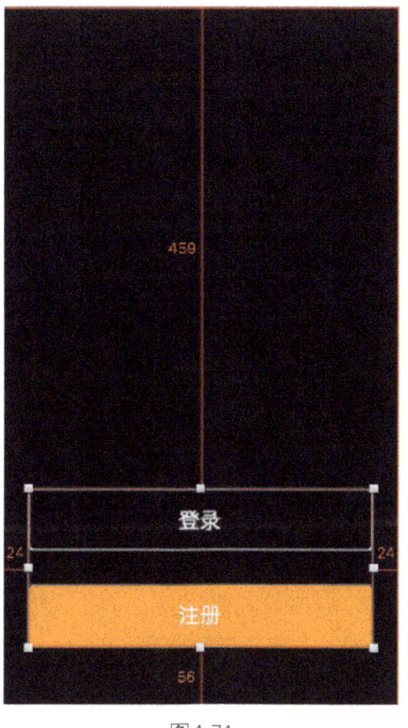

图4-74

（8）从文件夹中选择Logo图片，然后将其拖至Sketch画板，并按住shift键将该位图缩放至合适大小，接着Logo和该画板居中对齐，距离顶部边距96px，最后将该位图图层命名为Logo，如图4-75所示。

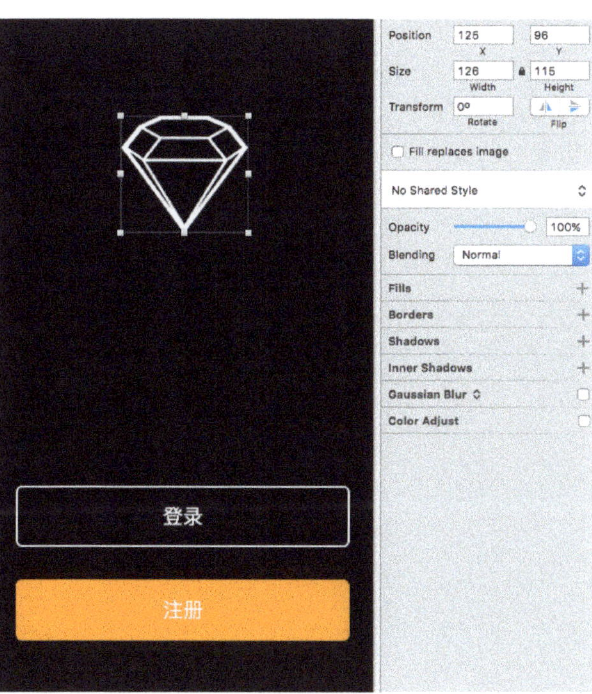

图4-75

引申知识点14——位图图层的检查器

位图图层的检查器相比形状图层的检查器大同小异，图中红色框所标记出来的为位图图层检查器中特有的，如图4-76所示。

若勾选Color Adjust（颜色调整）选项，可以对位图的颜色做一些调整，如图4-77所示。

出现的4个选项，分别为Hue（色相）、Saturation（饱和度）、Brightness（明度）和Contrast（对比度）。直接拖动滑杆，即可对位图的色彩进行简单调节。

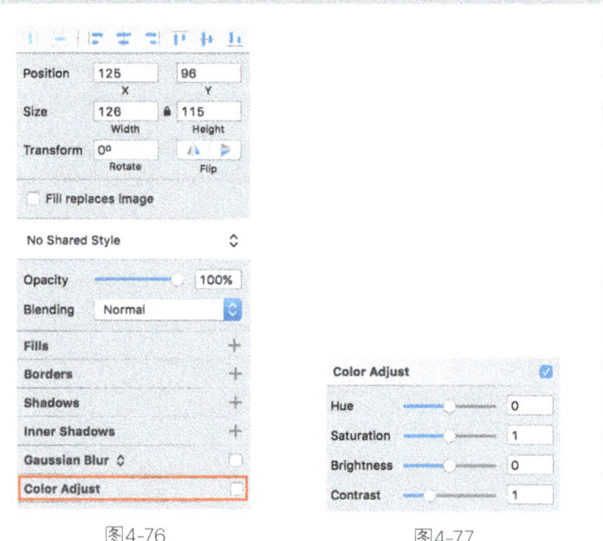

图4-76　　　　　　　　　　图4-77

引申知识点15——位图的插入

要想将位图插入至Sketch的画布中，有以下3种办法。

第1种： 使用位图工具插入位图。在工具栏中单击Image工具，弹出文件选择对话框，然后选中需要导入的位图文件即可添加。

第2种： 直接将位图文件拖入Sketch的画布中，需要注意的是，若位图尺寸大于画板尺寸，且位图有部分覆盖画板，则只会显示和画板覆盖部分的位图，若需要全部显示，可以将位图拖动到画布上不与画板相交的地方。

第3种： 选中位图并按快捷键command+C复制位图，然后在Sketch中按快捷键command+V进行粘贴。

（9）打开iOS UI模板，复制白色状态栏，然后粘贴到登录注册页画板上，然后使用对齐按钮将该状态栏图层组和画板顶部对齐，如图4-78所示。

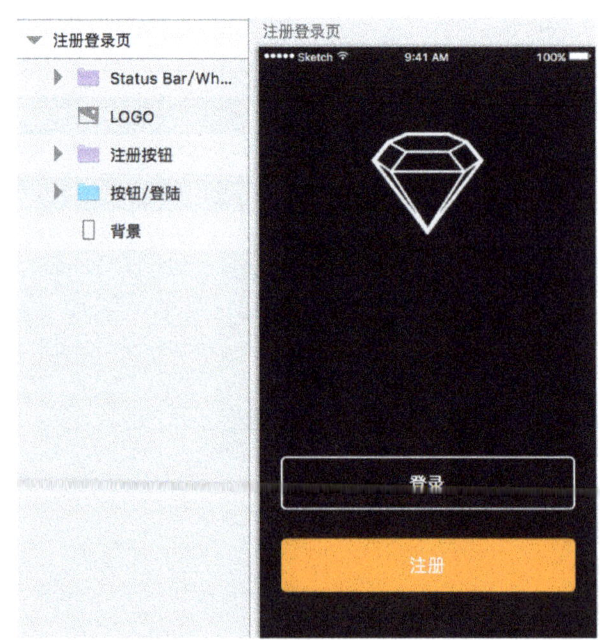

图4-78

（10）到这一步基本上已经完成登录注册页的设计，但是作为新用户看到的第一个界面，还可以做一些修饰让该界面看上去更有质感。所以可以添加一张风景位图在画板的最低端，并将背景图层的不透明度调整为70%，效果如图4-79所示。

提示　一般来说添加的图片应与应用本身有所关联，但是这里为了做范例，只做演示用。

图4-79

（11）此时已经完成该页面的设计，但是对于位图可以做另外的一种尝试：添加透明毛玻璃效果。选中位图图层，然后在检查器中勾选Gaussian Blur选项，再根据个人喜好添加高斯模糊，如将模糊调为8px。若觉得颜色过多，又不愿意替换位图，可以在位图上添加颜色填充，将填充色的透明度降低，或者通过Color Adjust选项做一些调整，最终效果如图4-80所示。

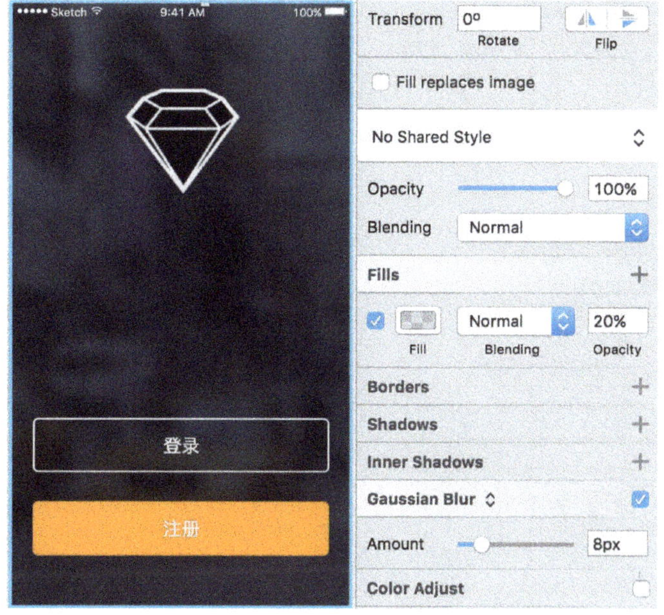

图4-80

引申知识点16——毛玻璃效果

毛玻璃效果是iOS7以后开始流行的一种效果，在Sketch中可以很快速地做出该效果。

在iOS系统上毛玻璃效果出现最多的是底部快捷菜单栏、通知中心以及多任务切换窗口，但是从iOS7到iOS9，每个系统版本都有细微变化。

打开Sketch中的iOS UI 模板，选中底部快捷菜单栏模板，可以看到在该图层上，给出了不透明度为50%的柔光填充以及80%的白色填充，并加了10px的背景模糊，如图4-81所示。

这是做毛玻璃效果上层覆盖层可以参考的一个参数。但更多情况是覆盖层下方的图层需要先模糊。在图4-80中则此时应该选中该图层，给出一定的高斯模糊效果即可。

毛玻璃效果是需要花一些心思去调的一个效果，很多朋友调出来的毛玻璃效果不仅达不到预期效果，反而会给人一种脏与粗糙的感觉，很可能就是因为参数调节不够到位。

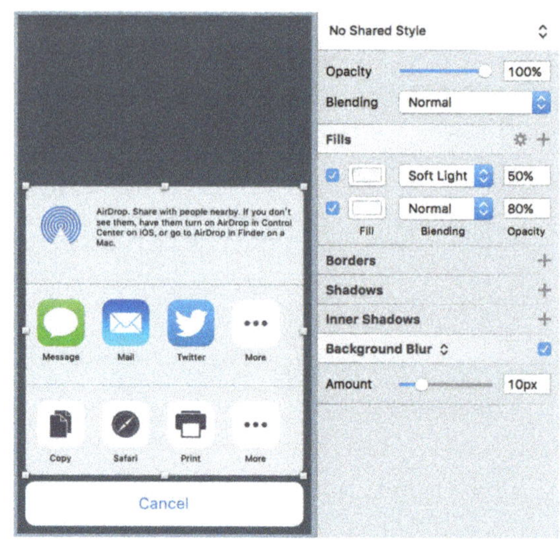

图4-81

但是若背景图本身是色彩非常多的图层，使用毛玻璃效果要调到好看比色彩单一图片调节出好看效果要难很多，所以建议大家尽可能找色彩相对单一的图层做毛玻璃效果。并且需要考虑到的是，毛玻璃效果是iOS上比较流行的效果，如果是安卓，特别是低端安卓手机上，对毛玻璃效果的支持不是很好，若是跨平台应用，建议大家慎重考虑该效果。

2.注册页的设计

（1）按快捷键A新建iPhone 6尺寸画板，并重命名为"注册页"。然后从iOS UI模板中复制导航栏粘贴到注册页画板，接着和画板顶部对齐，并取消该图层组符号，最后将该组重命名为"导航栏/含返回"名称，如图4-82所示。

图4-82

（2）按住command键并选中导航栏Bar图层，然后去掉共享图层样式，将填充色调整为#051425，接着创建图层共享样式，最后将样式命名为"导航条/深色"，如图4-83所示。

图4-83

引申知识点17——图层共享样式

Sketch中一共有3种共享样式：符号（图层组共享样式）、图层共享样式和文本共享样式。图层共享样式和文本共享样式相似，可以用在不同的图层，如形状不同的图层上共用相同的样式，并更改其中任一图层样式会导致使用该样式的图层属性全部更改。

选中图层后，在检查器中单击图层共享样式菜单，如图4-84所示。在菜单中分别是No Shared Style（无图层共享样式）、图层样式列表、Create New Shared Style（新建图层共享样式）以及Organize Shared Styles（管理图层共享样式）。各个选项的功能和用法与其他类型的共享样式相同。

图4-84

（3）按住command键选中Title Label图层并按enter键，然后修改文本为"注册"，接着将其文本颜色变更为#FFFFFF，如图4-85所示。

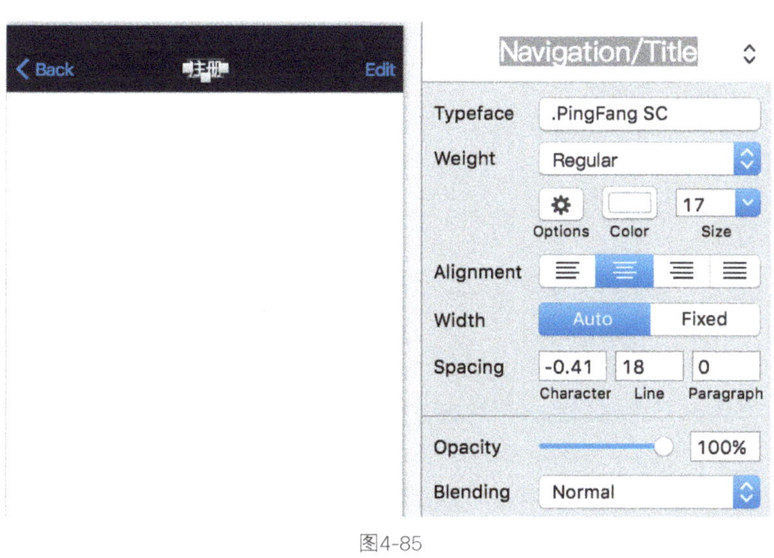

图4-85

（4）按住command键并单击后退箭头图层，然后将其选中，并将填充色变更为#FFFFFF，再创建图层共享样式，命名为"导航条/后退按钮"，接着将该图层组内其他图层删除（Back和Edit），并选中该图层组创建为符号，最后将其命名为"导航栏/含返回"，如图4-86所示。

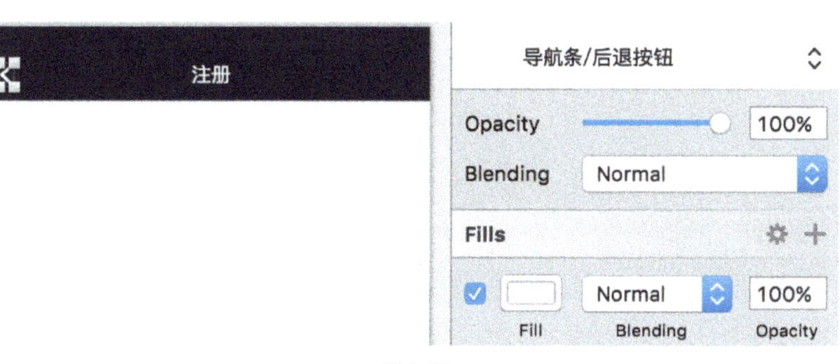

图4-86

（5）单击工具栏上的Symbol（符号工具），然后执行"Status Bar（状态栏）>White（白）>100%"操作，添加该符号图层组至注册画板，接着和画板顶部对齐，如图4-87所示。

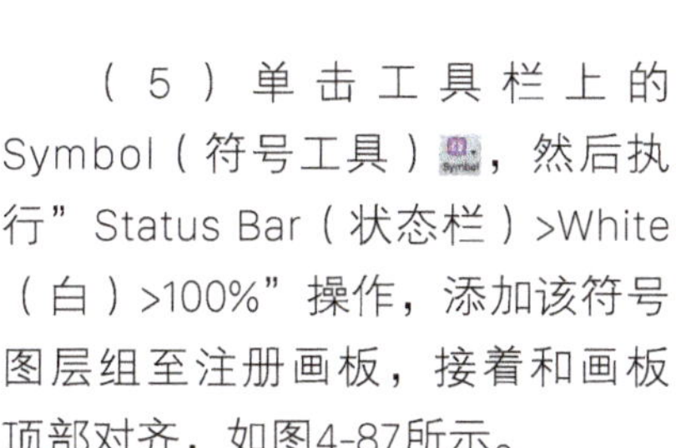

图4-87

（6）使用快捷键L，然后按住shift键在画板上绘制长度为279px（375-48-48）的水平线段并居中，接着重命名为输入线，并将描边颜色设置为#051425，再将图层不透明度设置为10%，最后创建共享样式，将其命名为"输入线"，如图4-88所示。

（7）使用快捷键R，然后按住shift键绘制正方形，描边填充保存默认，尺寸为22px×22px，距离画板左边距56px，正方形图层底边距输入线8px，接着单击工具栏上的Create Symbol（创建符号工具），将新建符号命名为"账号图标"，如图4-89所示。

（8）使用快捷键T插入文本，然后输入文字："请输入您的邮箱地址"，再将字号设置为14号，字体为苹方简体，字体颜色为#051425，不透明度设置为20%，接着创建文本共享样式，并将其命名为"注册页/提示文本"，最后调整位置距离账号图标右边8px，与其垂直居中对齐，如图4-90所示。

图4-88

图4-89

图4-90

（9）将文本图层、输入线和账号图标符号选中按快捷键command+G进行编组，并将图层组重命名为"账号"。再选中该图层组，按住快捷键option+shift复制图层组并拖动，然后将复制的图层组重命名为"密码"，再将密码图层组移动至距离账号图层组底边48px的位置，更改文字为："请设置密码"，如图4-91所示。

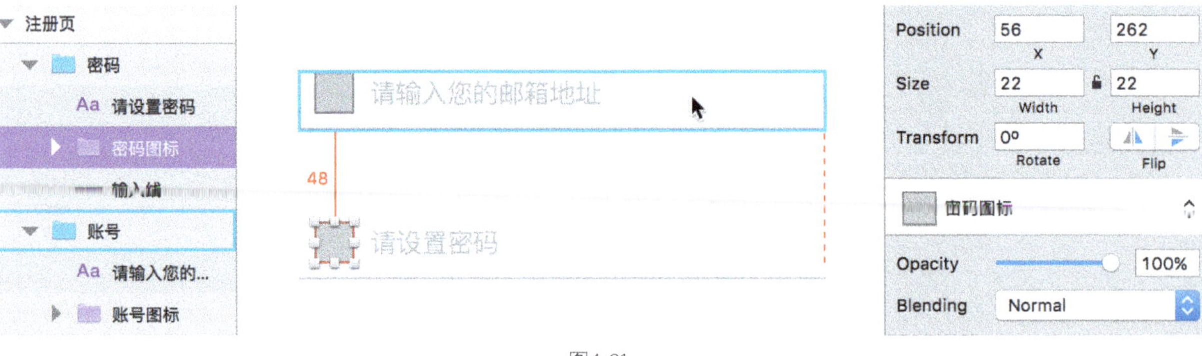

图4-91

（10）选中密码图层组中的"账号图标"，并在检查器符号菜单中选中Duplicate Symbol选项复制符号，然后将其命名为"密码图标"，接着将图层组也重命名为"密码图标"，如图4-92所示。

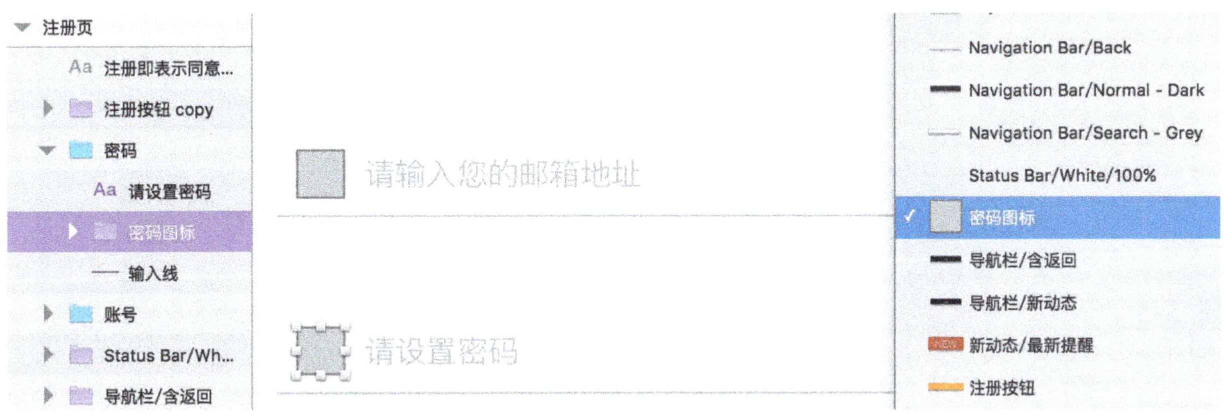

图4-92

> **提示**　该步需要做此设计的原因是因为一般账号和密码输入框会有不同的图标，若两者是符号，需要进行区分。

（11）选中"账号"和"密码"图层组，移动至距离画板顶边152px（距离导航条88px）的位置，如图4-93所示。

（12）单击工具栏上的Symbol（符号工具），然后选中"注册按钮"符号，接着单击将该符号图层组添加至画板，最后将其调整到和画板居中对齐，并距离密码图层组底边70px的位置，如图4-94所示。

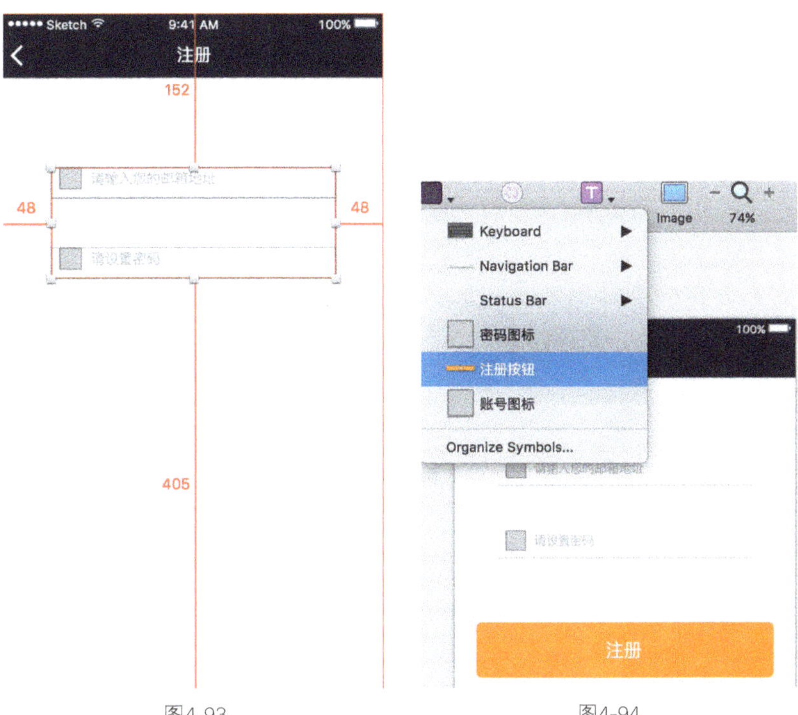

图4-93　　　　　图4-94

（13）按快捷键T插入文字："注册即表示同意本软件协议"，然后将字号设置为12号，字体为苹方简体，字重为Thin，字色为#051425，接着选中文本中的"软件协议"4个字，将其自重调整为Medium，颜色调整为#FFA200，最后将该文本图层不透明度调整为60%，完成注册页的设计，最终效果如图4-95所示。

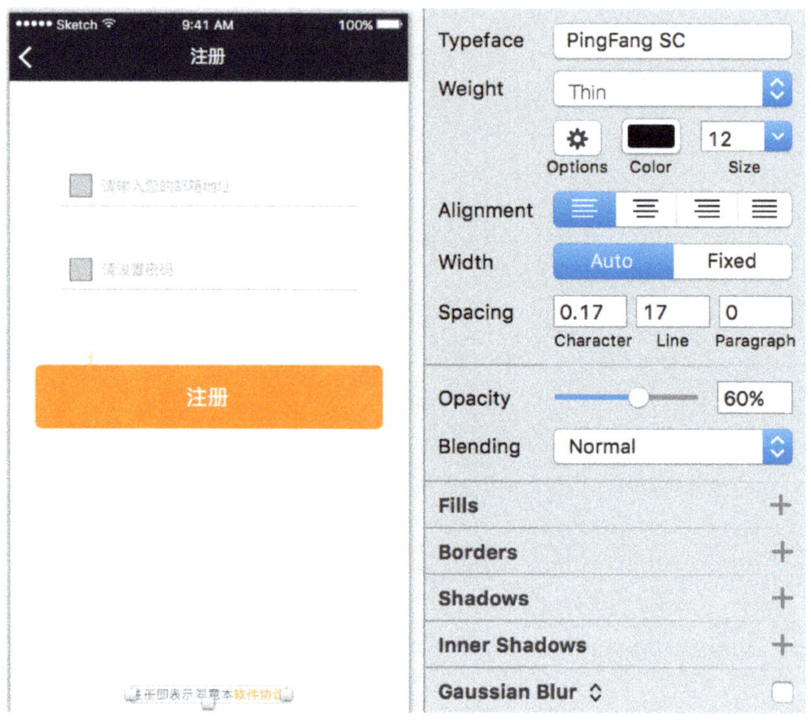

图4-95

4.5.2 内容页面的设计

（1）添加一个画布，并将之前画布命名为"注册、登录"，将新画布命名为"内容页"，然后按快捷键A新建iPhone 6尺寸画板，接着将其重命名为"新动态"，勾选画板面板上的背景色，并设置背景色为#FFFFFF，如图4-96所示。

（2）单击工具栏上的Symbol工具插入"导航栏/含返回"，并将其和画板顶部对齐。然后在图层面板选中该符号单击鼠标右键，并在弹出的菜单中选择Detach from Symbol选项，再按住command键选中"后退按钮"将其删除。接着选中"标题注册"按enter键，将其修改为"新动态"，再选中图层组将其新建为符号，符号名为"导航栏/新动态"。最后单击工具栏上的符号工具，执行"Status Bar（状态栏）>White（白）>100%"命令，再将其和画布顶端对齐，如图4-97所示。

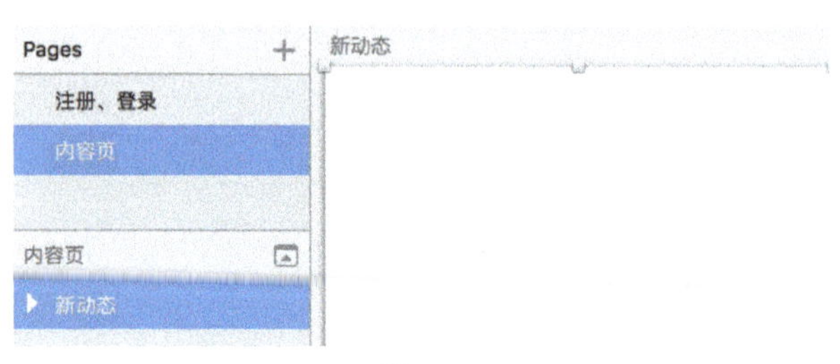

图4-96

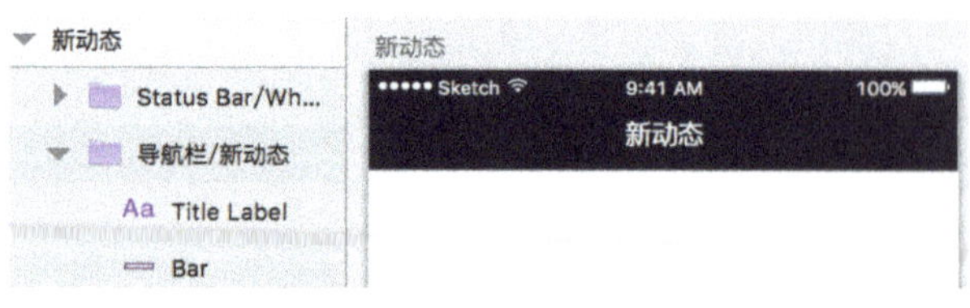

图4-97

（3）打开iOS UI模板，复制搜索栏并粘贴到新动态画板，然后将其移动至和导航栏底边重合，和画板垂直居中对齐，如图4-98所示。

（4）打开iOS UI模板复制底部标签栏，并粘贴到新动态画板，和画板底部对齐，然后在图层组上单击鼠标右击，并在弹出的菜单中选择Detach from Symbol选项，接着按住快捷键command+shift将Four、Five及对应上方的图标框同时选中删除，再将剩下的One、Two、Three文本图层分别修改文本为："新动态""相册"和"个人中心"。最后分别将文本和对应上方的图标框图层编组，对新组成的3个图层组重命名，再将"新动态"和上方的图标框图层填充变为#FFA200，将Bar图层填充变为#FFFFFF，如图4-99所示。

（5）使用快捷键R新建矩形，尺寸与Bar图层相同尺寸375px×49px，然后将矩形和底部标签栏完全重合对齐，接着将该矩形图层在图层列表中移至Bar图层上方，如图4-100所示。

（6）选中该矩形，然后在检查器中的Width输入框中输入375/3，按enter键确认，此时该矩形正好为底部标签栏的宽的1/3，如图4-101所示。

（7）选中该矩形，然后按住快捷键option+shift并将鼠标向右拖动，复制该矩形2次，分别位于底部标签栏的正中间以及右边，如图4-102所示。

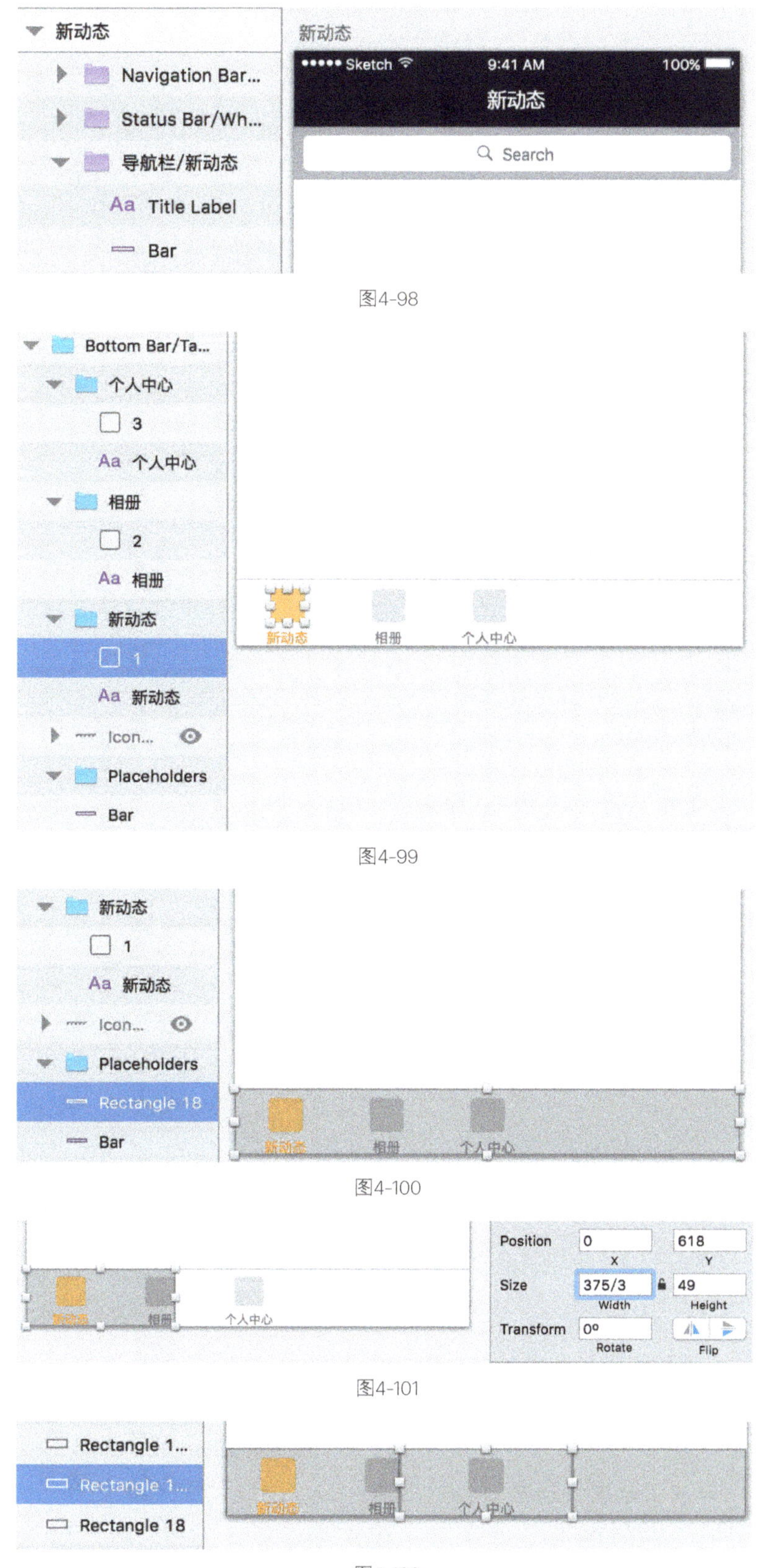

图4-98

图4-99

图4-100

图4-101

图4-102

（8）选中"新动态"图层组，将其和最左侧的矩形居中对齐；选中"相册"图层组，将其和中间的矩形居中对齐；选中"个人中心"图层组，将其和最右侧的矩形居中对齐，如图4-103所示。

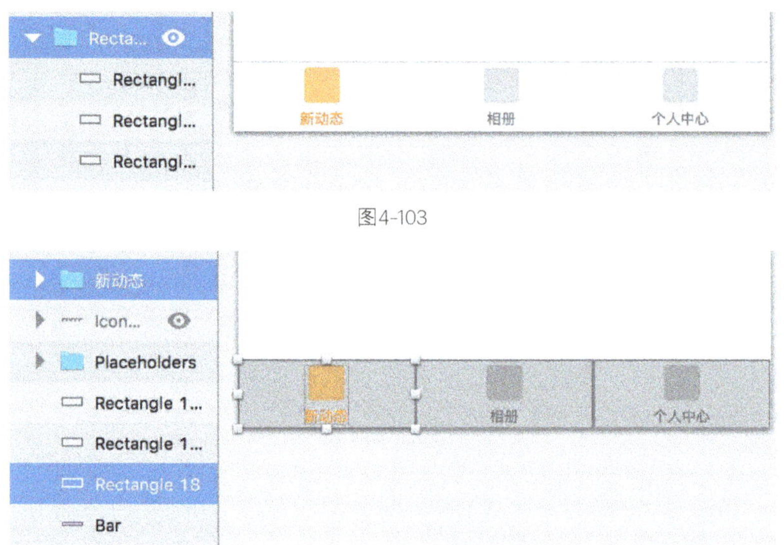

图4-103

（9）选中底部的3个矩形，然后按快捷键command+G编组，接着将图层组取消可见，如图4-104所示。

图4-104

（10）按快捷键T任意输入一段文字，然后设置字体为苹方简体，字号为16，行高为26，字色为#666666，如图4-105所示。

（11）用鼠标左键选择文字图层右侧的控制点，然后向左拖动将文字变成两行，当文字图层宽度为250时松开，如图4-106所示。

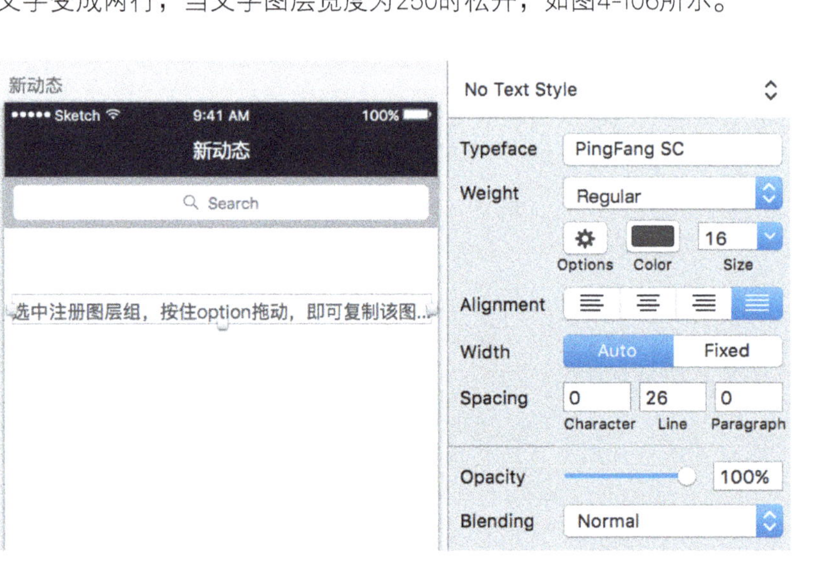

图4-105

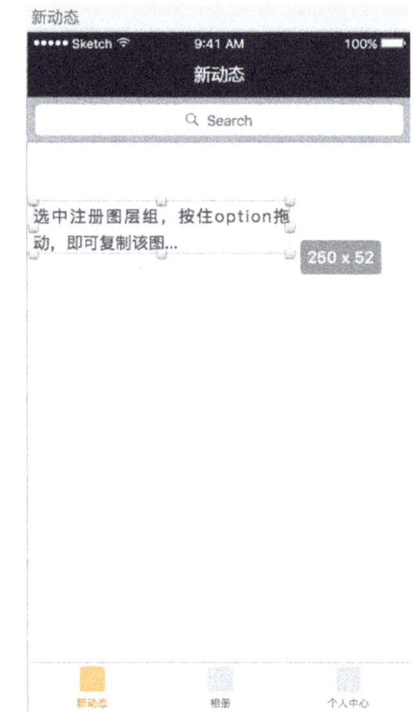

图4-106

（12）将该文字图层调整至距离画板左边12px的位置，距离搜索栏底边24px的位置，然后创建文本共享样式，接着将其命名为"新动态/列表内容"，如图4-107所示。

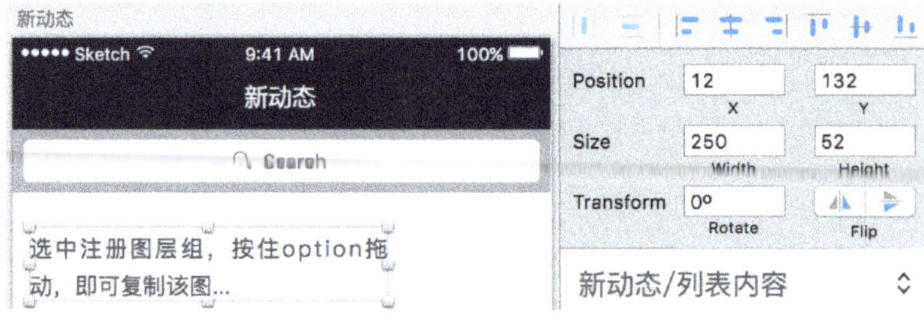

图4-107

（13）按快捷键T输入时间，如10:00 pm，然后设置字体为苹方简体，字号为12，行高为17，字色为＃FFA200，接着将其调整到距离左边12px，距离列表内容文本图层底边6px的位置，最后创建文本共享样式，并命名为"新动态/时间"，如图4-108所示。

图4-108

（14）按快捷键U绘制圆角矩形，尺寸为46px×16px，圆角半径为2，填充色为#D0021B，注意去掉描边，然后将其调整到距离画板左边98px，距离列表内容文本图层7px的位置，如图4-109所示。

> 提示　注意此处没有和时间文本设置一致是因为从视觉上看，这样设置更有居中的感觉。

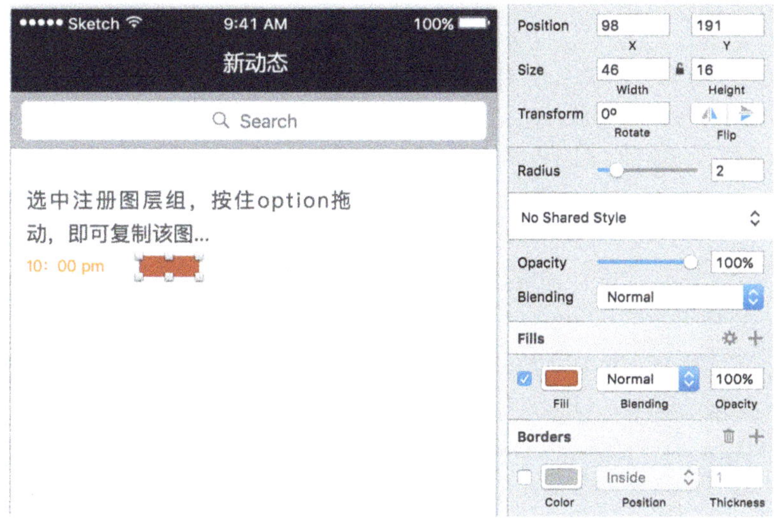

图4-109

（15）按快捷键T输入文本：NEW，并设置字体为苹方简体，字号为12，行高为16，字色为#000000，然后将其调整到距离列表内容文本图层7px的位置，并和圆角矩形垂直居中对齐，接着将这两个图层选中，按快捷键command+G编组，并创建符号，最后将其命名为"新动态/最新提醒"，如图4-110所示。

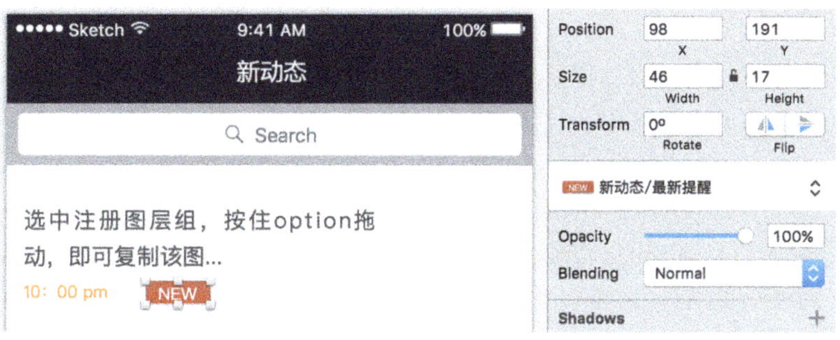

图4-110

（16）选中列表内容文本图层、时间文本图层和最新提醒图层组，然后按快捷键command+G进行编组，并命名为"列表左"，注意确定该图层组高为76px，如图4-111所示。

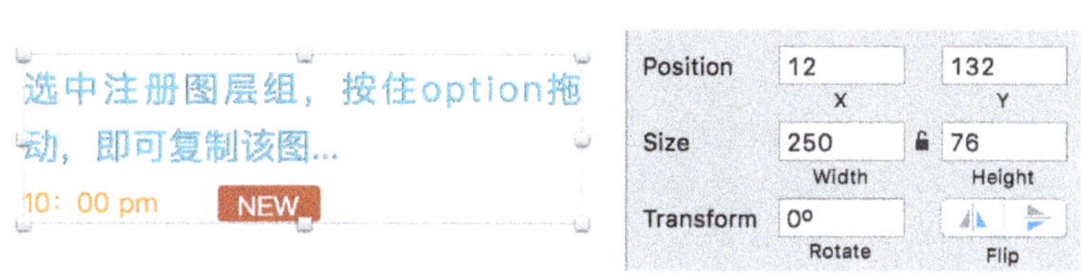

图4-111

（17）使用快捷键U并按住shift键绘制一个圆角矩形，尺寸为76px×76px，圆角半径为6px，然后将其调整到和"列表左"图层组水平居中对齐，距离画板右边12px的位置，接着将其命名为"内容插图"，并去掉描边，如图4-112所示。

（18）使用快捷键L并按住shift键水平绘制一条长度为375px的线段，然后重命名为"分隔线"，并填充颜色为#576573，不透明度为10%，接着将其调整到和画布垂直居中，距离"列表左"图层组底边20px的位置，最后选中"分隔线""列表左"图层组和"内容插图"图层按快捷键command+G进行编组，再将其命名为"新动态内容"，如图4-113所示。

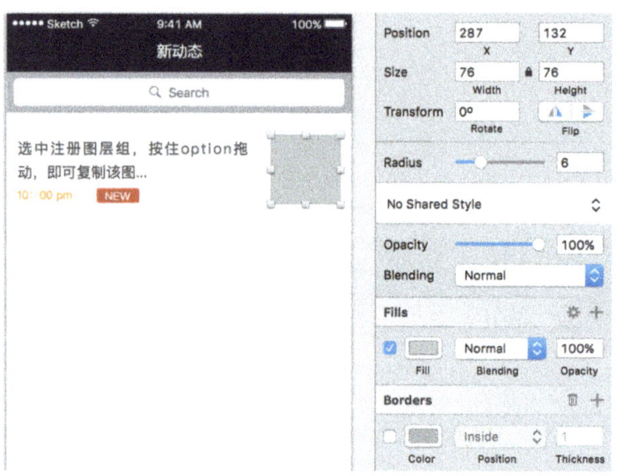

图4-112

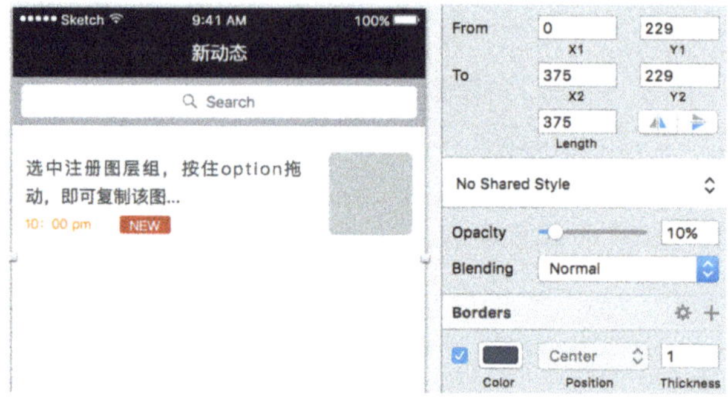

图4-113

（19）选中"新动态内容"图层组，并按住快捷键option+shift将鼠标按下并拖动，将复制的新图层组移动到距离原图层组底边20px的位置，接着重复上述操作直到填满该画板，最后将底部标签栏图层组移动至该图层面板顶部，如图4-114所示。

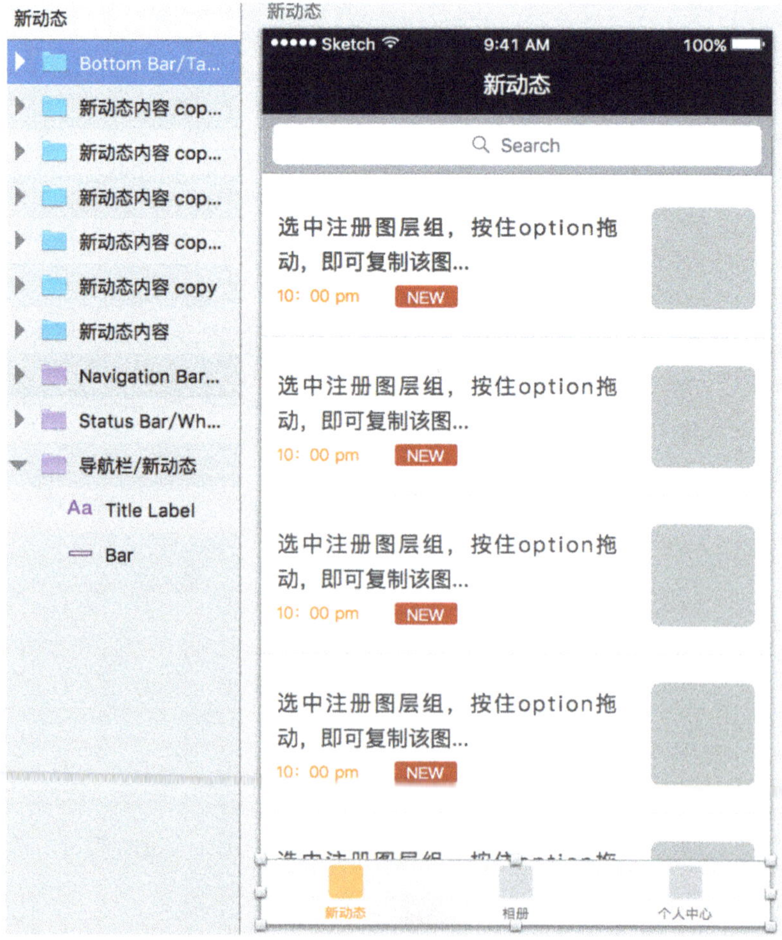

图4-114

（20）按住快捷键command+shift的同时选中各新动态内容图层组中的内容插图图层，然后执行Plugins>Content-generator-sketch-plugin-master菜单命令，批量载入图片，如图4-115所示。

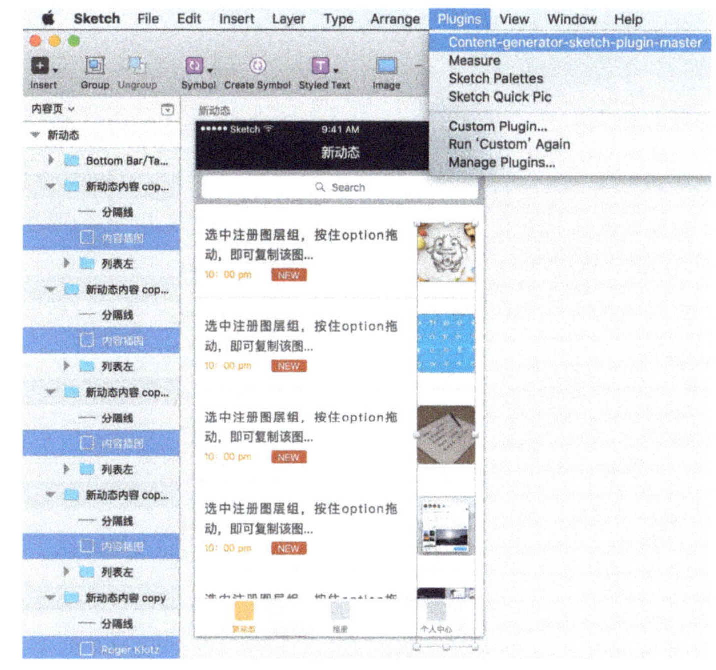

图4-115

引申知识点18——内容填充插件Content-generator-sketch-plugin

在设计界面的时候，为了让界面更加接近实际，往往需要为其填充一些内容，填充内容的时候，若都是一样的内容往往会达不到真实的感觉，而若填充不一样的内容，又会浪费太多的时间。好在Sketch有众多的插件可以做内容填充，Content-generator-sketch-plugin便是这样一款优秀的内容填充插件。

Content-generator-sketch-plugin的下载地址为https://github.com/timuric/Content-generator-sketch-plugin，有关插件的安装方法可以参见"引申知识点10——插件的安装和使用"。需要注意的是该插件体积比较大，在Sketch Toolbox中可能需要下载的时间会相比其他插件略长，请耐心等待。

安装完该插件后，在菜单栏中的Plugin（插件）菜单即可看到该插件，如图4-116所示。

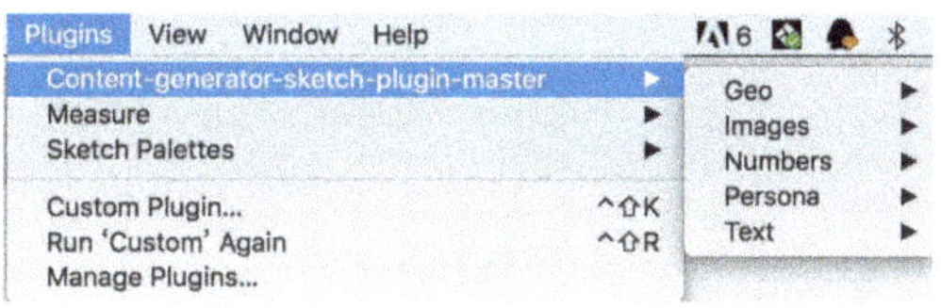

图4-116

该插件随着版本的更新升级，里面的内容可能也会发生变动，在当前版本中，Geo里可以快速生成几个大的国家的地名和地址等信息。Images里面可以批量导入自定义的图片、输入关键词从Flickr查找照片随机生成以及随机生成热门人物头像照片。Numbers可以随机生成一些数字，如百分数以及随机数字段等。Persona里面可以随机生成一些人物方面的信息，包括电子邮件、电话、姓名以及头像等信息。Text可以随机生成一段文本。

该插件的用法很简单，如果是需要生成一段文本，如Geo、Numbers、Text以及Persona里面的电邮、电话和姓名等，需选中一个文本图层，然后使用该插件即可。若是图片，则选中形状图层，再单击插件相应选项，则自动填充该形状。该操作支持多选同时随机生成，一般制作通讯录等列表界面时该插件非常有用。

（21）为了让界面更加真实，对列表中每列的时间进行修改，文本内容可随意修改，"新动态/最新提醒"符号仅在最上面两个图层组中保留，其他的删除，这样便完成了该界面的设计，最终效果如图4-117所示。

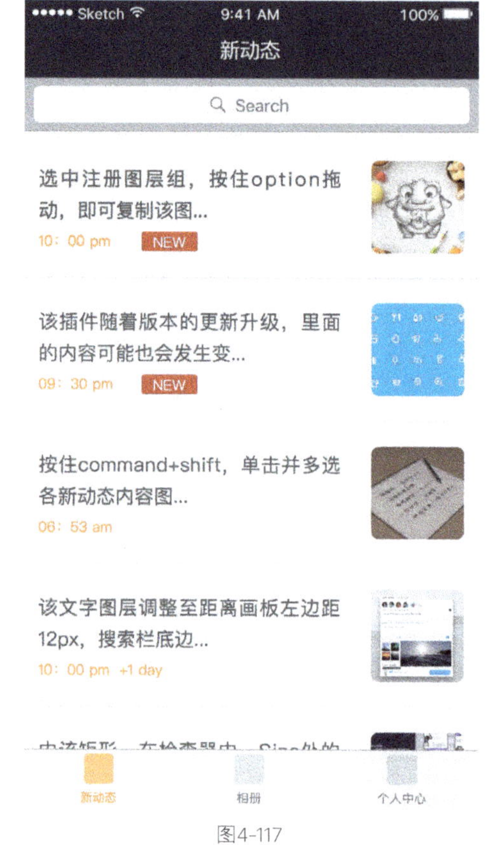

图4-117

4.5.3 使用Sketch设计移动界面的注意事项

经过上面3个实例的演示，相信大家已经可以使用Sketch进行移动界面的设计，但是还是有几个地方需要多多注意一下。

第1点： 共享样式的使用。建议大家一定要养成多使用共享样式的习惯，可能上面仅设计了3个界面看不出效率提高多少，但是在实际中，会非常有帮助，这一点大家在今后设计的界面多了之后会深有感触。

第2点： 要养成为图层以及图层组命名的好习惯。在本书示范中所有的命名名称均可不做参考，图层的命名应该根据各自研发团队的习惯来进行命名，最好命名为英文名称。命名一定要有意义，一方面能让自己快速找到，另一方面能让同事快速找到。本书中的命名仅作参考用，实际工作中笔者会直接使用英文命名，因为这样导出的切图等不需要任何的修改便可以直接使用，这一点在后续章节讲到导出的时候会再次强调。

第3点： 细节处的把握。如在图4-118中给线条设置填充色的时候，没有使用一般的灰色，而是带点主体色的趋势，在示例中，主体色为深蓝色，点睛色为橙色，一般在设计界面中会较少使用没有任何色彩趋势的灰色。

第4点：关于文本。在移动界面中，文本的颜色很少直接使用纯黑色（导航栏文字除外），一般会带一点灰度。比较常用的文本颜色为#333333、#666666和#999999，分别由深到浅代表了3个层次。而在移动界面中，文本根据层次的不同，也应从字号的不同进行区分，但是避免使用不同字体去进行区分。一般一个界面中使用一种字体即可。

第5点：从用户体验的角度去思考。如在进行列表高度设计时，就要思考最下面一列一定是有部分内容可以露出，这样用户便知道还有内容没有显示完全，可以继续往下滑动，如图4-119所示。

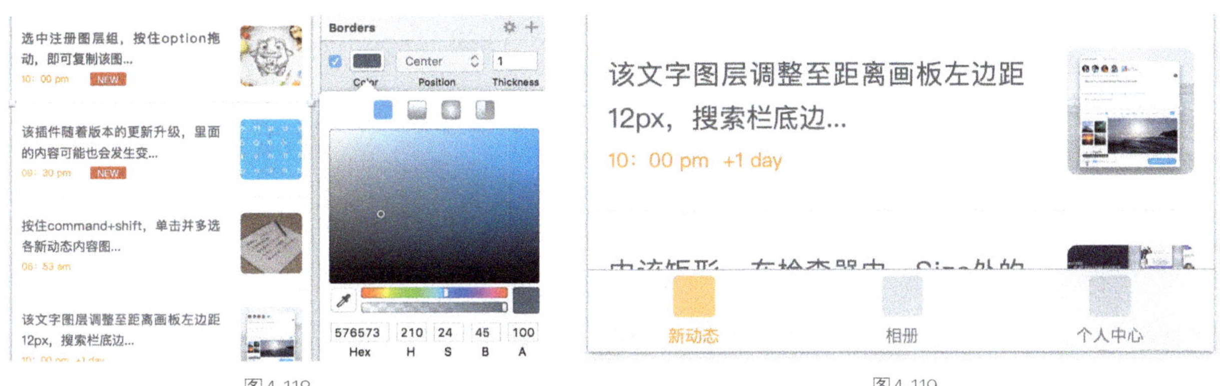

图4-118　　　　　　　　　　　　　　　　　　　　　　图4-119

且该底部标签栏的Bar图层的不透明度为90%，可以隐约看得到被遮住的内容。

从用户体验的角度去设计的另一个方面便是容错率。体验好的应用有较高的容错率，即用户即使操作失误也对结果不会造成大的影响。

在图4-120所示的注册页面中，之所以将线框原型中的输入框改成线条的输入框，其中一个方面的考虑便是不限定用户的触控范围，让输入邮箱地址文字的上方均可成为用户触控的范围，这样即便用户没有准确点击到文字，也可以实现点中的效果。

图4-120

总之，大家在设计中应多参考优秀的作品，对优秀作品进行分析时不仅需要从视觉上去分析，更要从设计目的去分析，在UI设计中，所有的设计应是"有源设计"，即所有的设计都应是可以讲出设计的原因，而非简单的一句，因为这样好看。

4.6 移动界面的多分辨率适配

随着移动设备的增多，一套界面已经不能满足所有的设备，这时候我们需要做多分辨率的适配。

根据OpenSingal的调查报告显示，到2015年8月，市面上有24093款不同的安卓设备，要将这些安卓设备均做适配是不可能的事。

图4-121所示的是市面上的安卓设备的屏幕分辨率示意图，可以看到虽然有众多的屏幕，但是绝大部分屏幕的长宽比在16:9。

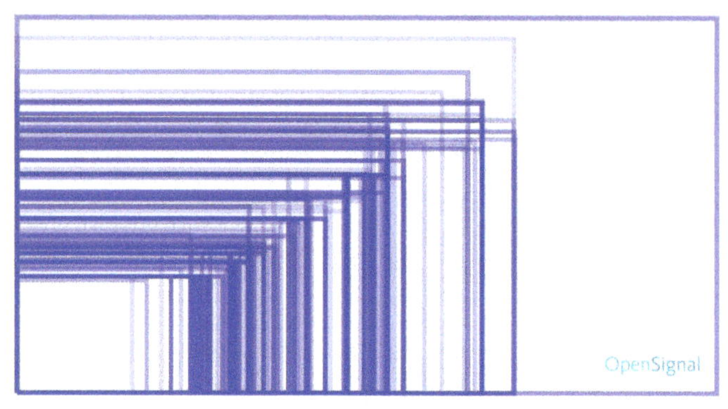

图4-121

在Sketch的画板预设中，Material Design可以理解为安卓的画板。从图4-122中可以看出给出的基本尺寸为360px×640px，该分辨率乘以2倍便是720px×1280px，乘以3倍便是1080px×1920px。

于是我们在设计安卓设备的时候，一般只需要用360px×640px尺寸进行设计，然后导出3倍尺寸图即可，在不同分辨率上程序可以自动进行压缩。因为导出为位图，高分辨率压缩为低分辨率清晰度高于低分辨率往高分辨率拉伸。

而图4-123所示的是iOS设备的分辨率示意图，可以看到iPhone 4/4s的宽和iPhone 5/5c/5s一致，而iPhone 5/5c/5s、iPhone 6以及iPhone 6 Plus的长宽比一致。

这时候我们以iPhone 6为基准进行设计，然后根据iPhone 5以及iPhone 6 Plus分别进行适配。

在将设计稿发给程序的时候，最好能附上一个适配策略。所谓的策略便是指界面内各元素当屏幕尺寸发生变化时可以根据制定的规则自行发生变更，如图4-124所示。

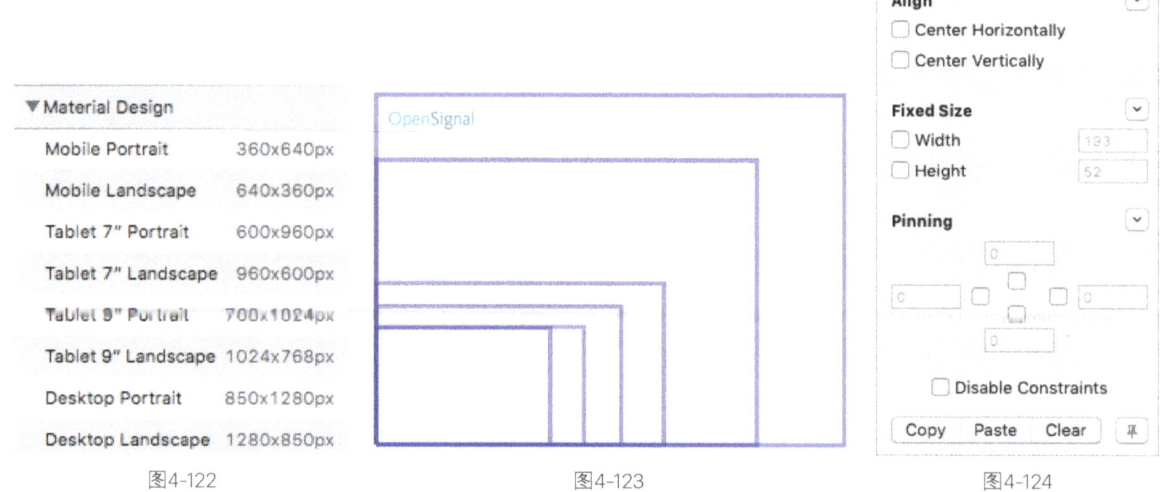

图4-122   图4-123   图4-124

对某一元素可以规定对齐规律（Align）、缩放规律（Fixed Size）以及距离屏幕边距的规律（Pinning）。图4-125所示的是将示例中的界面做适配后的效果。

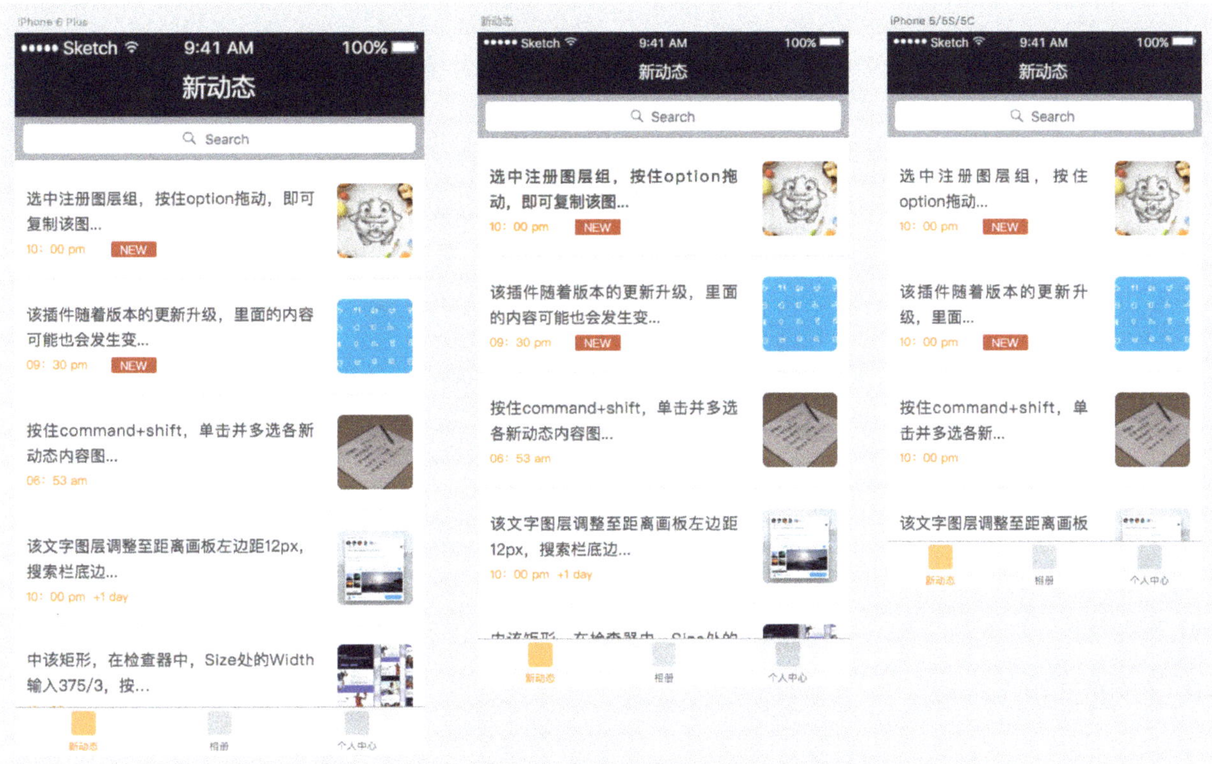

图4-125

一般来说，iPhone 6适配iPhone 6 Plus，最快速的适配方式是直接按1.5倍缩放。

通常，对于图片进行适配的时候需要等比缩放；对于文字则是显示内容以及每行文字数的不同进行适配；对于列表是显示行数多少的不同进行适配；而每行中的元素，则规定边距进行适配，如图4-123所示。对于此次设计的界面来说，无论何种分辨率，"列表左"图层组永远都距离画板左边12px，而内容插图都距离画板右边12px。

在Sketch中可以使用Fluid插件辅助进行多分辨率适配设计。

引申知识点19——自适应设计插件Fluid for Sketch

随着iOS设备的增多，苹果开始推荐在研发App时使用自适应布局，通过Fluid插件可以快速进行策略的设置以及实时预览。

Fluid插件的下载地址为https://github.com/matt-curtis/Fluid-for-Sketch，安装后，通过菜单Plugins>Fluid>Show/Hide Toolbar即可在Sketch画布底部看到Fluid的工具栏，如图4-126和图4-127所示。

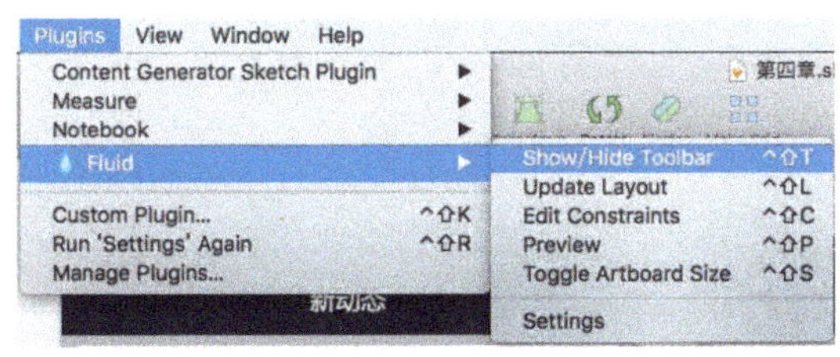

图4-126

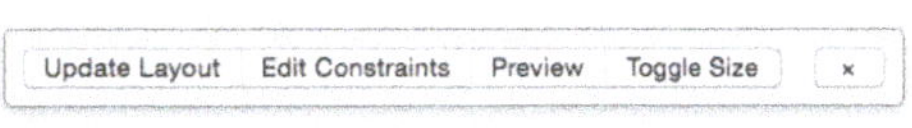

图4-127

该工具栏上一共有4个选项：Update Layout（更新布局）、Edit Constraints（编辑约束/策略）、Preview（预览）和Toggle Size（切换尺寸）。

一般先选中需要设置的图层，然后单击Edit Constraints，即可弹出图4-128所示的设置界面，设置完成后，单击Update Layout即可生效，然后单击Preview，即可在各种尺寸下实时预览。

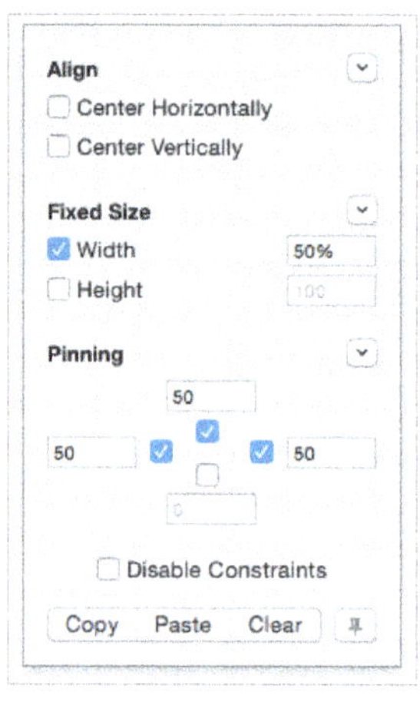

图4-128

4.7 本章小结

在本章中，向大家介绍了iOS和Material Design的设计规范以及使用Sketch进行UI界面设计的方法，这两个规范每一年随着iOS系统和安卓系统的升级变动都会相应做一定的更新迭代，这是需要大家持续关注的事情，一般来说规范的更新不会导致访问地址的变动，大家每次访问官方规范的网站时看到的即是最新的规范。

使用Sketch进行UI界面设计之前，需要结合原型图对软件整体页面需求和页面风格有一定的认知，UI界面往往不是单一的，而是一整套的，这一整套的界面应该是相似的风格和提供相同的用户体验，这种整体性往往体现在主体色的统一、相同功能按钮颜色和尺寸的统一等。同时为了便于后期的管理和工作的交接，大家应从一开始便养成对图层规范命名的好习惯。

在本章中图标全部使用符号替代，实际上使用该方法能够让最终界面效果中图标保持高度的一致和极大方便后期图标的修改。在下一章中便带大家使用Sketch进行图标设计，相信大家也能体会到使用这种方式设计UI界面的好处。

CHAPTER 05
移动UI图标的设计

在移动界面中，图标占据着非常重要的地位，好的图标不仅能使整个界面活泼、精致，更能在实际使用中让用户更形象地理解某一功能。

移动UI中图标可以分成两种：一种是功能型图标，如界面底部的标签栏中的图标；另一种是展示型图标，一般用于App Store中代表整个应用。两种图标功能不同在设计中需要注重的地方也有所不同。而功能型的图标又一般会有两种状态：选中状态和默认状态。

在iOS和Material Design中，对图标的设计也做了相关的规定。在本章中，将带大家一起探讨有关图标设计的相关内容，经过本章的学习，大家对图标设计的思路和方法会有更深的认识。

使用Sketch进行图标设计，不仅能提升效率，在一定程度上也能让图标更加精细。结合上一章符号的运用，可以让界面中各图标更加和谐统一。

5.1 移动UI中图标设计的思考

5.1.1 功能型图标设计的思考

关于功能型图标和展示型图标的划分并没有权威的分类，只是笔者自己对其做的一个分类，一般来说，凡是UI界面中，用户可以点击的图标均可看成是功能型图标，该类图标往往代表某一功能或者某一链接的跳转。这类图标的典型应用场景iOS系统中的底部标签栏以及Material Design中的策划菜单中的选项左侧。在图5-1中红框内的图标可以认为是功能型图标。

图5-1

在图5-1中，列表内的图标也属于功能型图标，但这类功能型图标和底部标签栏不同，这类图标往往代表一个功能，而标签栏的图标往往代表一个页面或板块。

功能型的图标往往层级划分明确，同一层级内的图标往往样式、尺寸相似。

在iOS系统中，功能型的图标尺寸如下表所示（系统并未严格限制，以下尺寸为参考尺寸）。

属性	iPhone 6 Plus（@3x）	iPhone 6/5/4（@2x）	Sketch中1倍设计尺寸
工具栏和导航栏中的图标	约 66×66	约 44×44	约 22×22
标签栏中的图标	约 75×75 （最大允许：144×96）	约 50×50 （最大允许：96×64）	约 25×25 （最大允许：48×32）

而在Material Design中，这类图标的尺寸一般为24dp。

在进行功能型图标设计中，我们要注意以下几点。

第1点：图标应简单。在图5-2中红色矩形框选中的图标均由一条线条构成，若在图表中增加细节，不仅起不到美观的作用，反而会让人难以辨认，如在五角星的图标内增加笑脸的线条等细节，人们无法立刻联想到该图标的功能是收藏。

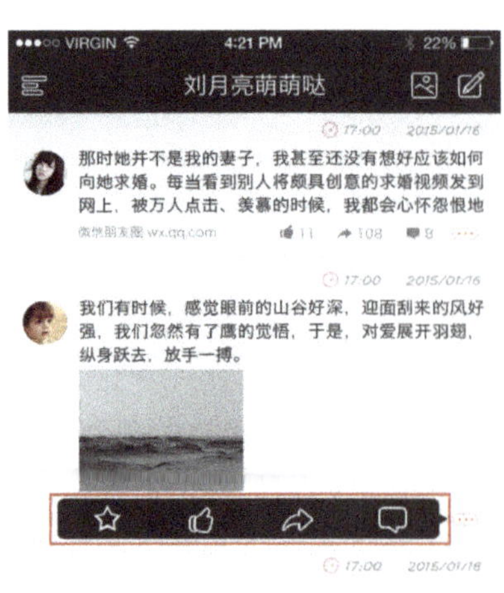

图5-2

第2点：系统图标的作用应始终如一。不管在iOS还是Material Design中都提供了大量的系统图标，分别如图5-3和图5-4所示。这些图标在相应的系统中往往代表着唯一的功能，在进行界面设计时可以直接引用这些图标，但是如果引用了这些图标，务必将这些图标应用在其代表的功能上，如图5-3中的回形针图标，在iOS中代表附件的功能，若将该图标的功能设置为分享，便会让用户产生困扰。

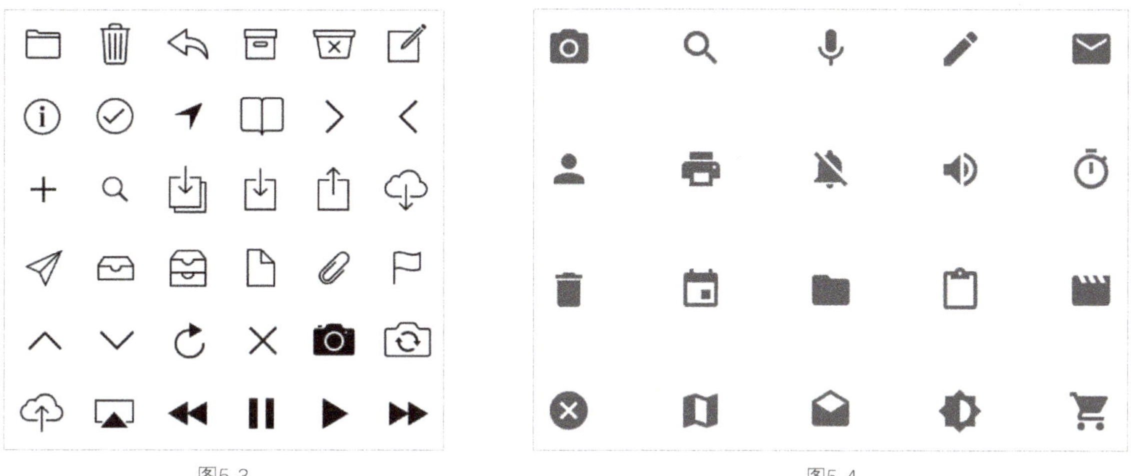

图5-3　　　　　　　　　　　　　　　　　　　　　　　图5-4

第3点：图标应易于理解。在UI界面的设计中，设计一个功能型图标的首要目的不应该是美观，而是为了易用性，降低用户的学习成本。不同于展示型的图标，功能型的图标应尽可能保证用户的理解。如摄像功能的图标最好是一个相机或者镜头的形状，若给该功能一个其他形状的图标，可能视觉上更好看，但是用户看到这个图标无法联想到这是摄像功能。

第4点：图标旁最好有文字提示。虽然我们尽可能让图标易于理解，但是还是无法保证所有用户第一次使用时都明白该图标所代表的含义，因此最好在图标附近给出文字说明，特别是底部标签栏，如图5-5所示，加上文字说明，用户能结合文字和图标，最快地明白该图标的含义。若不适合给出文字提示的图标，如列表内的图标，在用户第一次看到该页面的时候，若可能，可以给出一个提示。

图5-5

第5点：底部标签栏的图标应提供两种状态。一般是默认状态，即非选中状态，以及选中状态，两种状态的图标在外形上应是一致的。进行两种状态的设计，可以是颜色的变更，也可以是线框和填充的区别。在图5-6中前者只是颜色的变更，后者除了颜色变更，还进行了填充变化。

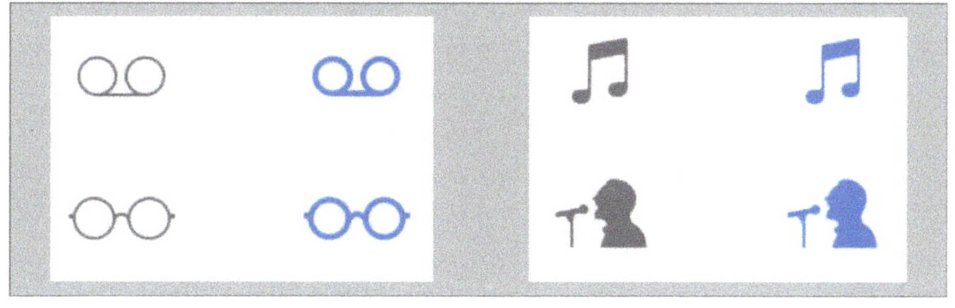

图5-6

第6点：同一个页面中，一个图标的功能应是单一的，且不同的图标视觉差异应是明显的，但风格应是统一的。图5-7中在不同页面中相同的图标代表的功能是一致的，且两个图标外形有较大的区别，但是图标整体的风格是相似的。

总之，不管是自定义图标还是使用系统图标，都应注意上面几点。在选择图标时，应把易于理解放在考虑因素的首位，从可用到好用到易用的原则，应贯穿整个UI设计。

图5-7

5.1.2 展示型图标设计的思考

相比功能型的图标，展示型的图标更加具备"设计"的感觉。展示型的图标应是独特的、有内涵的以及具备辨识度的。

一般来说，这类图标是应用程序的标识图标，也是用户首先看到的内容，所以这类图标即使用户第一眼没理解也没关系，而是应尽可能让用户能记住并感到愉悦，且在看到该图标时能最快地联想到产品。该图标在iOS系统里除了出现在App Store里，还出现在用户下载以后的桌面上，以及Spotlight的搜索结果和设置等地方。

在iOS系统里，展示型图标的尺寸如下表所示。

属性	iPhone 6 Plus（@3×）	iPhone 6/5/4（@2×）	Sketch中1倍设计尺寸
桌面应用图标	180×180	120×120	60×60
App Store图标	1024×1024	1024×1024	1024×1024
Spotlight搜索结果图标	120×120	80×80	40×40
设置中的图标	87×87	58×58	29×29

在安卓系统内，没有特别的规定，大家可以设计成1024px×1024px尺寸，然后进行缩放即可。

在Sketch中，提供了iOS图标的模板，可以执行File>New From Template>iOS App Icon菜单命令打开，如图5-8所示。

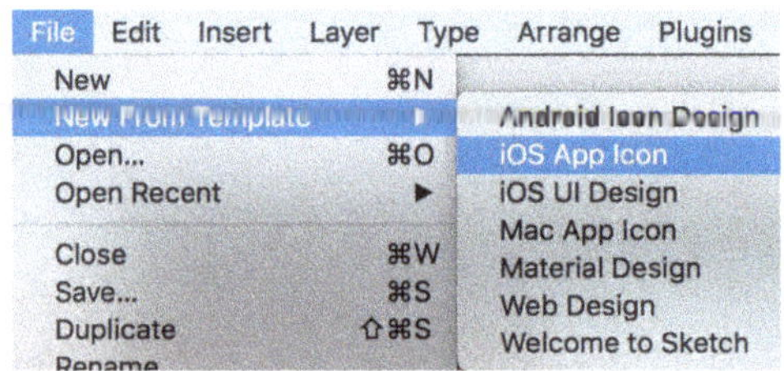

图5-8

在打开图标模板后，需要特别注意的是名为Assets/App Icon/iTunesArtwork的图标，如图5-9所示。

这是苹果官方给出的图标设计网格，在苹果官方的一些应用中，运用了这样的网格进行设计，确保了这些图标的严谨、规范和美观，如图5-10所示。

但需要注意的是，在实际进行图标设计时，网格设计并非需要严格遵照，包括苹果自己的图标也没有严格遵守。在Material Design中，也有类似的设计规范，如图5-11所示。

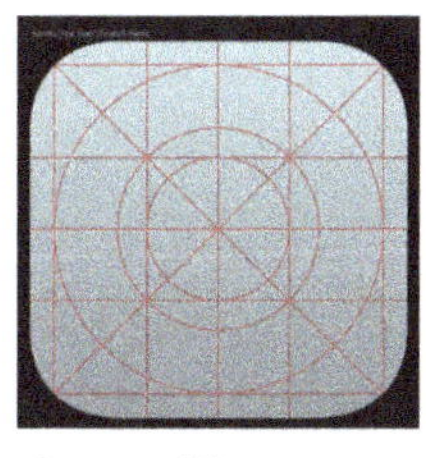

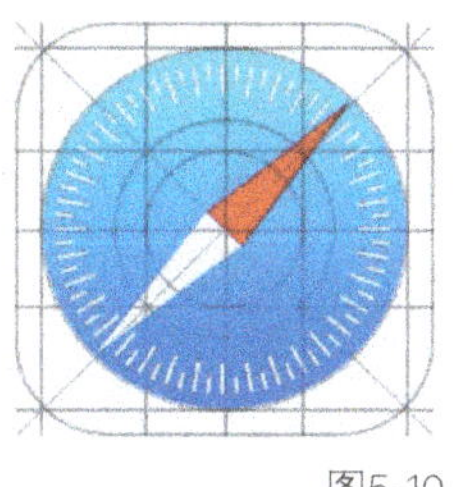
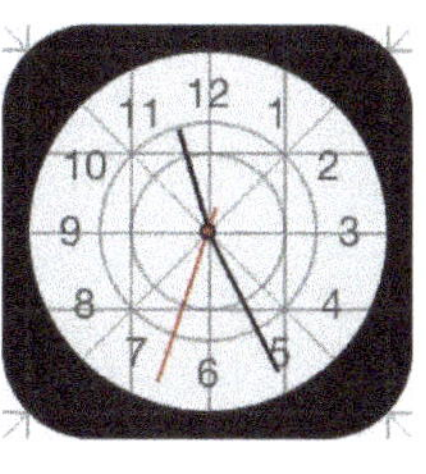
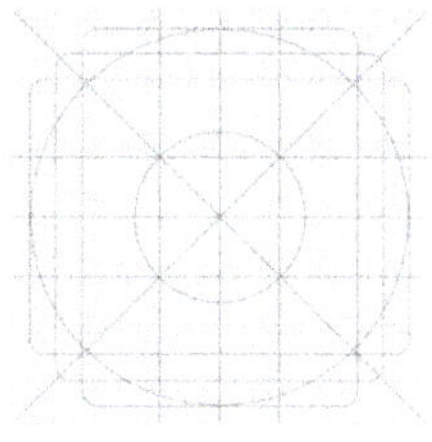

图5-9　　　　　　　　　　　　　　　　　图5-10　　　　　　　　　　　　　　　图5-11

另外大家也一定注意，在iOS中所有的图标都有圆角，而且圆角在iOS7~iOS9不同版本系统中又有细微的差异。其实在实际工作中，设计好正方形尺寸的图标进行程序上传后会自动切割成圆角矩形图标，但需要注意的是，应该避免在4个角上出现设计内容，防止在切割成圆角矩形时导致图标内容不完整。若需要设计展示，直接参考Sketch的图标模板即可。

在进行展示类图标设计时，应注意以下3点。

第1点： 图标应是醒目的，有内涵的，以及有辨识度的。所谓醒目，是用户在桌面上能迅速发现你的图标，这要求你对图标的配色等做深入思考。所谓内涵是指你的图标应该是有意义的，用户看到图标最好能大致明白这个应用是做什么的。而所谓的辨识度和醒目类似，但相比醒目，更希望用户不仅在手机屏幕上看到能迅速找到你的应用，而且无论在什么地方看到类似的图标造型都能联想到你的应用。

第2点： 确保图标的环境适应性。图标是展示在手机桌面上的，而手机桌面的壁纸是不能预期到的，这就要求在设计图标的时候，保证无论用户使用怎样的壁纸，图标都应该是可以被清晰识别的。

第3点： 不要使用已有产品的图标。任何已经上市的产品图标都是有版权的，而且即便没有版权限制，若使用的图标和其他产品图标相似，也会造成用户的困扰。

以上是对图标设计的一些思考，大家在设计图标之前，可以多花时间从整体思考后再开始进行图标的设计，一款应用中一套图标的风格应是统一的，而这种风格又应取决于产品的整体风格。下一节将带大家使用Sketch进行图标设计，在设计中也会多次提到图标设计的思想。

5.2 功能型图标的绘制

在如今扁平化设计趋势下，功能型图标主要有线框图标和剪影图标两种。

线框图标一般由线条组成，是对某一形象的高度概括，在一套应用界面中，一套线框图标应该线条粗细一致，相同层级的线框图标大小一致，它的形象也应该是和其所指示的内容相符。大部分线框图标都是简单的形状加线条通过各种缩放变换而成，使用Sketch绘制线框图标你会发现那么多精美的线框图标的绘制竟然如此简单、快速。

剪影图标可以由线框图标填充而成，也可以由基础形状通过布尔运算组合而成，但绘制的思路与方法和线框图标相似，因篇幅有限，将重点介绍线框图标的绘制，并介绍线框图标和剪影图标的快速变换方法。

5.2.1 绘制功能型图标之前

很多刚成为UI设计师的设计师们往往会为如何给一套界面设计合理的图标而发愁，以下提供了图标设计的思路供大家参考。

1.该使用什么样的图标

一般来说，对于设计什么样的功能型图标有以下3个途径可以帮助大家快速获取灵感。

途径1： 使用搜索引擎搜索"关键词+图标"，如需要设计一个"联系人列表"的图标，那么可以使用关键词"联系人+图标"进行图片搜索获取灵感。

途径2： 结合自己当前公司已有的VI和产品图标进行优化和修改。这种途径更多地适用于需要有较强的个性以及需要突出品牌意识的产品。

途径3： 使用已有的图标库。国内使用最多的图标平台是iconfont（http://www.iconfont. cn）。关于如何利用已有的资源进行设计在本书的第9章有详细说明，在此不做过多介绍。

2.该如何保证功能型图标视觉的一致性

功能型图标因几乎全部由线条或者形状构成，而一套应用界面中一般不止一个功能型图标，很多UI设计师在提交设计稿的时候经常被产品经理打回，打回理由是：图标看起来不是一套的。那么如何避免这个问题呢？做到以下4点便可。

第1点： 确保整套界面中所有的功能型图标主线条的粗细一致。

第2点： 确保整套界面中同一层级的功能型图标尺寸一致。

第3点： 确保整套界面中同一层级特别是靠得相对比较近的图标风格一致，如iOS界面底部的导航图标。

第4点： 如果给图标做交互效果，应确保选中状态与非选中状态，两者尺寸一致。

5.2.2 使用Sketch进行功能型图标的设计

在进行图标设计之前，请大家打开之前章节中所设计的一整套界面，并检查给图标预留的正方形图层组是否都设置好对应的模板。图5-12右侧是图标的最终呈现效果。

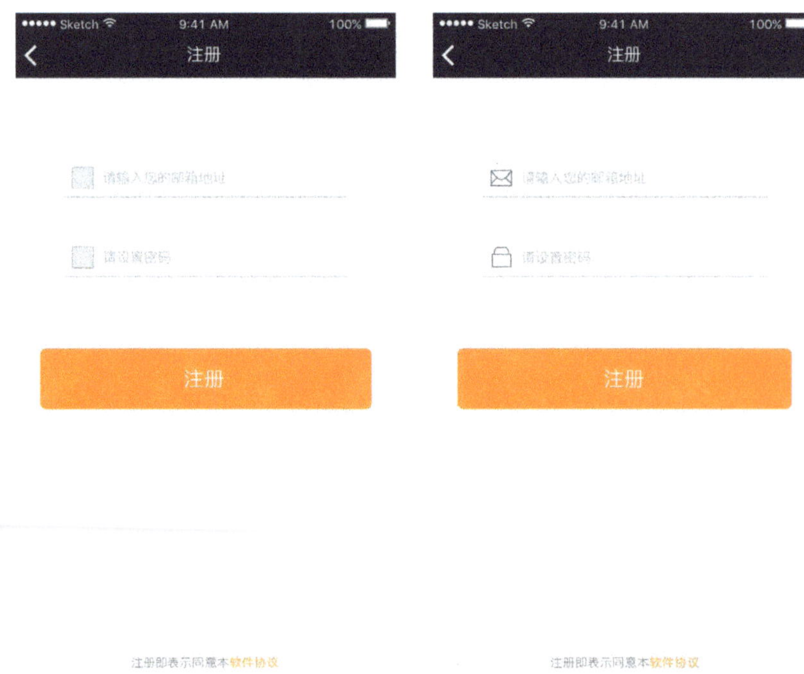

图5-12

1.线框图标的绘制

（1）打开Sketch源文件，新建一个页面并将其命名为"功能型图标"，注意将所有绘制的线框图标都放在此页，方便管理和设计组件输出。然后使用Symbol工具，添加"账号图标"符号和"密码图标"符号到该画布上，如图5-13所示。

（2）根据该方形尺寸新建两个22px×22px大小的画板，并将该画板分别完全居中于该画布，然后对画板命名，如图5-14所示。

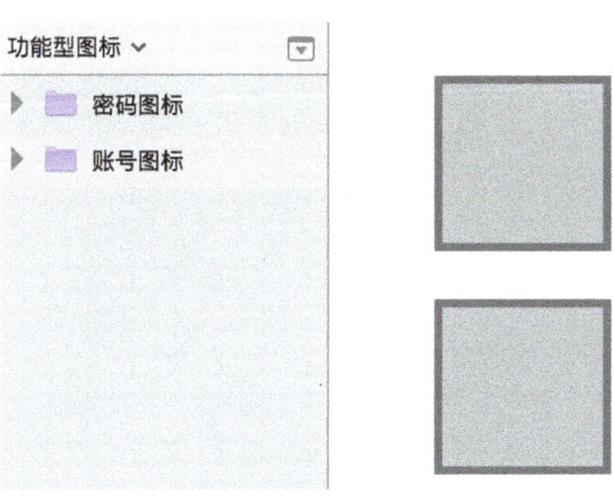

图5-13

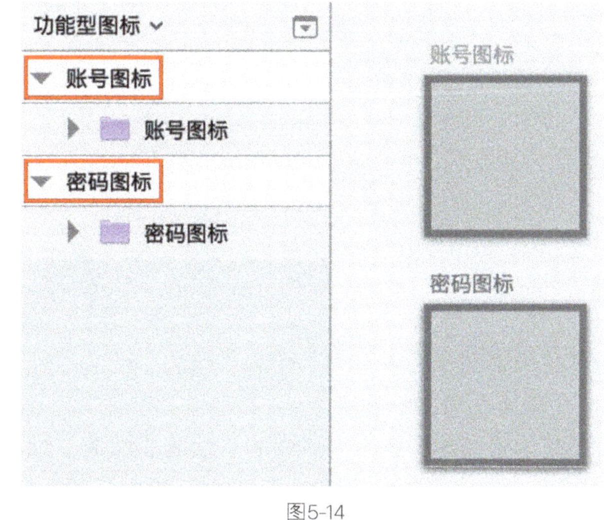

图5-14

> 提示　使用画板便于绘制图标时视觉不受干扰，而先复制模板再创建画板，方便以对应尺寸进行创建。

（3）隐藏"账号图标"符号中的正方形图层，然后使用快捷键R新建尺寸为20px×15px的矩形，并将该矩形放入符号图层组内，注意在正方形图层上方，再将其完全居中于"账号图标"画板，接着去掉颜色填充，描边设置为1，如图5-15所示。

> 提示　一定要注意在绘制线框图标时，描边位置一定需要选择Center（中间），这样即使是1像素的线条也能精确对齐。

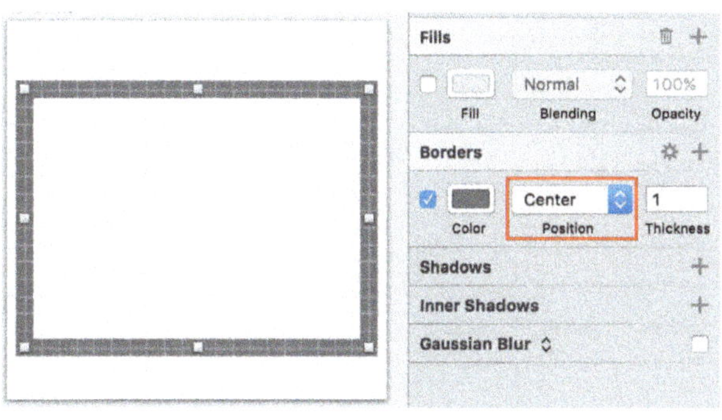

图5-15

（4）使用快捷键V激活钢笔工具（Vector）绘制一条线段。在矩形的左上角处单击确定起点，然后在矩形中间处按住并拖动鼠标绘制一条曲线，接着按键盘上的esc键完成曲线段的绘制，如图5-16所示。

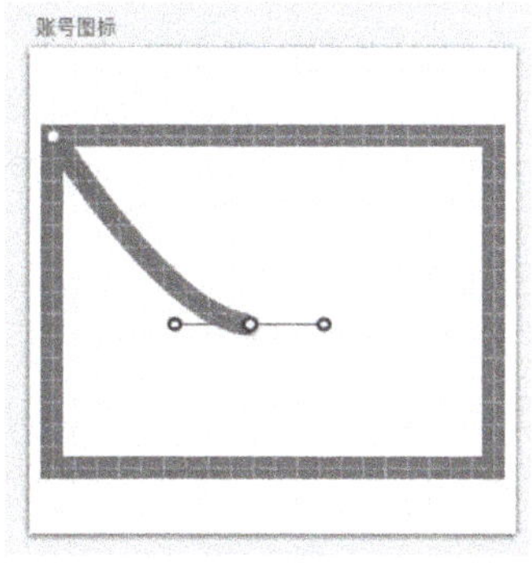

图5-16

（5）在矩形的正中间创建一条参考线，并将画布放大到最大，然后用鼠标左键双击曲线段，此时进入编辑模式，线段的端点出现两个空心的圆圈，接着用鼠标左键单击右侧的圆圈，此时圆圈上出现曲柄，最后将锚点拖曳到参考线上，如图5-17所示。

> 提示　大家注意，当光标移动至已有锚点处，光标变成"钢笔+圆圈"的样式，在其他位置光标样式为"钢笔+加号"的样式。

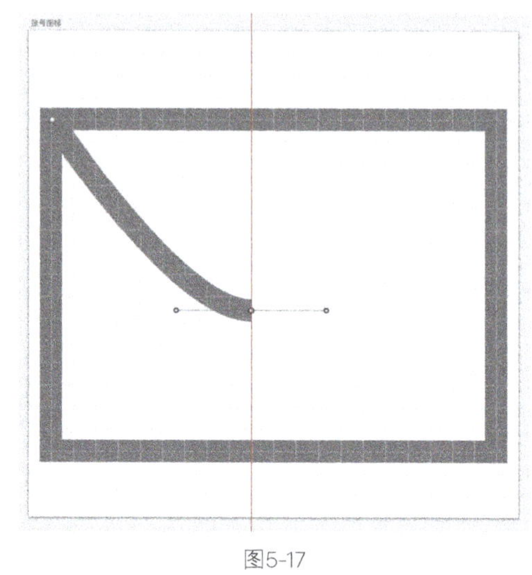

图5-17

引申知识点20——钢笔工具

钢笔工具的快捷键为V，在Sketch中图标为 。钢笔工具一般用来勾勒平滑的曲线和创建路径，在矢量插画和图标绘制中具有非常重要的作用。钢笔工具绘制出来的曲线为贝塞尔曲线，这种曲线可通过锚点和曲柄进行调节，一条曲线上可以创建无数个锚点，一个锚点有两个曲柄，如图5-18所示。

在Sketch中使用钢笔工具时，鼠标在画布上的样子变成"钢笔+加号"的造型，在画布中单击即可创建锚点。此时移动光标会有一条以锚点为起点，终点随着变动的路径线，按住shift键移动光标可以水平或者垂直或者45°斜角移动。若要创建线段，在终点处单击即可。若要创建曲线，在终点处按住鼠标并拖曳即可。

绘制完成后，务必在右侧检查器中单击Finish Editing按钮，该按钮的快捷方式为键盘上的esc键，退出钢笔工具。若单击右侧的Close Path按钮，则会在终点和起点之间自动计算一条曲线链接，形成一个完全闭合的形状，如图5-19所示。

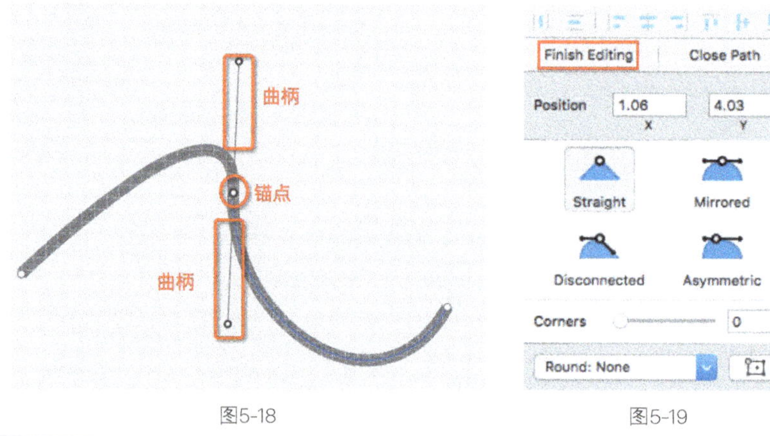

图5-18　　　　　图5-19

若要重新编辑曲线，则在曲线上用鼠标左键双击，或者选中曲线图层，按enter键即可进入编辑模式。

若要在曲线上添加锚点，只需把光标移动到曲线路径上，单击即可添加。若要删除锚点，只需要选中要删除的锚点，按键盘上的delete键即可删除。若要移动锚点，只需要选中锚点后拖动光标即可。若要选中多个锚点，按键盘上的shift键并依次单击多个锚点即可。

每个锚点上的曲柄都有4种状态，不同的状态会产生不同的曲线。

Straight：直线角。该状态下锚点两边无曲柄。折点为直角，若要产生弧度，则可选中锚点后调节下方的Corners的数值，数值越大弧度越大，如图5-20所示。

Mirrored：镜像曲柄。在该状态下锚点两侧的曲柄始终在一条直线上，且两边的曲柄长度始终一致，如图5-21所示。

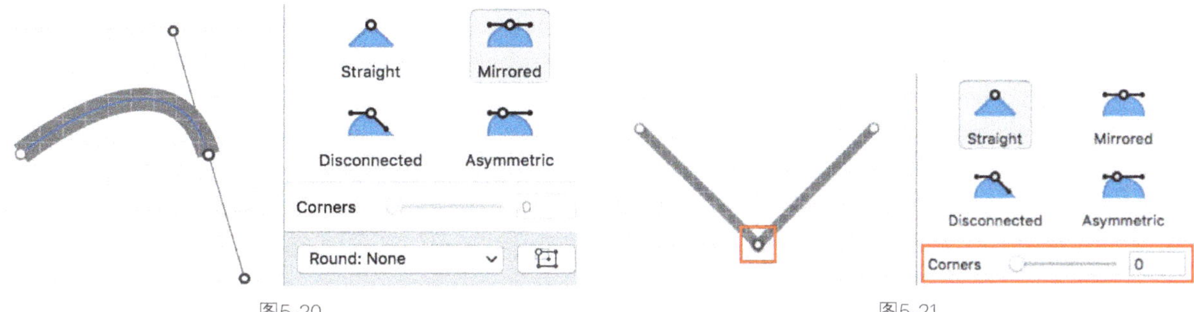

图5-20   图5-21

Disconnected：非连续对称曲柄。在该状态下任一曲柄可以随意调节而不影响另一曲柄，如图5-22所示。

Asymmetric：非对称曲柄。在该状态下，锚点的两个曲柄始终在一条直线上，但是两个曲柄的长度可以相互独立调整，如图5-23所示。

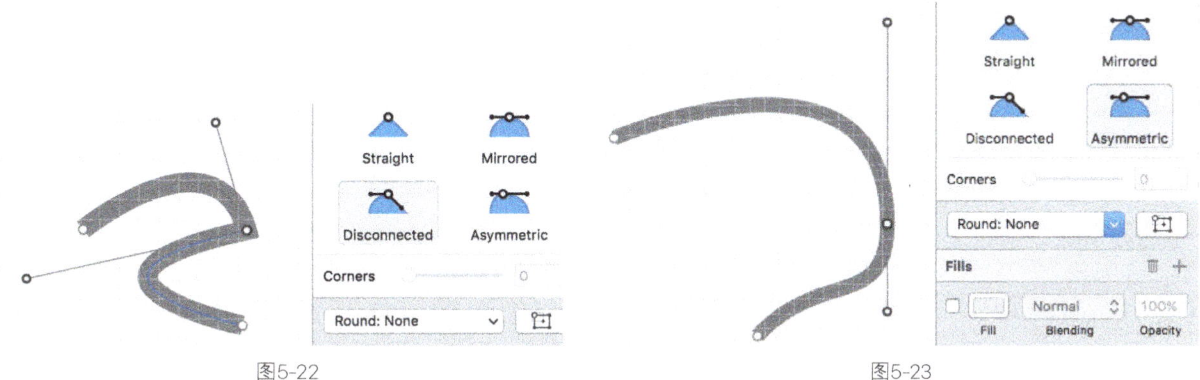

图5-22   图5-23

在实际设计中，大家需要用足够的耐心通过调整锚点的位置，以及灵活运用4个状态调整曲柄才能绘制一条完美的曲线。必要时可以通过锚点的添加与删除让曲线更加平滑和漂亮。

（6）在线段中间合适的位置添加一个锚点，并调整锚点的曲柄属性，在本图标中，最左侧的锚点属性为Straight，中间的锚点属性为Mirrored，最右侧的锚点属性为Asymmetric，如图5-24所示。

图5-24

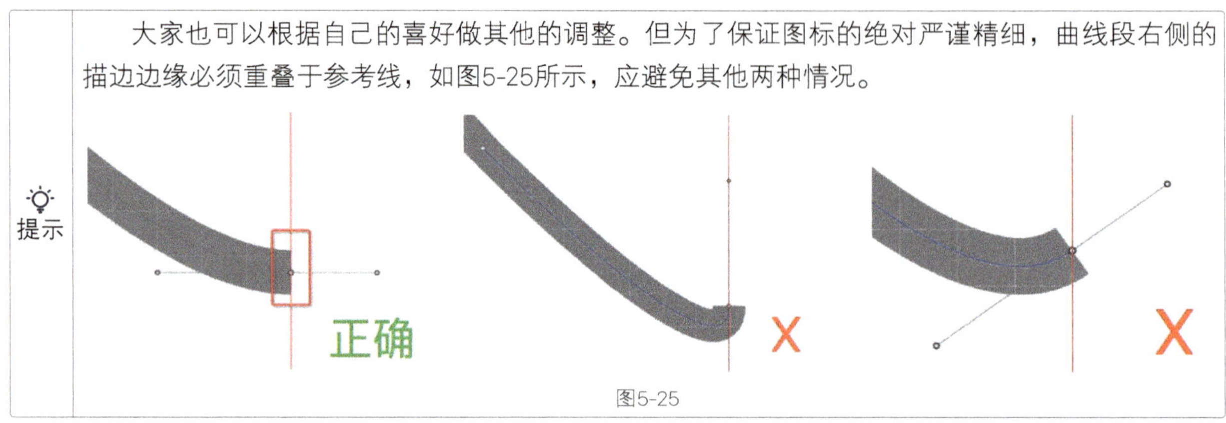

图5-25

（7）调整完曲线段后，选中该图层并复制粘贴，然后在检查器中对其进行水平翻转，水平移动该图层到两条曲线下方端点处对称对齐。这也是上一步中强调右侧描边边缘必须垂直状态的原因。效果如图5-26所示，大家也可以根据该效果再做微调。

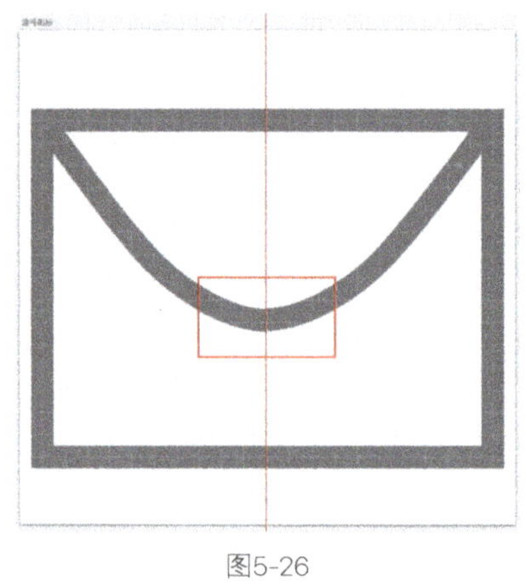

图5-26

（8）放大画布并按快捷键control+P，使画板以像素视图模式展示。大家注意到，该曲线段出现了半像数，可能会导致精细度变低，因此需要选中两个曲线段，然后执行Layer>Round to Nearest Pixel Edge菜单命令，便可非常智能准确地自动对齐像素，如图5-27所示。完成后再次按快捷键control+P即可退出像素模式。

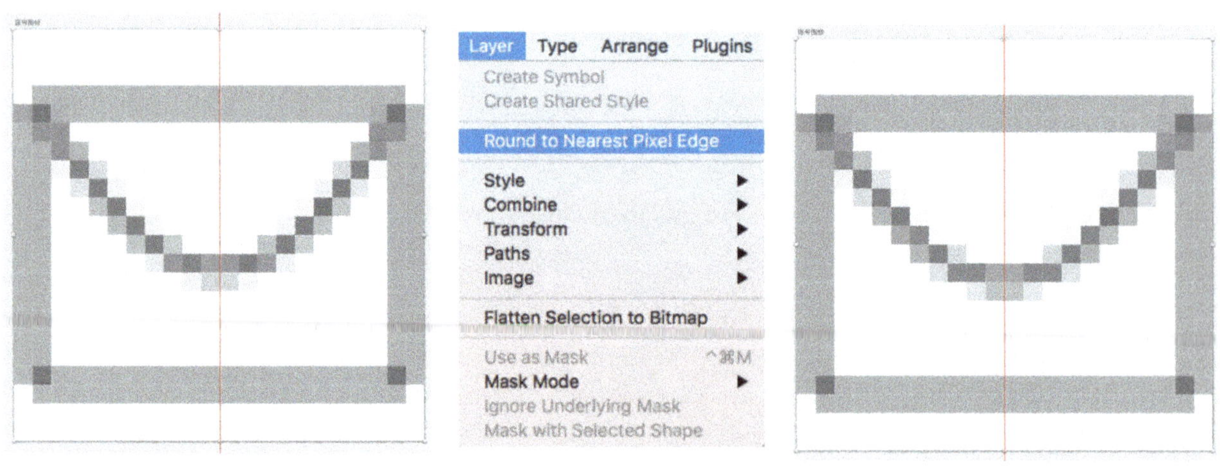

图5-27

引申知识点21——像素视图模式

Sketch作为一款矢量软件，设计出来的界面可以无限放大而清晰度不受影响且不会变形，但是设计的界面最终需要用位图的格式导出，而位图是由像素点组成。

在Sketch中，提供了两种视图模式：Vector Mode（矢量视图模式）和Pixel Mode（像素视图模式）。两个视图模式切换的快捷方式为control+P。或者通过执行View>Canvas>Show Pixels菜单命令进行切换，如图5-28所示。勾选后代表打开像素模式视图。

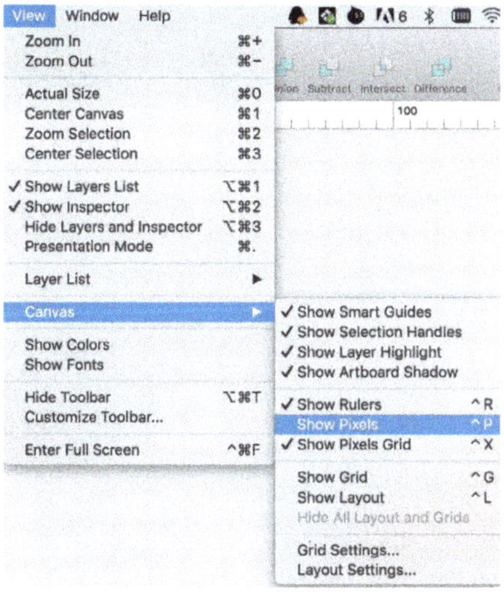

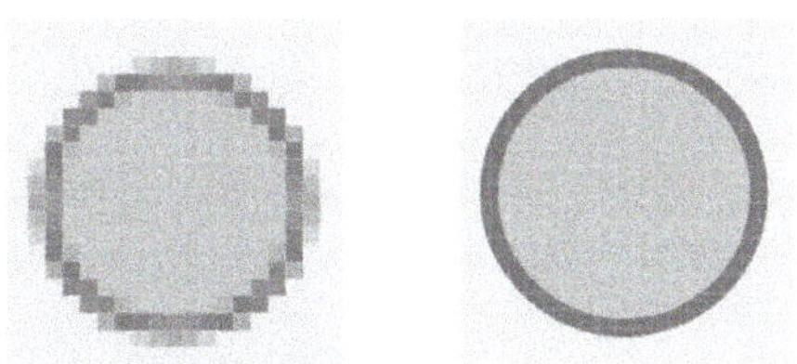

图5-28

同一个图层在两种模式下的区别如图5-29所示，左侧为像素视图模式，右侧为矢量视图模式。

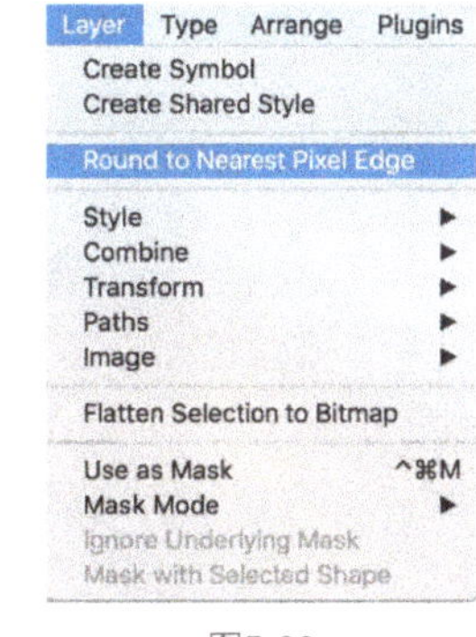

图5-29

因为像素视图模式是模拟的位图显示效果，所以在绘制插画以及图标的时候该功能非常有用，能看到百分百显示的实际效果。但是在实际设计中，打开像素视图模式的目的往往是使用另一功能：贴近像素边缘，又可以理解为像素对齐功能的一种。该功能只有在像素视图模式下才可用。

在矢量工具中进行绘制导出为位图后，若像素没有对齐就会发虚，在曲线或者有角度的线段中经常会出现没有对齐像素的情况，这时候需要打开像素视图模式，并选中该图层，然后执行Layer>Round to Nearest Pixel Edge菜单命令，即可自动让像素对齐，从而让导出的位图更加精细，如图5-30所示。

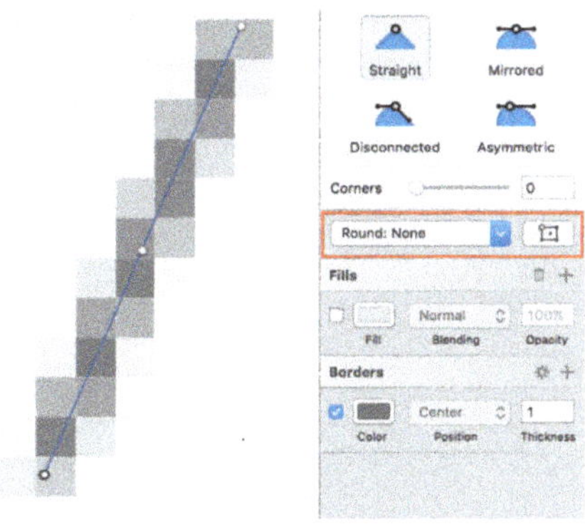

图5-30

在使用钢笔工具的时候，可以实现选中像素对齐的方式，注意必须先选择像素对齐方式再进行绘制才会产生作用。

Round:None，不使用像素对齐，如图5-31所示。

图5-31

Round:Half Pixels，使用半像素对齐，如图5-32所示。

Round:Full Pixels，使用全像素对齐，如图5-33所示。

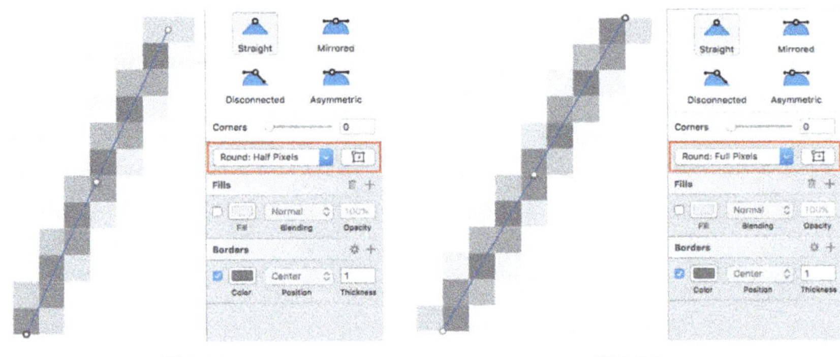

图5-32　　　　　　　　　　　　　图5-33

一般来说，全像素对齐导出的位图锐度最高，不使用像素对齐导出的位图锐度最低。一般情况下建议大家使用像素对齐功能。

（9）按快捷键V在矩形边框上单击新建锚点，然后在曲线段合适位置单击，并按esc键完成线段的绘制，接着将线段调整到合适位置，再将此线段图层复制粘贴一份，并进行水平反转，最后将其以参考线为轴调整到完全对称，效果如图5-34所示。

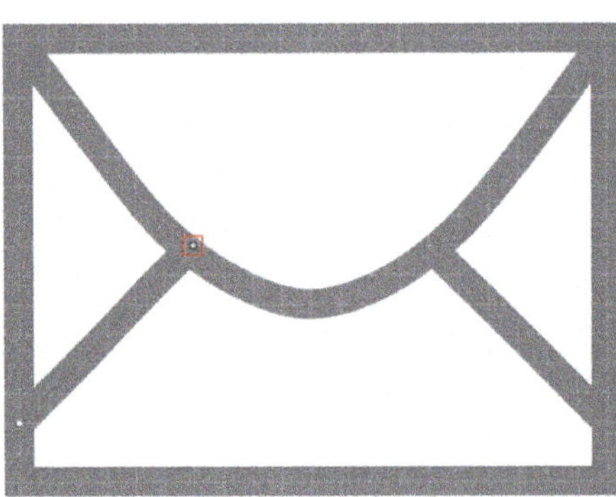

图5-34

图5-35

（10）回到登录界面，发现整套页面中所有的电子邮件输入框的图标已经自动替换成该图标了，如图5-35所示。

> **提示**
>
> 值得注意的是，Sketch在画布足够大的时候，即使是像素无关模式（即Show Pixels为关闭状态），也会有网格显示（如果没有网格显示请使用快捷键control+X打开，建议保持常开状态）。一般在调整线段的位置时，两个端点应位于网格线的交点上。

（11）接下来进行"密码图标"的设置。回到"功能型图标"画布，同样在"密码图标"符号内隐藏图层，然后在符号中插入矩形尺寸为20px×10px，接着去掉填充，将描边位置设置为Center，如图5-36所示。

（12）使用快捷键U插入一个圆角矩形，尺寸为16px×12px，垂直居中于上一步所绘制的矩形，圆角半径为4px，注意去掉填充，并将描边位置设置为Center，如图5-37所示，

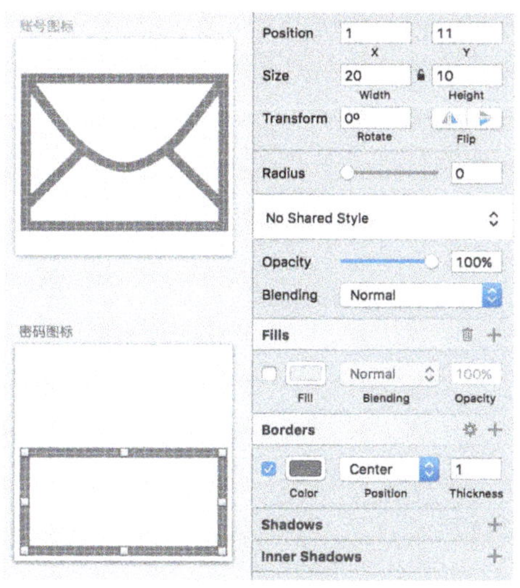

图5-36

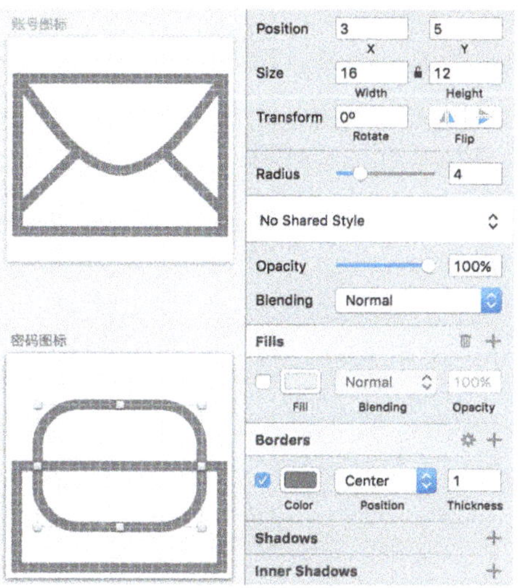

图5-37

（13）将矩形图层移至圆角矩形图层上方，然后选中两个图层，接着使用快捷键option + command + S，或单击工具栏中的Subtract工具，对其做减去顶层的布尔运算，得到图5-38右侧所示的形状。

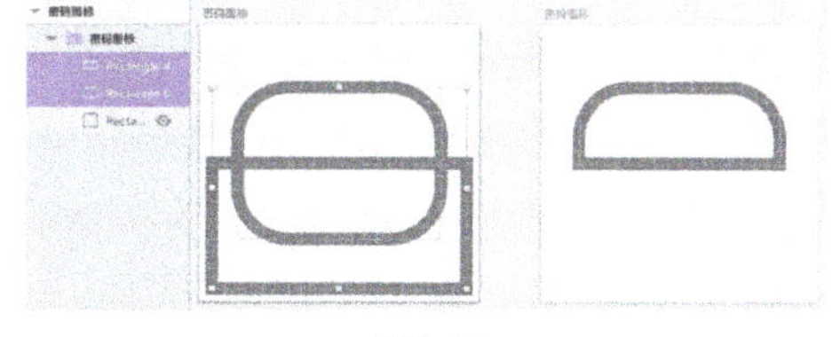

图5-38

引申知识点22——布尔运算

在进行图标绘制时，不得不提到的一个知识点就是布尔运算，通过对基本形状做布尔运算，可以绘制出千万种不同的图形。

布尔运算包括Union（合并）、Subtract（减去顶层）、Intersect（区域相交）和Difference（排除重叠）4种，在Sketch的工具栏中，提供了4种布尔运算工具，如图5-39所示。

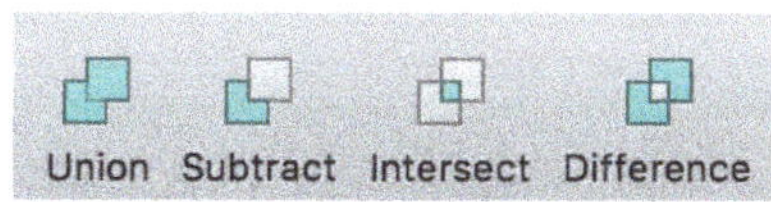

图5-39

为了能更好地理解4种运算的效果，现绘制两个不同颜色的正方形，如图5-40所示。其中红色正方形在蓝色正方形的下方，两者面积有1/4的重叠。并且为了能更好地说明效果，两个正方形均给了10px的描边。接下来就选中两个形状图层，对其做布尔运算。

Union（合并）：快捷键为option + command + U，效果如图5-41所示。可以看到两个图层合并为一个图层，且描边变成一个描边，颜色与下方图层颜色相同。

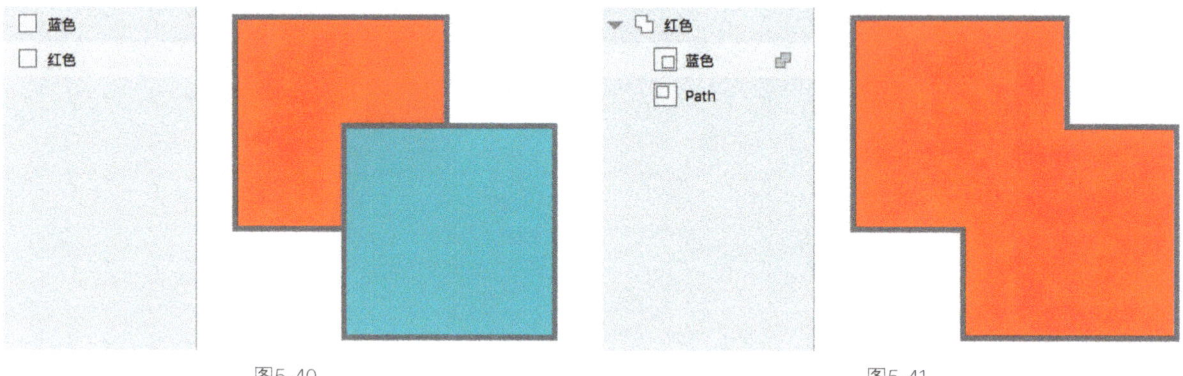

图5-40　　　　　　　　　　　　　　　　　　　　　　　图5-41

Subtract（减去顶层）：快捷键为option+command+S，效果如图5-42所示。两个图层虽然也合并为一个图层，但是上方图层已经被减去，且下方图层中被上方图层覆盖的区域也被减去。

Intersect（区域相交）：快捷键为option+command+I，效果如图5-43所示。两个图层经过运算只剩下相交区域，且颜色取决于下方图层颜色。

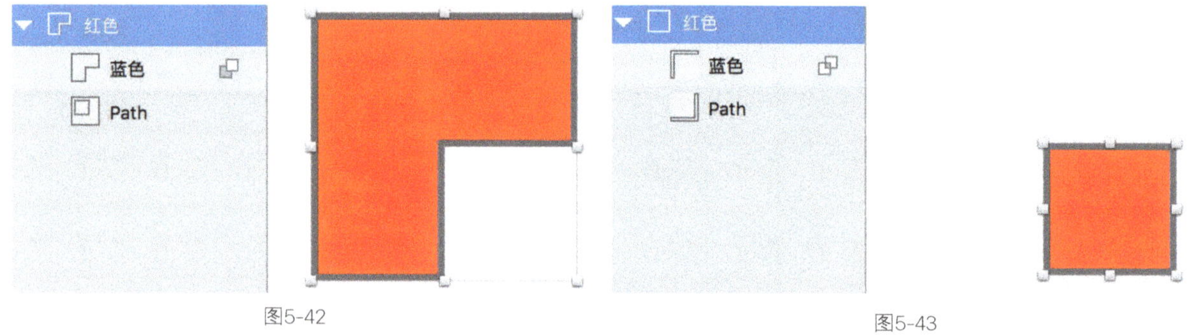

图5-42　　　　　　　　　　　　　　　　　　　　　　　图5-43

Difference（排除重叠）：快捷键为option+command+X，效果如图5-44所示。可以看到两个图层中重叠的部分已经被减去，且颜色变成下方图层颜色，描边相互封闭。

大家可以看到，在图层列表中，虽然进行了布尔运算的图层合并为一个图层，但是在图层左侧会有小箭头，单击箭头可以展开，并可以分别对原始图层进行调整，包括位置和大小的调整。且在原始图层顶部图层的右侧有布尔运算的标记，单击可以快速对运算规则进行切换，如图5-45所示。若选择None，则取消布尔运算，原图层恢复成普通图层。

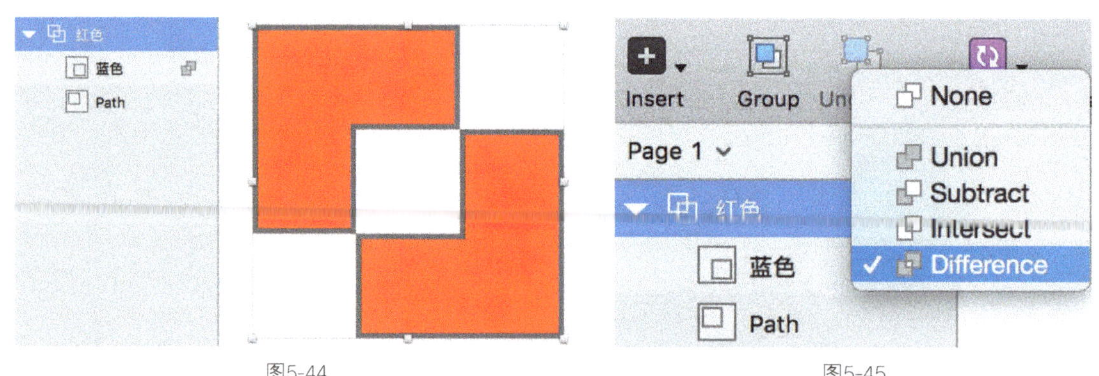

图5-44　　　　　　　　　　　　　　　　　　　　　　　图5-45

总之，通过对普通图层进行布尔运算一定可以达到大家想要的效果，布尔运算支持多个图层间的运算，而不仅限于两个图层间。大家在平时看到的各种图标，可以试着去分析，看是由哪些基本形状组成的。

另外需要注意的是，图层顺序不同，相同图层执行相同运算也会得出不一样的效果，大家在平时工作中若遇到执行布尔运算跟想象不同的时候，可以检查一下图层之间的顺序是否出现了错误。

（14）再次绘制一个步骤11中的矩形，并将其与进行了布尔运算之后的图层进行垂直居中对齐，然后将矩形顶部与布尔运算得出的图层底部重叠，接着将图标调整至和画板居中对齐，完成密码图标的设计，如图5-46所示。

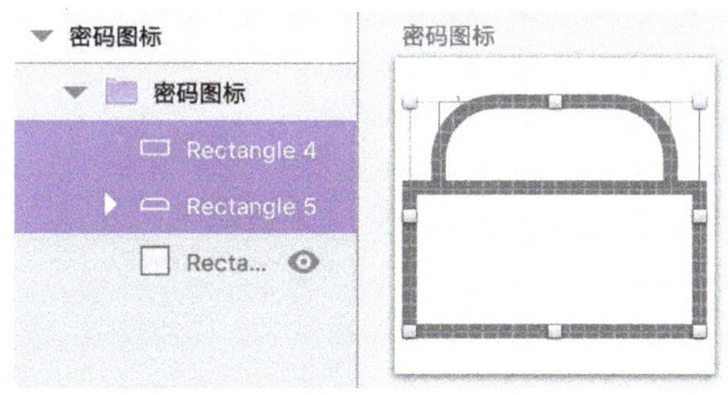

图5-46

（15）如果不通过布尔运算，是否也能绘制出密码图标呢？答案是肯定的，可以用剪刀工具进行绘制。先回到布尔运算之前的状态，如图5-47所示。

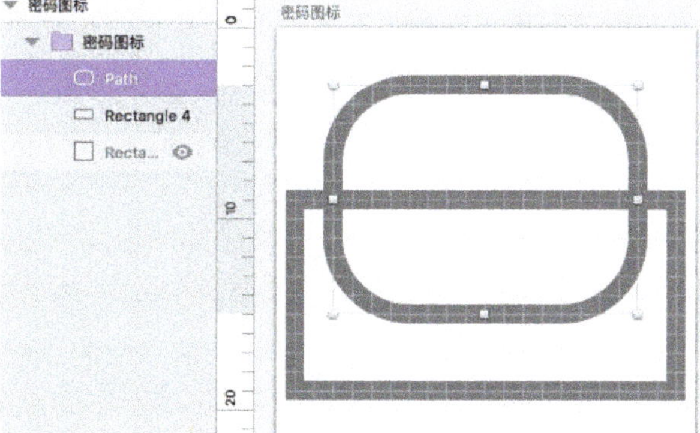

图5-47

（16）选中圆角矩形图层，单击工具栏上的剪刀工具图标，此时光标变成剪刀形状，然后选中图层的路径变剪掉底部线条，并按enter键退出剪刀工具，效果如图5-48所示。

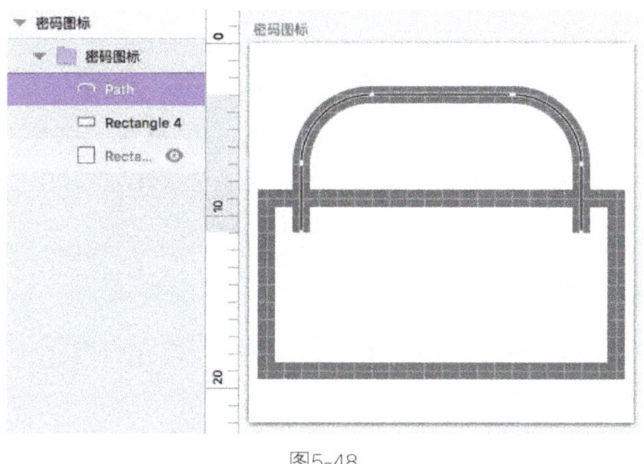

图5-48

（17）继续选中该图层按enter键，进入编辑模式，然后选中图层底部的锚点，接着按键盘方向键将锚点移动至矩形顶部，两端调整完毕后完成图标的绘制，如图5-49所示。

图5-49

引申知识点23——剪刀工具

　　剪刀工具是Sketch中绘制图标一个非常有用的工具，剪刀工具的图标为，默认没有在工具栏上，需要大家在工具栏处单击鼠标右键进行手动添加。

　　要使用剪刀工具，需要先选中形状图层，然后单击剪刀工具，形状图层上会出现有白色小方块和深色线条组成的路径，可以把白色小方块理解为断点，接着在两个白色小方块之间单击，即可剪掉之间的线段，如图5-50所示。

　　剪刀工具剪掉路径时可以是非连续路径，若形状是有填充的，则剪掉之后两个白色小方块之间的点会连成一条直线补齐填充，如图5-51所示。

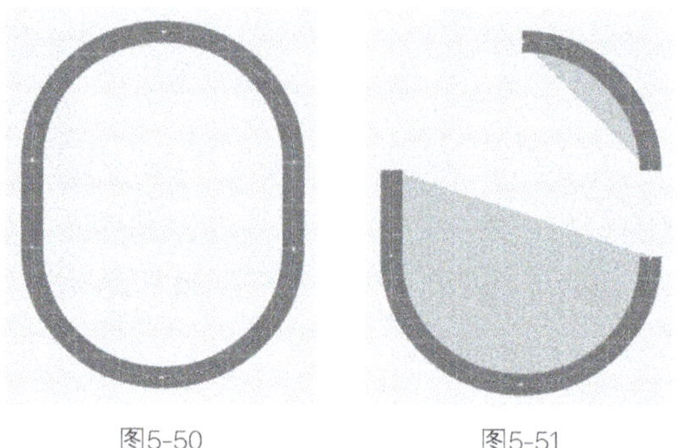

图5-50　　　　　　　　图5-51

　　白色小方块的数量和位置取决于路径的锚点，若发现路径上白色小方块不够精细，可以先对形状图层进行编辑，在路径之间手动添加锚点后再使用剪刀工具。

　　（18）若需要绘制一个开口锁的图标，可以使用剪刀工具再继续剪一段线段即可，如图5-52所示。

图5-52

　　（19）对形状整体进行调整，将图标宽度缩小，高度变高，这个调整大家可以根据各自的审美进行调节。调整完成后，进入像素视图模式，然后执行Layer>Round to Nearest Pixel Edge菜单命令将像素进行对齐，完成图标绘制，如图5-53所示。

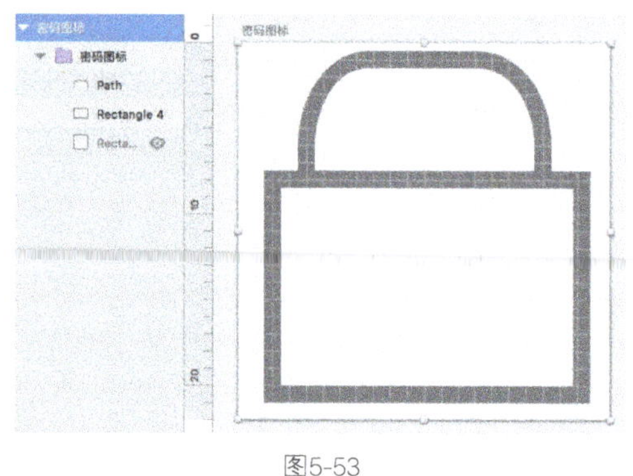

图5-53

　　（20）此时回到注册、登录画布，可以看到两个图标都已经自动进行替换。而且，因为是在相同尺寸的画布上设计的图标，两者看上去非常和谐统一。但图标的颜色应与周边文字颜色相同，所以回到"功能型图标"画布，将图标线条描边颜色设置为#051425，并给出50%的不透明度即可。最终效果如图5-54所示。

图5-54

2.剪影图标的绘制

剪影图标的绘制方法和线框图标很相似，因篇幅有限不做过多的介绍。剪影图标一般和线框图标配合使用，代表图标的两种不同状态。在本节中简单介绍一下线框图标快速转变为剪影图标的方法。

对于这类图标最常见的处理方式是，将封闭图形进行填充，然后将描边调整为背景色，如图5-55所示。但需要注意的是，因为描边也是有宽度的，所以视觉上该图标会略微变小，大家可以通过调整描边的位置等方式手动调整。

第2种处理方式如图5-56所示，即只对部分形状进行操作，保证整体形状的识别度。

如果只是这样简单地处理会有些简陋，我们可以再做一些小修饰。如在剪影图标中添加一个圆角矩形，让图标更富有质感，如图5-57所示。

总之，将线框图标转变成剪影图标时，应根据图标自身的特征进行操作，须遵守的原则是不能破坏图标本身"形"的辨识度，即不管是线框图标还是剪影图标，都必须能让用户快速识别出相应的形状，并能明白背后所代表的含义。

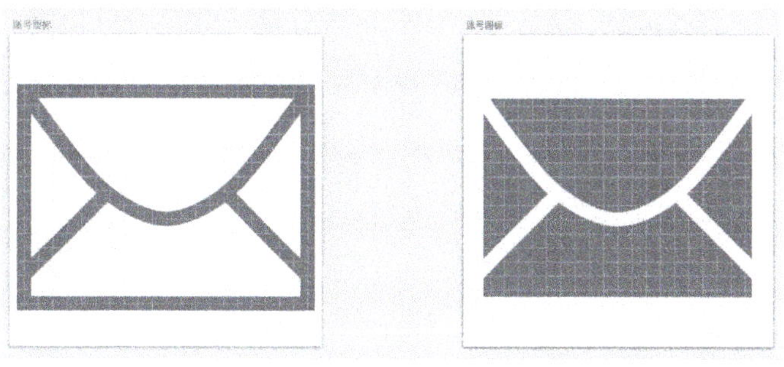

图5-55

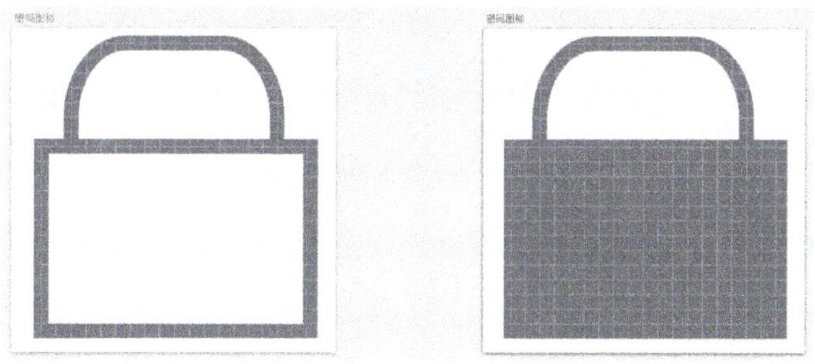

图5-56

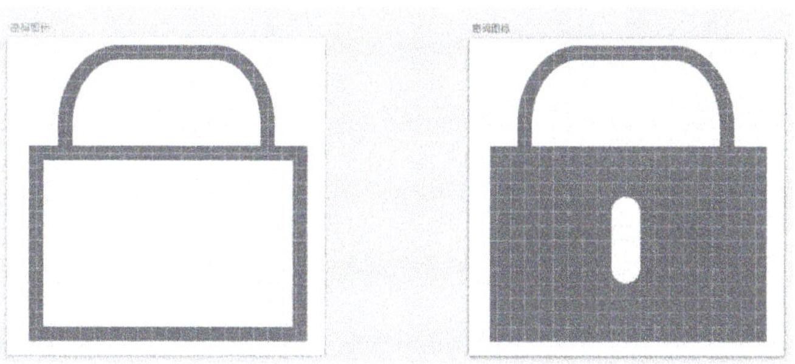

图5-57

3.功能型图标选择的思考

在绘制一个功能型图标时，常常会在几个图标中犹豫，其他图标同样美观且均不会对用户产生困扰，那么究竟应该如何选择最佳的图标。例如，在进行注册界面设计的时候，一般输入框输入的内容为账号和密码。现有图5-58所示的两套解决方案，但是为什么最终选择右侧信封的线框图标呢？

这是因为图标后面的文字："请输入您的邮箱地址"。如果文字变成"请输入用户名"，那么便应使用左侧的图标。所以在实际工作中，尤其是在设计之前一定要养成和产品经理以及程序员沟通的习惯，只有当图标含义既能体现出功能，又能准确表达文字含义的时候，这个图标的设计才是最佳的。

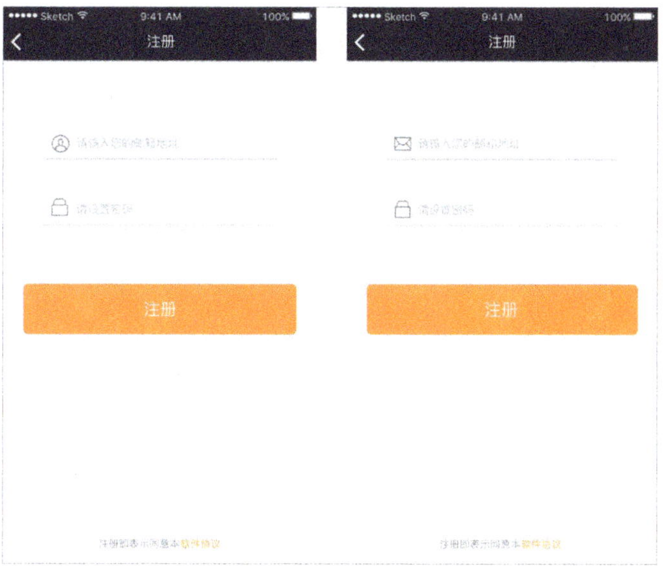

图5-58

5.3 展示型图标的绘制

5.3.1 绘制展示型图标之前

展示型图标在设计上更多地是从视觉层面考虑，一般来说展示型图标应在界面设计之后再进行设计，因为此时产品已经定型，产品的功能也已经确定，这时再进行展示型图标的设计能更好地从产品传播的角度进行思考。

关于展示型图标设计需要注意的事项在前面已经向大家介绍过，在此不再细说。需要注意的是虽然图标的尺寸规格有很多，但是一般应该使用1024px×1024px的尺寸进行设计（在Sketch中应该用1倍尺寸设计，可以使用512px×512px）。这样做的原因是将大尺寸图标压缩到小尺寸时能保证图标的清晰度，因为有可能展示型图标的设计元素并非完全使用矢量元素。在设计时应尽量避免不都使用矢量元素进行设计。

在本节中，将带大家进行一个展示型图标的绘制。需要注意的是，虽然本节的示例中使用了投影和渐变等属性，但并不意味着所有的展示型图标就一定比功能型图标复杂，事实上，现在有越来越多的产品采用更为简单、重点更为突出的设计，在底色上也倾向于纯色设计或单一颜色的渐变设计。

图5-59所示都是比较著名的App展示型图标，均采用了相对简洁的设计。

图5-59

在iOS上，所有的图标都类似于圆角矩形，但是在安卓平台上，图标的形状可以有所不同，大家可以在不同平台设计不同的图标，但是建议两个平台上的图标内容应是完全统一的。因为不同平台若图标内容发生变化，即使只是颜色的变化，也会造成用户识别的困扰。

5.3.2 使用Sketch进行展示型图标的绘制

（1）新建画布，命名为"展示型图标"，然后打开iOS App Icon模板，复制Assets/App Icon/iTunesArtwork画板到"展示型图标"画布，接着取消画板中所有图层的图层共享样式，如图5-60所示。

（2）隐藏Grid图层组，并选中Background图层，然后将其填充调整为线性渐变，顶部端点位于图层顶部，颜色为# 9AC8FC，Alpha值为68；底部端点位于图层底部，颜色为# 051425，另外在渐变线中间添加一个渐变色# 1C62B1，让渐变过渡更加平缓，如图5-61所示。

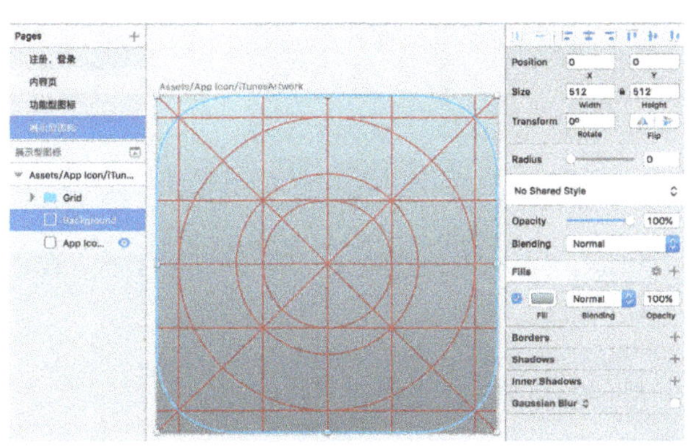

图5-60

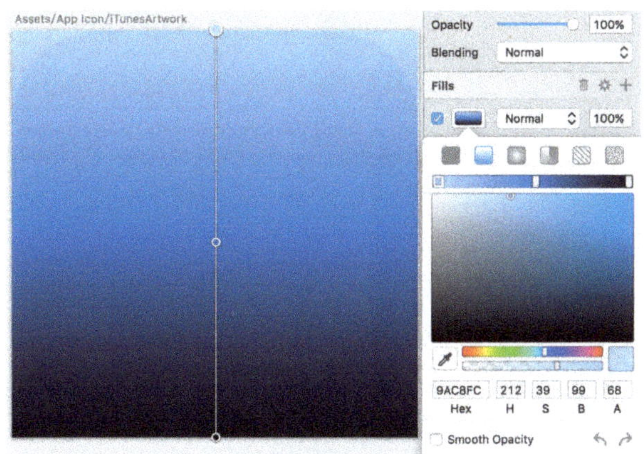

图5-61

（3）再次添加一个渐变填充，顶部端点位于图层顶部，颜色为# FFF2AD；底部端点位于图层底部，颜色为# 051425，另外在渐变线中间添加一个渐变色#99BFE9，如图5-62所示。

（4）使用快捷键U，插入一个圆角矩形，设置圆角半径为4，然后按enter键，进入编辑模式，接着用鼠标左键在圆角矩形顶边中间单击添加锚点，并设置锚点属性为Mirrored，最后将锚点向上拖，让顶边形成一条弧边，如图5-63所示。

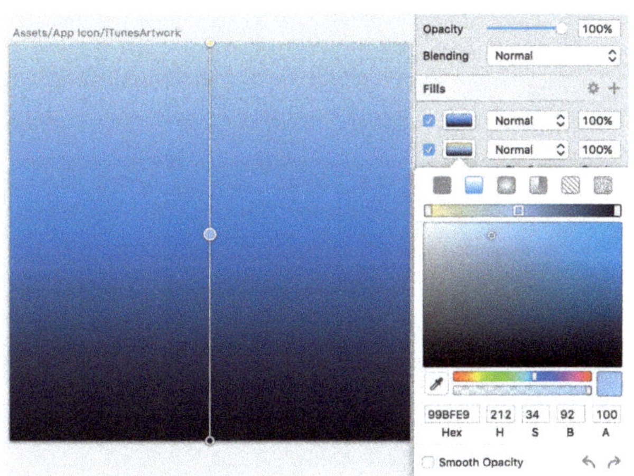

图5-62

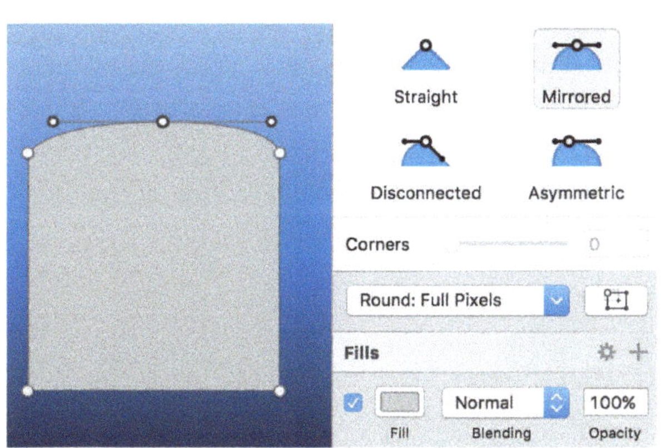

图5-63

（5）采用同样的方法在底边中间添加锚点，然后将锚点属性设置为Disconnected，同样将锚点向上移动，注意锚点右侧滑杆比左侧长，如图5-64所示。

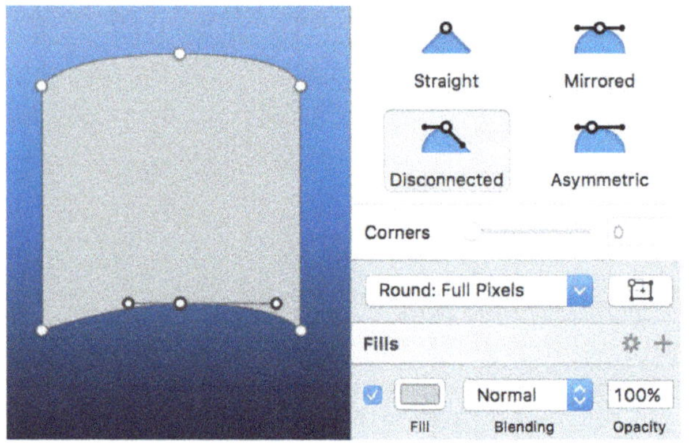

图5-64

（7）对图层做渐变填充，选择线性渐变，并将顶部渐变色设置为#FCFCFC，底部渐变色设置为#D9D9D9，如图5-66所示。

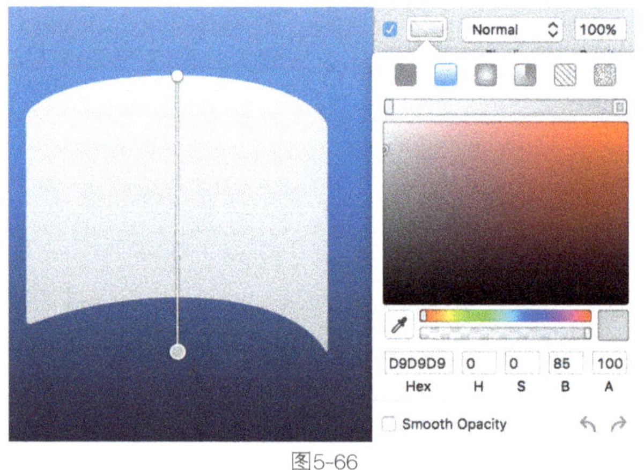

图5-66

（9）添加内阴影，内阴影颜色为#0000000，Alpha值为8，投影x轴设置为0，y轴设置为-2，Blur设置为4，Spread设置为0，如图5-68所示。

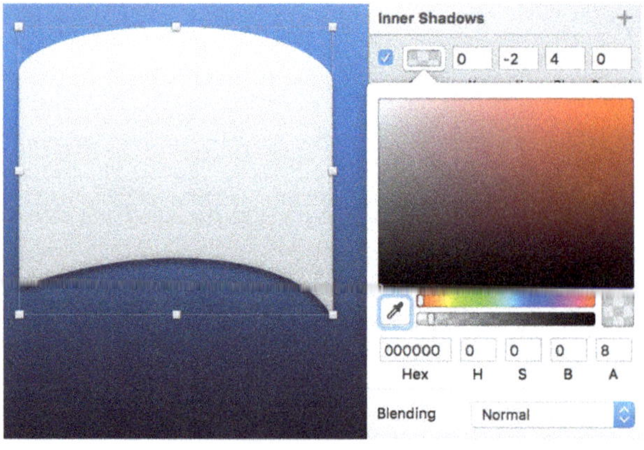

图5-68

（6）再做细微调整，包括整体的长宽比，最终效果如图5-65所示。

图5-65

（8）添加投影，投影颜色为#000000，Alpha值为30，投影x轴设置为0，y轴设置为4，Blur设置为4，Spread设置为0，如图5-67所示。

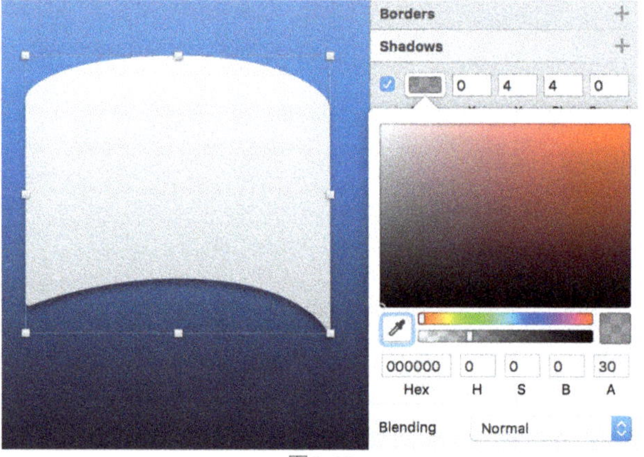

图5-67

（10）选中该图层，然后按快捷键command+D进行复制，接着选中新图层，并单击图层检查器中Flip处的垂直翻转，再将新图层调整到合适的位置，最后将两个图层编组，并与画板垂直居中对齐，如图5-69所示。

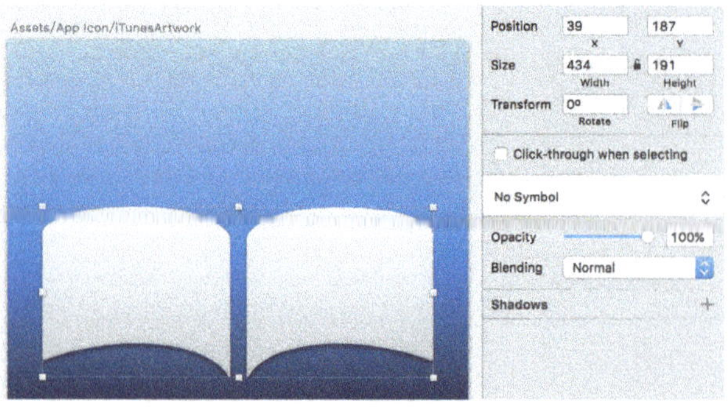

图5-69

（11）显示Grid图层，将上述图层组移动至合适位置，如图5-70所示。

（12）拖入Logo位图，并将其调整到合适位置和大小，完成该图标的设计，如图5-71所示。

图5-70

图5-71

（13）隐藏Grid图层组，可以看到该图标是方形的，若需要展示圆角矩形图标的效果，则隐藏Background图层，显示App Icon Shape图层即可。但是我们只设置了Background图层的样式，要快速将Background图层的样式复制到App Icon Shape图层，只需要先选中Background图层，然后单击鼠标右键，并在弹出的菜单中选择Copy Style（复制样式）选项，接着选中App Icon Shape图层并单击鼠标右键，最后在弹出的菜单中选择Paste Style（粘贴样式）选项即可，如图5-72所示。

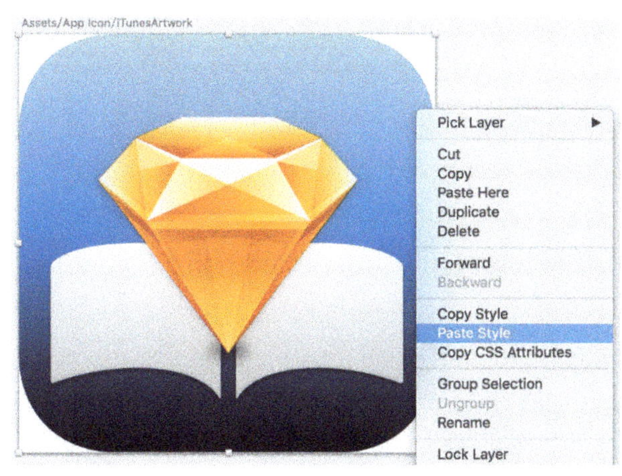

图5-72

（14）也可以做一个非圆角矩形的图标，使用快捷键O并按住shift键绘制一个圆，尺寸为512px×512px，然后将圆和画板居中对齐，并将图层移动至App Icon Shape下方，接着隐藏App Icon Shape图层，并给出渐变填充，但因为背景变成圆形的，所以可以考虑使用径向渐变，如图5-73所示。

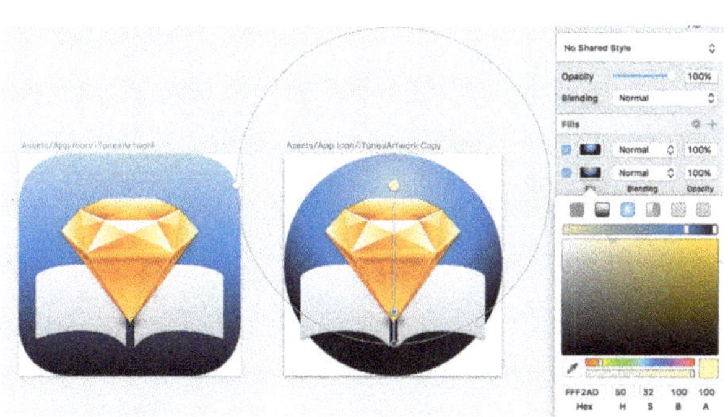

图5-73

5.4 图标资源的获取和使用

在实际工作中，进行图标设计的时候，特别是功能型图标设计时，往往会借助外部的资源，通过对资源的合理利用，可以又快又好地进行设计。一般来说，有两种途径获取图标资源：专业的图标网站以及图标设计的源文件。

5.4.1 专业的图标网站

目前使用比较多的两个图标网站为Iconfont以及Font Awesome。

1. Iconfont

在浏览器中输入网址http://www.iconfont.cn，即可进入该网站，如图5-74所示。

在搜索栏中搜索需要图标的关键字，中英文皆可，如"账号"。然后按enter键，在出来的结果中，选择最适合的图标。当光标移动至图标会出来3个按钮，第1个按钮可以添加至购物车，实际上所有的图标都是免费下载的；第2个按钮是收藏，可以当收藏夹用；第3个按钮是下载，如图5-75所示。

在下载时会弹出图5-76所示的对话框，可以设置图标的颜色，或者直接输入图标的色值，下拉菜单可以进行图标尺寸的选择，这些在这一步皆可忽略，单击"下载svg"按钮即可下载SVG格式的图标。

将下载到的SVG文件直接拖入至Sketch，即可在Sketch中创建该图标的图层组，对该图标进行编辑修改，一般一组图标为了统一，会修改图标的颜色和描边的粗细等。需要注意的是，只能是SVG格式的图标可以进行修改，所以从Iconfont下载的图标应选择SVG格式的。展开所有图层组以及布尔运算图层组，如图5-77所示。

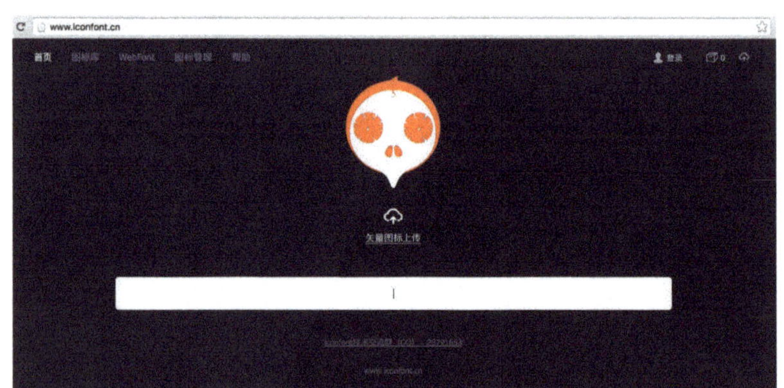

图5-74

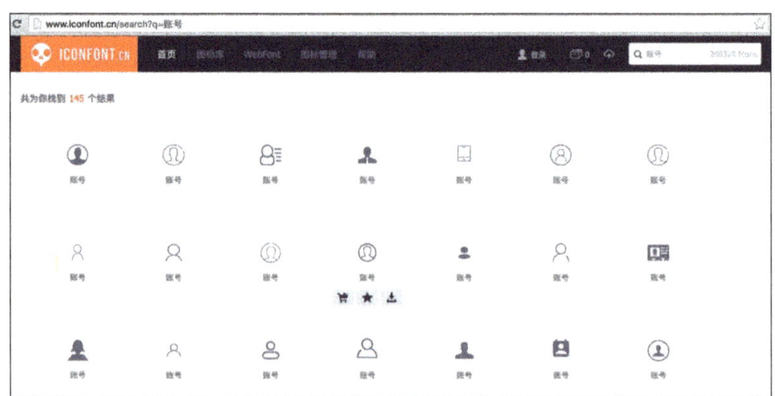

图5-75

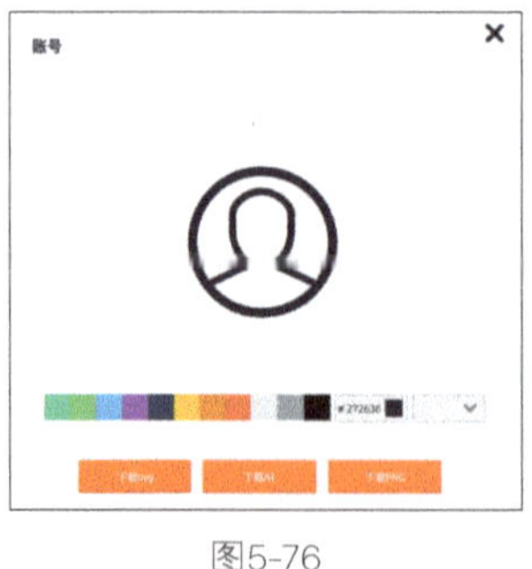

图5-76

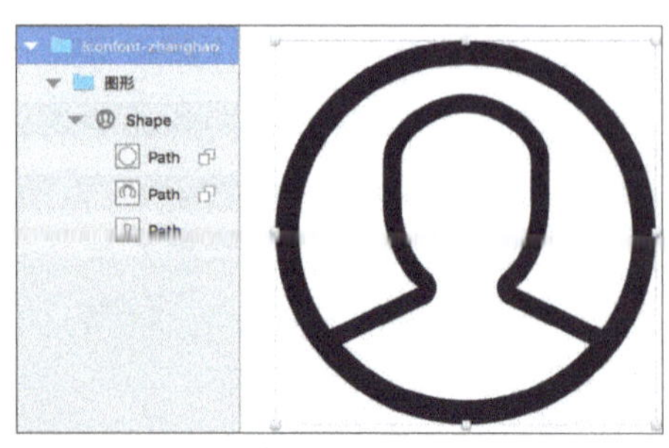

图5-77

2. Font Awesome

Font Awesome本质上是一种字体，使用Font Awesome的图标会极大地方便程序员，特别是需要对图标做一些交互效果的时候。但是对于设计师来说，使用Font Awesome并不是特别方便。

在浏览器中输入https://fortawesome.github.io/Font-Awesome/，即可进入到Font Awesome的网站，如图5-78所示。在使用该套字体图标时，需要先单击Download按钮，进行字体的下载安装。

将下载的文件进行解压，然后在fonts文件夹中找到FontAwesome.otf文件用鼠标左键双击进行字体安装。安装完成后输入网址https://fortawesome.github.io/Font-Awesome/cheatsheet/，可以看到全部的图标。要使用图标，只需要选中图标进行复制，接着回到Sketch按快捷键T插入文字，再按快捷键command+V即可将该图标进行粘贴。粘贴完成后可以看到该图标为文字图层，可以和对文字进行处理一样对该图标进行属性调整，也可以看到字体为FontAwesome，如图5-79所示。

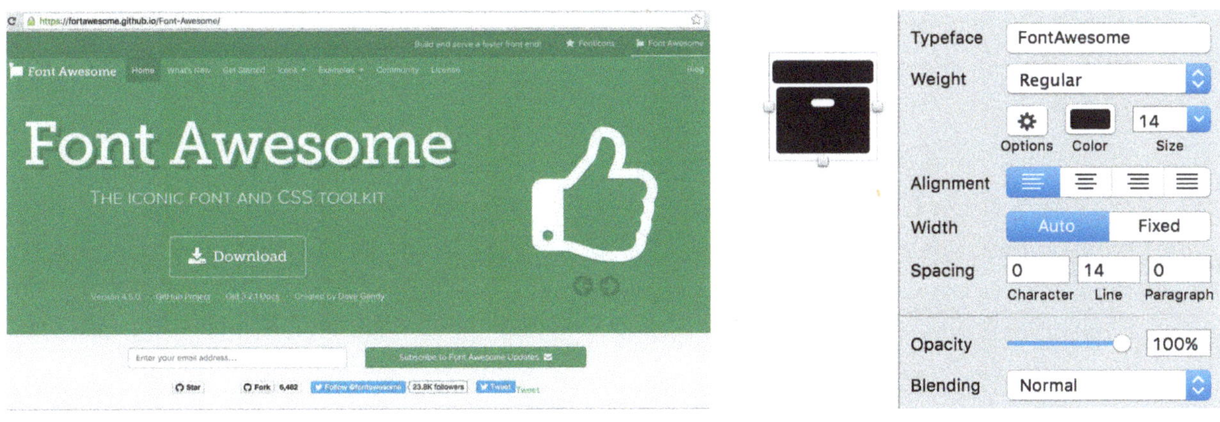

图5-78　　　　　　　　　　　　　　　　　　　　图5-79

相比Iconfont，该网站的图标本质是文字而非图片，且无法对图标本身的内容进行修改。一般Font Awesome的图标在Bootstrap等Web端使用比较多，所以除非有特殊要求，或者是进行Web端设计，否则优先考虑Iconfont。

5.4.2 图标的源文件

一般来说，从互联网上获取到的源文件有.sketch、.ai、.eps和.psd等格式。

1. Sketch格式源文件

Sketch生成的源文件的后缀为.sketch。随着Sketch影响力的提升，现在越来越多的Sketch资源可以在网上找到，在本书最后一章有介绍相关的资源网站，可以直接去下载。但是还有一些是收费的网站，大家付费后可以使用。

下载到.sketch文件后，用鼠标左键双击即可打开，可以直接在文件里面进行复制粘贴和编辑等处理，如图5-80所示。

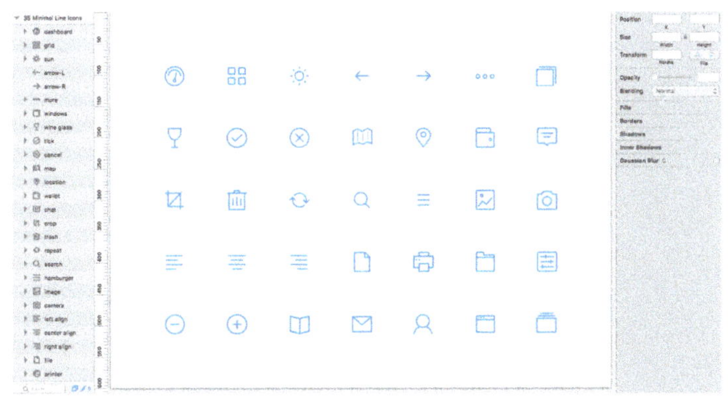

图5-80

2. AI格式源文件

.ai的文件由Adobe Illustrator生成，是最常见的矢量格式源文件，但是Sketch不能直接导入.ai文件，若直接将.ai文件拖入至Sketch，Sketch会将此文件的内容合成为一个位图，无法对文件里的元素进行编辑。要使用.ai文件，需要先将.ai文件用Adobe Illustrator打开，然后执行"文件>存储为…"菜单命令，或者直接使用快捷键command+shift+S将该文件存储为SVG格式，如图5-81和图5-82所示。另存为SVG格式后，将.svg文件直接拖入Sketch即可使用。

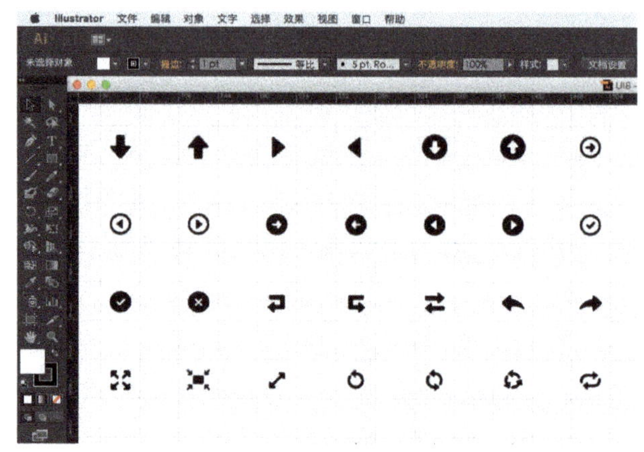

图5-81

图5-82

3. EPS格式源文件

对于大部分的.eps文件，Sketch可以直接打开，类似于.svg文件，但对于一小部分文件来说，直接使用Sketch打开会出现图5-83所示的情况。出现该情况并非Sketch出现Bug，而是因为兼容性问题导致，遇到这种情况，还是需要将该.eps文件使用Adobe Illustrator打开，然后另存为SVG格式，再将导出的.svg文件在Sketch中打开即可。

4. PSD格式源文件

.psd是Adobe Photoshop的源文件，Sketch也同样无法直接导入.psd文件，对于.psd文件的处理类似于.ai文件，需要先将.psd文件在Adobe Photoshop中打开，然后使用快捷键command+shift+S存储为.eps格式文件，如图5-84所示。

此时再将导出的.eps文件拖入Sketch中打开，若无法正确识别，需要将该.eps文件用Adobe Illustrator打开后另存为SVG格式。

图5-83

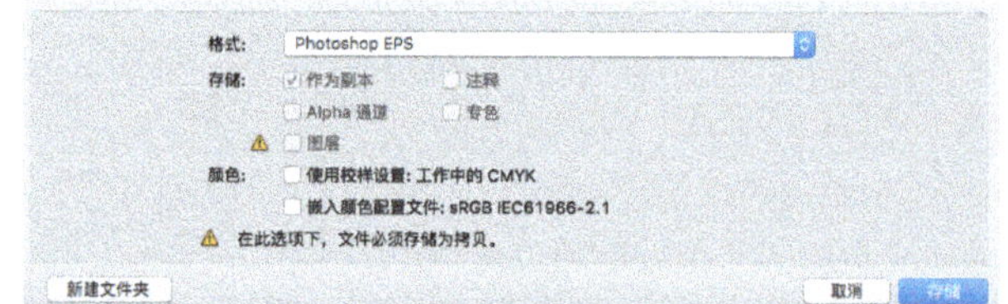

图5-84

5.5 本章小结

在本章中，向大家介绍了使用Sketch进行图标绘制的方法以及在移动界面中设计图标的一些注意事项。此时我们基本上能使用Sketch进行完整的UI界面设计了，大家在平时应多观察优秀图标的设计，最好是能了解到进行该设计背后的思路，并多动手进行练习，相信会提升很快。

下一章将向大家介绍如何使用Sketch进行规范设计以及导出切图。

CHAPTER 06

设计稿的后续处理

经过前几章的学习，相信大家已经可以用Sketch进行完整的移动界面设计了。但我们设计的最终目的是产品的最终实现，大家可以使用Sketch官方研发的Sketch Mirror这一App，在iOS设备上实时地看到设计效果，直观地感受设计在真实设备上的呈现效果。在Sketch 3.4以后的版本，新增了分享功能，使用该功能后，在同一局域网内的人员均可以快速地对设计稿进行预览。

一切设计完成后，设计师需要将设计稿交付给开发人员，交付的文件一般包括，设计稿、标注稿和切图。交付文件的质量很大程度上会影响设计的最终实现，在Sketch中，借助软件本身和一款优秀的插件，可以很方便地进行标注和切图，并高效导出。

6.1 在移动设备上实时预览

在进行移动界面设计的过程中，经常会遇到这样的问题：明明在计算机上设计的效果看着挺不错的，但是按照设计图进行开发后发现可能某个按钮太小导致不容易点击到，可能某些文字太小导致看起来很费劲。这时只能够返工重来。

要避免上述问题，最好的方式是在设计时就能在真机上进行预览。Sketch提供了非常方便的方式——Mirror。Mirror是一款运行在iOS设备上的App，可以让设计师实时地在移动设备中看到设计在真机上的效果。

若要使用该功能，首先得确保符合以下条件。

第1点：确保是iOS设备。Mirror暂时只能够在iOS设备上运行，不支持安卓设备。

第2点：iOS设备和运行Sketch的Mac在同一局域网内，或者通过数据线连接。

满足以上两点要求后，我们便可以使用Mirror了。

首先需要打开iOS设备上的App store，然后搜索Sketch mirror，在搜索的结果中选中Sketch Mirror。Sketch Mirror是收费软件，人民币30元。购买后即可安装，如图6-1所示。

安装完成后，在iOS设备上打开Mirror，然后回到Sketch并单击工具栏上的Mirror，若iOS设备和Mac在同一局域网内，即可在Mirror处看到该设备，单击该设备名即可。若没有看到设备名称，可以在输入框内输入iOS设备的IP地址，iOS设备的IP地址可以在打开Mirror后的下方看到，如图6-2所示。输入完成后按enter键稍等片刻即可在iOS设备上看到当前画布中画板的预览。

在iOS设备上可以通过左右滑动屏幕切换画板，也可以单击下方的画板名称或画布名称快速进行跳转和定位，如图6-3所示。此时，若在Sketch中进行图层的修改，iOS设备上的预览也会实时变更，十分方便。

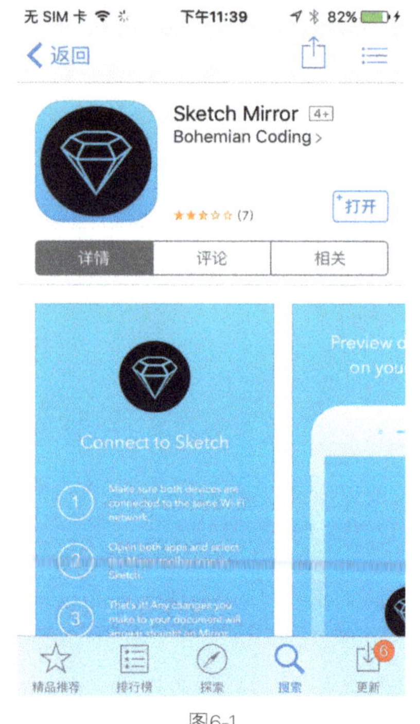

图6-1

图6-2

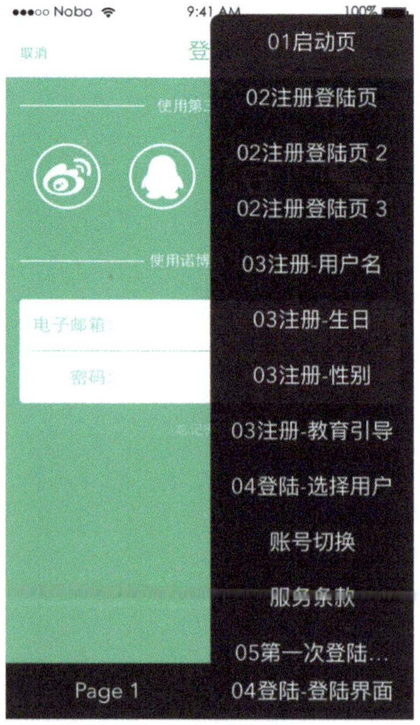

图6-3

6.2 将设计稿进行分享

在实际工作中，设计完成后一般需要先将设计稿发送给产品经理。常规的办法是导出设计稿然后发送给产品经理，但是这种方式比较繁琐，如果设计稿需要修改的话，在修改完成后需要再次导出发送。一般情况下一套界面数量也是比较多的，这样会严重影响效率。

Sketch更新到3.4以后，新增了分享功能，打开该功能后会生成一个网址，凡是在同一局域网内的用户均可通过该网址在浏览器内快速实时查看设计稿，并且Mac和PC系统均可。

要使用该功能，需要先打开分享。单击Sketch工具栏中的分享工具，如图6-4所示。

将Enable Local Sharing右侧的开关打开稍等片刻，会自动打开浏览器，并跳转至分享页面，且工具栏上的按钮变成彩色，如图6-5所示。

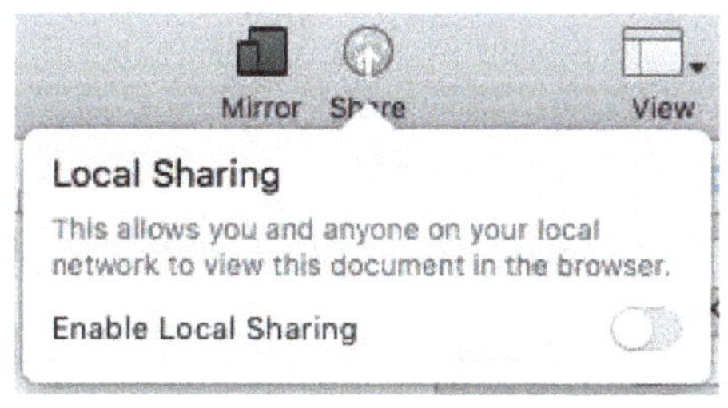

图6-4

图6-5

在自动打开的浏览器中复制浏览器地址，然后发送给同事，同事即可通过该网址进行访问，查看设计稿，如图6-6所示。

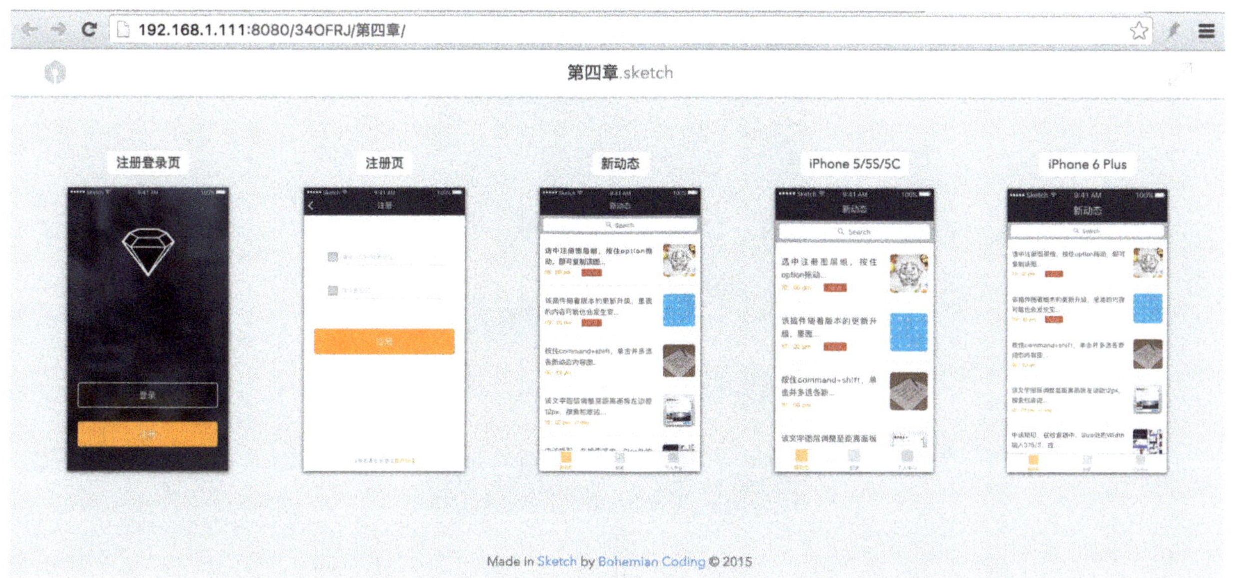

图6-6

单击图片即可全屏查看。若无法访问，有可能是因为Sketch文件名是中文导致，可以将文件名改成英文再试。若还是不行将分享关闭后重新开启即可。但是前提是须确认大家在同一局域网内。

若设计没有问题后，便可进行标注、切图和导出了。

6.3 交付给开发的文件

首先需要注意的是，每个开发团队的开发人员的习惯不同，可能对设计稿的需求也不同，如命名的规则等，所以在进行设计稿交付前与开发人员特别是前端进行沟通是非常重要的。

交付给开发的文件一般包括3个文件夹，如图6-7所示。

图6-7

标注文件夹里面的文件为设计稿的标注文件，在该文件内，需要展示给开发人员各元素的尺寸、边距和颜色等，如果是文字还需要展示行高和字体等，在低于最小触控尺寸的图标上，最好还能给出触控范围的标注。这些数据越精确详细，开发实现出来的最终效果才能和设计稿越接近。一般会借助一些工具进行标注，在Sketch中Sketch Measure便是一款非常优秀的标注插件，会在后面详细介绍到。图6-8所示的便是一个标注的例子。

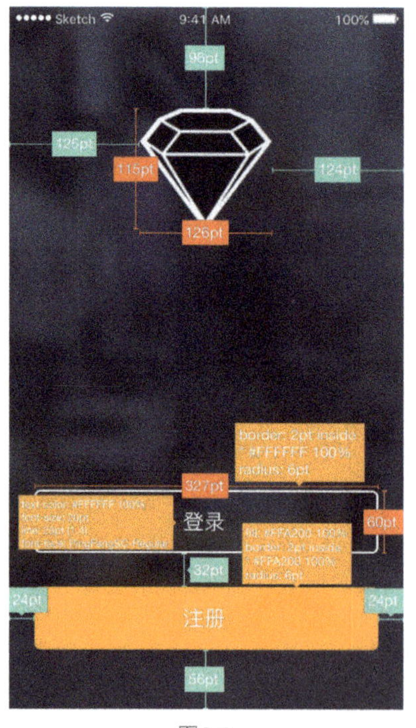

图6-8

切图文件夹里面是对界面中元素的切图，凡是程序员不方便通过代码实现的设计师都应该进行切图，特别是图标和按钮等元素。切图文件夹中的每个切图根据系统的不同会有不同的要求，以iOS为例，同一个图标的切图应至少有@2×和@3×的尺寸，且对于图标还需要有不同状态下的切图，默认状态和选中状态等。对每个切图的命名也应该遵循一定的规范，建议和开发人员进行沟通。一般来说，切图需要用英文进行命名，切图的格式为png格式，且命名规则为：模块_类型_功能_状态@n×.png，如home_btn_setting_selected@3×.png，表示在主页板块中的设置按钮选中状态下的切图，且切图为3倍尺寸，适用于iPhone 6 Plus/iPhone 6s Plus。命名应该是有意义的、易于理解和查找的。

设计图的文件夹便是设计稿的导出，方便开发人员查看设计稿本身的样式。有些研发团队不会把设计稿单独分出来组成一个文件夹，而是将设计稿放入标注文件夹中，方便开发人员直接对比查看。

在本书1.4.2节中有列出常见移动设备的尺寸，大家在进行标注时，应对相应尺寸有足够深入的了解，但是开发人员在iOS平台上编程的单位为pt，在安卓平台上单位为dp，所以大家在标注时按照一倍尺寸进行标注即可，若适配iPhone 4/5/5c/5s/6/6s等设备，会自动调取@2×尺寸的切图，若适配iPhone 6/6s Plus，会直接调取@3x的切图。而对于安卓设备，也会根据设备屏幕分辨率的不同，自动调取ldpi、mdpi、hdpi和xdpi等文件夹中的切图。

6.4 使用Sketch进行切图、标注和导出

6.4.1 Sketch画板和图层的导出

1.画板的导出

在Sketch中可以很方便地对图层和画板进行导出。要导出画板，只需要选中画板，然后在画板的检查器底部单击Make Exportable +按钮 Make Exportable + 打开导出面板，如图6-9所示。在面板中size表示尺寸，1×为1倍尺寸，也可以单击下拉菜单选择其他倍数尺寸，还可以直接输入数值。Suffix代表后缀，若选中2×或3×，Sketch会自动添加@2×或@3×的后缀。Format为导出的文件格式，在Sketch中可以选择PNG、IPEG、TIFF、PDF、EPS和SVG6种格式，一般情况下导出为PNG格式。

单击Export左侧的+号，可以添加导出样式，如图6-10所示。Sketch对同一个画板或图层可以一次性导出任意多种尺寸，且默认为1×，再次单击+号，会自动按照2×、3×、1.5×和0.5×的倍数添加，且后缀也会自动相应添加。但是因为在iOS上，现在只需要@2×和@3×两种素材，所以导出2倍和3倍即可。若是安卓，需要手动进行计算导出，根据本书之前的换算公式导出即可。

设置完成后，单击Export×××按钮，在弹出的对话框中选择需要保持的路径即可导出。按钮上的×××取决于画板名，这就是为什么大家在平时的工作中一定要注意对设计稿有效命名的原因，这样在导出的时候可以无需再进行手动命名，提升了效率。只是在实际工作中，建议大家不管是画板还是图层均使用英文命名，本书理论上也应该使用英文命名，但是之前为了更好地演示而使用了中文。

若单击旁边的分享按钮，可以直接将导出的文件进行分享，分享的文件和需要导出的文件一致，如图6-11所示。

如果导出的画板只是作为设计稿展示使用，而背景色又是白色的，就需要勾选画板检查器中的Background Color选项，否则导出的PNG图片背景是透明的，如图6-12所示。

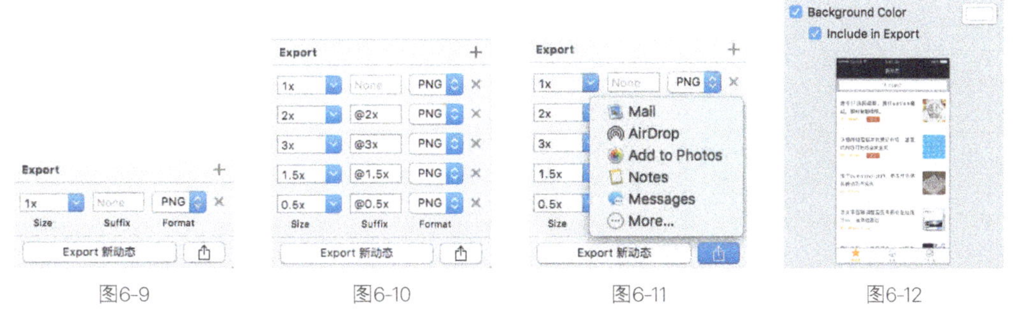

图6-9　　　　　　　　　图6-10　　　　　　　　　图6-11　　　　　　　　　图6-12

除了上述常规方法外，Sketch还有两种方式可以快速将画板导出为位图。

第1种： 选中画板并单击Make Exportable按钮，会在检查器中生成该画板的预览图，此时可以拖动该预览图到画布中，直接在画布中插入该图，该图的尺寸取决于导出列表中的顶部尺寸。如在图6-13中将该预览图拖到画布中，生成的尺寸为第1排的3×尺寸。

第2种： 在图层面板中选中画板，并将该画板向Sketch窗口外拖，则可快速导出画板并在拖动到的位置生成该画板的位图文件，导出的尺寸同样取决于导出列表中的顶部尺寸，如果没有单击Make Exportable按钮，则按画板的实际尺寸进行导出。另外，如果向画布里面拖动，则效果同画板检查器中缩略图向画板里拖动的效果一样，如图6-14所示。

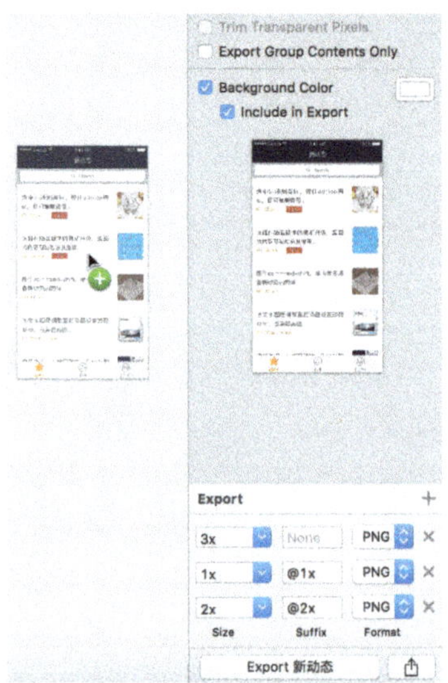

图6-13

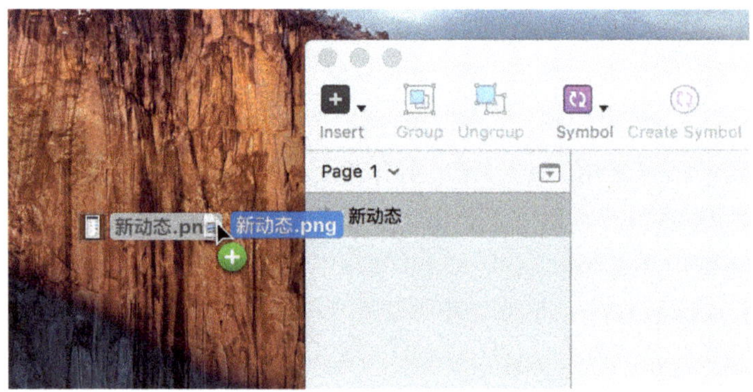

图6-14

2.图层的导出

图层的导出和画板的导出类似，选中图层后，单击图层检查器中的Make Exportable导出按钮即可进行导出，功能和画板导出相同。

同样也可以在图层面板中，选中某一图层，然后拖到Sketch窗口外或拖入画布进行导出或作为位图插入画布。

如果需要同时导出多个图层，可以在按住command键的同时在图层面板中进行多选，然后一次性导出，如图6-15所示。被选中的图层在画布中会出现选框进行提示。

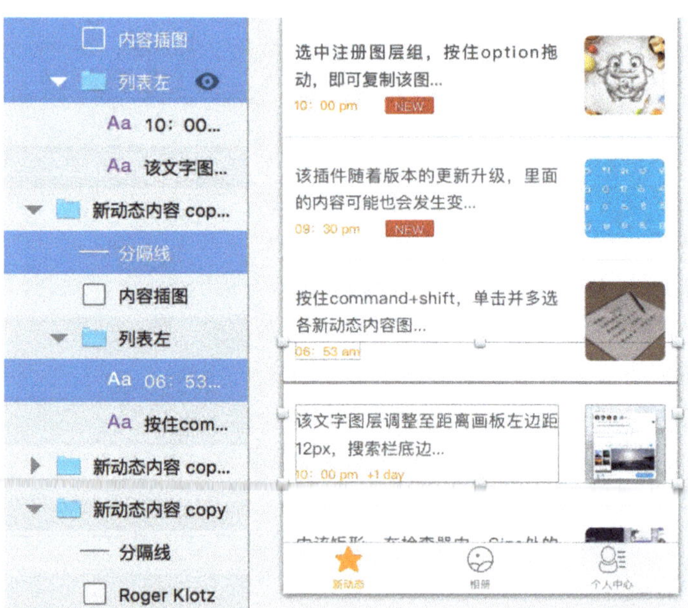

图6-15

导出图层时既可以导出图层，也可以导出图层组。

按Make Exportable按钮后，经过导出设置的图层会在图层列表中的缩略图上出现一把"刀"的图标，如图6-16所示。

此时既可以像画板导出那样通过继续按检查器下方的按钮导出，也可以单击工具栏中的导出工具进行导出。单击该工具后弹出图6-17所示的对话框。

图6-16　　　　　　　　　　　　　　图6-17

在使用导出工具进行导出时不需要选中图层也可以批量导出，实际上"小刀"代表切片的意思，在Sketch中凡是经过导出设置的图层都会被认为是一个切片，关于切片会在下文详细介绍。也就是说，导出工具会导出该画布上所有的切片。

6.4.2 使用Sketch的切片工具进行切图

1.切片工具的使用和切片的导出

一般情况下，将图层进行导出即可满足大部分需求，但是图层直接导出只能够导出图层本身的尺寸或者本身尺寸的倍数，且只能导出该图层本身的内容，若需要指定导出的尺寸，或者需要某一区域内所有内容，这时候便需要用到切片工具。

Sketch中切片工具的快捷键为S，或者单击工具栏中的切片工具。此时光标会变成一把刀的形状，在画布中会根据图层或图层组属性的不同智能显示出紫色或者蓝色的边框，在边框出现后单击鼠标，即可快速地将边框内的内容生成切片，如图6-18所示。

图6-18

生成的切片在画布中用虚线显示，可以看到通过单击生成的切片会紧贴内容本身，忽略文字的行高等，若将该切片导出，则会发现该切片不仅包含文字图标内容，还包含了背景色。

切片在图层列表中用虚线缩略图表示，且包含一把刀的图标。可以在画布中调整切片的范围和位置，均不会对画布本身的元素产生影响。

也可以在使用切片工具时，按住鼠标左键不放拖曳出一个范围后释放鼠标，和Photoshop中的切片工具操作方法类似。

要删除切片，只需要选中切片后按delete键即可删除。在图层列表底部，单击最右侧的刀图标，即可隐藏/显示切片，旁边的数量表示该画板中包含的切片数量，即被导出的图层数量，如图6-19所示。

图6-19

引申知识点24——切片图层检查器

选中使用切片工具添加的切片图层后，检查器如图6-20所示。

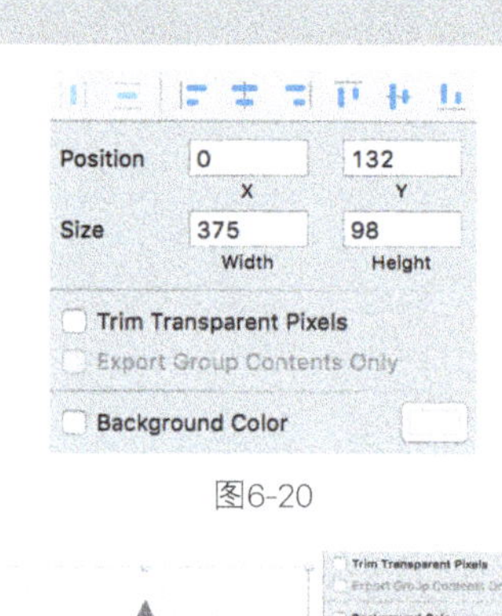

图6-20

在该检查器中对齐工具、位置和尺寸属性与其他图层的检查器相同。

Trim Transparent Pixels：修建透明像素。勾选后切片将自动删除切片内的透明像素区域。若切片范围大于图层内容，在未勾选该选项时，从预览图可以看出切片内容为实际切片范围，如图6-21所示。

图6-21

若此时勾选该选项，则发现切片内容自动裁剪为图层内容尺寸，如图6-22所示。

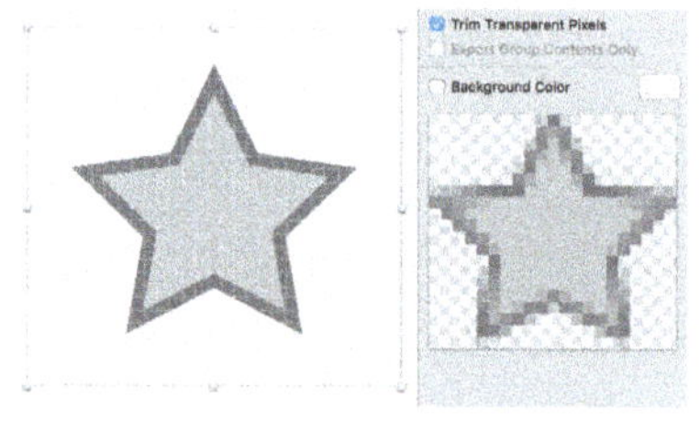

图6-22

Export Group Contents Only：只导出组内图层。功能同画板检查器中的Export Group Contents Only选项一样，勾选后切片内容就只有在组内的图层内容。

Background Color：背景色。默认情况下为未勾选状态，此时导出的切片包含透明背景，若希望导出的切片包含背景色则需要勾选。背景色默认为白色，也可以设置其他的颜色，只需要勾选背景色后在右侧的颜色工具中选择所需的背景色即可。需要注意的是，若勾选了背景色，则Trim Transparent Pixels功能失效，如图6-23所示。

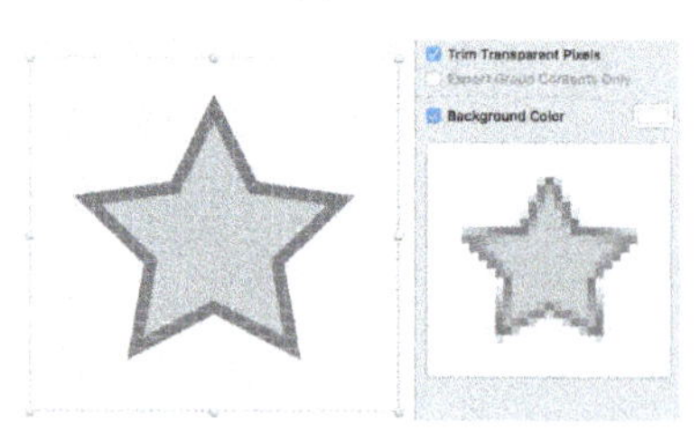

图6-23

切片的导出和图层的导出方式完全相同，在此不做展开。

2.点九切图

点九(.9.png)是安卓中一种特殊的图片,一般对于内容背景图片使用该切图方式能较好地适应各种分辨率,以及会根据内容自动调节背景图片。在聊天类软件中使用较多,如图6-24所示。虽然聊天内容长度不同,但是聊天背景能根据内容自动适应宽和高。因为内容是用户生成的,设计师不可能将所有情况下的设计都做出来,而如果只是简单地进行缩放,则会发生变形,所以这种情况下使用点九切图是非常合适的。

在图6-25中左侧是点九切图的示范,右侧是根据该图拉伸的示意图。在点九图上四周有4条1像素的黑线,顶部的黑线表示横向拉伸区域,底部的黑线表示横向显示内容区域,左侧的黑线表示纵向拉伸区域,右侧的黑线表示纵向显示内容区域。程序便是根据这4条线进行自适应。

这4条黑线是不能够省略的,且必须为1px的黑线,填充色为#000000,不透明度为100%,不能出现半像素。

因为在Sketch中,无论圆角矩形如何缩放,圆角半径始终是固定的,所以直接对圆角矩形进行缩放即可,缩放至合适大小后,使用快捷键L,绘制线段,然后紧贴圆角矩形四周,将圆角矩形和4条线段全选后编组,接着导出为PNG格式图片即可。

点九切图的命名须为×××.9.png。

在iOS中,同样也支持类似点九切图的拉伸,但是不同的是,iOS中不需要黑线,所以如果是iOS使用,去掉黑线后导出即可。

图6-24

图6-25

6.4.3 使用Sketch进行标注

1.Sketch Measure插件

一般情况下,使用Sketch对设计稿进行标注,会使Sketch的插件进行辅助,Sketch Measure便是其中最优秀的一款标注插件,下载地址为https://github.com/utom/sketch-measure,或者通过Sketch Toolbox安装后,即可使用。

安装完后,可以执行Plugins>Measure菜单命令中找到该插件,如图6-26所示。可以看到该插件有较多的内容,但是使用起来非常简单方便,下面先对各选项做一个简单介绍。

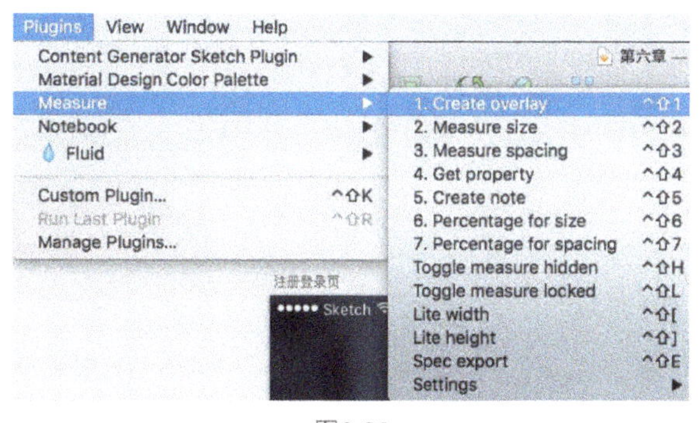

图6-26

Create overlay选项：用于创建覆盖图层，如图6-27所示。选中需要操作的图层后，单击该选项，或者使用快捷键control+shift+1即可创建，创建的图层会覆盖在选中图层上方，默认为选中图层大小，可以手动调整。一般使用该功能用于告诉开发人员此处为可触控区域，在App中为了能让用户更好地点击，往往触控区域会大于图标本身大小。

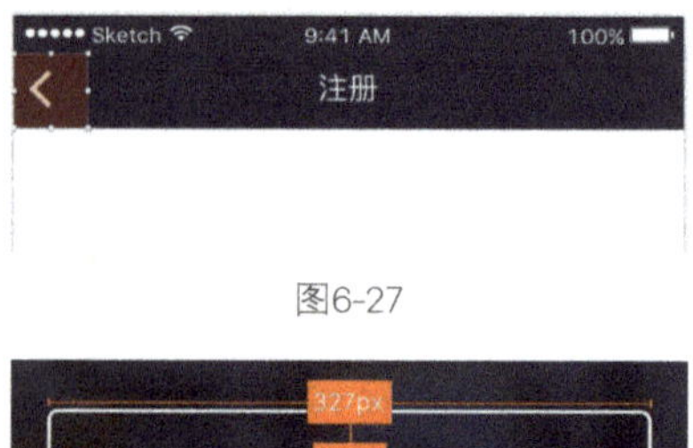

图6-27

Measure size选项：用于标注尺寸，如图6-28所示。在选中需要标注尺寸的图层后单击该选项，即可自动生成该图层的尺寸标注，快捷键为control+shift+2。

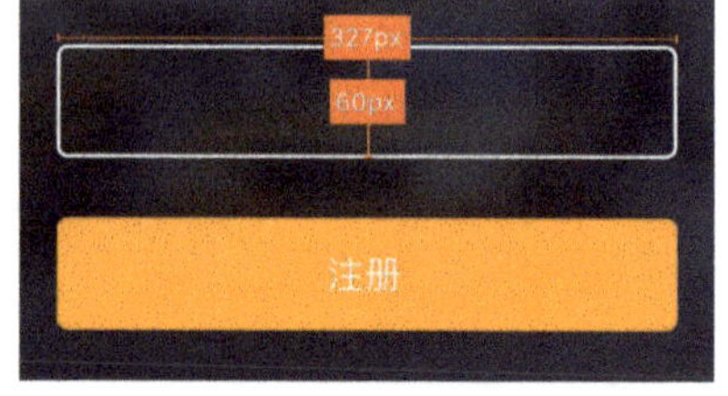

图6-28

使用该插件生成的所有标注在图层列表中可以看到自身本质上是一个图层组，可以通过鼠标将标注文字进行移动，避免遮住按钮文字，如图6-29所示。

图6-29

如果是第一次使用该插件，在首次标注时，会弹出图6-30所示的对话框，需要设置标注单位。因为在Sketch中使用的是1倍尺寸设计，所以选中@1×就行。至于是px还是pt单位，在1倍中1px＝1pt，但是考虑到程序使用的单位为pt，建议使用pt单位。若是安卓，可选中Mdpi，使用dp单位。

图6-30

这个单位的选择非常重要，若在1倍尺寸下设计的选择了@2×的单位，该插件会将数值自动除以2，而导致错误的产生。所以以iPhone 6的画板为例，若设计分辨率为375px×667px应该使用@1×选项；若设计分辨率为750px×1334px，则应选择@2×选项。

Measure spacing选项：用于标注间距，快捷键为control+shift+3，如图6-31所示。选中图层后执行此操作，会自动计算出该图层和画板4条边的边距。

在图6-32中所有图层均标注出与画板四周的间距，整个画面会非常凌乱而且也没有必要，所以建议大家可以手动删除不需要的间距，如上边距和下边距标注一个即可。

　　若需要标注两个图层之间的间距，只需选中两个图层，然后执行标注间距操作即可。如在图6-33中选中"登录"和"注册"两个按钮后，按快捷键control+shift+3，即可标注出两个按钮间的间距。

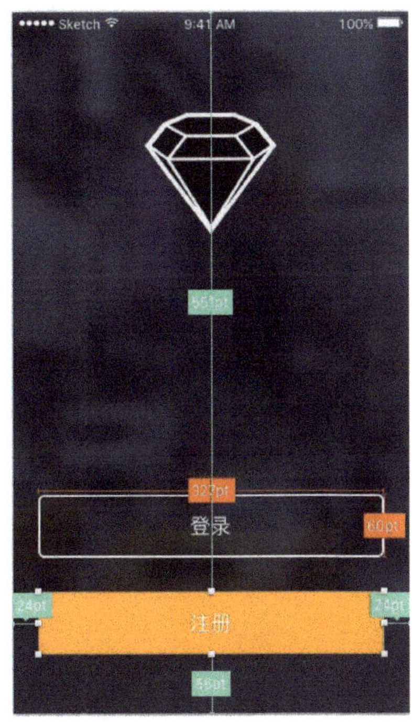

图6-31

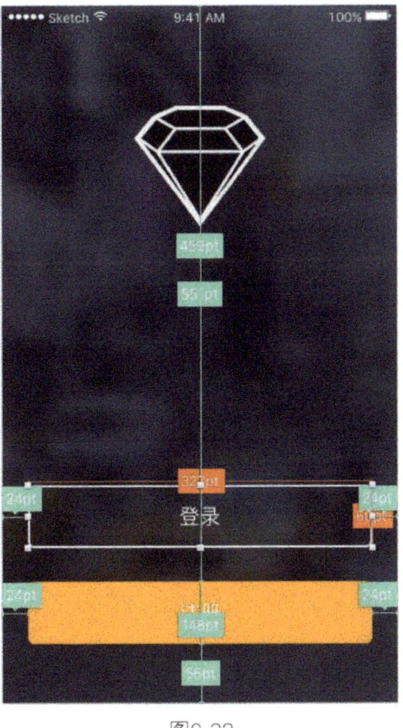

图6-32

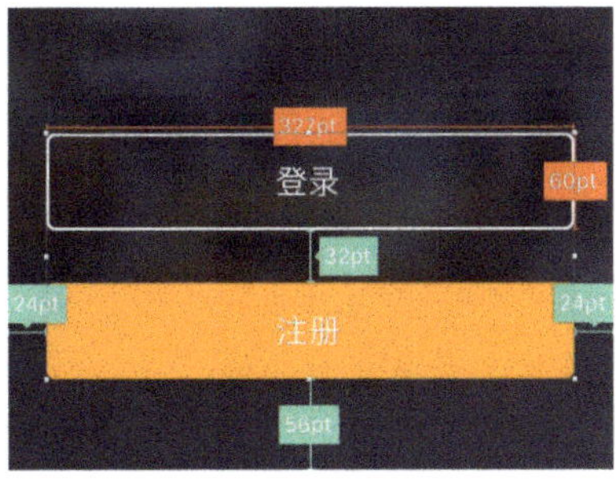

图6-33

　　Get property选项：用于属性标注，快捷键为control+shift+4。此操作一般用于标注出文字的字号、字体、字色和行高等数据，以及圆角矩形的圆角半径和一些图层的填充色与描边色等。在选中图层后执行该操作时，会弹出图6-34所示的对话框，在该对话框中可以选择需要标注出来的属性类别、显示位置以及颜色显示方式等选项。

　　勾选完成后单击确定，即可在相应位置标注出图层的属性，若生成的标注挡住了其他标注，可以手动移动一下位置，如图6-35所示。

　　对形状图层标注出填充和描边等属性即可，但是对于文字图层，应标注出字体、字号、行高、字色以及不透明度等属性，每次执行属性标注时都会弹出对话框进行选择。在图6-36中毕竟画板有限，过多的标注会产生干扰，所以只保留最核心的属性值即可，且在适当的时候可以调整标注整体的显示大小。

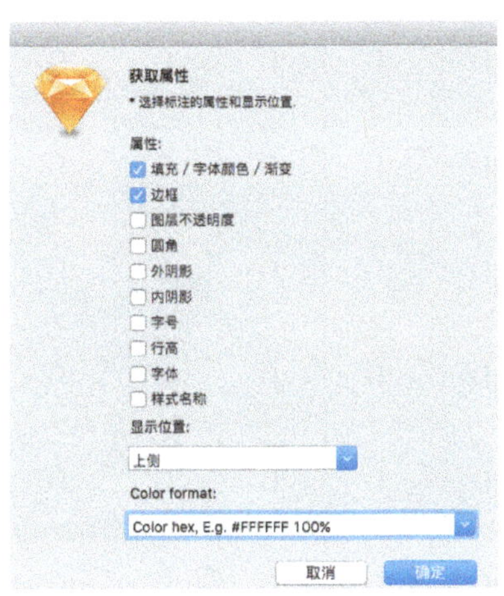

图6-34

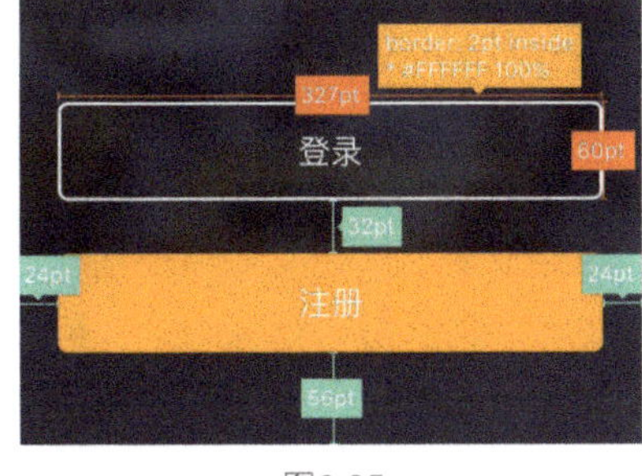

图6-35

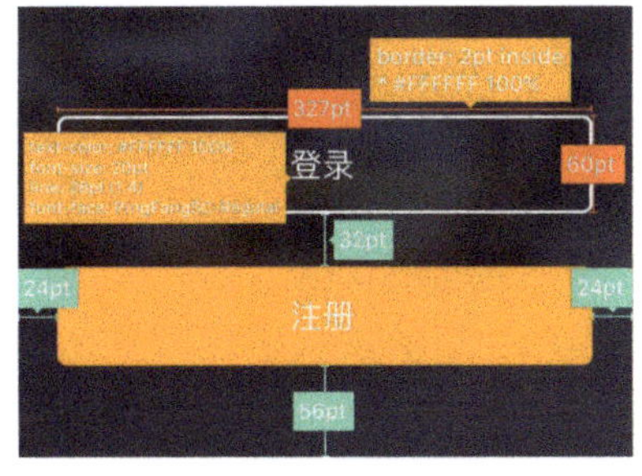

6-36

Create note选项：用于创建注释，快捷键为control+shift+5，该选项可以方便地在画板中插入注释。在执行该操作之前，需要先输入注释文字，如图6-37所示。在需要添加注释的地方使用快捷键T，输入注释文字，文字的样式不需要设置，输入内容即可，如在按钮下方输入"我是注释"作为示范。

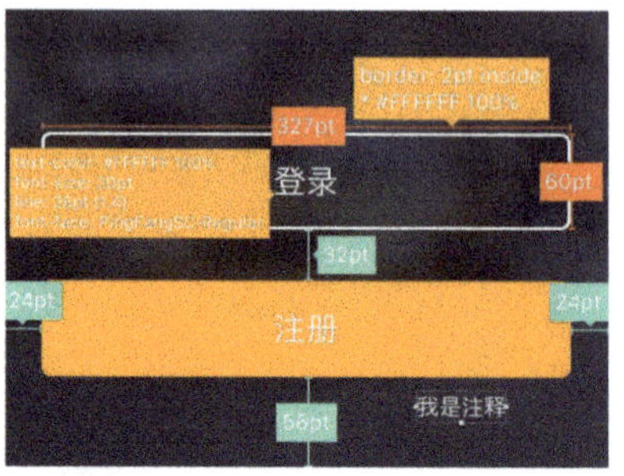

图6-37

再次选中该文字图层，然后按快捷键control+shift+5执行创建注释操作，会自动在文字下方创建一个黄色的矩形，且自动调整文字的样式，如图6-38所示。

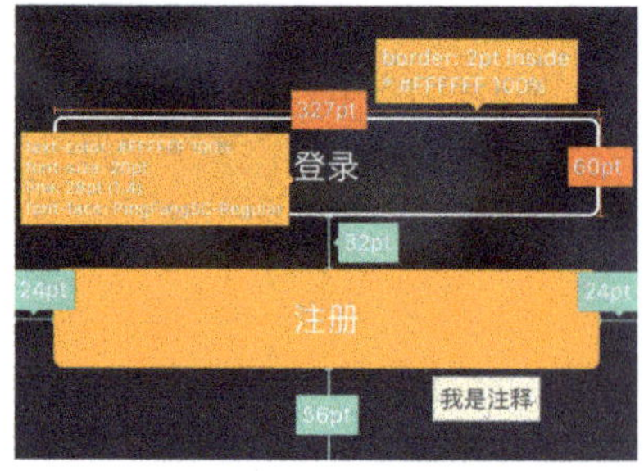

图6-38

Percentage for size选项：用于标注百分比尺寸，快捷键为control+shift+6。和标注尺寸的方式相同，唯一的区别是具体的数值用百分比显示，因为随着设备的增多，单纯使用数值来标注已经不能满足于多尺寸的情况，标注中的百分数代表着该图层占当前画布的百分比。同一个图层，具体数值的尺寸和百分比尺寸只能二选一。在图6-39中的百分比数值代表该按钮始终占屏幕高度的9%，始终占屏幕宽度的87.2%。

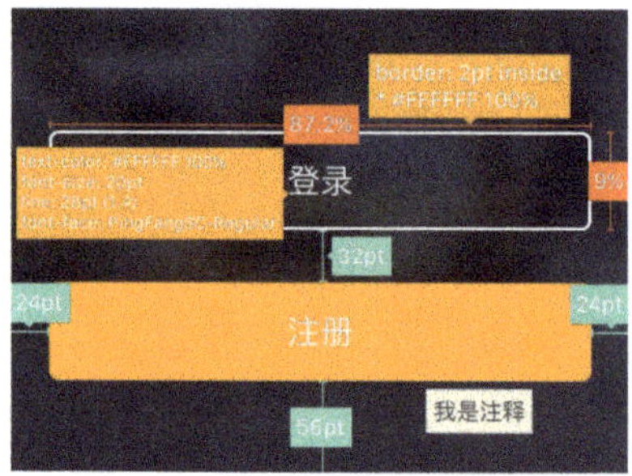

图6-39

Percentage for spacing选项：用于标注百分比间距，快捷键为control+shift+7。和标注间距方式相同，将间距的数值用百分比方式进行标注。同样，在同一图层中间距也只能在数值和百分比中二选一，图6-40中百分比间距表示该按钮始终距离屏幕底边8.4%的位置，距离左右边距为6.4%的位置。

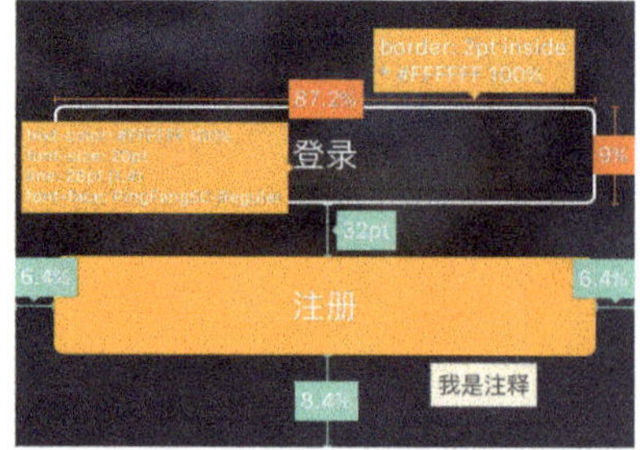

图6-40

提示

相比具体数值，百分比的表示方式在安卓以及响应式Web网页中使用更多，因为具体数值只能成倍缩放，但是百分比可以是任何的情况，在屏幕数量尺寸未知的情况下，使用百分比能更好地进行自适应。

Toggle measure hidden选项：用于切换标注的显示与隐藏状态，快捷键为control+shift+H，执行该操作可以让画板上所有的标注图层全部隐藏或全部显示。

Toggle measure locked选项：用于切换标注的锁定状态，快捷键为control+shift+L。前面说到所有的标注本质是一个个的图层组，执行该操作可以快速地将全部的标注图层进行锁定或者解锁，防止误操作。

Lite width和Lite height选项：精简宽和精简高。执行该操作会将图层本身隐藏，仅显示出该图层的宽或者高，快捷方式为control+shift+[和control+shift+]，如图6-41所示的紫色标注。

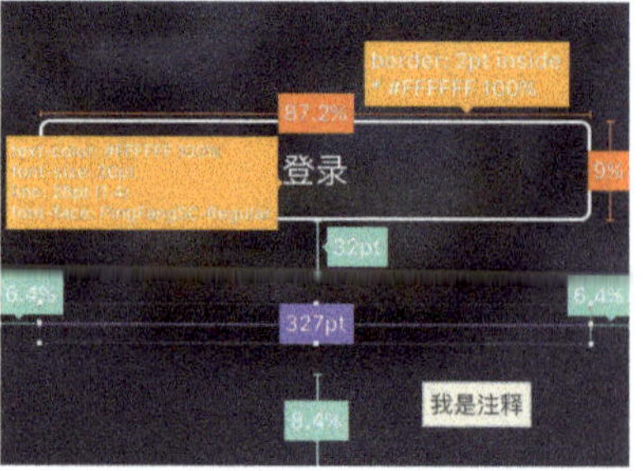

图6-41

Spec export选项：用于输出规范，快捷键为control+shift+E。这是该插件最强大的功能之一，选中画板后执行该操作，可以生成一个网页文件，打开该网页，可以查看到画板里所有元素的属性、尺寸以及元素之间的间距，还可以快速地切换单位。

选中所有画板后，使用快捷键control+shift+E执行输出规范操作，若是第一次使用，会弹出图6-30所示的对话框，可以选择需要的设计分辨率，选中方式和上文介绍标注尺寸时的选中方式相同。单击确定后会弹出对话框进行导出路径的选择以及对规范文件重命名，选择好需要导出到的路径后，单击导出按钮即可完成导出。

导出的规范会以重命名的名字生成一个文件夹，在文件夹中有.html文件和一个slices文件夹以及一个.js文件，如图6-42所示。

图6-42

.html文件是用画板的名称进行命名的；.js文件是在导出规范中自动生成的，可以直接忽略；slices文件夹中是切图，在进行规范导出时，插件会自动判断里面是否有需要切图的内容，若有切图会自动切图并保存在文件夹中。

打开.html文件，如图6-43所示。用鼠标选中任意元素，即可看到该元素的尺寸以及属性，顶部最左侧可以进行画板的切换，单击Toggles Notes可以显示/隐藏注释，单击Color Hex可以切换颜色的表示方式，单击Standard可以进行单位的切换。

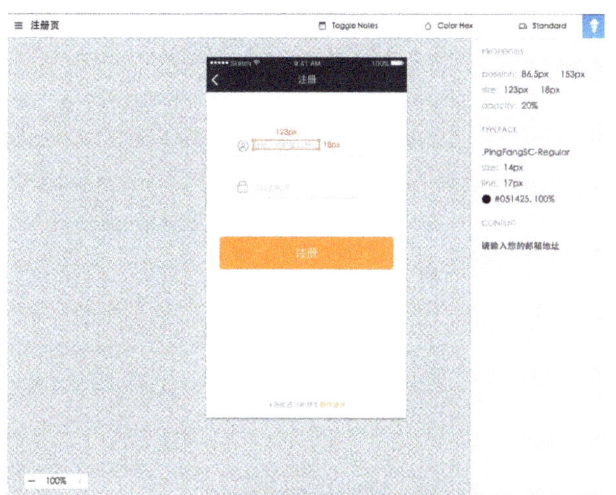

图6-43

若需要查看各元素之间的间隔，只需要选中某一元素后，将光标移动至另一元素即可显示出来，如图6-44所示。

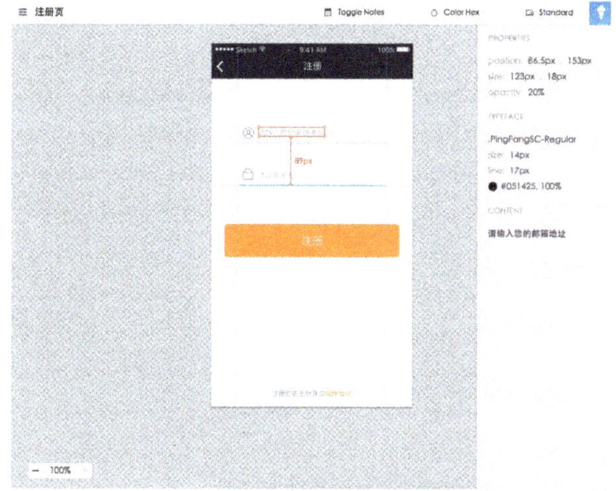

图6-44

139

　　需要注意的是，在导出规范之前应将画板上的所有标注删除，否则标注也会和画板一起被导出到规范中，如图6-45所示。

　　Settings选项：可以对插件进行设置，展开Settings选项如图6-46所示。

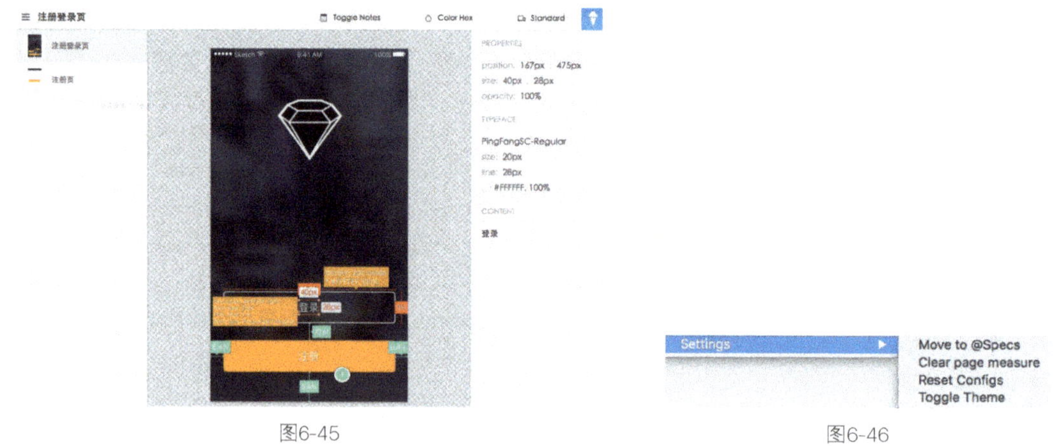

图6-45　　　　　　　　　　　　　　　　　　　　图6-46

　　Move to @Specs选项：单击此选项，可以让画板中所有的标注图层组进行编组，新组成的图层组命名为@Specs。

　　Clear page measure选项：单击此选项，可以清除画布中所有的标注图层。

　　Reset Configs选项：恢复配置到默认。单击该选项后，再次执行标注操作前，会弹出对话框选中屏幕分辨率。

　　Toggle Theme选项：可以切换主题。单击该选项后对图层进行重新标注，可以看到标注图层会有新的样式展示。

2.对移动界面进行标注

　　在进行标注之前，需要对移动界面进行分析，思考哪些内容是需要标注的，且需要标注出哪些参数。

　　在图6-47中对登录注册页进行标注时，Logo是位图只需要标注出尺寸和位置即可，用和画布四周边距来标注位置，注意删除下边距标注。图中标注的数值代表不管屏幕大小始终和屏幕上边距保持96pt的距离，且和屏幕垂直居中。下方的两个按钮尺寸一样，位置均垂直居中于画板，所以只需要标注一个按钮和画板的间距即可，按钮的尺寸只需要标注一个即可，另外在按钮上文字的属性相同，两个按钮中文字只需要标注一个即可。

　　另外因为背景是使用的位图，直接切图出来即可，所以也无需对背景色进行标注。

　　在图6-48中对注册页面进行标注时，对于图标可以给出触控范围的标注，如返回图标实际触控范围可以给出44pt×44pt。另外需要注意的是，若对某一图层只给出距离画板的上边距，则表示无论屏幕尺寸如何变化，均和屏幕上边距保持该间距；若只给出距离画板底部的间距，则表示随着屏幕的变化，该图层始终和屏幕底部保持该间距。

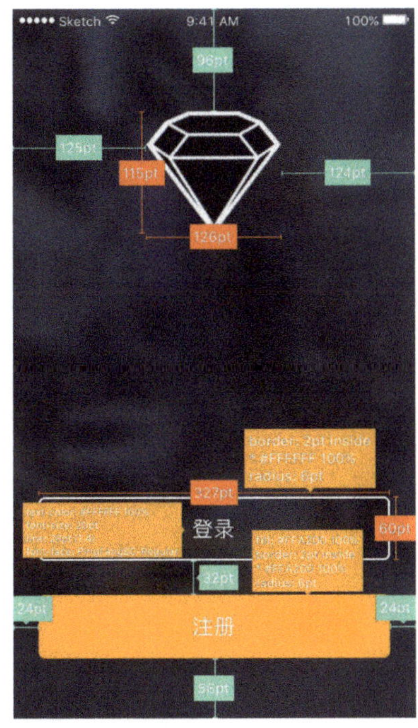

图6-47

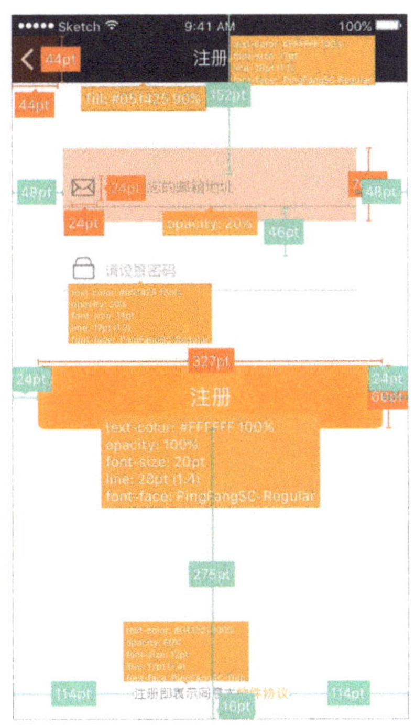

图6-48

6.5 展示型图标的导出

在本节中所讲的展示型图标指App的图标，用于在应用商店、桌面、设置和搜索等地方。在iOS和安卓平台上，导出的图标应该是正方形，且不需要给出圆角，因为iOS平台会自动切出圆角，而安卓平台对图标的边框没有做限制。

常规导出图标的方法是在设计完图标后，选中图标所在的画板，然后单击画板检查器右下角的导出按钮，批量设置尺寸后一次性导出。不需要圆角且最好是PNG格式，输出的倍数应根据画板的尺寸进行调整，如图6-49所示。

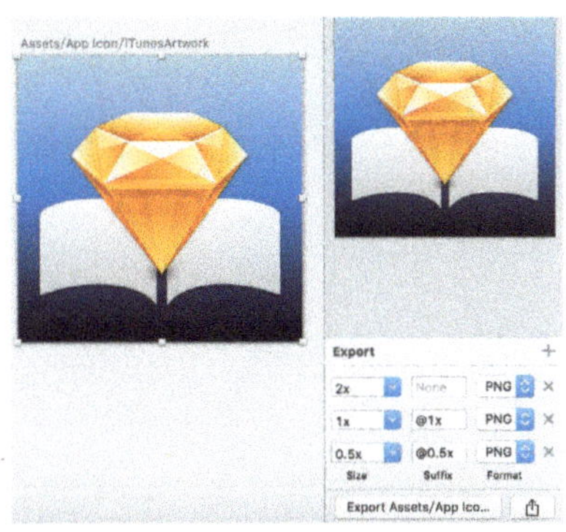

图6-49

但是这种方法会显得非常麻烦，而且当图标发生变动时又需要全部重新导出一遍，且iOS和安卓平台对图标尺寸有不同的要求，这时候可以借助一款非常好用的Mac软件——Iconkit，使用该软件可以一键导出两个平台各尺寸的全部图标，并按照规范进行命名。

Iconkit可以在Mac App Store找到，打开Mac App Store，搜索Iconkit，如图6-50所示，进行购买安装后，即可在"应用程序"文件夹中找到该应用。

在应用程序中打开该应用，可以看到如图6-51所示的界面，蓝色圆角矩形处的窗口即为该软件的主界面，在顶部菜单栏右侧也会有该软件的图标，这是该软件的快捷方式，可以忽略。

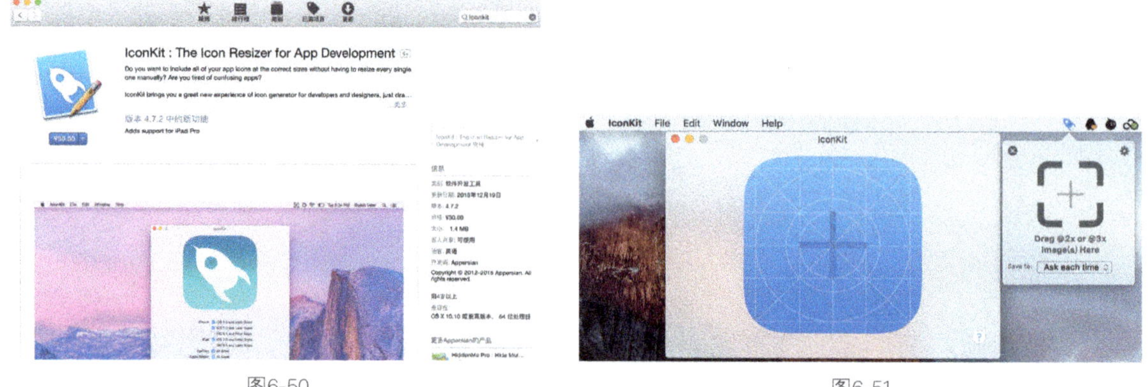

图6-50　　　　　　　　　　　　　　　　　　　　　图6-51

　　要使用该软件，需要先在Sketch中将图标导出为PNG格式，尺寸为1024px×1024px，然后将导出的图标文件拖入至蓝色圆角矩形处，拖入后界面变成图6-52所示的样子。

　　可以看到软件主界面变成该图标的预览图以及各种平台设备的选项。在iPhone上有3个选项，一般选择第1个选项即可，然后将Android勾选上。其他平台设备根据实际需要进行勾选。勾选完成后可以单击Preview（预览）进行图标预览查看，如图6-53所示。

　　按预览按钮后在弹出的新窗口中可以预览选中的平台设备上的效果，虽然在预览时iOS设备会有圆角出现，但是实际导出后是没有圆角的。若是iOS6及以前的版本，则顶部的Shine（iOS6）处按钮可以选中是否需要显示iOS6及以前系统图标的自带发光效果，该按钮右侧的Background可以选中预览窗口的背景色，包括毛玻璃、纯黑和纯白。若没有问题可以单击顶部最右侧的Export按钮进行导出，如图6-54所示。

图6-52　　　　　　　　　　　　　图6-53　　　　　　　　　　　　　图6-54

　　在弹出的对话框中选择图标需要保持的地址，然后单击Export here按钮即可批量导出图标。在该对话框中有两个选项，如果勾选上面的"Generate AppIcon.appiconset and JSON file"选项导出后会生成一个json文件，且将iOS的图标放入AppIcon.appiconset的文件夹中。该文件对于开发有一定作用，建议勾选，该选项只对使用Xcode进行开发的软件有效。如果勾选"Reveal icons in Finder"选项，按导出按钮后会打开导出图标所在的文件夹。

6.6　本章小结

　　通过本章知识的学习，相信大家已经掌握了如何在Sketch上进行真机预览、共享设计稿以及标注、切图和导出等操作。毕竟交付文件的主要使用对象是开发人员，而每个开发人员又都会有自己的习惯，因此建议大家在工作中一定要多跟开发人员进行沟通，这样一方面可以提升彼此的效率，另一方面也能确保设计的百分百实现。

CHAPTER 07

Apple Watch界面的设计

Apple Watch是苹果公司研发的一款智能手表，目前最新的系统是Watch OS 2，虽然这款产品发布不久，但是有越来越多的公司已经研发了Apple Watch上的App，并且可以预期到，Apple Watch也会是市场占有率最高的可穿戴设备，并且影响力在逐渐增大。作为移动UI设计师，了解并知道如何进行Apple Watch界面的设计是非常有必要的。

Apple Watch和普通App的设计不同，它有着更为严格的规范，如允许自定义的内容有限，且Apple Watch有两个尺寸，两个尺寸上显示的内容应该完全一致，这就要求我们在设计时应同时设计两款界面。在Sketch上进行Apple Watch界面的设计非常方便，在本章中将向大家介绍Apple Watch的界面设计方法以及需要注意的事项。同时，本章知识也是对前面章节所学知识的综合运用。

7.1 了解Apple Watch

不同于手机，Apple Watch对于广大设计师来说还是一个非常新的产品，而且很多人都未购买Apple Watch，所以在进行设计之前，非常有必要对Apple Watch做一个深入的了解。

首先是尺寸，Apple Watch一共有两种尺寸：38mm和42mm。其中38mm的分辨率为272px×340px，42mm的分辨率为312px×390px，如图7-1所示。但是Apple Watch是Retina屏幕，需要使用@2×图片进行开发。

图7-1

其次是在Apple Watch中，任何应用都可以包含3个组成部分：通知、速览界面和Watch App。

通知（Notifications）功能和iOS设备中的推送通知相似，在Apple Watch中通知包含两个状态：Short Look和Long Look，可以理解为通知概览和通知详情。

当有内容推送到Apple Watch时，首先显示的是Short Look，如图7-2所示。Short Look由一个图标、通知的标题以及App名称组成，图标是App的图标，App的名称的颜色取决于App自身的主题色，在这个界面中通知的标题是唯一能自定义的内容，且所有内容必须在一屏显示。

若用户点击Short Look或者用户保持查看Short Look的状态一段时间即可进入Long Look，如图7-3所示。在该界面中顶部是App的图标和名称以及时间，在这里可以自定义名称一排的背景色，中间是自定义内容区域，底部是交互按钮区域，可以根据App本身的需要进行按钮的设置，但是最后一个按钮应是Dismiss（忽略），用于退出该通知界面。

图7-2

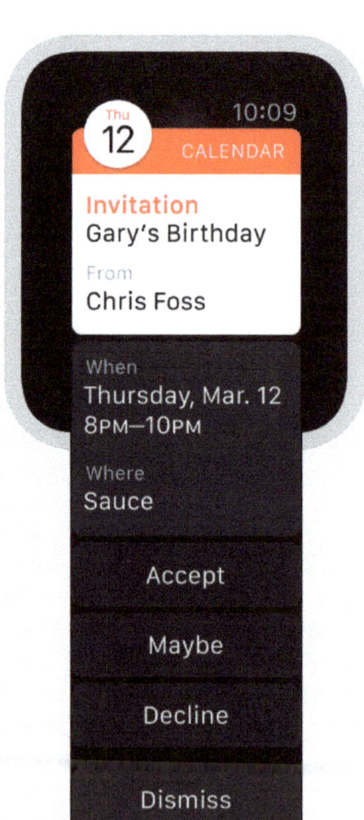

图7-3

速览界面（Glance）是当用户在表盘上向上轻扫屏幕时进入的界面，用于快速浏览某些App中最重要且最新的信息，如当前的天气和日程等信息，如图7-4所示。该界面类似于WindowsPhone上的动态磁贴，该界面的信息也是会随时保持更新的，当然用户也可以选择是否需要更新。

苹果公司提供了一系列的模板用于该界面的设计，该界面是不可上下滑动的，单击该界面的任何区域均可进入该App，所以在该界面上应避免出现按钮，且下方的小圆点必须显示。当然该界面并非所有的App都需要有，但是若提供了该界面，该界面上的信息必须是直观有用的。

图7-4

Watch App，即通常理解的Apple Watch中的应用程序，该App既可以通过点击速览界面进入也可以通过点击App图标进入，Watch App的图标不同于iOS平台上的App图标，Watch App的图标是圆的且下方没有App名称显示，如图7-5所示，这就要求我们在设计图标时应让图标尽可能地醒目且具备辨识度，最好能让用户看到图标便知道该App的主要功能。

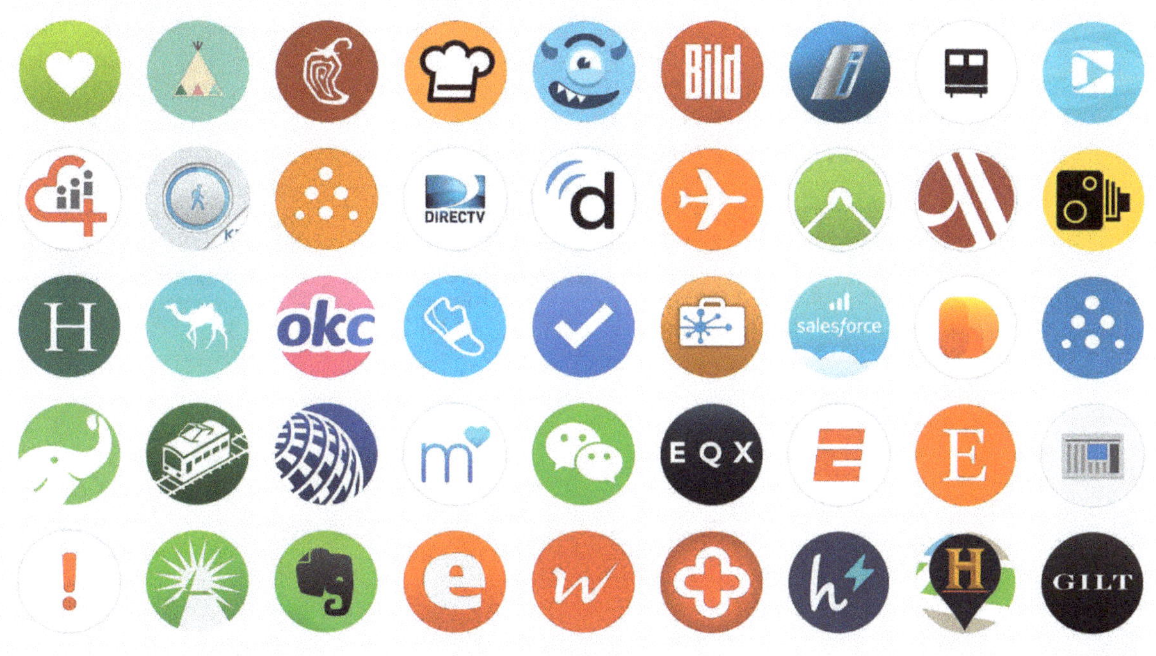

图7-5

Apple Watch支持的交互形式有：点击、滑动、拖动、Force Touch、The Digital Crown和Side Button。在Apple Watch中所有的交互形式都被严格限制，所以App必须遵从于这些交互形式，Apple Watch上并不支持双指缩放等触控形式。

Watch App既可以是手机上应用程序的延伸与辅助，也可以是独立的起主要作用的App，但是考虑到Apple Watch本身的产品形态，Watch App应被设计成轻量的、能让用户迅速获取到信息的App，甚至为了达到迅速，启动界面也不需要设计了。

在Watch App中可能不止一个界面，因此Apple Watch提供了两种多界面的导航样式。

样式1:Page-based，如图7-6所示。通过单个页面的切换来浏览不同的信息，这种方式最适合数据展示，且数据之间是同层级的，底部的小圆点表示所处的位置，用户通过水平滑动屏幕进行切换。

图7-6

样式2：Hierarchical，如图7-7所示。通过菜单点击进入进行跳转，然后从左测边缘向右滑动返回上一层级。

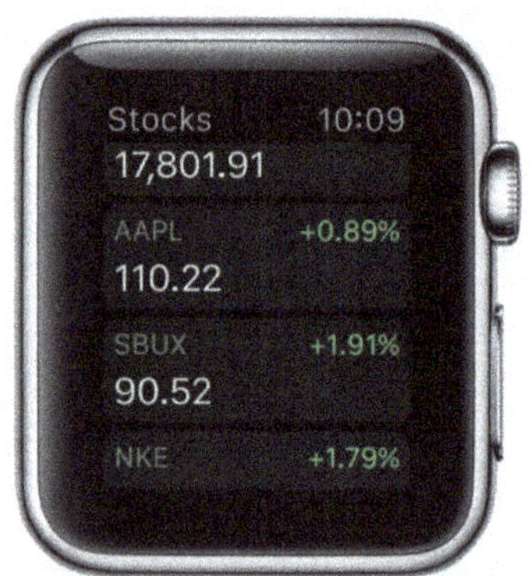

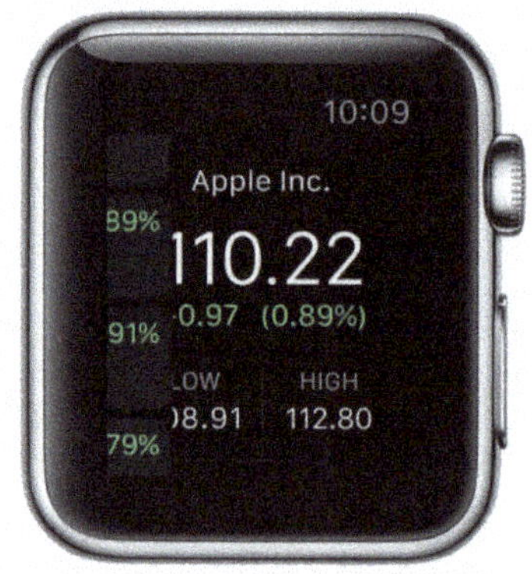

图7-7

Watch App中提示界面和警告界面应是全屏的，且上面应包含内容和按钮，按钮不应该超过两个，且必须提供关闭按钮让用户可以退出该界面，如图7-8所示。

图7-8

图7-9所示的是Watch App中模态对话框（Model Sheets）的样式。需要注意的是，在模态对话框中，左上角可以设置取消、关闭的按钮，按钮一般用文字表示，且应用白色展示，如图7-9右侧所示，所以在设计中表示标题的文字不要设计成白色，如图7-9左侧所示。

图7-9

以上是对Apple Watch App的一些基本介绍。大家可以看到Watch App目前限制还比较多，允许自定义的内容有限，要深入了解Apple Watch最好的方法就是看官方的介绍文档。

首先是从苹果官网进行了解：http://www.apple.com/cn/watch/。其次是参考《Apple Watch人机交互指南》：https://developer.apple.com/watch/human-interface-guidelines/。

除此之外苹果还提供了相应的介绍视频可供参考。

Introducing WatchKit for watchOS 2（Watch OS2的Watchkit介绍）：https://developer.apple.com/videos/wwdc/2015/?id=105。

Designing for Apple Watch（为Apple Watch做设计）：https://developer.apple.com/videos/wwdc/2015/?id=802。

接下来将带大家使用Sketch进行Apple Watch的设计，相信大家在学习完本章知识后可以完全掌握Apple Watch的界面设计方法。在使用Sketch进行Apple Watch界面设计时，最好同时设计两个尺寸的界面。且Sketch系统偏好设置中的Sub-Pixel Antialias Fonts选项应是取消勾选状态（关于系统偏好设置详细介绍请查阅第8章）。

7.2 使用Sketch设计Apple Watch的图标

在设计图标之前，需要先了解Watch App中各图标的尺寸。

Apple Watch的图标包括主屏幕图标（Home Screen Icons），可以理解为App的展示型图标和菜单图标（Menu Icons），也可以理解为App的功能型图标，该图标一般通过Force Touch技术用力按压屏幕弹出。

主屏幕图标在不同界面有不同的尺寸，且在iPhone上也会显示该图标，Watch App的所有的图标都是圆的。各界面中详细尺寸如下表所示。

在Apple Watch上		
图标出现的界面	38mm	42mm
通知中心	48px×48px	55px×55px
Long Look通知	80px×80px	88px×88px
主屏幕	80px×80px	80px×80px
Short Look通知	172px×172px	196px×196px
在iPhone上		
iPhone上的Watch App图标	58px×58px（@2×设备）	87px×87px（@3×设备）

菜单图标由圆形背景与线框图标组成，其尺寸如下表所示。

Apple Watch设备	圆形背景尺寸	图标内容尺寸
38mm	70px×70px	46px×46px
42mm	80px×80px	54px×54px

为了容易识别，所有的线框图标的线条最小宽度为2pt，即4px；导出时使用PNG格式，如图7-10所示。

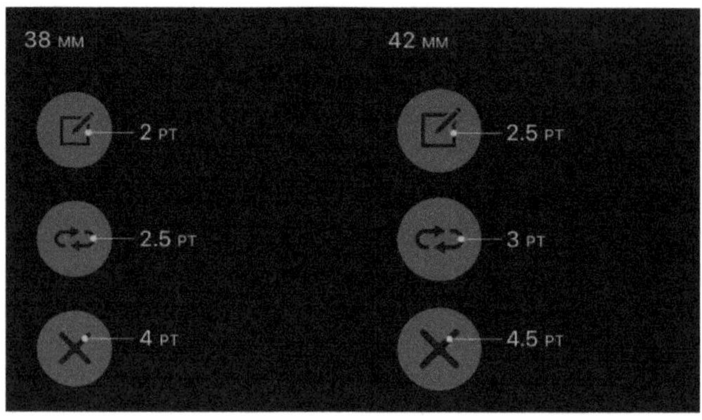

图7-10

7.2.1 主屏幕图标

（1）打开Sketch，将画布命名为"图标"。然后按快捷键A，接着单击右下角的+号，新建上述表格中所有图标的尺寸，再分别对应将其命名，如图7-11所示。需要新建48px×48px、55px×55px、80px×80px、88px×88px、172px×172px、196px×196px、58px×58px和87px×87px8种尺寸，再根据上述表格中一共5个界面的图标，每种图标两款设备一共新建10个画板。

图7-11

（2）打开iOS App icon模板，如图7-12所示。可以看到里面已经有Apple Watch图标的模板，选中最大尺寸的模板图层组复制到图标画布中，注意不要复制到其中任何画板上。

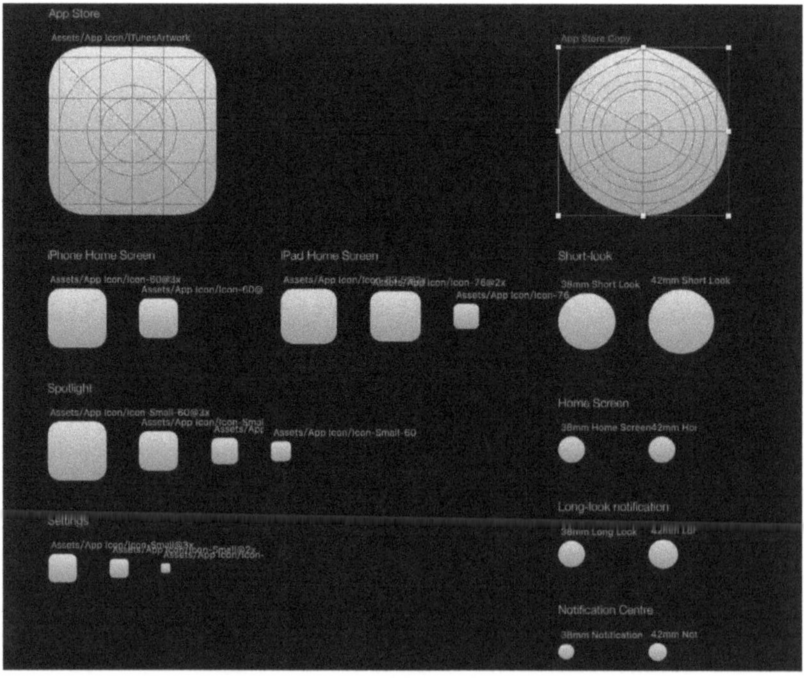

图7-12

（3）在图标模板中Outer为背景图层，其他图层均为辅助参考线，选中Outer后设置填充色，如图7-13所示。

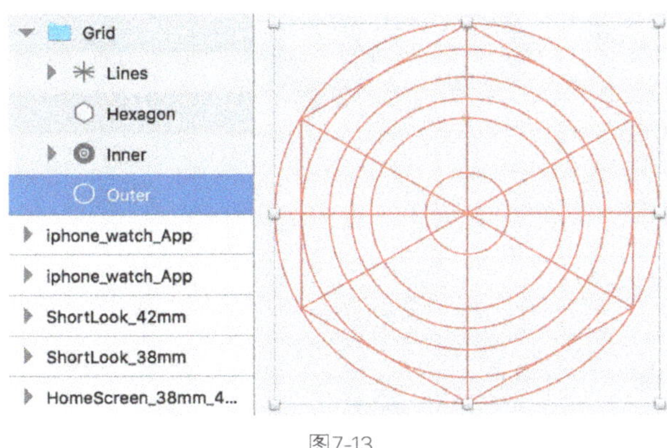

图7-13

> **提示**
> 注意，因为Outer图层默认只有描边，可能在画布上不容易选中，因此可以在图层列表中对该图层进行右键单击选择。

> **提示**
> 注意，虽然是粘贴的样式，但是颜色还是灰蒙蒙的，这是因为图层组设置了不透明度。在Sketch中，图层组内的图层会继承图层组的样式，所以大家在平时设计中遇到颜色感觉不对的情况可以看下是否是设置了不透明度等。

（5）选中图层组，将图层组的不透明度设置为100%，可以使用键盘上的0~9数字键盘快速调整不透明度，如图7-15所示。

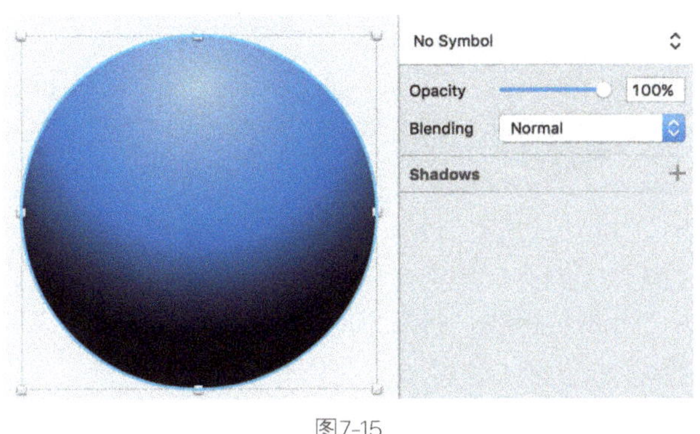

图7-15

（4）为了和第5章中设计的图标保持一致，打开第5章设计的展示型图标的源文件，然后在圆形背景的图标上单击鼠标右键，并在弹出的菜单中选择Copy Style选项，接着选中该图标模板中的Outer图层单击鼠标右键，并在弹出的菜单中选择Paste Style选项，如图7-14所示，最后将其他图层编组后隐藏。

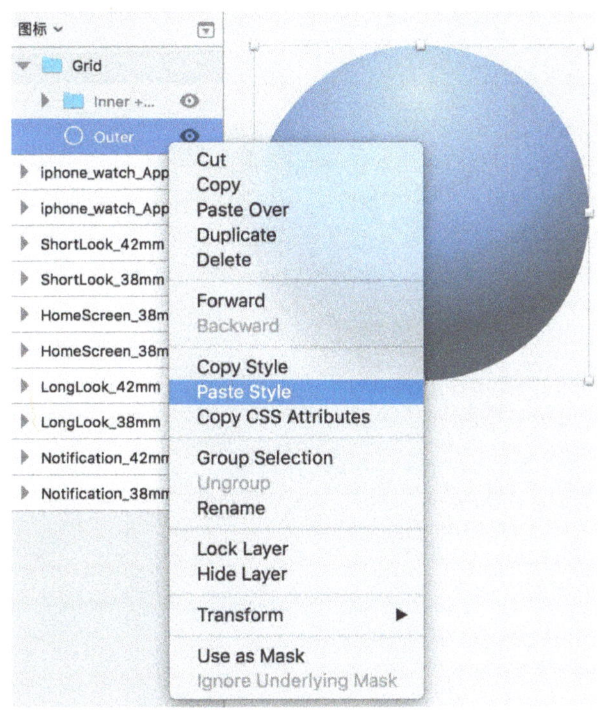

图7-14

（6）设置好背景后，因为考虑到Apple Watch上的图标相对较小，也没有文字提示，所以图标应尽可能保持简洁，最好只有一个视觉主体，所以在Watch App上图标可以只有一个Logo即可。将Logo图片拖入到圆形背景上方，调整到合适大小，并将其和背景完全居中，如图7-16所示。

图7-16

（7）将该图层组复制到每个画板上，并调整至画板相同大小，即完成图标的设计。可以在图层检查器的Size处直接输入数值，并使用对齐工具进行垂直居中和水平居中对齐，会比手动调节快速且准确，效果如图7-17所示。

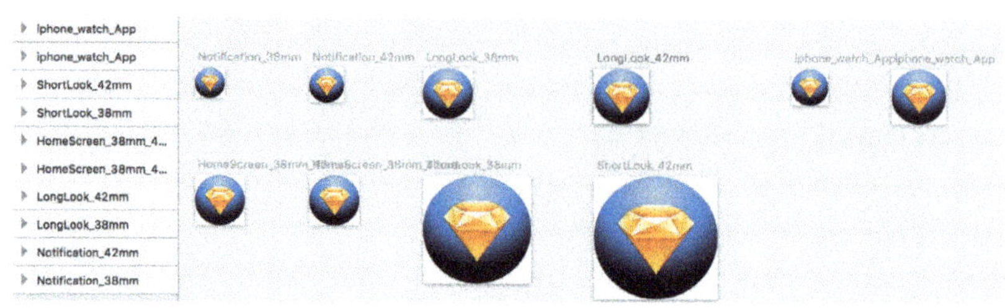

图7-17

（8）为了方便在设计界面时对图标的引用，还需要将每个画板上的图层组新建为符号，并将符号命名为各自画板的名称，如图7-18所示。

图7-18

提示

在设计图标时需要注意以下两点。

第1点：Watch App的图标应尽可能避免使用黑色背景和部分深色背景，因为Apple Watch上界面的背景色为黑色，黑色图标不会容易被察觉，若一定要用黑色图标或深色图标，可以在图标背景上添加明显的描边，如图7-19所示。描边的位置应该选择Inside（内部描边）。这也是为什么在实际工作中一般先设计界面，最后才设计图标的原因。如果需要添加描边，应该在步骤7之前进行。

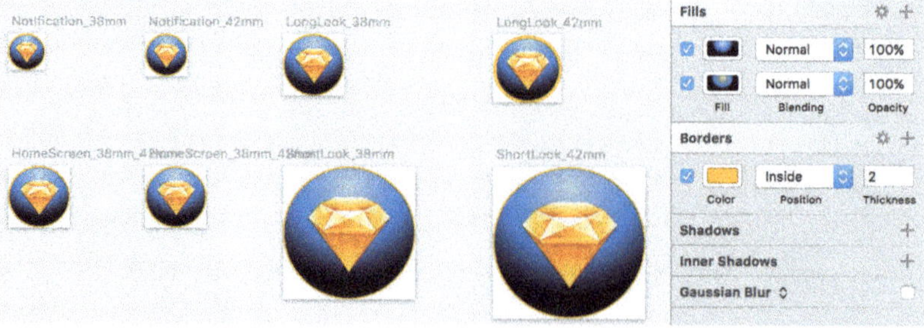

图7-19

第2点：实际上只需要提供正方形图标即可，编程的时候程序会自动添加圆形遮罩，本书中为了示范将背景做成了圆形，实际上可以不用绘制一个圆形背景。所以正因为这样也并不推荐将图标上添加一个圆形描边，且图标尺寸不一致会导致无法精确设计圆形描边的宽度。

7.2.2 菜单图标

（1）菜单图标在界面上最多可以出现4个，菜单图标和文字一起出现，文字最多不能超过两行，如图7-20所示。

One Action

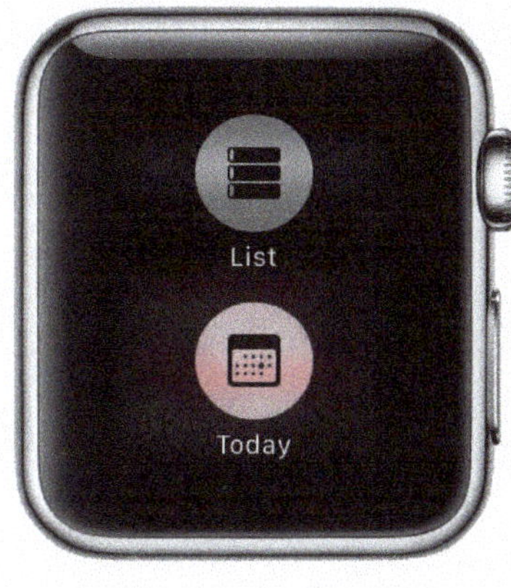

Two Actions

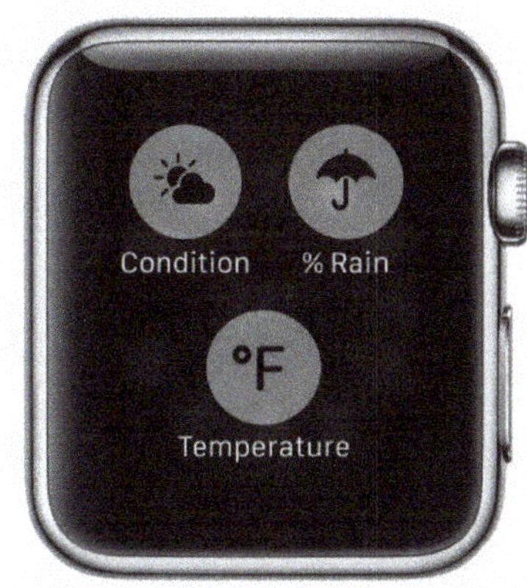

Three Actions

图7-20

（2）接下来进行单个图标的绘制。使用快捷键A，然后单击画板预设右下角的+号，新建两个自定义画板尺寸分别为70px×70px和80px×80px，接着将其添加至画布，如图7-21所示。

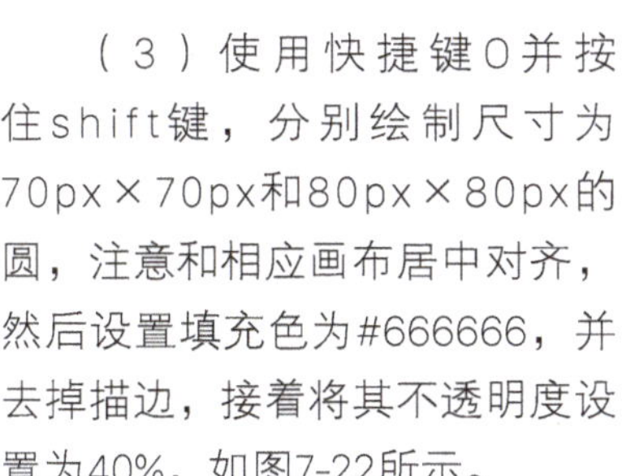
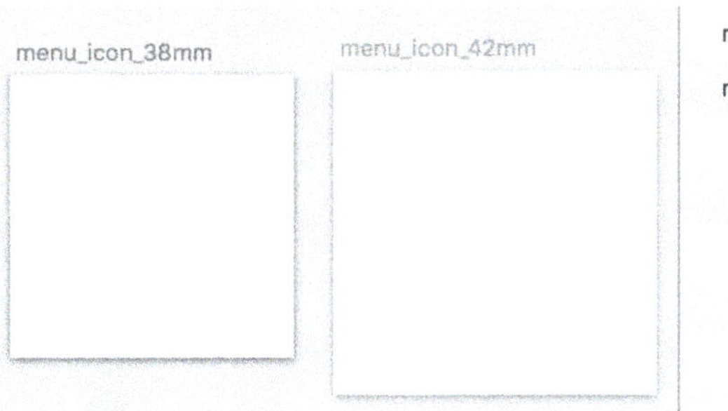

图7-21

（3）使用快捷键O并按住shift键，分别绘制尺寸为70px×70px和80px×80px的圆，注意和相应画布居中对齐，然后设置填充色为#666666，并去掉描边，接着将其不透明度设置为40%，如图7-22所示。

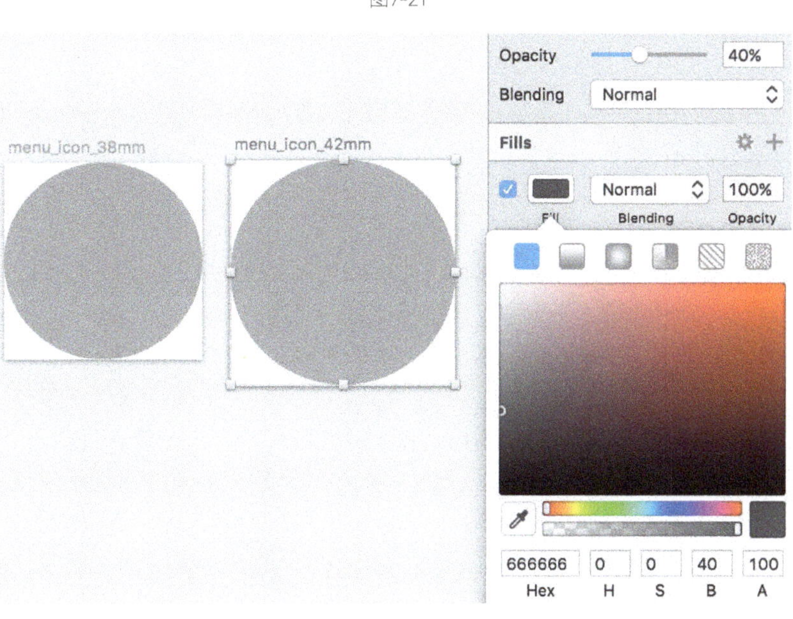

图7-22

（4）打开浏览器输入网址（http://www.iconfont.cn）进入Iconfont中，然后搜索关键词"回复"，接着在搜索的结果中选择图7-23所示的图标，并下载SVG格式。

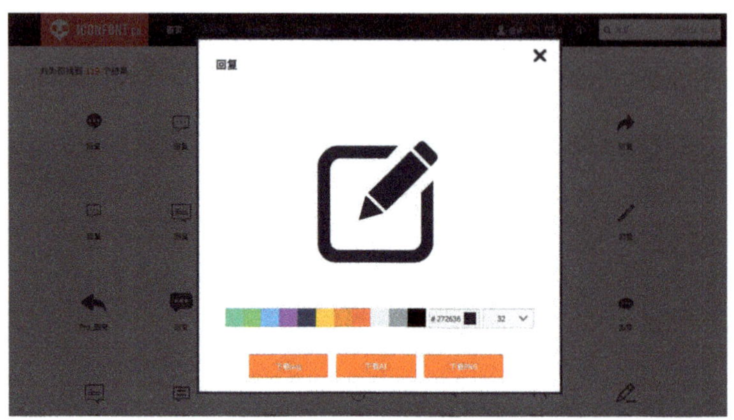

图7-23

（5）将下载的SVG格式文件拖入到Sketch的画布中，一般拖入SVG图标时尺寸会非常大，需要选中图标图层组后从检查器中将尺寸缩小。先缩放至100px×100px尺寸，若原始图标长宽不一致，且相差不是特别大可以忽略，若相差特别大需要手动调节。展开图层组，可以看到图标为一个经过布尔运算的图层，此时可以连续按两次快捷键command+shift+G取消编组，将此图层独立出来，然后检查所有线条的宽度是否超过了4px，如图7-24所示。

图7-24

（6）确认图标符合要求后，复制一份该图标，然后将两个图标尺寸分别调整至46px×46px和54px×54px，并分别完全居中对齐于两个画布，接着将图标和背景图层选中按快捷键command+G进行编组，最后将其创建为符号，完成该图标的设计，如图7-25所示。

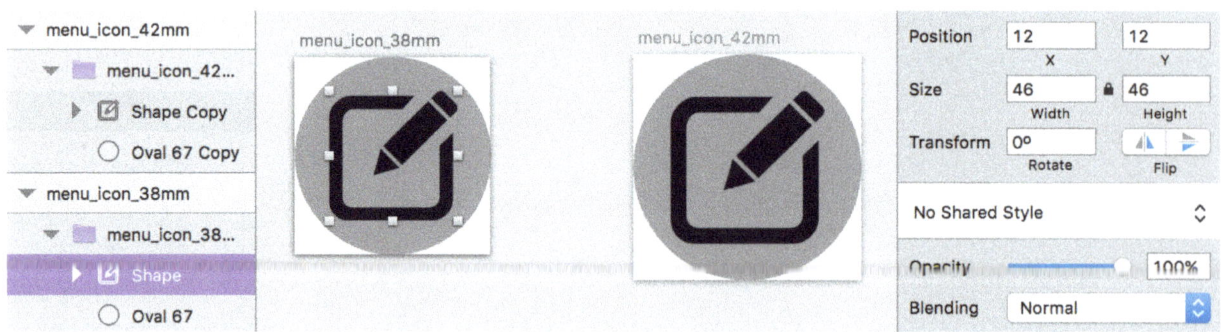

图7-25

7.3 使用Sketch设计Apple Watch的通知界面

7.3.1 Short Look界面

（1）打开Sketch并使用快捷键A，然后在iOS Devices选项板中选择最后两项，新建两个尺寸的Apple Watch画板，如图7-26所示。

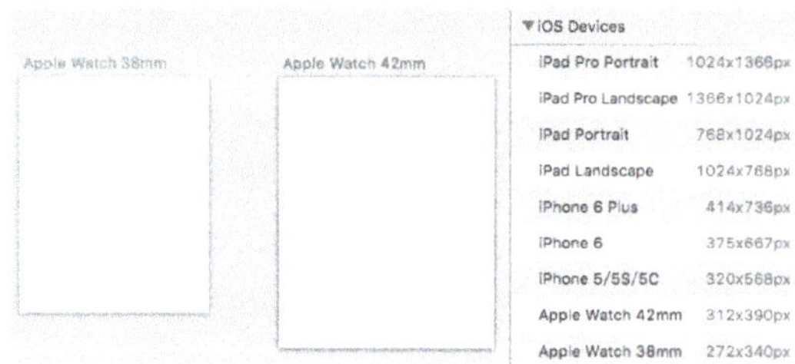

图7-26

（2）将画板重命名为Short Look 38mm和Short Look 42mm，然后使用快捷键R在两个画板上分别绘制272px×320px和312px×390px尺寸的矩形，接着将其完全居中对齐画板，并填充颜色为#000000，再去掉描边，如图7-27所示。

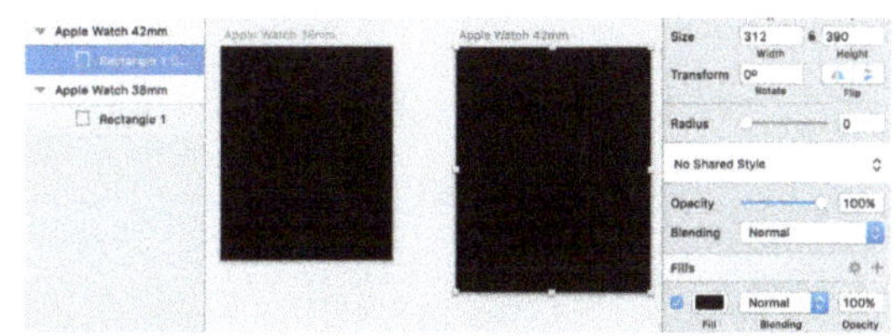

图7-27

（3）选中38mm画板，然后单击工具栏中的符号工具选择ShortLook_38mm符号，接着将该符号插入至画板中，再将其调整至距离画板顶部35px的位置，并垂直居中画布，最后选中42mm画板，并单击工具栏中的符号工具选中ShortLook_42mm符号，再将其调整至距离画板顶部41px的位置，注意还是要垂直居中画布，如图7-28所示。

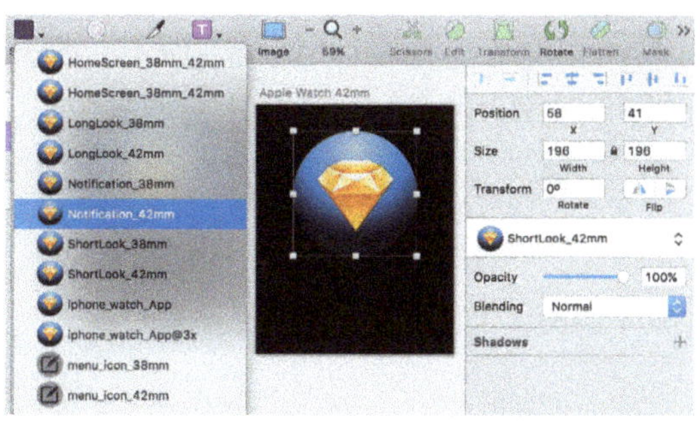

图7-28

（4）选中38mm画布，然后按快捷键T插入文字，如"Sketch有更新"，并将字体设置为SF Compact Text，字号设置为36px，字间距设置为0.4，行高设置为43，字色设置为#FFF，再将文本图层调整至距离图标底边距13px的位置，垂直居中于画板。接着选中42mm画布，按快捷键T插入相同文字，并将字体设置为SF Compact Text，字号设置为38px，字间距设置为0.42，行高设置为45，字色设置为#FFF，最后将文本图层调整至距离图标底边距18px的位置，并垂直居中于画板，如图7-29所示。

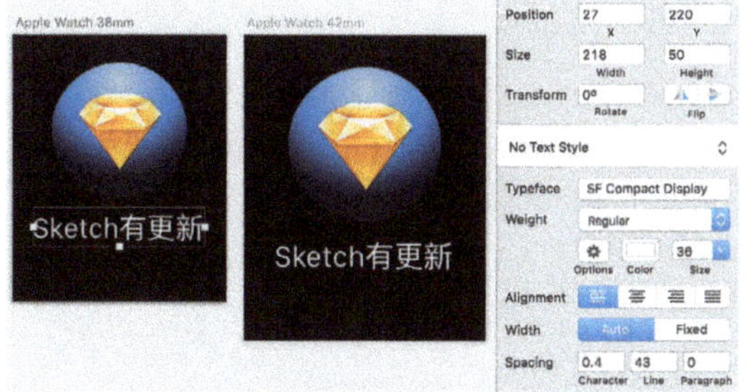

图7-29

（5）选中38mm画布，然后使用快捷键T插入Watch App的名字，如"Sketch新闻"，再将字体设置为SF Compact Text，字号设置为26px，字间距设置为0.3，行高设置为31，字色设置为# FFA200，接着将其调整至距离"Sketch有更新"文本图标底边距4px的位置，并垂直居中于画板。最后选中42mm画布，执行相同操作，不同的是将文本字号设置为28px，字间距设置为0.36，行高设置为34，再将其调整至距离"Sketch有更新"文本图标底边8px的位置，并垂直居中于画板，如图7-30所示。便完成了Short Look界面的设计。

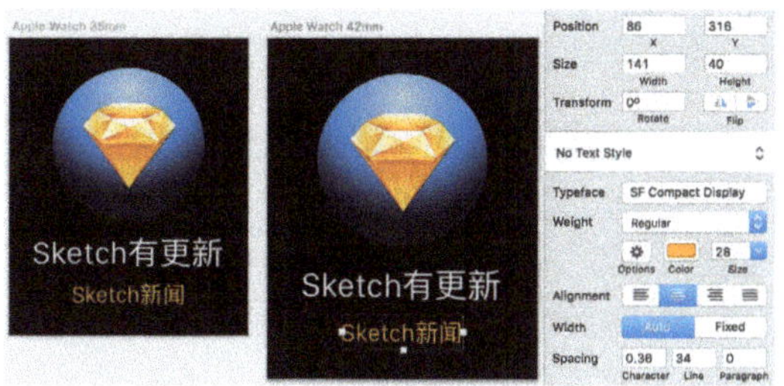

图7-30

7.3.2 Long Look界面

（1）按快捷键A新建Apple Watch 38mm和42mm界面，并重命名为Long_Look_38mm和Long_Look_42mm，但是Long Look界面一般会超过一屏的高度，因此选中画板后在画板检查器中分别将两个画板的高度调整至600px，最终高度根据实际内容再进行调整，然后将其背景色设置为#000000，如图7-31所示。

（2）选中38mm画板，然后按快捷键T输入一个时间，如09:19，并设置字体为SF Compact Text，字色为# 9BA0AA，字号为30px，行高为36px，再将其调整至距离画板右边距为6px、上边距为-2px的位置，注意是负数。接着选中42mm画板，执行上述操作，不同的是字号需设置为32px，行高设置为38px，距离画板右边距为6px、上边距为-1px，如图7-32所示。

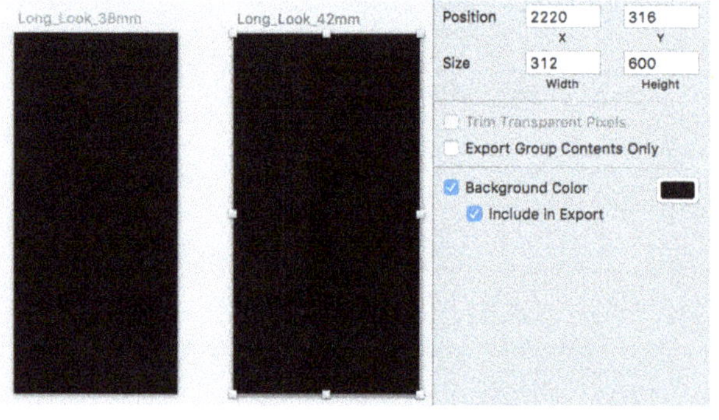

图7-31

图7-32

（3）选中38mm画板，然后按快捷键U，绘制268px×54px尺寸的圆角矩形，并设置圆角半径为12/12/0/0，再将其调整至距离画板顶部36px的位置，垂直居中于画板。接着去掉描边，并设置填充色为# FFA200。最后选中42mm画板，绘制308px×60px尺寸的圆角矩形，并设置圆角半径为12/12/0/0，再将其调整至距离画板顶部42px的位置，依然是垂直居中于画板，去掉描边，设置填充色为# FFA200，如图7-33所示。

（4）选中38mm画板，然后单击工具栏的符号工具选择LongLook_38mm符号，并将其位置移动至距离画板顶边3px，距离画板左边16px的位置。接着选中42mm画板，并单击工具栏的符号工具选择LongLook_42mm符号，再将其位置移动至距离画板顶边5px，距离画板左边20px的位置，如图7-34所示。

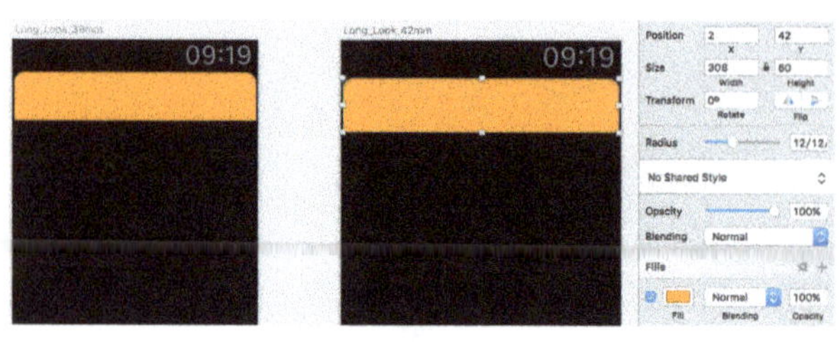

图7-33

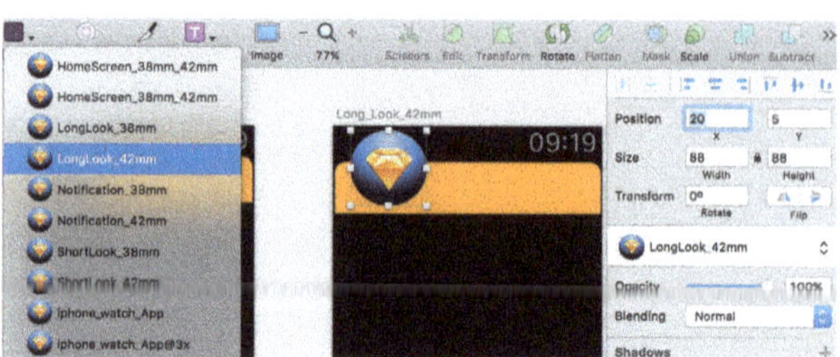

图7-34

（5）选中38mm画板，然后按快捷键U创建圆角矩形，尺寸为268px×201px，圆角半径为12px，注意去掉描边，并设置填充色为#FFFFFF，填充色的不透明度官方建议为14%，但是可以根据实际情况进行调整。接着将此圆角矩形图层移动至黄色圆角矩形图层下方，并将其与黄色圆角矩形顶部对齐。最后选中42mm画板，执行同样的操作，注意不同的只是创建的圆角矩形尺寸为308px×232px，如图7-35所示。

> 提示　需要注意的是，此步中圆角矩形的高度取决于内容长度，并不是固定高度。

图7-35

（6）选中38mm画板，然后按快捷键T输入Watch App的名字，如"Sketch新闻"，并设置字体为SF Compact Text，字号为24px，行高29px，字色为#FFFFFF，再将其调整至距离画板右边距20px的位置，水平居中于黄色圆角矩形。接着选中42mm画板，按快捷键T插入App名字，并设置字体为SF Compact Text，字号为28px，行高34px，字色为#FFFFFF，再将其调整至距离画板右边距23px的位置，水平居中于黄色圆角矩形，如图7-36所示。

图7-36

（7）选中38mm画板，然后快捷键T输入通知标题的标题，如"Sketch有更新"，并设置字体为SF Compact Text，字重为Semibold，字号为30px，行高36px，字色为#FFFFFF，再将其调整至距离画板左边距16px的位置。再次使用快捷键T，输入通知的详细内容，接着设置通知正文字体为SF Compact Text，字重为Regular，字号为24px，行高33px，字色为#FFFFFF，并将其调整至距离画板左边距16px的位置，再选中两个文本图层，将其移动到和圆角矩形水平居中的位置（不含黄色矩形部分）。最后选中42mm画板，执行上述操作，将标题的字号设置为32px，行高为38px；将通知正文字号设置为28px，行高设置为38px，再将其调整至距离画板左边距17px的位置，并水平居中于圆角矩形，如图7-37所示。

图7-37

>  提示　若内容超过一行需要进行换行。输完文字后拖动文本框右侧的控制点文本段落会自动换行。

（8）选中38mm画板，然后按快捷键U绘制尺寸为268px×75px的圆角矩形，并去掉描边，再设置圆角半径为12px，填充色为#FFFFFF，不透明度为14%，距离通知内容部分的圆角矩形底边距为8px，垂直居中于画板。绘制完成后按快捷键T输入按钮文字，如"回复"，并设置字体为SF Compact Text，字重为Regular，字号为30px，行高为35px，字色为#FFFFFF，再将其垂直居中于画板，水平居中于绘制的圆角矩形，接着将文本图层和圆角矩形图层选中并按快捷键command+G进行编组，按住option键将该图层组复制一份，再按住shift键将其移动至距离该图层组底边8px位置，完成后按住command键选中复制图层组中的文本图层，将文本的对齐方式设置为文本居中对齐，再按enter键修改文本内容，如"收藏"。最后选中42mm画板，执行上述操作，注意不同的是绘制的圆角矩形尺寸为308px×80px，按钮内文字的字号为32px，如图7-38所示。

（9）选中38mm画板，然后选中按钮图层组，并按住option键对该图层组进行复制，再将其拖动至距离按钮图层组底边24px的位置，垂直居中于画板，接着将复制的图层组中的圆角矩形不透明度设置为20%，再将文字修改为"关闭"。最后选中42mm画板，执行上述操作，如图7-39所示。

（10）LongLook界面绘制基本完成。将画板尺寸调整至距离最底部按钮底边15px的高度，快速计算的方式为：查看关闭按钮底边到画板的距离，假设该距离为A，则画板最终高度为原画板高度-A+15px。如本案例中，画板底边距离关闭按钮底边40px，先减掉40px，再加上15px为画板的最终高度。最终效果如图7-40所示。注意右侧检查器面板中高度的计算，完成绘制。

图7-38

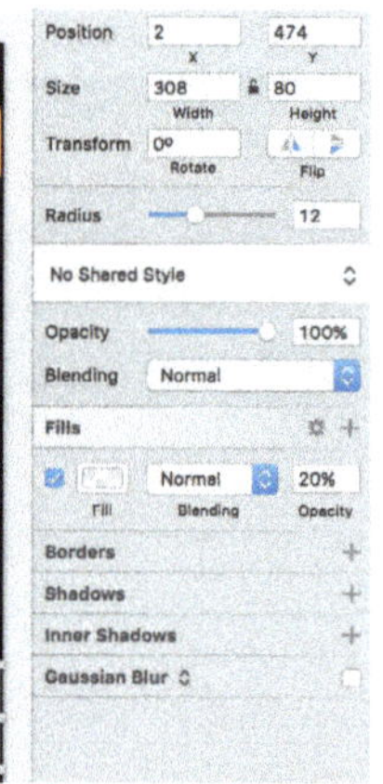

图7-39

图7-40

7.4 使用Sketch设计Apple Watch的速览界面

（1）Apple Watch上的速览界面需要遵从官方提供的模板进行设计，因此需要先下载速览模板，网址为https://developer.apple.com/watch/human-interface-guidelines/resources/。官方提供了PSD和Sketch两种格式，因为使用Sketch进行设计，所以下载Sketch的模板即可，如图7-41所示。

（2）单击Download Sketch Templates后会要求登录，输入Apple ID账号和密码登录后即可下载，然后将下载的文件进行解压，里面包含5个模板，如图7-42所示，接着找到Template-Glance.sketch双击打开。

图7-41

图7-42

（3）打开模板后如图7-43所示。其中左侧黄色区域是两段说明文字，第1段是说在使用Sketch进行设计时，需要在偏好设置中取消勾选Sub-Pixel Antialias Fonts选项，并可能需要重启才能生效；第2段是说Apple Watch需要@2×尺寸界面，文字大小1pt=2px。可以看到官方提供了36种排版，其中上半部分为38mm尺寸排版，下半部分为42mm尺寸排版。左半部分为动态界面排版，右半部分为标准界面排版。36种模板根据上下部分的不同可以任意组合成更多种模板。一般使用标准界面进行设计即可，需要注意的是，暂时Watch App只支持一种排版，且选择后便不可再更改，所以应慎重选择。

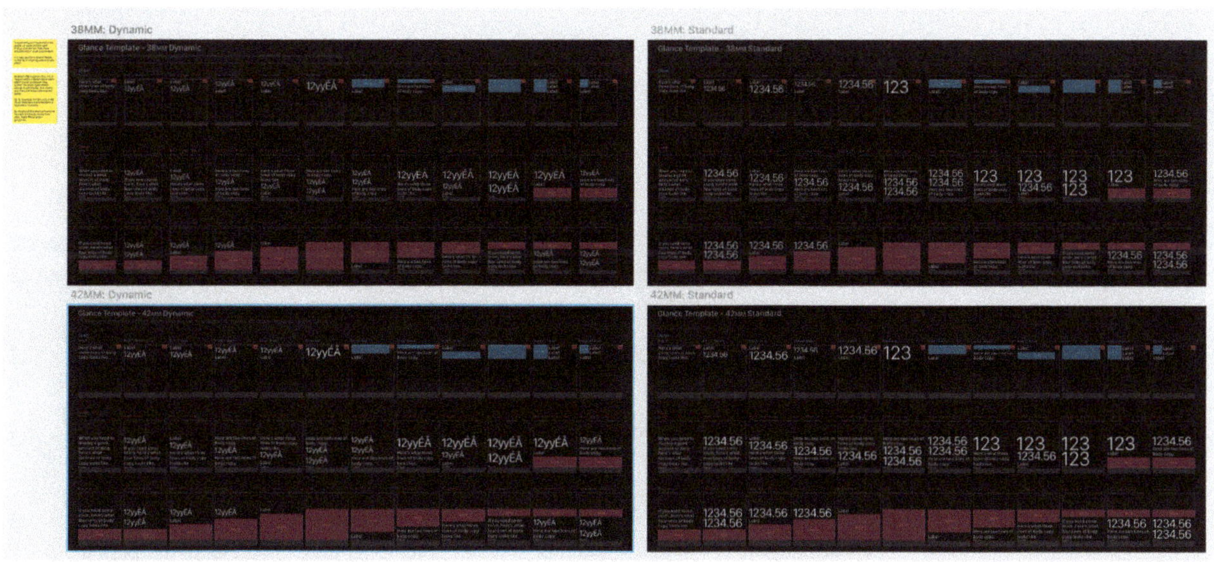

图7-43

（4）根据内容选择一种排版，注意两种尺寸的排版应是一致的。确定好排版后，在Sketch中新建画布，并命名为"速览"，然后按快捷键A，创建Apple Watch两个尺寸的画板，并将其背景色设置为#000000，再回到模板按住快捷键command+shift，在画布上同时选中模板内容和栅格，接着按快捷键command+C进行复制，并在速览画布中选择相应尺寸按快捷键command+V进行粘贴，另外一个尺寸也按上述步骤进行操作，如图7-44所示。这样便确定了下部分的模板。

图7-44

☀ 提示

模板应和画板完全重合，如果粘贴以后没有完全对齐，应手动对齐。对齐时注意保持模板图层全选中状态。作为范例，笔者选择了最常见的一种模板Extra Large - Body 3。

（5）回到模板，选中上部分模板，然后复制内容并粘贴至相应的画板，如图7-45所示。

☀ 提示

这里选择的是Group Left Large模板。上部分模板和下部分模板的选择无先后顺序，模板的名称应记住，在编程时应在Xcode里选中相应的模板。

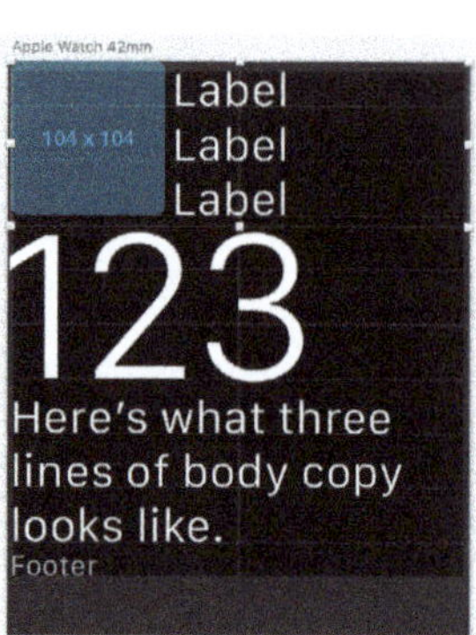

图7-45

（6）将图片拖入至Sketch，并将尺寸调整为93px×93px，与38mm尺寸中蓝色方块重合，然后隐藏上部分模板中的所有图层，接着再次拖入该图片，并将尺寸调整为104px×104px，与42mm尺寸中蓝色方块重合，最后隐藏其他图层，如图7-46所示。

（7）数字123可以修改为任意数字或者其他内容，但是该数字为本界面中最重要的内容，如在苹果官方的天气速览界面中该数字代表温度。现保持不变，修改下方文字。可以看到下方文字共3排，且每排和横线对齐，这里的文字可以任意修改，包括颜色和字号，但是文字内容不应该超过3行，如图7-47所示。

图7-46

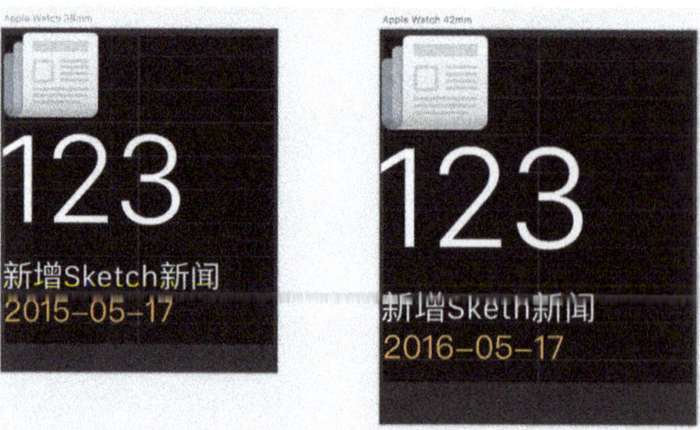

图7-47

（8）底部的横条用来显示当前页所在位置，可以设计也可以不进行设计，编程时会自动进行添加，底部的圆点数也会随着内容的变化而发生变化。但是为了演示，可以进行设计。选中38mm画板，然后使用快捷键O，并按住shift键绘制10px×10px的圆，注意去掉描边，设置填充色为#FFFFFF，再按快捷键command+D两次，复制两个圆形，接着将3个圆的间距调整为10px，并将左侧和右侧圆的不透明度设置为30%，再选中3个圆按快捷键command+G进行编组，完成后将其和画板垂直居中对齐，和底部横条水平居中对齐。最后选中42mm画板，重复上述步骤，只是将圆点的尺寸修改为12px，圆之间的距离调整为12px，如图7-48所示。

（9）确定所有的元素左对齐（底部小圆点除外）后，隐藏栅格图层，完成速览界面的设计，如图7-49所示。

> 提示　设计速览界面时请务必注意一个界面应只有一个重点内容，且文字不宜过多，并且因为该页面不能翻页，所以所有内容需控制在一个界面上。

图7-48

图7-49

7.5 使用Sketch设计Apple Watch的App界面

前面有介绍到，Apple Watch的App导航形式有两种，接下来便向大家介绍这两种导航的设计，相对于通知和速览界面，App界面设计可自定义的范围大了很多，但是还是有一些需要注意的地方，希望大家在设计中慢慢体会。

7.5.1 Page-based导航方式的设计

（1）在下载的速览模板中找到Template - App - Paginated UI.sketch文件并双击打开，如图7-50所示。可以看到该界面中左上角需要输入标题（一般是App的名称或者该页的菜单标题），右上角是时间，底部是快速定位的小圆点。这3个元素是固定的，样式不能进行更改（标题字色除外）。然后打开之前设计的Sketch源文件，并按快捷键A新建两个尺寸的Apple Watch画板，接着将模板中的元素复制并粘贴过去，并确保位置的一致性。当然也可以直接将模板中的画板复制并粘贴过去，确保模板本身元素不要进行变动即可。

（2）在Watch App中推荐使用黑色为背景色，但是并不是一定必须要用黑色，具体应根据实际情况进行设计。选中标题（Title）按enter键，然后将文本内容修改为"Sketch新闻"，字色设置为#FFA200，如图7-51所示。

图7-50

图7-51

（3）从Sketch官网中找到图7-52所示的图片，将其下载后拖入Sketch，然后选中38mm画板，并将该图插入界面，再调整图片宽度为272px，接着将其调整到距离顶部标题底边11px的位置。最后选中42mm画板，并将图片拖入画板进行等比缩放，再设置宽度为312px，将其调整到距离顶部标题底边13px的位置。

图7-52

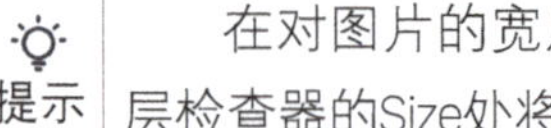

> 提示　在对图片的宽度进行调整前，应该在图层检查器的Size处将其锁定，确保等比缩放。

（4）选中38mm画板，然后按快捷键T插入文字，并设置字体为SF Compact Text，字号为30px，行高为40px，字色为#FFFFFF，再根据画板宽度将文本断行，注意不超过3行。接着将其调整至距离画板左侧3px，距离图片底边距11px的位置。最后选中42mm画板，执行上述操作，注意不同之处在于字号为32px，行高为42px，距离画板左侧4px，距离图片底边距13px，如图7-53所示。

（5）选中38mm画板，然后快捷键T插入文字，并设置字体为SF Compact Text，字号为22px，行高为30px，字色为#FFFFFF，不透明度为50%，再将其调整至距上一步中文本底边11px，距离画板左边3px的位置。接着选中42mm画板，并使用快捷键T插入文字，再设置字体为SF Compact Text，字号为24px，行高设置为36px，字色为#FFFFFF，不透明度为50%，最好将其调整至距上一步中文本底边13px，距离画板左边4px的位置。完成该界面的设计，最终效果如图7-54所示。

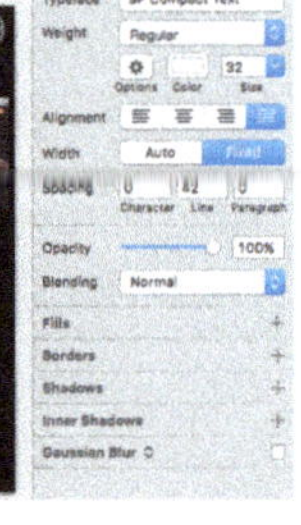

图7-53

图7-54

7.5.2 Hierarchical导航方式的设计

（1）在下载的速览模板中找到Template - App - Hierarchical UI.sketch文件并双击打开，如图7-55所示。可以看到该界面中左上角需要输入标题且带返回图标，右上角是时间。这种导航方式类似于iOS导航，通过按钮一层一层点击进入，所以若设计的是一级导航页，则左上角的返回图标应删除。然后复制模板中两个画板至Sketch的设计源文件，并分别对其命名。

（2）隐藏两个画板中的返回图标，讲文字移动至画板左边距7px，修改文字为"Sketch新闻"，字色设置为#FFA200，如图7-56所示。

（3）选中38mm画板，并按快捷键U创建尺寸为268px×116px的圆角矩形，然后设置圆角半径为12px，去掉描边，并将填充色设置为#FFFFFF，不透明度设置为14%，垂直居中画板，再将其调整至距离标题底边11px的位置。接着选中42mm画板，并按快捷键U绘制尺寸为308px×123px的圆角矩形，再将圆角半径设置为12px，填充设置为#FFFFFF，不透明度设置为14%，垂直居中于画板，最后将其调整至距离标题底边13px的位置，如图7-57所示。

（4）选中38mm画板，并按快捷键R绘制一个尺寸为88px×88px的矩形，然后将其调整至距离画板右边9px的位置，并水平居中于上步中所绘制的圆角矩形。接着选中42mm画板，并按快捷键R绘制尺寸为90px×90px的矩形，最后将其调整至距离画板右边9px的位置，并水平居中于上步中所绘制的圆角矩形，如图7-58所示。

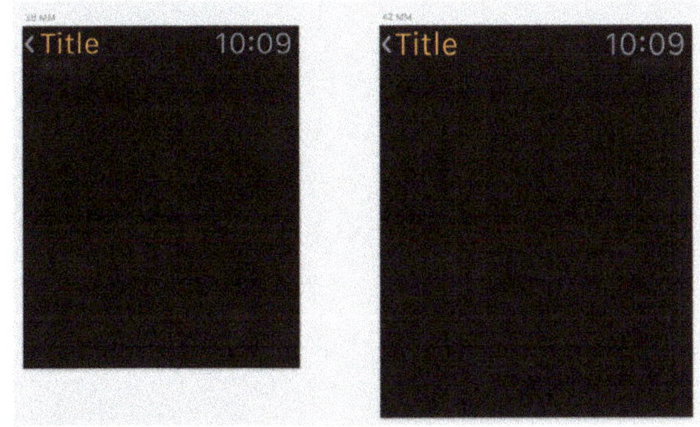

图7-55

图7-56

图7-57

图7-58

（5）选中38mm画板，然后使用快捷键T插入文字，并设置字号为24px，行高为29px，字色为#FFFFFF，再调整文字宽度和文本内容，距离左边9px的位置，水平居中于圆角矩形。接着选中42mm画板，执行上述操作，注意不同之处在于设置的字号为26px，行高为32px，如图7-59所示。

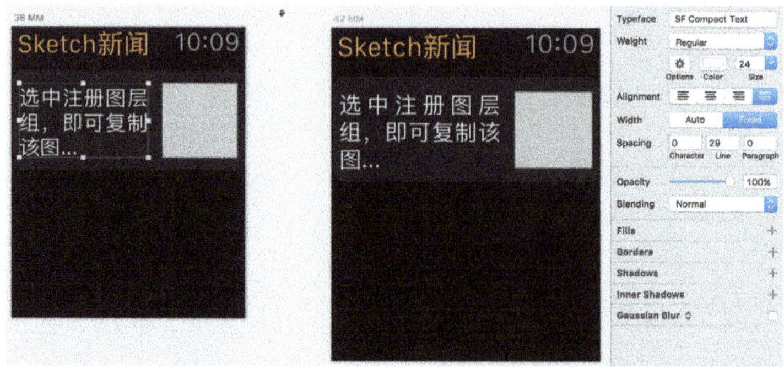

图7-59

（6）选中矩形，然后单击鼠标右键，并在弹出的菜单中选择Use as Mask选项，接着将图片拖入至画板并位于矩形上方，再将其移动至合适位置，并调整好大小，最后将矩形和图片选中并按快捷键command+G进行编组，如图7-60所示。

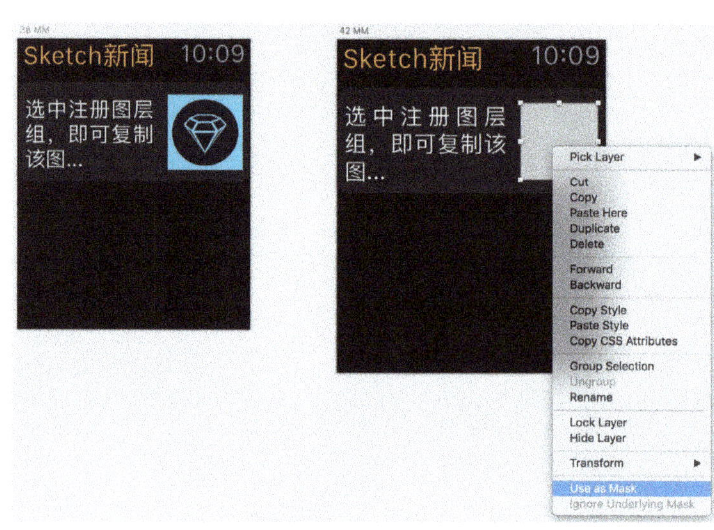

图7-60

引申知识点25——蒙版

蒙版是Sketch中非常有用的一个功能，类似于Photoshop的图层蒙版，将一个形状图层设置为蒙版后，该图层上方的图层均只显示该图层范围的内容。一般在设计列表中的图像时常用，相比形状的图像填充，使用蒙版能手动调节图像的显示范围，且可以是多个图层。可以使用蒙版快速设计出一个头像，如图7-61所示。

要使用蒙版功能首先需要设置蒙版图层，蒙版图层只能在形状图层上设置。操作方法是选中需要设置蒙版的形状图层，然后单击鼠标右键，接着在弹出的菜单中选择Use as Mask选项即可将该图层设置为蒙版图层，如图7-62所示。画布右侧即设置蒙版图层后的效果。

图7-61

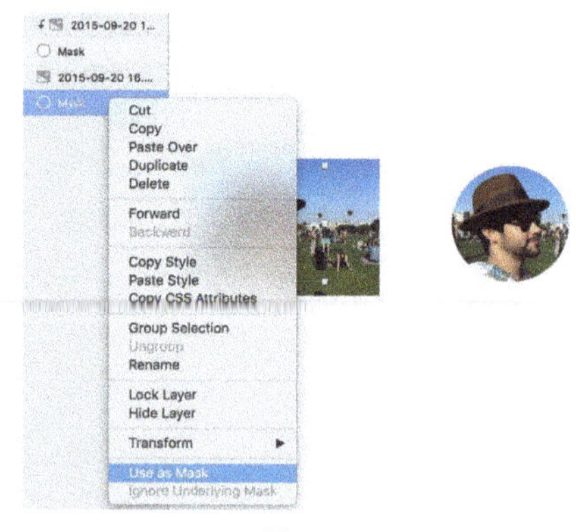

图7-62

对某一图层设置为蒙版图层，在图层列表中，该图层上方所有的图层左侧都会出现指向该图层的小箭头图标。在图7-63中左侧是未使用蒙版时3个图层的效果，右侧是将最下方的形状图层设置为蒙版图层后的显示效果，可以看到只会显示该图层形状范围内的图层，黄色图层因与该图层完全不相交所以不可见。每个图层都是可选中状态，可以手动调整位置和修改大小。

若此时只希望蓝色矩形受蒙版图层作用，而黄色的圆角矩形不希望有蒙版效果，只需要选中蒙版图层和希望使用蒙版效果的图层，然后按快捷键command+G进行编组，此时不在组内的图层将自动取消蒙版效果，如图7-64所示。

或者也可以在不需要使用蒙版效果的图层上单击鼠标右键，然后在弹出的菜单中选择Ignore Underlying Mask选项即可，如图7-65所示。右侧是点击该选项后的效果。

也可以使用工具栏中的蒙版工具，选中需要设置蒙版效果的图层，包括蒙版图层和蒙版图层上方需要使用蒙版效果的图层，然后单击工具栏中的蒙版工具，此时会自动将所选的图层进行编组，且最下方图层设置为蒙版图层，蒙版效果相同。

（7）将两个画板中的圆角矩形、配图图层组和文本图层选中，然后按快捷键command+G进行编组，接着按住快捷键option+shift进行复制拖动，图层组之间的间距在38mm画板中为11px，在42mm画板中为13px，最后手动将各行中的内容和插图进行调整让视觉上更加接近实际效果，这样便完成该界面的设计，如图7-66所示。

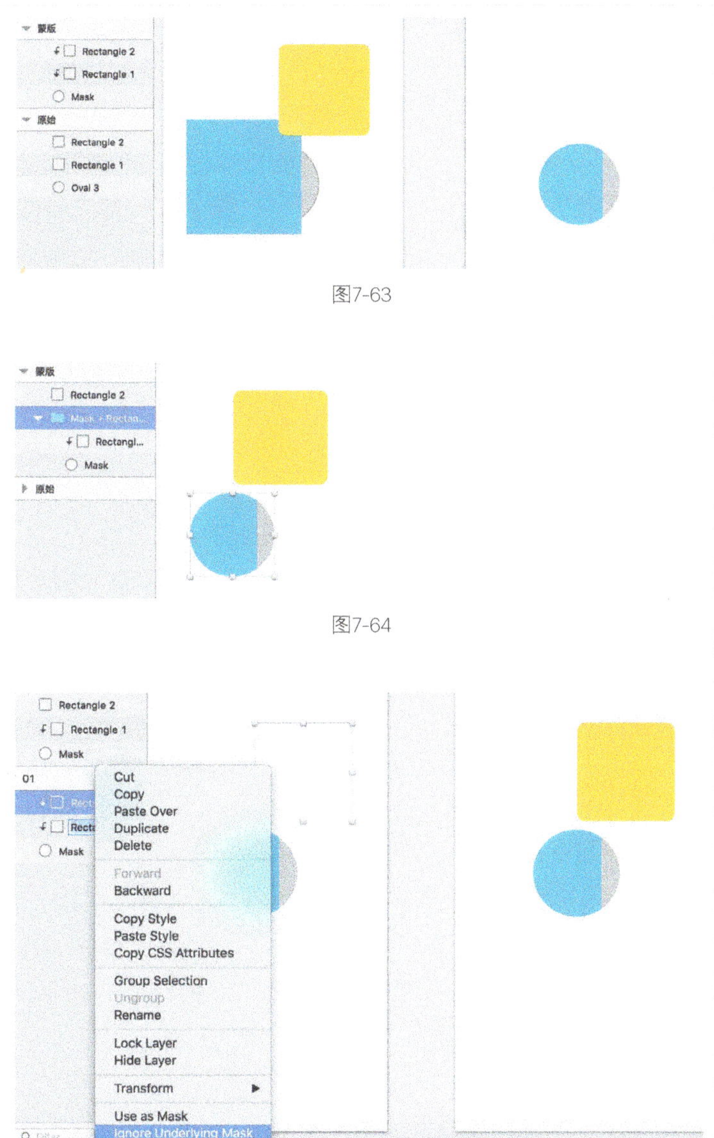

图7-63

图7-64

图7-65

图7-66

（8）接下来绘制点击进去后的效果。重新打开Template - App - Hierarchical UI.sketch文件，然后选中两个画板进行复制粘贴，接着对粘贴后的画板重命名，因为详情页面内容往往超过一屏，预先将画板延长至600px，再根据实际情况进行调整，所以先调整背景色图层至600px，如图7-67所示。

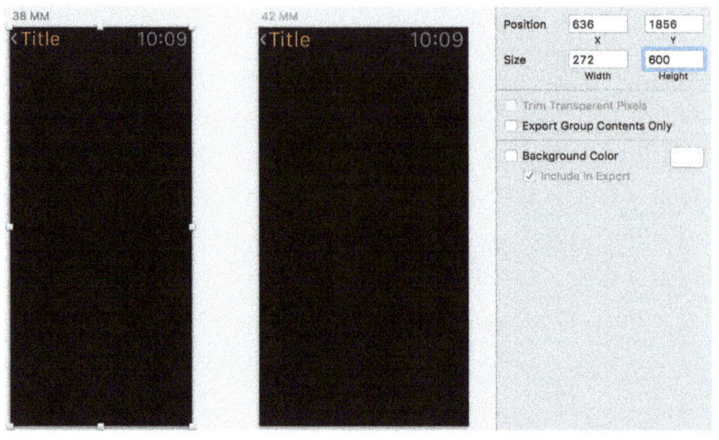

图7-67

（9）将标题文字进行隐藏，拖入图片至38mm画板中，确保图层检查器中Size处锁定，然后将宽调整为272px，并与画板垂直居中，再将其调整至距离顶部标题时间图层底边11px的位置。接着按快捷键T插入文字，并设置字号为24px，行高为30px，颜色为#FFFFFF，再将其调整至距离画板左边3px，距离图片底边11px的位置。注意将文本图层的宽控制在画板内，文本左对齐。在实际设计中，文本内容足够讲清楚该页要点即可。最后对42mm画板执行同样的操作，不同之处是图片的宽度为312px，距离标题时间图层为13px，文本字号为26px，行高为32px，距离画板左边4px，距离图片底边13px，如图7-68所示。

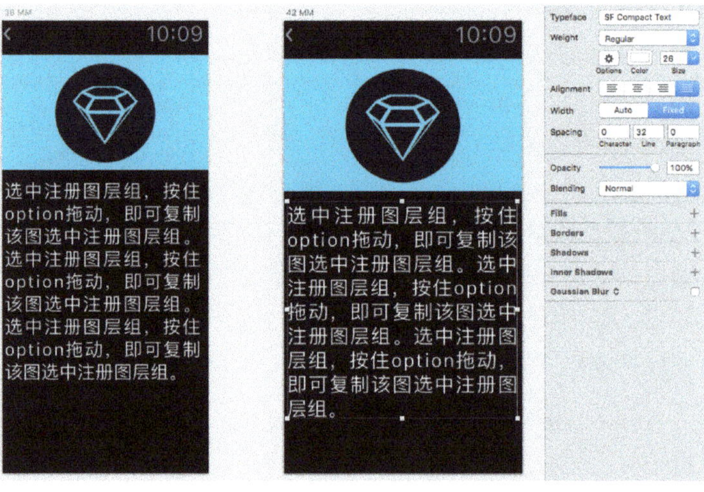

图7-68

（10）根据苹果官方的介绍，希望用户每次使用Apple Watch时平均时长为5秒，不建议过多内容，Watch App内容应尽可能轻量。类似于范例中所设计的应用，实际上用户很少会在手表上阅读一篇完整的文章，一般应建议用户在手机上继续阅读，所以给出一段文字之后若文章没有结束，应引导用户在手机上继续阅读。实际上Apple Watch和iOS设备通过Handoff技术能进行一个非常好的无缝衔接阅读。所以在两个画板上，添加提示性文字，并将文字的不透明度调为50%用于和正文区分，如图7-69所示。

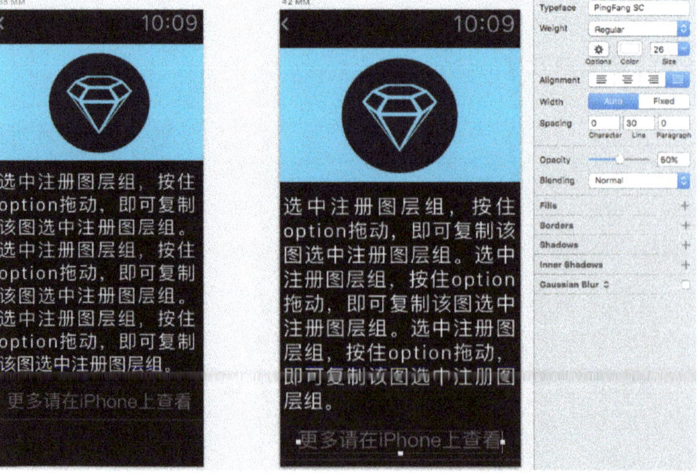

图7-69

（11）调整画板的实际高度，通过计算最下面的图层到画板底边的距离，直接在检查器中的Size属性处进行加减，完成设计，最终效果如图7-70所示。

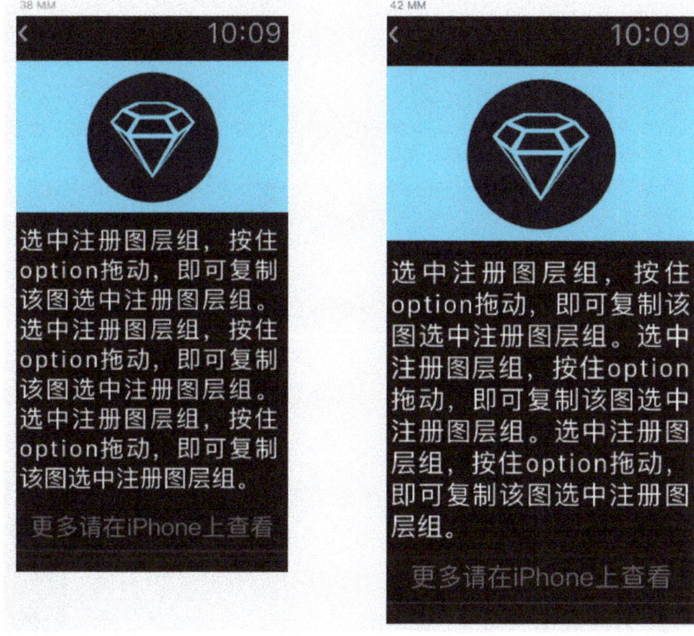

图7-70

7.6 Apple Watch中常见界面内容设计方法

7.6.1 圆形进度条的设计方法

圆形进度条是Apple Watch中常见的一种表示进度以及完成度的图表，如图7-71所示。一般一个圆圈表示100%，高亮显示的部分表示已完成进度，该图十分直观，非常适合在手表上显示，在移动设备上的App中也经常会使用这种设计。在Sketch中能够非常快速地进行该图的绘制。

图7-71

（1）新建画布，然后使用快捷键R绘制一个尺寸为300px×300px的矩形，接着去掉描边，并将填充色设置为#000000，该矩形为背景图层。最后按快捷键command+shift+L锁定该图层，如图7-72所示。

图7-72

（2）使用快捷键O，并按住shift键绘制一个234px×234px的圆，然后将其完全居中于背景图层，接着去掉描边，并将填充色设置为#161F05，如图7-73所示。

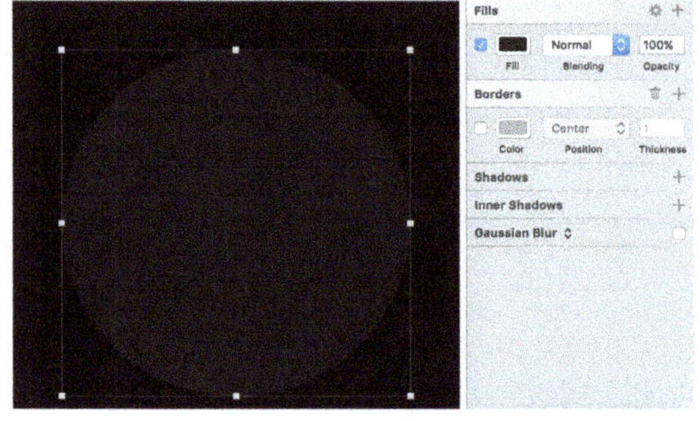

图7-73

（3）选中圆形图层，然后按快捷键command+D复制该图层，并将复制图层的尺寸调整为182px×182px，接着将其与背景图层完全居中对齐（即保证两个圆形的圆心重合）。为了能更好地看清楚，将小圆的填充设置为#FFFFFF，确保小圆的图层在大圆图层的上方，如图7-74所示。

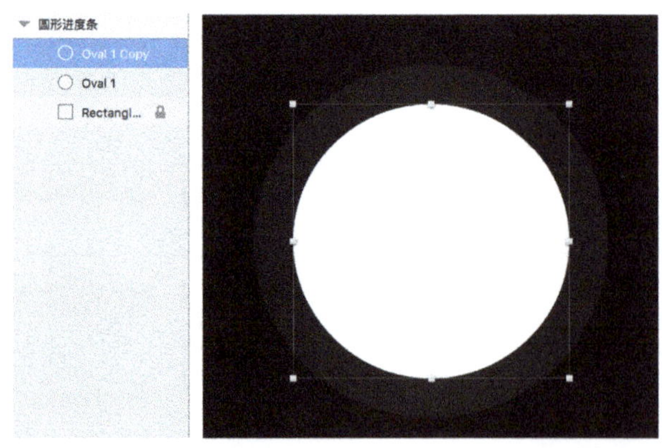

图7-74

（4）选中两个圆形图层，然后使用快捷键command+option+S执行减去顶层的布尔运算，或者选中两个图层后单击工具栏上的Subtract工具，得到图7-75所示的效果。

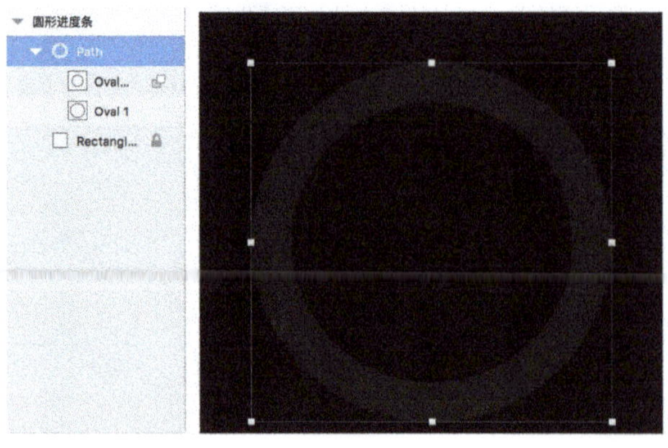

图7-75

（5）选中进行布尔运算后的图层，按快捷键command+D进行复制，然后将复制图层的填充设置为# B0FC2B，如图7-76所示。可以看到图层列表中有Path图层和Path Copy图层，且这两个图层完成重合。

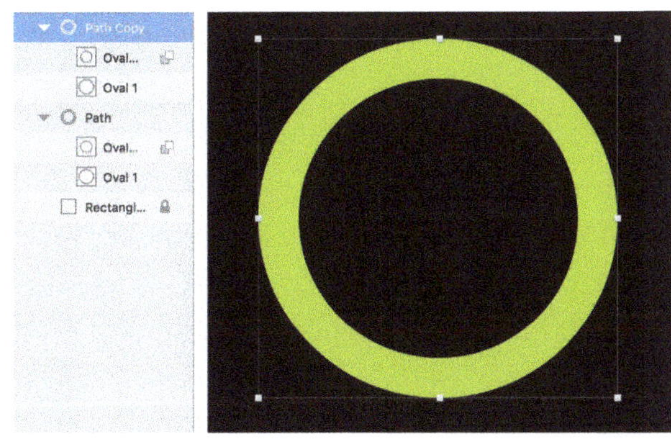

图7-76

（6）使用快捷键R绘制一个矩形，尺寸可以自定，只要覆盖住绿色圆形左半部分即可，且该矩形在圆形图层上方，如图7-77所示。

图7-77

（7）选中矩形图层和绿色圆形图层（Path Copy），然后使用快捷键command+option+S执行减去顶层的布尔运算，如图7-78所示。

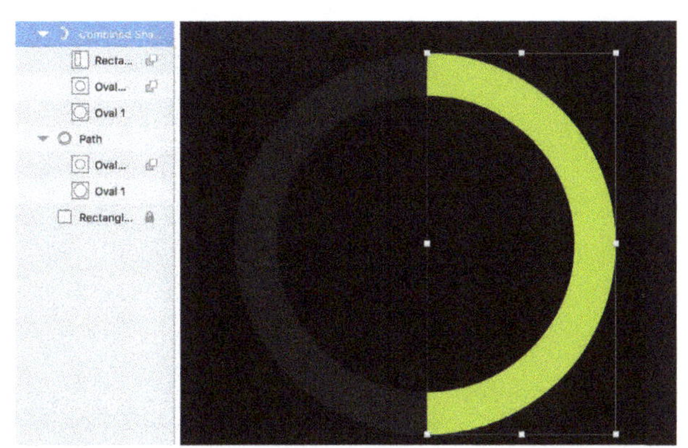

图7-78

（8）使用快捷键R绘制矩形，尺寸自定，覆盖住半圆底部小部分即可，然后将矩形旋转至图7-79所示的位置。

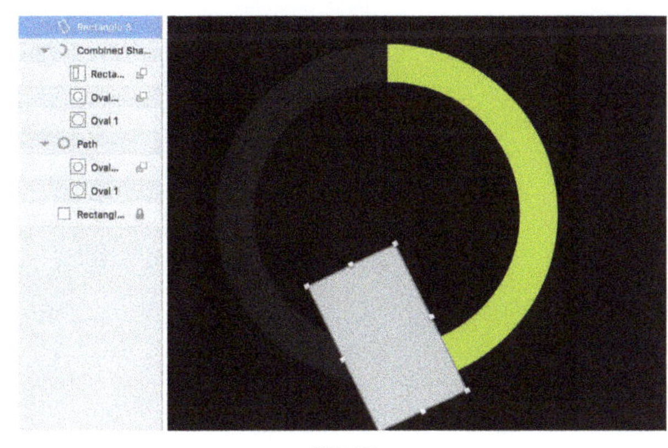

图7-79

引申知识点26——Sketch中图层的旋转

在Sketch中有3种方式可以将图层进行旋转。

方式1：选中图层后，直接在图层检查器中的Transform处输入需要旋转的角度即可，如图7-80所示。正数代表顺时针旋转，负数代表逆时针旋转，但是使用负数后，系统会自动计算为360°（负数角度的绝对值）。如-5°，按enter键后数值框会显示360-5=355°。

方式2：选中图层后，单击工具栏上的Rotate（旋转工具）。快捷方式为command+shift+R。单击该工具后，会显示图层的中心点，且光标会变成旋转图标样式，如图7-81所示。将光标移动至中心点可以拖动中心点位置，在图层周边按住鼠标并拖动可以自由旋转。在图层外任意位置单击则退出旋转工具。

图7-80

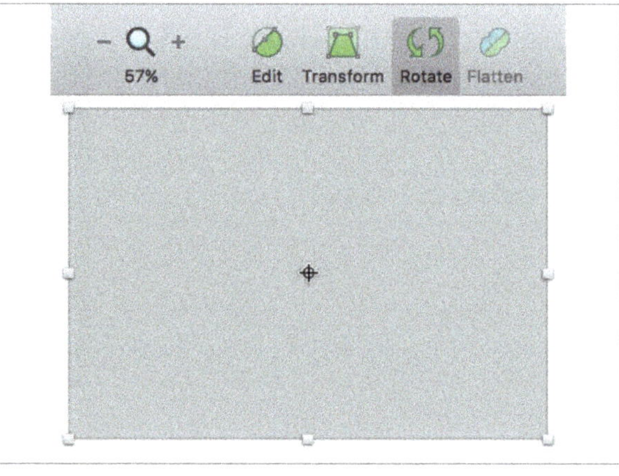

图7-81

方式3：选中图层后按住command键，然后将光标移动至图层的各个控制点，会发现光标变成旋转图标样式，可以直接拖动进行旋转。

以上3种方式中：最便捷的是方式3；最精确的是方式1；但是方式2可以进行中心点的调整，在平时设计中应视情况进行选择。

（9）选中矩形和半圆图层，再次执行减去顶层的布尔运算，如图7-82所示。

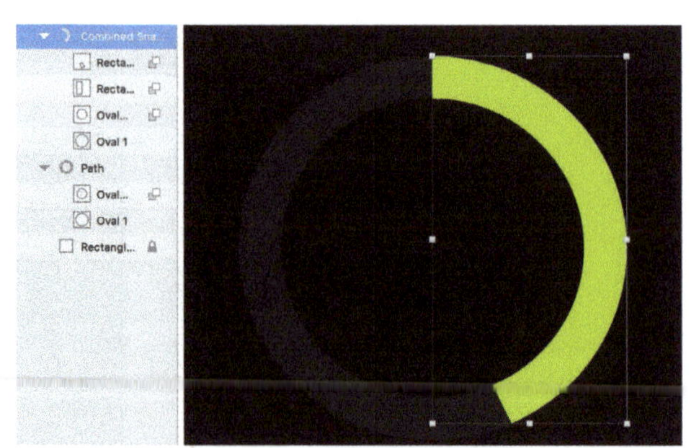

图7-82

（10）在步骤2和步骤3中，可以知道两个圆的尺寸分别为234px×234px和182px×182px，可以得出圆环的宽度为（234-182）/2＝26px。因此使用快捷键O并按住shift键绘制26px×26px的圆，然后将其和圆环垂直居中对齐，且和圆环顶部水平居中对齐，如图7-83所示。

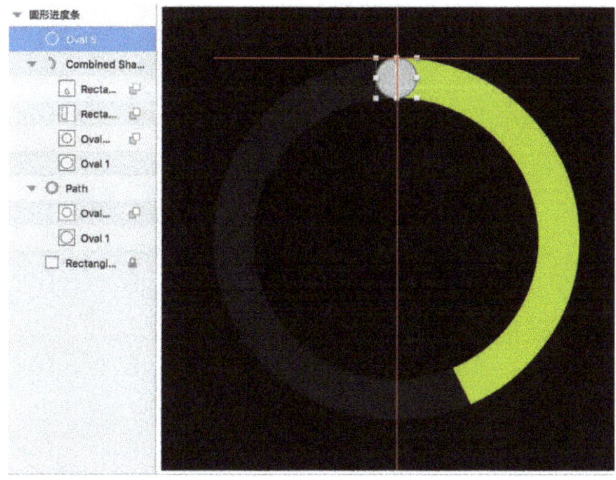

图7-83

（11）选中该圆形和绿色弧形图层（Path Copy），然后使用快捷键command+option+U，或者单击工具栏上的Union（合并工具），将两个图层执行合并布尔运算，如图7-84所示。

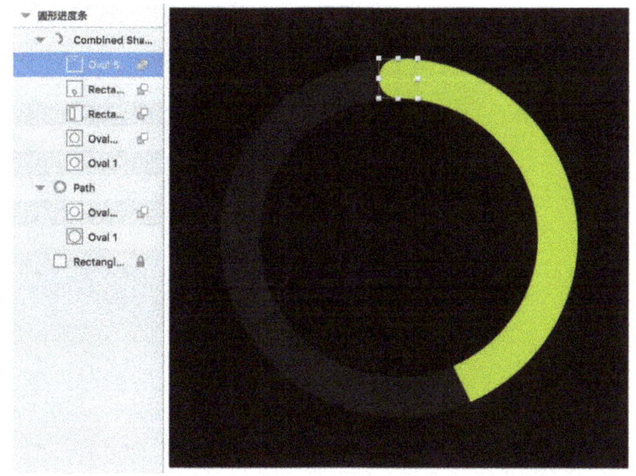

图7-84

（12）再次使用快捷键O绘制一个尺寸为26px×26px的圆，然后将其移动至弧形图层下方并对齐，如图7-85所示。

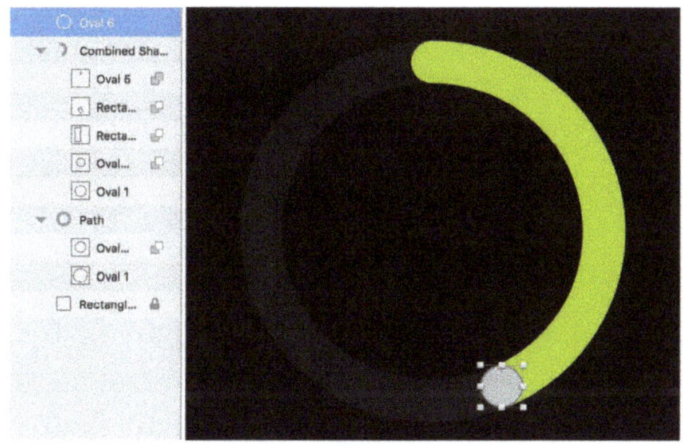

图7-85

（13）选中该圆形图层和弧形图层执行合并布尔运算，完成圆弧的绘制，如图7-86所示。

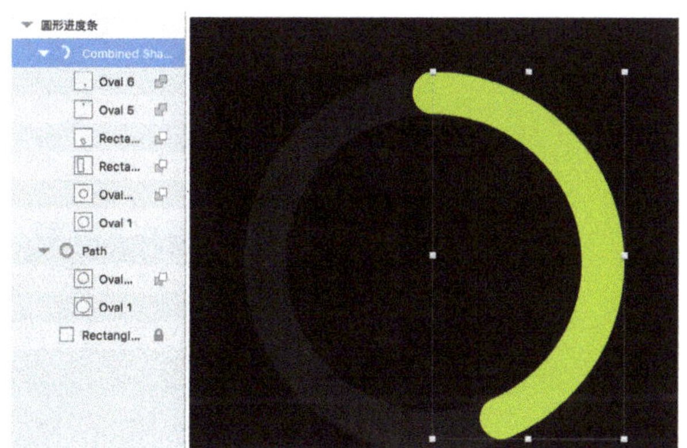

图7-86

提示　在对齐时应将画布放大精确对齐，必要时还可以移动布尔运算中的矩形调整旋转角度确保圆形的直径和矩形边平行。

（14）可以添加箭头，更为清晰地表示圆环的填充方向，如图7-87所示。

（15）为了让画面具有更多质感，比较常见的一种方式是添加一些渐变色显示完成度的变化。可以在选中弧形圆环后，将其填充方式变成线性渐变填充，如图7-88所示。

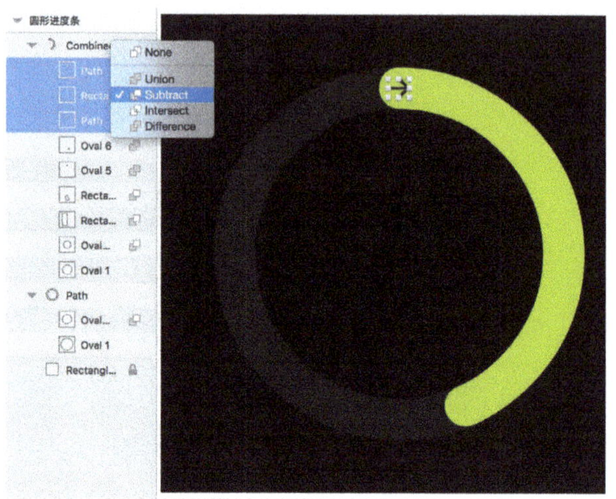

图7-87

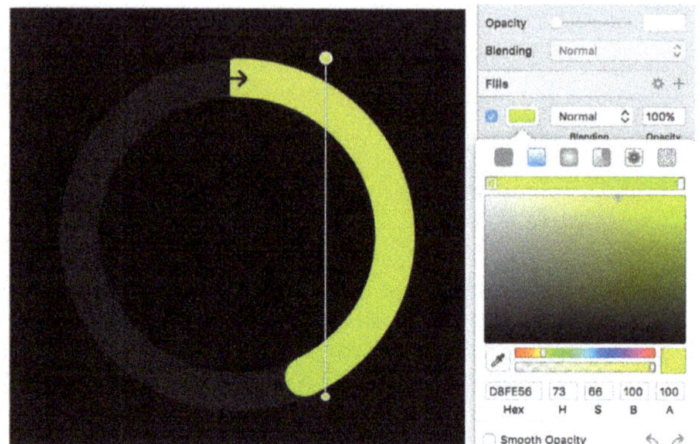

图7-88

提示　建议将箭头拖入布尔运算图层中，和上方的圆形完全居中对齐，但是直接拖入箭头的颜色会和圆环的颜色变成一致，此时应将箭头的图层移动至布尔运算图层的顶部，并执行Subtract（减去顶层）的运算。

7.6.2 表盘的设计方法

在Apple Watch中，涉及时间设置的界面一般会用表盘的方式进行直观的展示，在安卓最新系统中也采用表盘进行时间的设置，如图7-89所示。Sketch提供了非常方便的旋转粘贴工具（Rotate Copies）可以快速准确地进行表盘的绘制。实际设计中，不仅只是表盘，如设置图标中的齿轮，也可以用这种方式快速绘制出来。

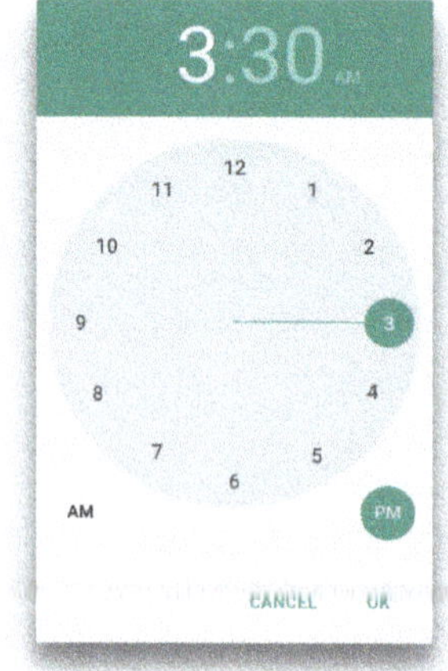

图7-89

（1）新建画布，使用快捷键R绘制一个尺寸为300px×300px的矩形，然后去掉描边，并将填充色设置为#000000，将该矩形设为背景图层。接着使用快捷键command+shift+L锁定该图层，最后使用快捷键O，并按住shift键绘制一个尺寸为230px×230px的圆，再将圆完全居中于背景图层，如图7-90所示。

（2）使用快捷键control+R打开标尺（若已经打开则忽略此步），然后将光标移动至标尺，在矩形的正中间处单击，创建两条辅助线，如图7-91所示。

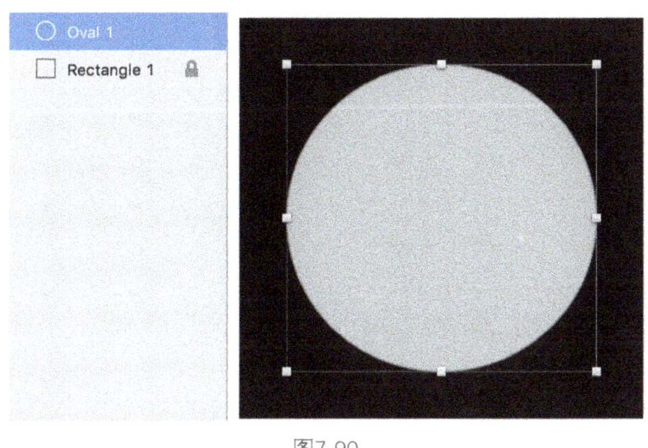

图7-90

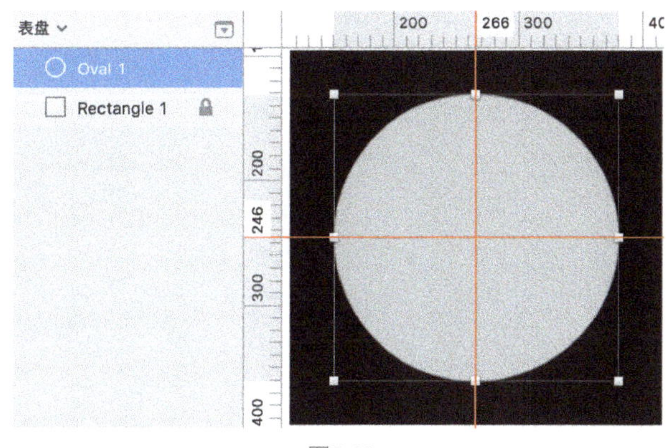

图7-91

（3）按快捷键command++放大画布至出现像素格，然后在圆形的正上方使用快捷键R绘制一个尺寸为4px×8px的矩形，注意和辅助线垂直居中对齐，接着去掉描边，并将填充色设置为#FFFFFF，如图7-92所示。

（4）选中该矩形后，单击工具栏上的旋转复制工具，弹出图7-93所示的对话框。因为表盘中的时钟一共有12格，我们已经绘制了1格，所以里面数字填写11即可。

> 💡 提示　对话框中的数字应填写需要复制的数量，而非总数量。

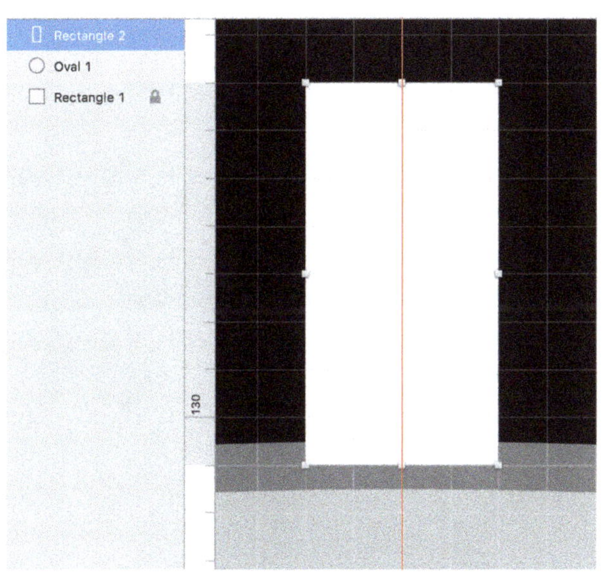

图7-92

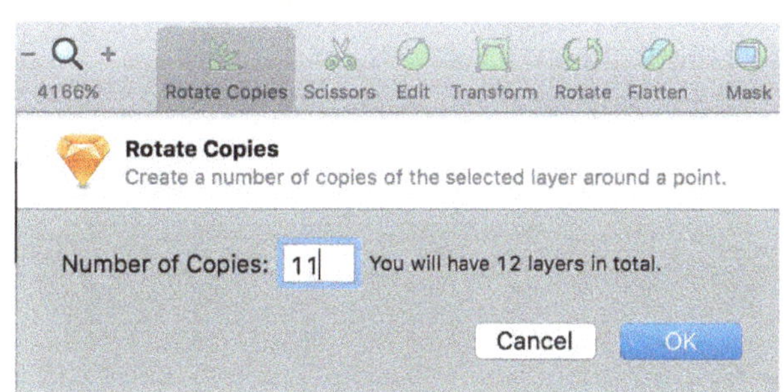

图7-93

（5）输入完数字后按enter键，就在画布上新创建了11个和选中矩形一样的矩形，且这12个矩形围成了一个圆，中心有一个可以选中的圆圈，如图7-94所示。

（6）垂直向下拖动圆圈，可以发现12个矩形以该圆圈为圆心，从第一个矩形中心点到该圆点为半径组成一个圆。把圆圈拉动到和背景圆心重合的地方，注意需要放大画布，确保圆圈在两条辅助线的交点上，如图7-95所示。

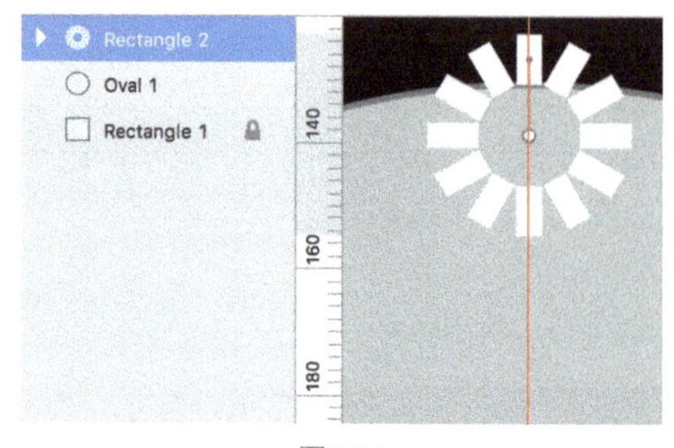
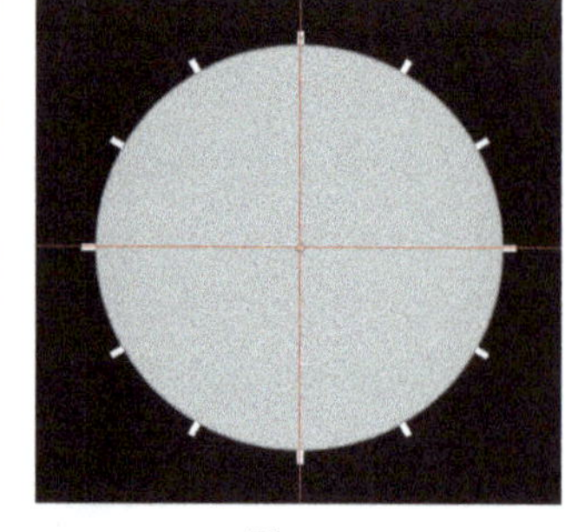

图7-94　　　　　　　　　　　　图7-95

（7）重复上述操作，在圆形的正上方绘制一个尺寸为2px×16px的矩形，然后将其与垂直的辅助线垂直居中对齐，底边和4px×8px的矩形底边对齐，接着去掉描边，并将填充色设置为#9BA0AA，如图7-96所示。

（8）选中该矩形后单击工具栏上的旋转复制工具 ，然后在弹出的对话框中输入59，得到的效果如图7-97所示。

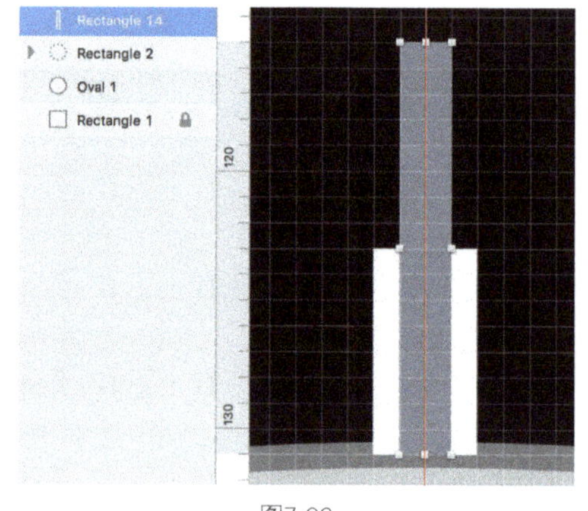

图7-96　　　　　　　　　　　　图7-97

（9）将上一步中的小圆圈拖动至辅助线的交点处，然后任意单击其他位置完成编辑，再次选中该图层后在表示小时的矩形处（重叠的2px×16px大小矩形处）双击鼠标左键，选中后按delete键将和时针重叠的秒针图层删除，接着将背景的圆圈图层进行隐藏，完成表盘的绘制，最后按快捷键control+R隐藏标尺和辅助线，最终效果如图7-98所示。

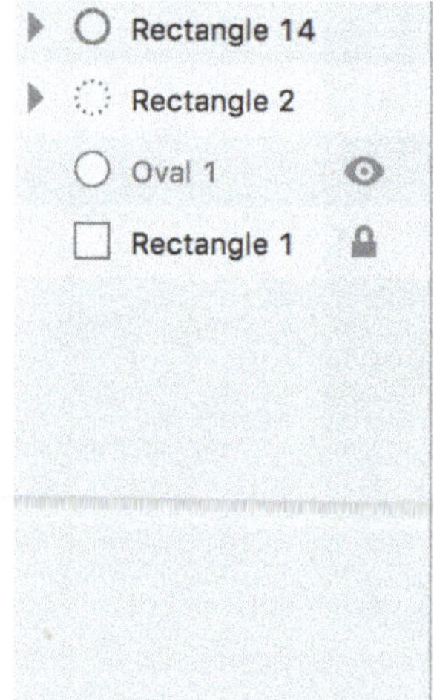
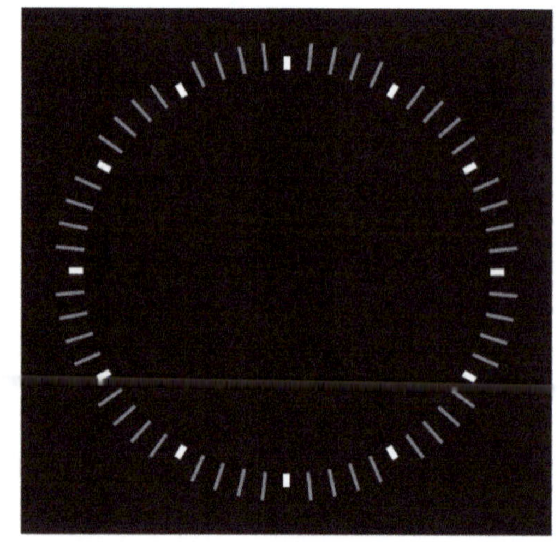

图7-98

7.7 展示Apple Watch中的界面

界面设计完成后，因为Apple Watch的界面内容相对简洁，且毕竟算一个较新的设备，若直接进行展示会有一种稍微奇怪的感觉，因此可以给界面添加一个外壳进行展示。本节中的方法除了Apple Watch界面适用，对于其他移动设备的界面也同样适用。

7.7.1 扁平风格界面展示

这种展示方法一般会在同一画面上展示整套界面，外壳仅是一个轮廓，重点是让大家看清楚界面本身的内容以及展示一整套界面的整体感觉，如图7-99所示。

图7-99

第1步：在互联网上有很多类似的资源，可以找到各种样式的"表壳"，有写实风格的，也有线框风格的。找到相应的Sketch格式的源文件，并从网盘下载源文件（http://pan.baidu.com/s/1bodLtpl），打开后如图7-100所示。

> 💡 **提示**　在本书最后一章会介绍获取Sketch资源的相关网站。

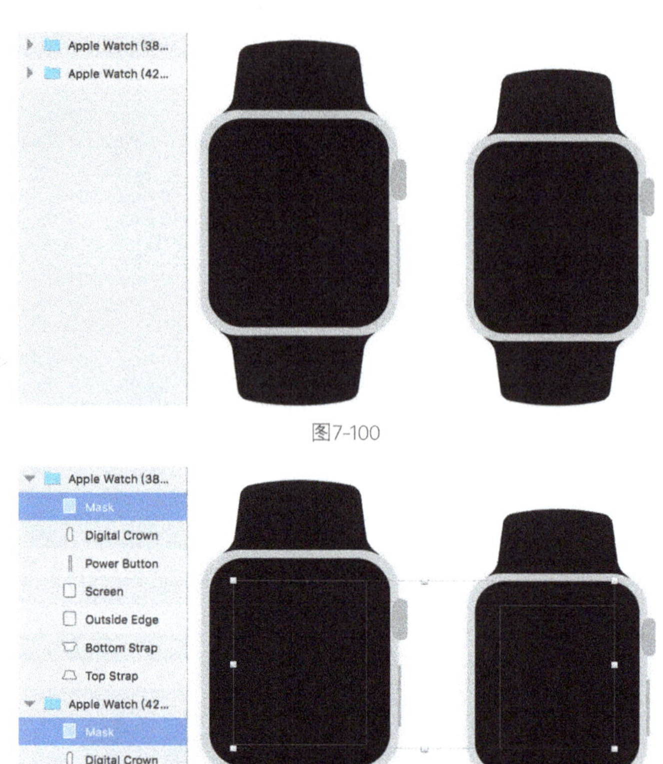

图7-100

第2步：打开后对文件进行分析，找到代表屏幕的图层，然后将该图层移动至图层顶端，并设置为蒙版图层，如图7-101所示。

图7-101

第3步：打开Apple Watch界面的源文件，选中需要进行展示的画板，然后单击右下角的导出按钮，设置导出尺寸后，在检查器上会出现画板的预览图，如图7-102所示。

图7-102

第4步：直接将预览图拖动到展示文件中的蒙版图层上方，和蒙版图层完全重合，如图7-103所示。

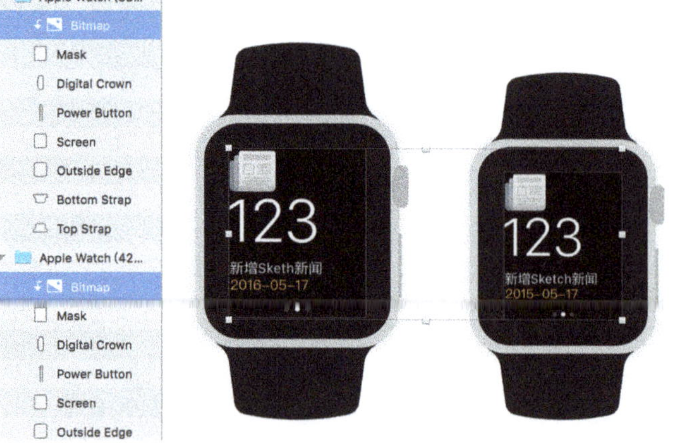

图7-103

第5步：此时大家可能还是会觉得会有点奇怪，这是因为在实际使用中，类似于通知界面和速览界面，通常会有透明毛玻璃效果的背景，而并非纯黑背景，大家也可以利用之前所学知识，为界面添加毛玻璃透明效果后再进行展示效果会更好，如图7-104所示。

图7-104

7.7.2 模拟真实使用场景

另外一种展示模式是模拟真实的使用场景进行展示，一般这种展示方式应尽可能地模拟实际使用场景，相比内容，要更关心在各种环境下的整体感觉，如图7-105所示。

图7-105

这种展示形式通常叫Mockup，在Photoshop中通过智能对象的方式可以很容易实现，一般流程是网上下载相关的Mockup或者自己制作一个Mockup模板，然后用鼠标左键双击打开表示界面图层的智能对象，接着将图片替换进去。但是这样必须打开Photoshop会稍微有点麻烦，很幸运的是在Sketch中，我们可以借助Magic Mirror插件，很方便地做出类似的效果。

第1步：首先在Sketch Toolbox中输入Magic Mirror，然后下载并安装该插件，该插件的Github地址为https://github.com/jamztang/MagicMirror，也可以通过该地址手动安装。安装好插件后，在Sketch中插入Mockup的图片，然后将图片调整至合适尺寸，如图7-106所示。

图7-106

第2步：选中需要用于演示的界面，然后将该界面所在画板复制到该画布上。图7-107所示的是将速览界面复制至该画布上。需要注意的是，不要将Mockup的图片放入画板中，界面的画板和Mockup的图片必须是相互独立的。

图7-107

第3步：按快捷键V使用钢笔工具，在Mockup图片上将手表的界面边框勾选出来，如图7-108所示。点击图片中手表上屏幕的4个点即可勾选，勾选时应放大画布，尽可能精确。勾选完后会生成一个形状图层，确保该图层没有在界面的画板中，即形状图层、界面图层（画板）和Mockup位图图层是完全独立的。去掉形状图层的描边，添加任意颜色的填充。

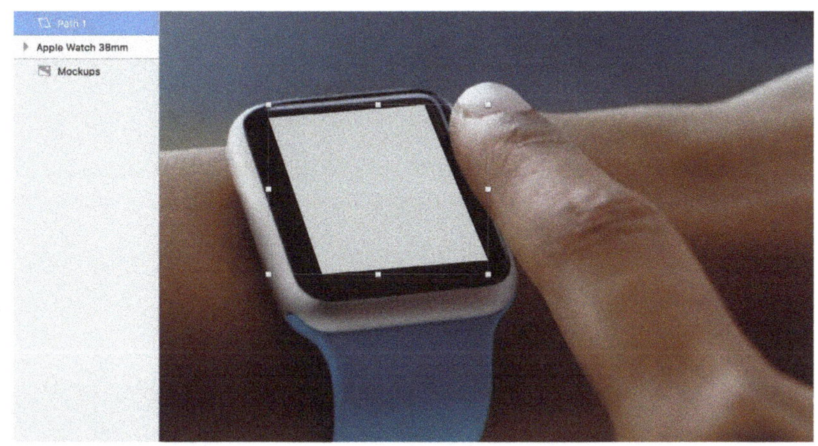

图7-108

第4步：将形状图层命名为跟界面画板一模一样的名字，如将Path 1图层命名为Apple Watch 38mm，如图7-109所示。这一步很关键，要确保勾勒的形状图层名字与需要进行展示的界面名字一致。

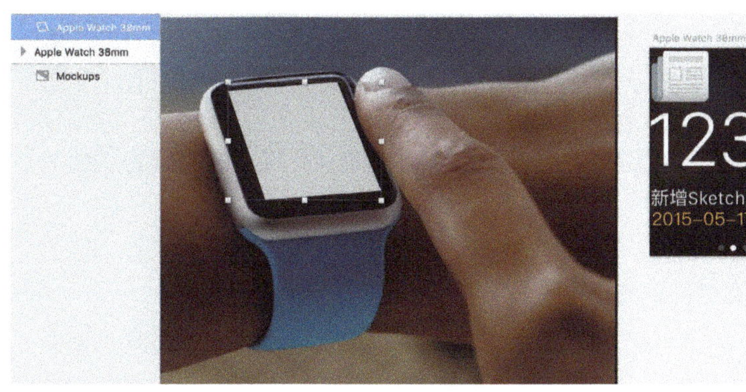

图7-109

第5步：执行Plugins>Magic Mirror>1.Magic Mirror!操作即可完成设计，如图7-110所示，快捷键为control+shift+M。效果如图7-111所示。

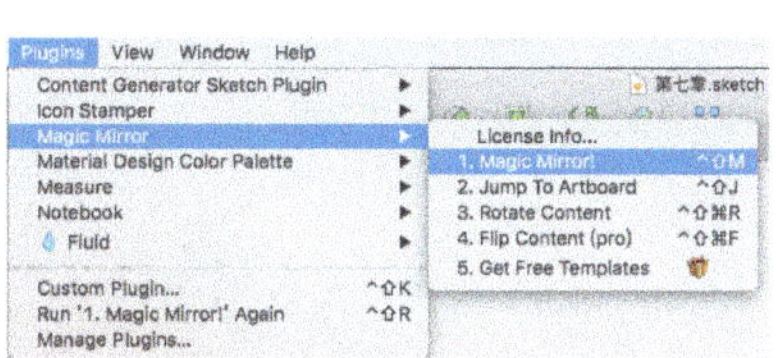

图7-110

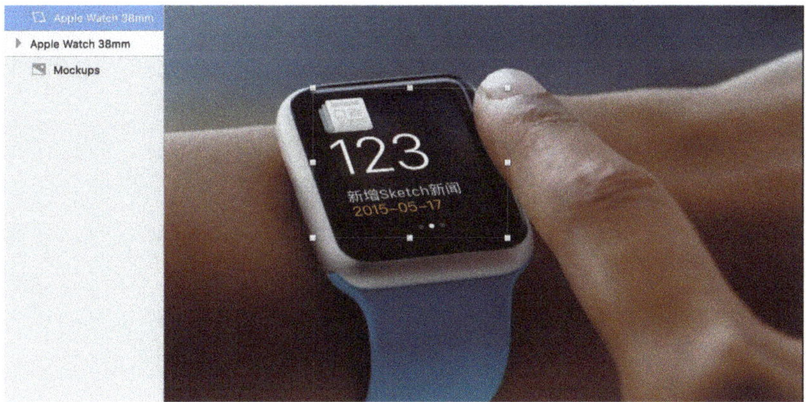

图7-111

大家可以看到Magic Mirror还有其他一些选项，下面做简单的介绍。

License Info…（证书信息）：该插件默认下载为免费版，可以去官网购买专业版，将证书号输入进去解锁更多功能。

Jump To Artboard（跳转到画板）：快捷键为control+shift+J，使用该功能可以快速跳转至调用的画板。

Rotate Content（旋转内容）：快捷键为control+shift+command+R，可以将填充的界面进行旋转，每执行一次旋转90°，如图7-112所示。

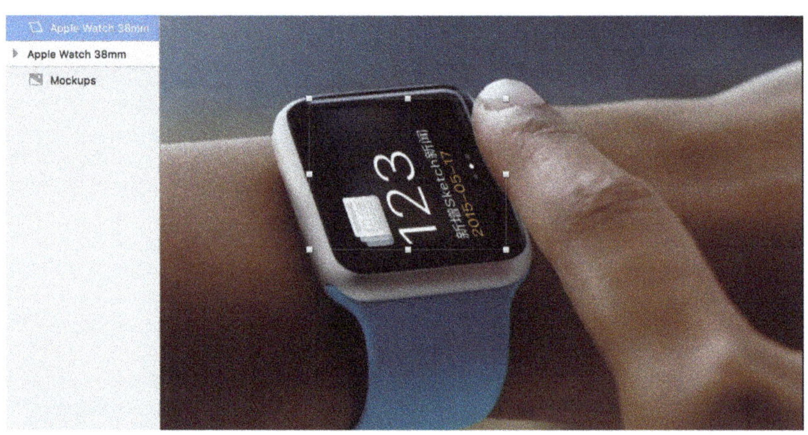

图7-112

Flip Content（pro）（翻转内容）：该功能为专业版的功能，可以将界面进行翻转。

Get Free Templates（获取免费模板）：点击该选项跳转至官方的模版库，可以找到一些非常不错的Mockup模板，对于不知道从何寻找Mockup资源的朋友是个不错的选择。

7.8 本章小结

在本章中，较为详细地向大家介绍了如何使用Sketch进行Apple Watch的界面设计。从本章中可以看到在对一个平台进行界面设计之前，首先应充分了解该平台，而了解该平台的最好方法便是实际体验和阅读官方文档。

大家在设计过程中，一定要先遵循规范去进行设计，只有在充分了解规范后再进行发散，这样设计出来的界面才是可行的、优秀的。也可以看到，类似Apple Watch这样的可穿戴式设备在进行界面设计时，应更加注重"内容为王"的设计理念，甚至内容已经直接影响到了界面的设计。可以预见，在未来甚至是移动设备上的界面设计，也一定会出现内容引导设计的趋势，这也对我们UI设计师提出了更高的要求。

Sketch知识点补充及使用技巧

　　在前面的章节中，已经向大家介绍了移动界面设计的基本知识，并讲述了如何使用Sketch进行设计，但针对Sketch这款软件，还有一些知识点没有涉及，在本章中将会对这些知识点做一个补充说明，并在最后向大家介绍一些使用Sketch进行界面设计的小技巧，提升设计效率。

8.1 Sketch知识点的补充

8.1.1 Sketch的系统偏好设置

系统偏好设置是Sketch新用户一般比较容易忽视的地方，实际上系统偏好设置里面的一些设置会对设计产生较大的影响，和所有的Mac软件一样，系统偏好设置位于顶部菜单的软件名称一栏，在Sketch中打开系统偏好设置只需要执行Sketch>Preferences...菜单命令即可打开，快捷键为command+，，如图8-1所示。

打开系统偏好设置后，可以看到图8-2所示的窗口，顶部有4个选项卡：General（通用）、Canvas（画布）、Layers（图层）和Plugins（插件）。每个选项卡都有相关的选项可以进行设置，下面对各选项卡的内容做一个详细介绍。

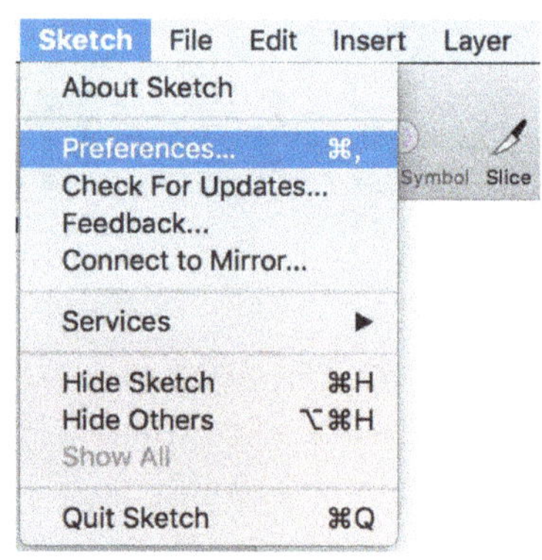

图8-1

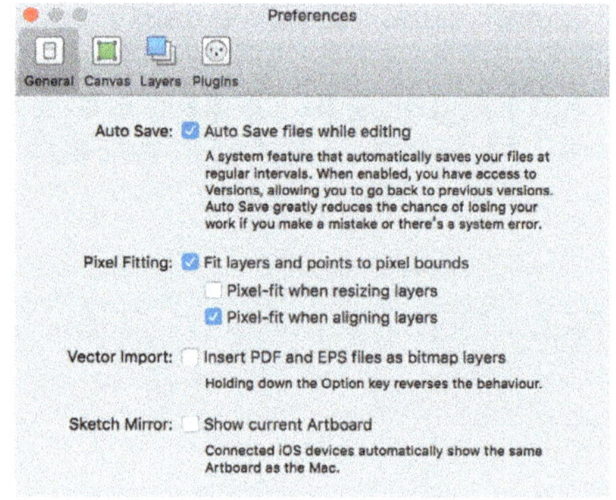

图8-2

1. General（通用）选项卡

图8-3所示为General选项卡的界面，需要注意的是，随着Sketch的升级，每个选项卡的内容可能会发生一些小变化。

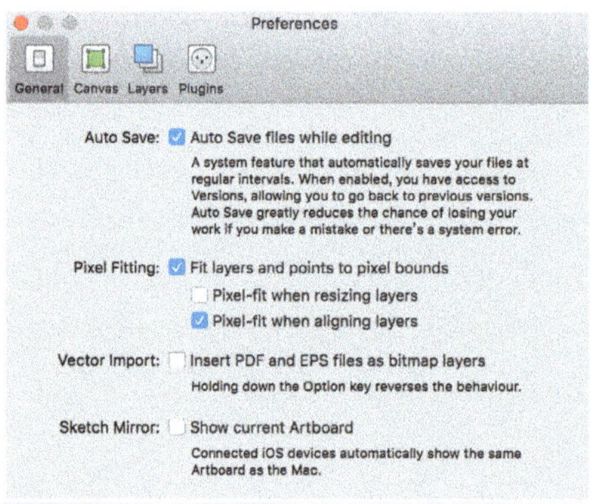

图8-3

Auto Save（自动保存）：勾选该选项，即可开启自动保存功能，开启该功能后，系统会每过一段时间自动保存一次当前的文档，相当于手动执行一次command+S的功能，开启该功能会占用一小部分的硬盘空间，但是一般情况下建议大家勾选。

Pixel Fitting（像素适应）：Sketch是一款矢量绘图软件，但是计算机屏幕以及我们输出的位图都是由像素组成，在设计界面时，系统会根据设计的内容自动对图形进行一些像素的填充，使之显示的效果更加平滑，避免虚化的出现。但是计算机毕竟是根据特殊的算法进行处理，并不能保证每次都能填充到最合适，勾选该选项，可以让图层和锚点与像素边界对齐。在图8-4中上部分是未勾选的效果，下部分是勾选该选项的效果。在该选项下方还有两个选项：Pixel-fit when resizing layers（在缩放图层时应用像素适应）和Pixel-fit when aligning layers（在对齐图层时应用像素适应），建议将所有选项都勾选。

图8-4

Vector Import（矢量图导入）：若勾选该选项，则在导入PDF和EPS格式的文件时会作为一个位图文件进行导入，一般情况下建议不要勾选，若在设计中偶尔希望导入时自动转化为位图，则可以在导入时按option键执行相反的效果。

Sketch Mirror：关于Mirror在本书第6章有介绍，在未勾选状态下移动设备打开Mirror链接后，会显示该Sketch文件中的第一个画板；若勾选该选项，则始终显示当前正在编辑的画板。

2. Canvas（画布）选项卡

系统偏好设置中的Canvas（画布）选项卡内容如图8-5所示。该选项卡用于一些和画布相关的设置。

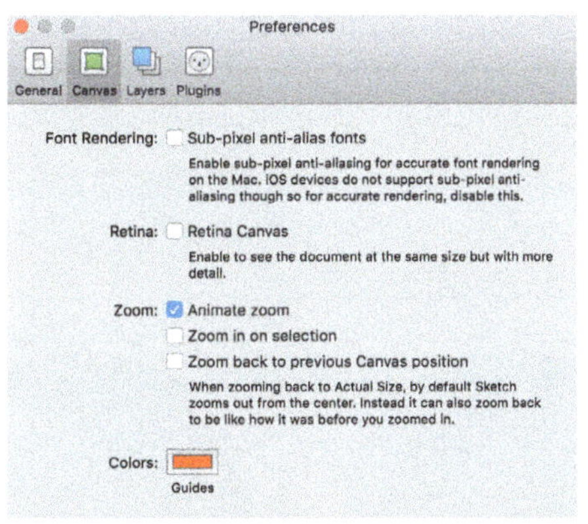

图8-5

Font Rendering（字体渲染）：Sketch调用的是OS X的字体渲染引擎进行渲染，所以若设计Mac软件或者Web网页时建议勾选该选项。若进行iOS和Apple Watch界面设计时，应取消勾选，但是在进行安卓界面设计时，最好是勾选。实际上，随着屏幕分辨率的提升，字体的渲染引擎带来的差异已经在不断缩小，但是大家在进行iOS和Apple Watch设计时，最好还是取消勾选。

Retina：勾选该选项，则在有Retina屏幕的Mac设备上，Sketch的画布在相同尺寸下可以看到更多的细节。目前有Retina屏幕的Mac设备有Retina Macbook Pro，全新Macbook和4K/5K的iMac。在这些设备上，建议勾选该选项。

Zoom（缩放）：Animate zoom（缩放动效），勾选该选项，在进行缩放时会有缩放动效；Zoom in on selection（以选中图层为中心进行缩放），勾选该选项，则在进行画布缩放时，始终以当前选中图层为中心进行缩放，若未勾选，则以当前屏幕上画布为中心进行缩放；Zoom back to previous Canvas position（将画布缩放至之前的位置），勾选该选项时，当缩放至实际尺寸时，无论之前以谁为中心进行的缩放都将回到缩放前画布的位置，否则回到画布中心。

Colors（颜色）：单击该处色块，可以设置参考线的颜色。

3. Layers（图层）选项卡

系统偏好设置中的Layers（图层）选项卡内容如图8-6所示。该选项卡中的内容用于一些和图层相关的设置。

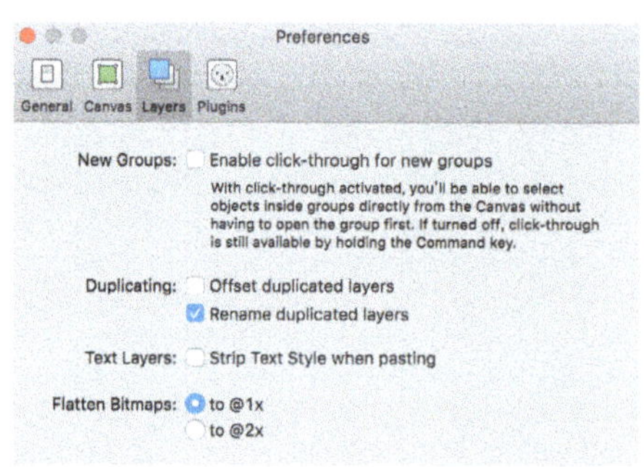

图8-6

New Groups（新的编组）：勾选该选项的作用和在图层组检查器中勾选Click-through when selecting选项的作用一致，只是在此勾选会对所有的图层组生效。可以根据个人习惯进行选中，但是建议不要勾选，因为若需要直接选中组内图层而非图层组，可以在单击组内图层时，按住键盘上的command键进行点选，同样可直接选中该图层。

Duplicating（复制）：Offset duplicated layers（移动复制的图层），勾选该选项，则在进行图层复制时，复制的图层会相对于原图层有10px的位移，如图8-7所示，左侧为未勾选该选项时复制图层的效果，右侧为勾选该选项时复制图层的效果。Rename duplicated layers（对复制的图层重命名），勾选该选项时，在对图层进行复制时（command+D），复制的图层命名为"原图层名+Copy+次数"，如Oval Copy 2，若取消勾选，则复制图层的名字和原图层一致。

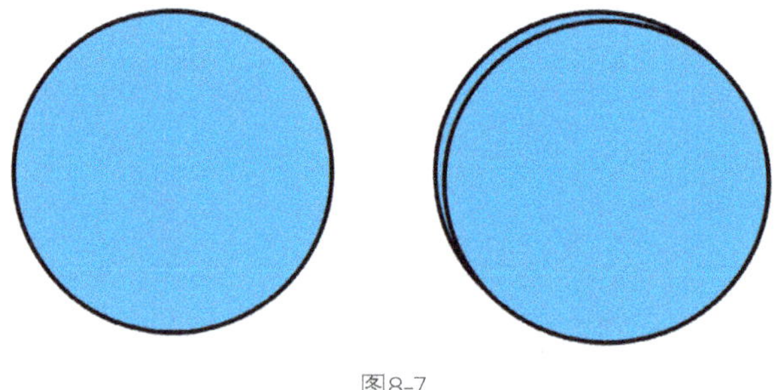

图8-7

Text Layers（文本图层）：勾选该选项，则在进行文本粘贴时不带任何文本样式。此处的文本样式不仅包括Sketch中文本图层复制后的文字，还包括从Sketch之外，如网页等粘贴过来的文字。

Flatten Bitmaps（拼合位图）：将图层转化为位图时，在此处可以选择是将图层转化为1倍尺寸大小还是2倍尺寸大小的位图。若用1倍尺寸设计Retina设备上的界面时，建议设置为2×尺寸，避免模糊。

4. Plugins（插件）选项卡

系统偏好设置中的Plugins（图层）选项卡内容在前面的章节中已经介绍过，在此不再展开，若要了解该内容，请前往本书4.4节中的"引申知识点10"。

8.1.2 Sketch的标尺、参考线、网格和布局

Sketch提供了非常强大的智能辅助线，按键盘上的option键并移动鼠标即可出现。但是为了更加精确地进行界面设计，一部分Web网页设计师会使用栅格系统进行网页设计，如图8-8所示，Sketch也提供了多种辅助工具进行排版和定位。

从图中可以看到画布上出现了好几种参考线和灰色的长条，在图层列表右侧的是Sketch的标尺（Rulers），红色线条是参考线（Guides），灰色线条组成的是网格（Grid），灰色的长条则是Sketch的布局参考线（Layout）。在实际设计中，一般不会让其同时显示，因为全部显示会在视觉上对设计造成严重干扰，一般最多2种即可。建议大家在不需要这些辅助定位线时尽量将其隐藏，因为Sketch有强大的智能辅助线工具。

在View>Canvas菜单命令中可以找到这些工具显示与隐藏的"开关"，Canvas菜单展开如图8-9所示。

Show Smart Guides（显示智能参考线）：该选项前面有勾，代表显示智能参考线，即图8-8中的红色线条。要创建参考线，必须显示标尺，即上述菜单中的Show Rulers（显示标尺）为勾选状态，快捷键为control+R，显示标尺后，将光标移动至标尺处，单击鼠标即可创建。要删除参考线，同样需要将光鼠标移动到标尺上，然后按住参考线将其拖动出标尺和画布区域，释放鼠标即可。在同一画布中，只会显示当前选中画板的参考线。

Show Selection Handles（显示选中手柄）：在图8-10中上方为勾选了该选项后选中该矩形的效果，下方为未勾选该选项后选中该矩形的效果。可以发现在勾选该选项后，选中某一图层，该图层周围会出现8个方形的点，一般称之为手柄，光标移动到手柄上可以对图层进行缩放变形等操作。若未勾选该选项，在选中图层后不会出现手柄，但是依然可以进行缩放，只是无法从视觉上分辨选中该图层与否，所以建议大家最好还是勾选该选项。

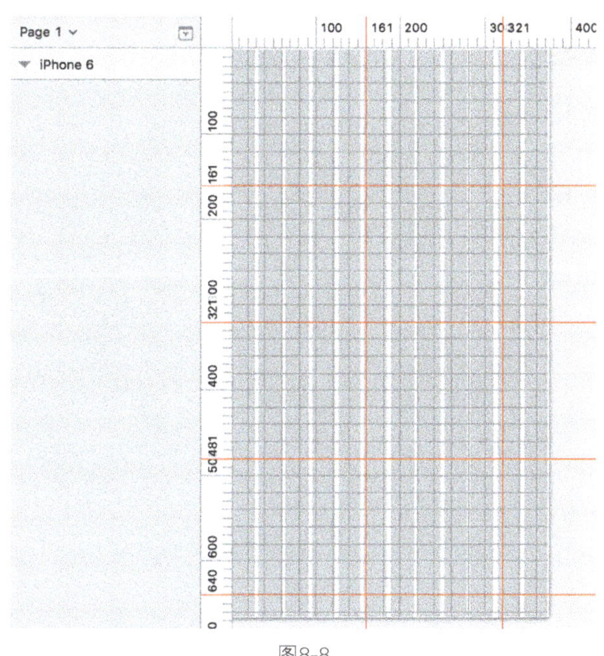

图8-8

图8-9

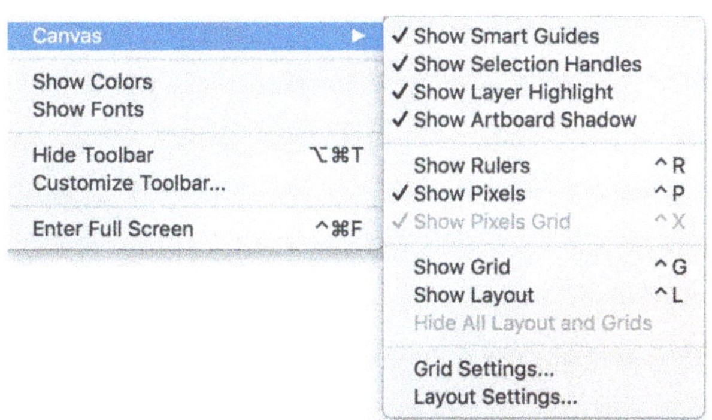

图8-10

Show Layer Highlight（高亮显示图层）：若勾选该选项，则当光标经过图层时，会在画布中以蓝色高亮描边的方式显示当前光标悬停的图层，方便准确知道光标是否移动至需要选中的图层，如图8-11所示。

Show Artboard Shadow（高亮画板阴影）：在图8-12中左侧为勾选该选项的效果，右侧为未勾选该选项的效果。在Sketch的画布中可以创建无数个画板，显示画板阴影可以让画板的轮廓更加明显，特别是当画板的背景色和画布的颜色相同时。

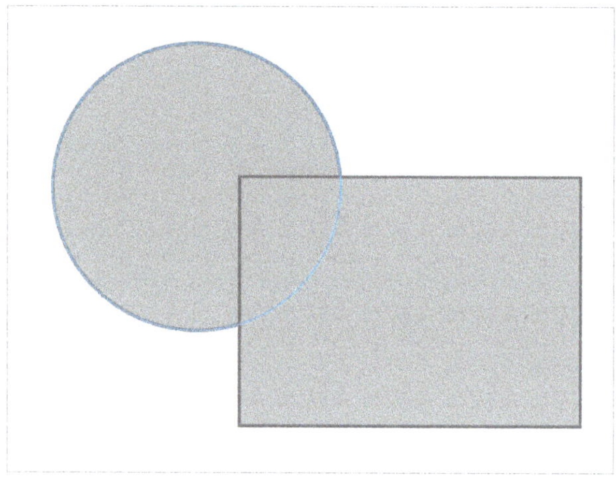

图8-11

图8-12

Show Pixels（显示像素）：勾选该选项即进入像素视图模式，快捷键为control+P。关于像素视图在本书"引申知识点21"中有详细介绍，在此不做展开。

Show Pixels Grid（显示像素网格）：快捷键为control+X。当将画布放大到一定程度时，若勾选该选项，则可以看到画布上会出现一个个的方格，每个格子代表1个像素点，若取消勾选则无论画布放大到多大，都不会出现网格，如图8-13所示。显示网格有利于将像素对齐，建议勾选。

Show Grid（显示网格）：快捷键为control+G。这里的网格概念和上面的像素网格概念不同，这里的网格可以理解为是由N条等距离的参考线组成，在倒数第2个选项Grid Settings…（网格设置）中可以对网格进行设置，如图8-14所示。

图8-13

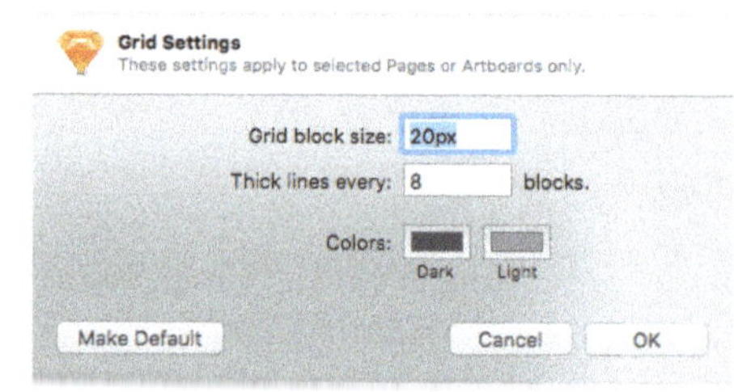

图8-14

Grid block size（网格块大小）：此处可以设置每个网格的尺寸，如20px表示每个网格的格子为20px×20px。Thick lines every 8 blocks（每8个网格用粗线标注），此处可以设置每多少个网格用粗线进行标注，方便网格的定位。Colors处可以设置网格线的颜色，Dark可以设置粗线的颜色，Light可以设置正常网格线的颜色。单击左下角的Make Default按钮可以恢复默认设置，设置完成后单击右下角的OK按钮进行确定即可生效。

一般在非常严格的界面设计中可以使用网格工具进行辅助精确对齐，如Material Design设计中，习惯以8px为倍数进行设计，则可以将网格的尺寸设置为8px，然后显示网格进行设计，如图8-15所示。

Show Layout（显示布局）：快捷键为control+L。布局在进行栅格设计中使用比较多，现在比较常见的是在进行Bootstrap等响应式网页设计时使用比较多。在Canvas菜单中最后一个选项Layout Settings…（布局设置）可以对布局的样式进行设置，如图8-16所示。

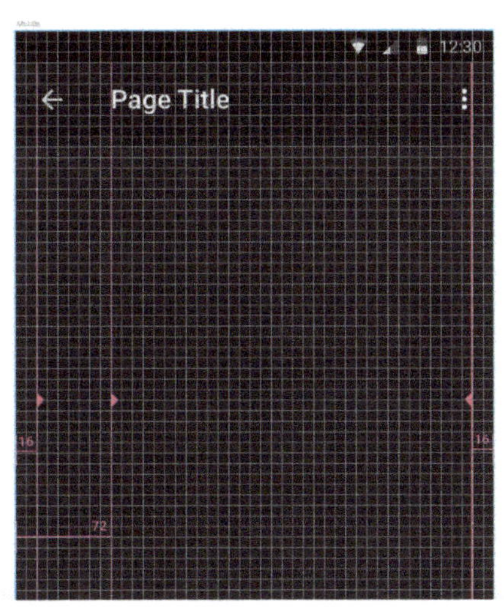

图8-15

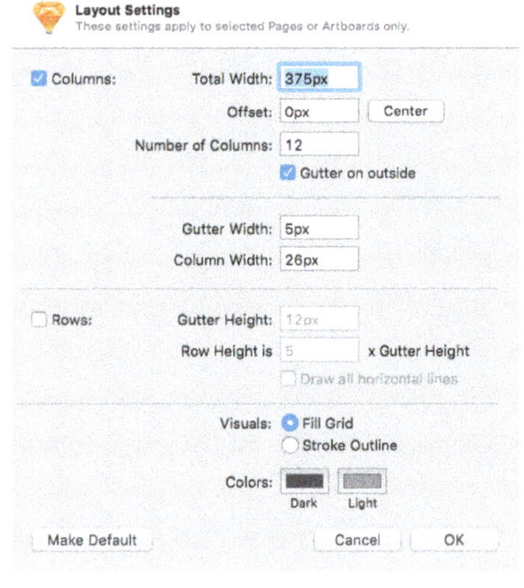

图8-16

在该设置窗口中可以看到，设置窗口被分隔成3块，上方是设置列布局的属性，中间是设置行布局的属性，下方是设置布局的样式。默认只会勾选Columns（列），实际上在进行响应式布局的网页设计中也只需要用到列布局，勾选则代表显示。

Total Width（总宽度）：在此设置布局的宽度，如在进行网页设计时，显示器屏幕的分辨率有各种尺寸，有的屏幕宽为1440px，有的为1920px，有的为1280px。假如我们设计的宽度为960px，则只需要在此设置Total Width为960px即可，便会在画板上显示960px宽度的布局，一般该数值小于等于画板宽度。

Offset（偏移）：用于设置布局的位置，一般设置为0px，效果和单击右侧的Center按钮一样。假如设置为10px，则表示布局向右偏离10px。

Number of Columns（列布局的数量）：此处用于设置布局的数量，默认为12。Gutter on outside，勾选该选项后，列布局最左侧和最右侧的间隔包含在Total Width内，若不勾选，则最左侧和最右侧的列布局的间隔为0。

Gutter Width（间隔距离）：设置列布局之间的间隔。

Column Width（列布局的宽）：设置列布局的宽度。

提示　　一般Gutter Width和Column Width这两个数值是相互影响的，设置其中一个，另外一个也会相应变更。

若勾选Rows（行），则会在画板中看到行布局的显示。

Gutter Height（间隔的高度）：用于设置行布局之间的间隔。

Row Height（行布局的高）：此处只能设置间隔高度的倍数，如行布局的间隔设置为10px，然后在下方填写数字5，则表示当前的行布局间隔为10px，每个行布局的高度为50px。

Draw all horizontal lines（显示所有水平线）：在设置好行布局后，该选项的状态变为可选，勾选后会在画板上显示水平线，每根线的间隔为Gutter Height的数值。

Visuals（视觉效果）：可以设置布局显示方式。Fill Grid表示用填充的方式显示；Stroke Outline则表示用线框方式显示。

Colors：设置布局的颜色。

> ·Ö·
> 提示　　其他按钮同网格设置。

在Canvas菜单中还有个Hide All Layout and Grids选项，单击后可以隐藏所有的布局和网格。

在平时进行界面设计时，应根据自己的需要对上述工具进行选择。使用参考线、网格和布局等工具进行设计，会让界面特别的规范严谨，但同时因为这样，过于规范严谨的界面又可能会缺少一些活泼的感觉，在设计时应根据产品本身的定位去综合考虑。

8.1.3 Sketch工具的补充介绍

在之前的章节中，已经涉及了Sketch的大部分工具，但是还有一些工具并未做介绍，其中一些也是使用相对较多的工具，在本节中对这些工具做一个补充说明。

1. Pencil（铅笔工具）

铅笔工具的快捷键为P，在工具栏中的图标为 。铅笔工具光标的样式和钢笔工具相似，只是右侧缺少+号，这也表示了铅笔工具绘制出来的图层内容和钢笔工具的性质一致：本质上都是形状图层。

选中铅笔工具后，在画板上按住鼠标并拖曳便可绘制形状，和钢笔工具使用贝塞尔曲线绘制形状不同，铅笔工具是直接绘制线条，且不支持按住shift绘制直线等操作。但是绘制完成后，Sketch会自动对绘制的线条进行优化，保证了线条的流畅性。所以，对于一些插画用来勾线非常有用，但需要注意的是，Sketch是不支持压感的。绘制完成后，可以在图层检查器中调整描边的粗细和颜色，如图8-17所示。

若要对线条进行修改，可以选中图层后，按键盘上的enter键，或者直接用鼠标左键对图层进行双击，或者单击工具栏上的编辑工具 ，进入编辑模式，如图8-18所示。和钢笔工具的编辑模式相同，Sketch会根据你绘制的线条自动计算出相应的锚点，可以直接选中锚点进行调节，也同样可以执行添加或删除锚点等操作，具体的操作内容和方法与钢笔工具相同，在此不做展开。

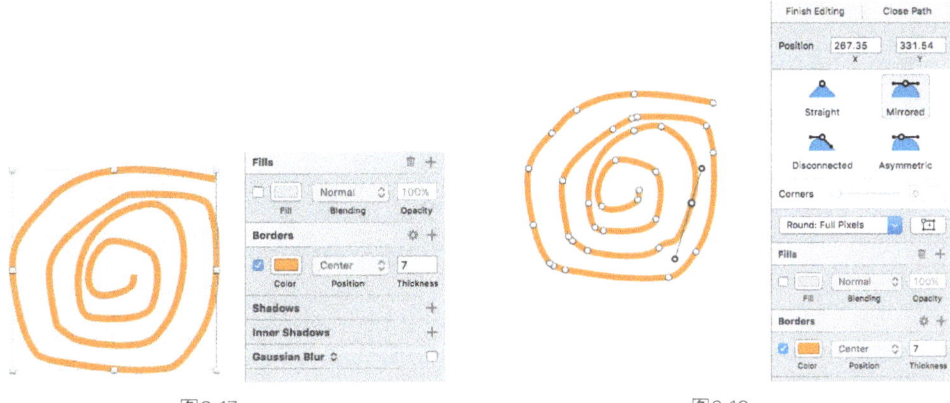

图8-17   图8-18

2. Image（插入图片工具）

Image工具的正常翻译应该是图片工具，但是这里将其翻译为"插入图片工具"，因为该工具的功能非常简单，只有一个插入位图的功能。

单击工具栏上的插入图片工具，即弹出对话框，如图8-19所示。选中需要插入到Sketch画布中的图片，单击右下角的Open按钮，即可将该图片插入到Sketch中。

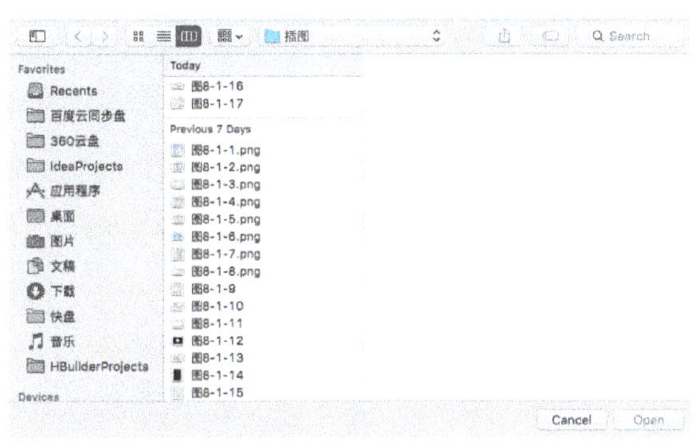

图8-19

> -☆-　因为使用这种方式插入图片的效率远没有直接将图片拖入Sketch效率高，所以在日常工作
> 提示　中，该工具使用频率非常小，大家了解即可。

3. Transform（变形工具）

变形工具可以很方便地将一个图层设计出透视效果，形成立体的视觉效果。选中图层后单击工具栏上的变形工具，得到的效果如图8-20所示。可以看到图层四周会出现8个锚点，类似于进入编辑模式，但是这些锚点只能拖动，不能添加和删除。

用鼠标选中其中任何一个锚点并拖曳即可对图层进行变形操作，如图8-21所示。变形效果根据拖动锚点的不同以及鼠标移动的方向不同而产生不同的效果，且每次变换都是对称的，即拖动其中一个锚点会导致对称的两条边发生变换。

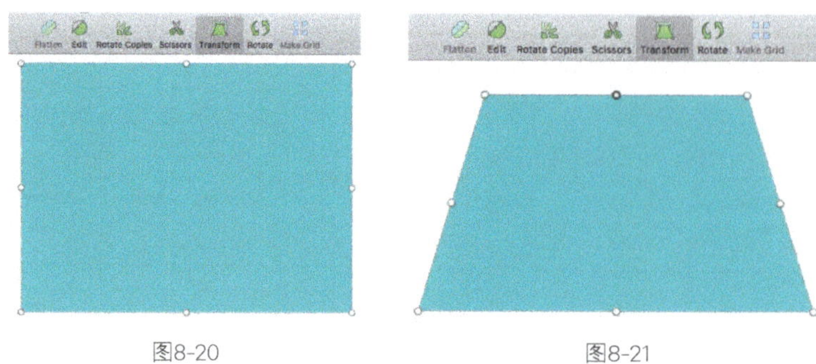

图8-20　　　　　　　　　　　　　　　　图8-21

若只需要每次选中的锚点所在的边变动，而不希望对称变换，则在拖动鼠标时按住键盘上的command键即可，如图8-22所示。

使用变形工具时需要注意：在Sketch中变形工具不具有记忆效果，即对比图8-21和图8-23可以看到，在图8-23中当执行一次变形工具后再次执行变形工具时，锚点始终在图层四周而不是根据图层内容的边进行变形。也就是说，若进行变形操作后需要再对原来的变形进行修改，最好的办法是按command+Z快捷键进行撤销操作后重新进行变形。

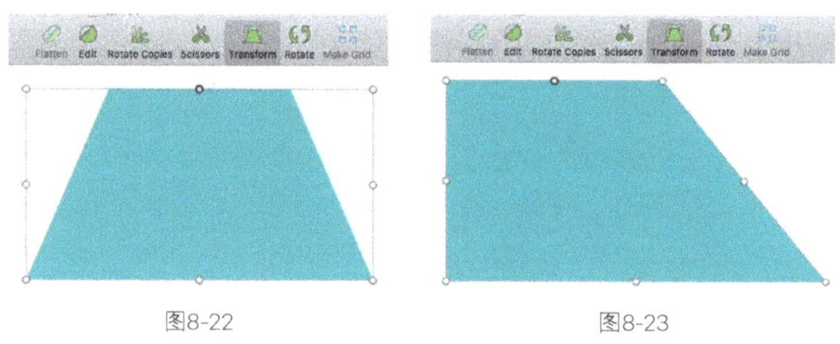

图8-22　　　　　　　　　　　　　　　　图8-23

4. Flatten（图层扁平化工具）

在执行布尔运算时，会将几个子图层合并为一个图层，从图层列表中选中该图层并展开还可以对里面的子图层进行操作。若对该图层执行扁平化操作，会将这几个子图层的路径合并为一个路径。在一些特殊场景需要使用该功能，这时候就需要用到图层扁平化工具。

选中图层后单击工具栏上的图层扁平化工具，即可执行扁平化操作。在图8-24中左侧是原始图层，右侧是执行了扁平化操作后的图层，可以看到图层列表中左侧的箭头没有了，将图层中的子路径合并为一个路径了。

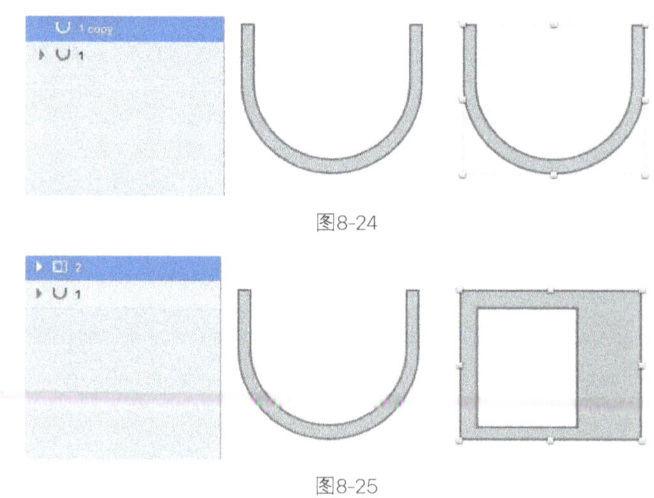

图8-24

需要注意的是，并不是所有的情况使用扁平化工具都会生效，对于子路径为封闭路径的图层无法扁平化为一个图层，如图8-25所示。右侧的两个矩形的路径无法通过扁平化工具使之成为一个路径。

图8-25

若对无法扁平化为一个路径的图层执行图层扁平化操作时，会弹出警告框，如图8-26所示。此时可以单击Flatten Anyway按钮执行扁平化操作或者单击Cancel按钮进行取消，但是对于这种图层即使执行了扁平化操作，该操作也不会产生效果。

图8-26

❓ 什么情况下会用到扁平化工具呢？

例如，在图8-27中想要将左侧的两个形状合并在一起。如果直接将左侧的两个形状执行合并的布尔运算操作，会产生右图所示的效果。

很显然这并不是我们想要的效果。虽然可以将U形图层移动至圆角矩形下方再进行合并。但此时若将底部的U形图层执行了扁平化操作，则不管图层在什么位置，都可以得到图8-28右侧所示的效果。

所以在绘制相对比较复杂的图标或者插画时，可以考虑将图层扁平化，此时再和其他图层执行布尔运算会比较清晰准确地得到我们想要的结果。

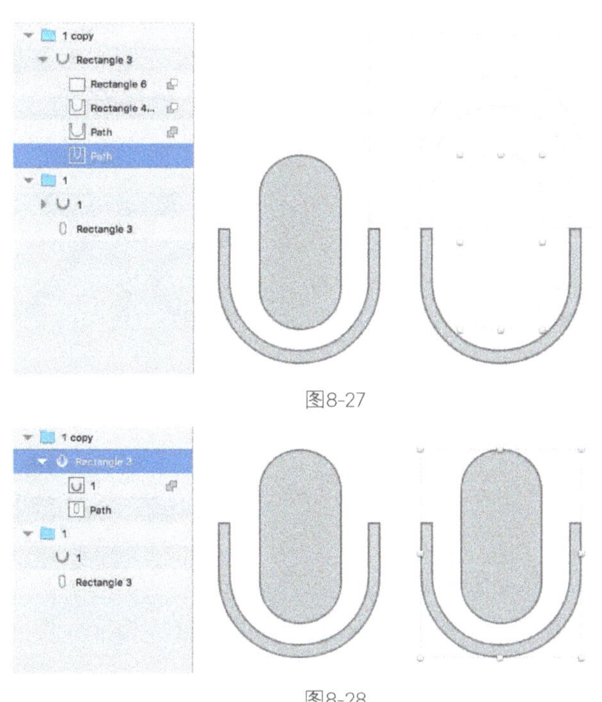

图8-27

图8-28

5. Outlines（文本轮廓化工具）

如同Adobe Illustrator里可以对文字转曲一样，Sketch也可以将文本转变为路径，在Sketch中，选中文本图层后单击工具栏中的文本轮廓化工具，可将该文本转变为路径。图8-29中上方为文本图层，下方为对该文本图层执行文本轮廓化后的样子，可以看到图层列表中图层的属性也发生了变化，由文本图层变成形状图层。

选中文本图层后，执行Type>Convert Text to Outlines菜单命令，或者按快捷键command+shift+O，也同样可以执行文本轮廓化操作，效果同单击工具栏上的文本轮廓化工具一样，如图8-30所示。

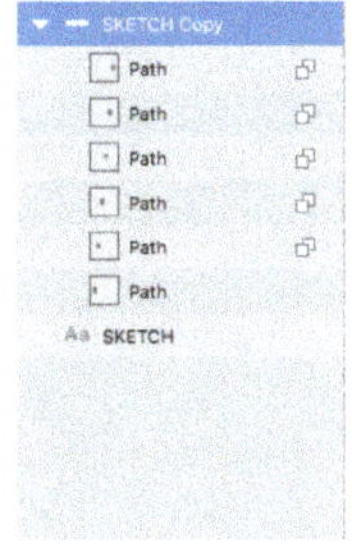

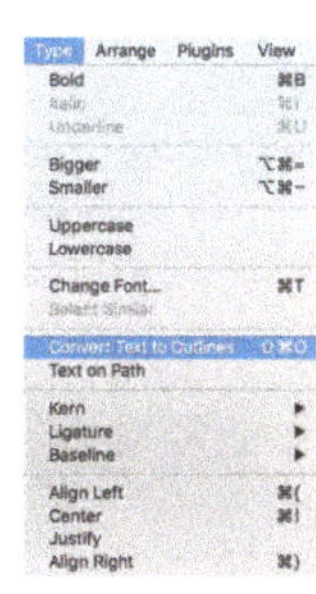

图8-29

图8-30

执行完文本轮廓化操作后无法对文本内容做编辑修改，所以在执行该操作前应该确认不会再做文本内容的修改。但执行该操作后，将Sketch的源文件发送给其他人，即使对方的计算机上没有该字体，也能够正常显示。

对文本执行轮廓化操作除了可以防止因字体文件缺失而出现显示的问题外，更重要的是经过文本轮廓化操作后，文本图层会变成形状图层，拥有和形状图层一样的属性，可以很方便地对字体的形状进行编辑，在设计Logo时非常有用。

在图8-31中将文本轮廓化后，所有的文本变成一个个独立的路径，选中图层后用鼠标双击，即可进入编辑状态。

图8-31

此时可以像普通形状图层一样对路径进行调整。一般设计Logo时，对文字的处理最常见的方法便是找到一个合适的字体，输入文字后将文本进行轮廓化，再进行调整设计，如图8-32所示，通过调整锚点，可以很方便地对文字的形状进行修改。

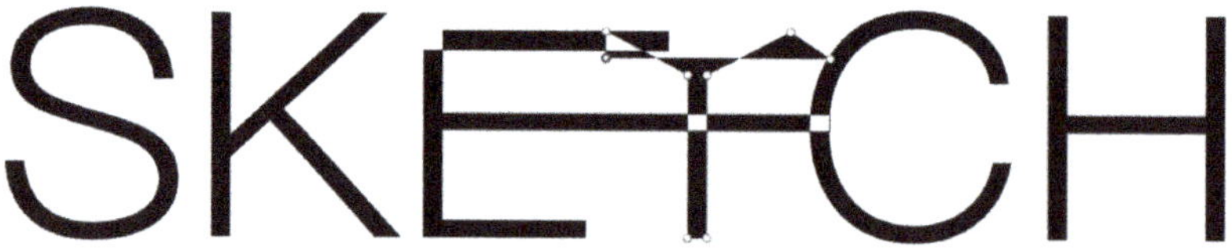

图8-32

图8-33

除了对文本形状进行修改外，执行文本轮廓化操作后还可以将该图层和其他图层一起执行布尔运算，如图8-33所示，在日常工作中，应利用这些特点快速地设计出想要的图形。

6. Vectorize Stroke（描边扩展工具）

使用描边扩展工具能快速将描边扩展为形状图层，要使用描边工具，只需要选中描边所在图层，然后单击工具栏的描边扩展工具 即可。

一般有两种情况会使用描边扩展工具。

一种情况如图8-34所示，左侧为原图，右侧为该图使用描边扩展工具后的效果。在具有描边的形状图层上使用描边工具，则类似于当一大一小完全居中对齐的两个形状图层，且较小的图层在较大的图层上方，并执行去除顶层布尔运算的效果，且两个图层相距的距离等于描边的大小。但是需要注意的是，仅仅是相似，而不是相同，可以在图层列表中看到，执行描边扩展后的图层虽然已经产生了子图层，但布尔运算的方式为无。但是从右侧的检查器中可以看到描边属性已经变成形状图层了。

图8-34

另一种情况是使用钢笔工具或者铅笔工具绘制的线条，虽然可以通过调整图层属性的描边大小来调整线条的粗细，但是即使再粗的线条，进入编辑模式后可以看到都只是一个路径，此时锚点的添加和删除都只能在该路径上，且无论怎么移动锚点都无法改变该线条的粗细，只能改变该线条的形状，如图8-35所示。

但若对该线条执行描边扩展操作，再进入编辑模式，可以看到该线条已经转变为形状了，此时对锚点进行修改可以在形状的边上而不是在中心，如图8-36所示。

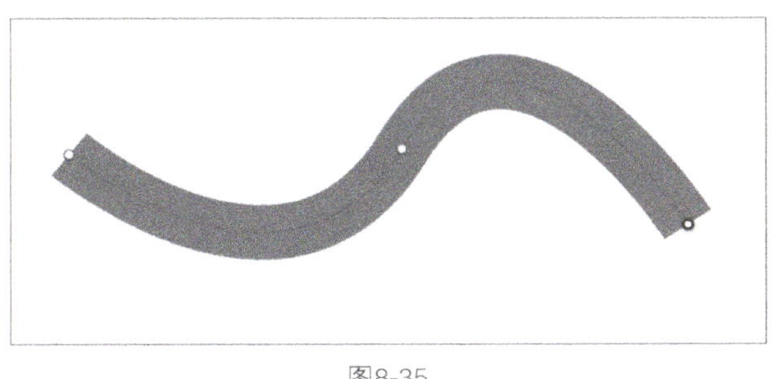

图8-35

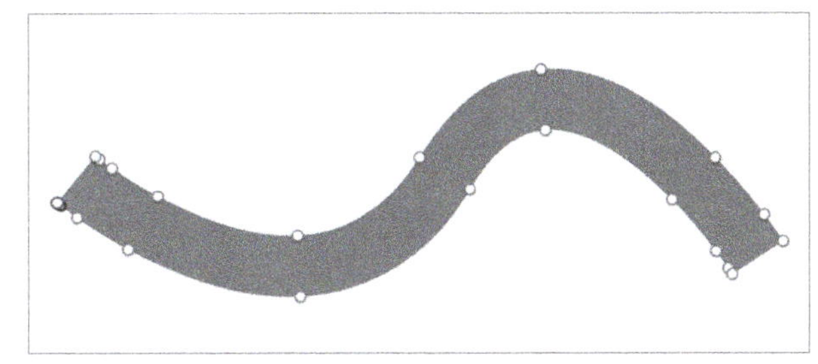

图8-36

这种情况是相对比较常见的，在日常工具中，可以用钢笔工具或铅笔工具进行线的勾勒后，再将其转变为形状进行编辑。

7. Scale（缩放工具）

当需要对某一图层进行缩放时，可以选中该图层后单击工具栏中的缩放工具 进行缩放，单击该工具后，弹出图8-37所示的对话框。

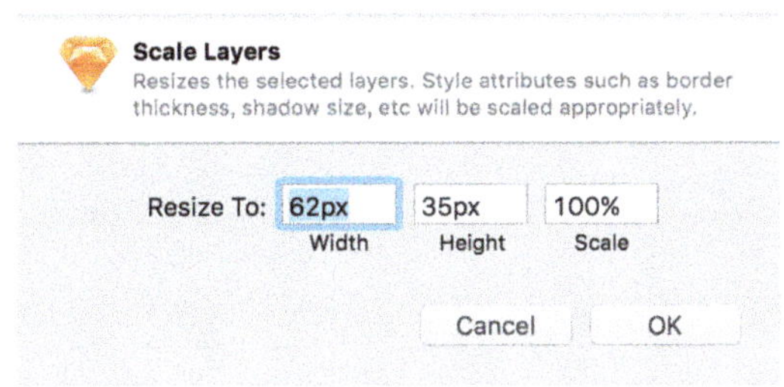

图8-37

该对话框一共有3个数值，分别表示要将图层缩放的宽度、高度和百分比。3个数值是相互影响的，即调整任何一个数值另外两个都会自动发生变更，也就说使用缩放工具调整的图层大小永远是等比缩放的。实际上，使用缩放工具对图层进行缩放，不仅图层是等比缩放，而且对于形状图形来说，描边和圆角半径等也会等比缩放。在图8-38中最上方为原始圆角矩形，中间的是直接在检查器中Size处修改尺寸后的效果，下方是对该图层使用缩放工具后的效果，可以看到使用缩放工具操作后，图层的圆角和描边等都是等比进行缩放的，而采用其他方式修改图层大小，图层的圆角半径和描边等依然保持原样。

在实际工作中，应视情况灵活运用缩放工具。若涉及的只是改变大小而不改变其他属性则不应该使用缩放工具，如同一款App应用中，按钮大小不一致，但是圆角半径应是相同的，这种情况则不应该使用缩放工具。

图8-38

8. Make Grid（批量复制工具）

在进行移动界面设计时，往往不会只设计一个界面，而是一整套界面，使用批量复制工具可以快速在画板上新建一定数量的画板，并将画板按照我们的要求进行分布。在使用该工具之前首先需选中一个已经创建的画板，然后单击工具栏的批量复制工具，弹出图8-39所示的对话框。

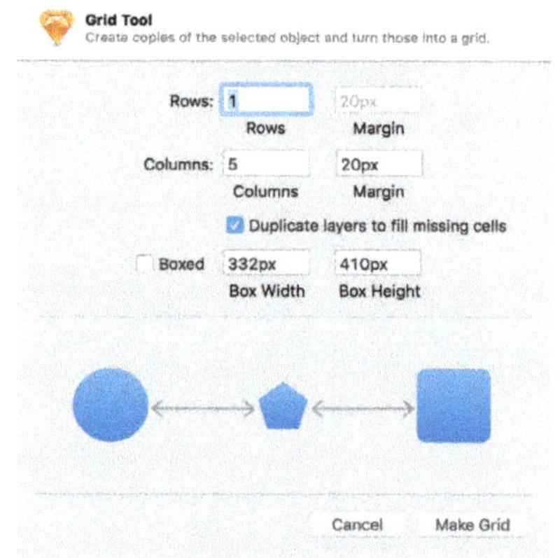

图8-39

在该对话框中，Rows可以设置行数量，Rows中的Margin用于设置每行的元素间的间距。Columns用于设置列数量，Columns中的Margin用于设置每列元素之间的距离。Duplicate layers to fill missing cells必须处于勾选状态。

如在Rows一排分别填写5、40px，在Columns填写6、20px，则表示将选中的画板进行复制，并按照每行5个，行间距为20px；每列6个，列间距为20px方式排列，如图8-40所示。

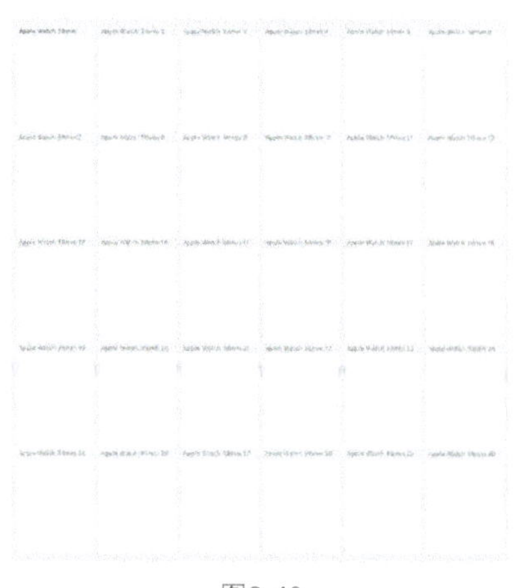

图8-40

若被复制的画板如图8-41所示，里面已经有一些图层，则再次执行上述操作会发现画板内的图层也一起被复制了，如图8-42所示。

由此可见，使用Make Grid工具不仅可以批量复制画板，也能批量复制画板的图层。若选中的不是画板，而是某一画板中的图层，如图8-43所示，然后使用该工具进行批量复制，则得到图8-44所示的效果。

可以看到复制后的图层若超过了画板的大小，则超出部分是不可见的，但是是完整按照设置进行了批量复制的。

单击该工具弹出的对话框还有一个Boxed的选项，将其勾选后如图8-45所示。对话框底部的图示周围出现了一个虚线框，该虚线框的大小由Boxed选项中的两个数值决定，前面的数值表示虚线框的宽，后面的数值表示高，在画板中虚线是不可见的。若不勾选Boxed，则Margin是从被复制的元素本身的大小进行计算，若勾选了Boxed，则按照Boxed的尺寸进行Margin。所以一般Boxed应大于元素本身的大小，若小于元素本身的大小，则会产生重叠。

画板中圆形图层的尺寸为68px×68px，若将Boxed的尺寸设置为20px×20px，则执行操作后出现图8-46所示的效果。所以在日常工作中若使用批量复制出现类似现象，可以检查一下是否对Boxed进行了勾选或数值设置过小。

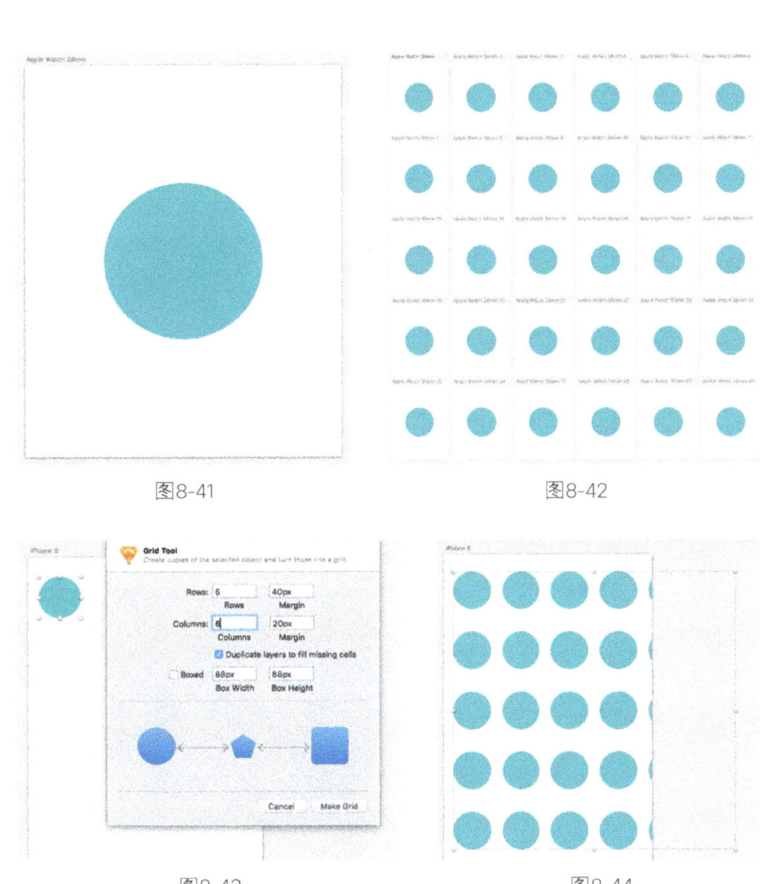

图8-41　　　　　　　　　图8-42

图8-43　　　　　　　　　图8-44

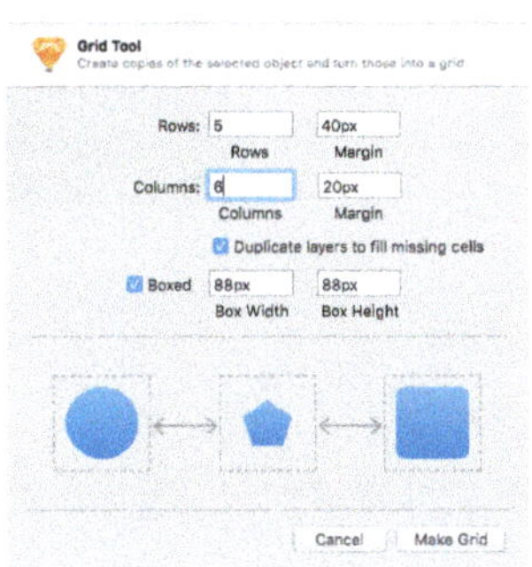

图8-45

图8-46

8.2 Sketch的使用小技巧

在前面的章节中，基本上已经把Sketch的全部功能讲到了，但是Sketch作为一个设计工具，每个人都会用不同的方式去使用，大家在使用Sketch时，应在掌握每个功能的前提下，尽可能地找到最适合自己的使用方法。Sketch在使用中也同样有很多小技巧，在前面的章节中有涉及一些，如按住option键移动鼠标可以看到参考线，在检查器中输入框内可以进行简单的加减乘除运算等。在本节中，还会向大家介绍一些在使用Sketch时能提升设计效率的小技巧，希望对大家有所帮助。

8.2.1 灵活运用描边属性

在本书第7.6节中有讲到使用Sketch绘制圆形进度条的方法，但实际上，通过灵活运用描边属性也同样可以绘制出相同的形状，如图8-47所示，可以看到圆弧本质上是一个描边。

图8-47

具体的绘制方法如下。

（1）使用快捷键R创建一个尺寸为800px×800px的正方形，然后去掉描边，并将填充色设置为#000000，作为背景，如图8-48所示。

（2）使用快捷键O并按住shift键绘制一个400px×400px的圆，去掉填充，然后将描边宽度设置为30px，并将描边颜色设置为#D18F09，不透明度设置为20%，接着将该圆形图层完全居中于背景，如图8-49所示。

图8-48

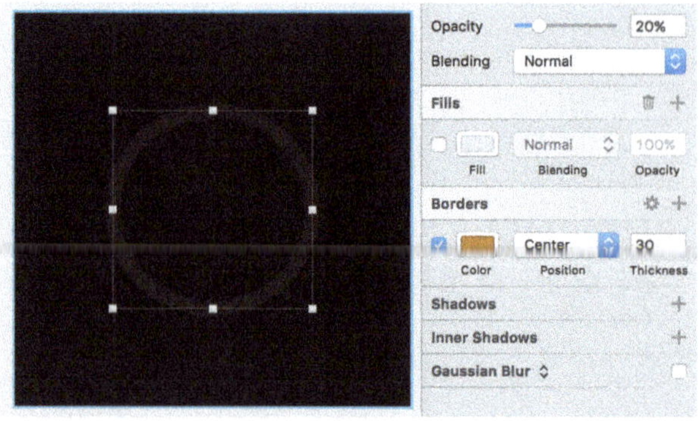

图8-49

（3）选中该圆形图层，使用快捷键command+D进行复制，确保复制的图层和原图层完全重叠，且在原图层的上方，然后将新复制图层的不透明度调整为100%，如图8-50所示。

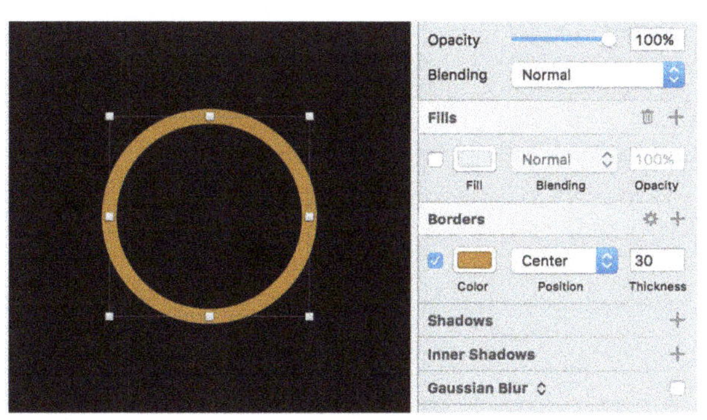

图8-50

（4）此步非常关键！单击Borders右侧的齿轮图标，在出现的设置窗口中，将描边结束和间断点的形状设置为图8-51所示的参数，然后在第1个输入框填写数字1，第2个输入框填写数字1256，1256是通过3.14×400得出。可以看到描边变成一个圆点。在第2个输入框的数字代表描边点的间隔，这个数字取决于圆的大小，若此处圆形图层的尺寸为500px×500px，则应输入为3.14×500，这个数值应大于等于这个圆圈的周长。

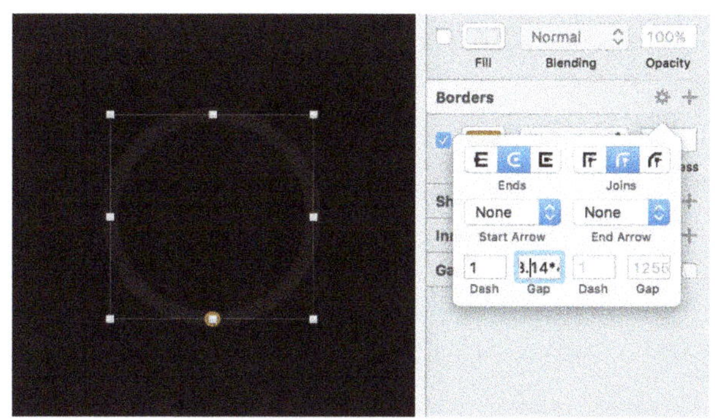

图8-51

（5）为了让弧形的增长方向是顺时针，选中设置好的图层后，单击检查器Transform中Flip处的水平翻转按钮，将该图层水平翻转，如图8-52所示。

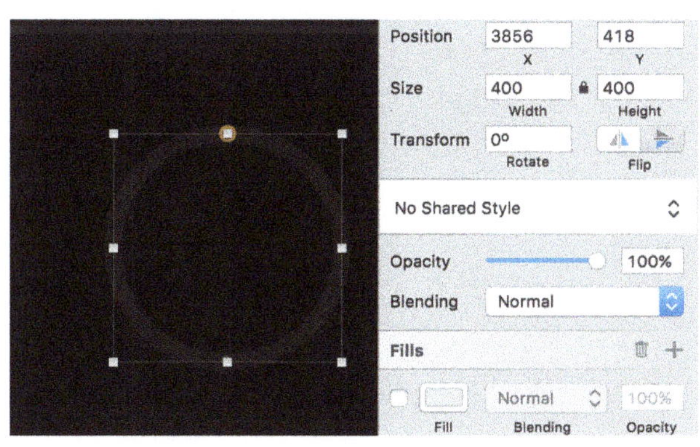

图8-52

（6）再次打开描边设置，选中第1个输入框Dash后按住shift键，并按键盘的上箭头，可以看到数值以10的倍数增加，这里数字的增加也同时让弧形增加，等长度合适后停止。当然也可以直接输入数值，这里的数值可以理解为整个圆圈周长的一部分，如图8-53所示。

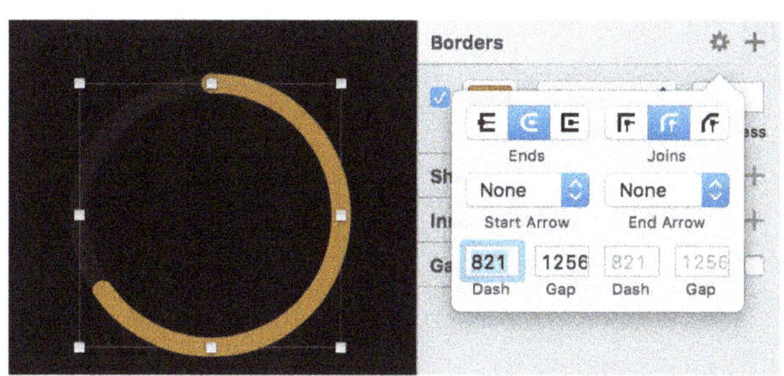

图8-53

（7）到此已经完成设计，若要添加渐变效果，单击描边填充设置为渐变即可，如图8-54所示。

这是对描边属性灵活运用的一个例子，但是在之前的章节中没有向大家介绍这种方式，是因为这是属于特例，而前一种方法是更为常见的方式。我们在日常设计中，一定要善于对形状进行分析重组，即使面对教程，也一定要明白，要设计出某一形状的方法一定不止一种。

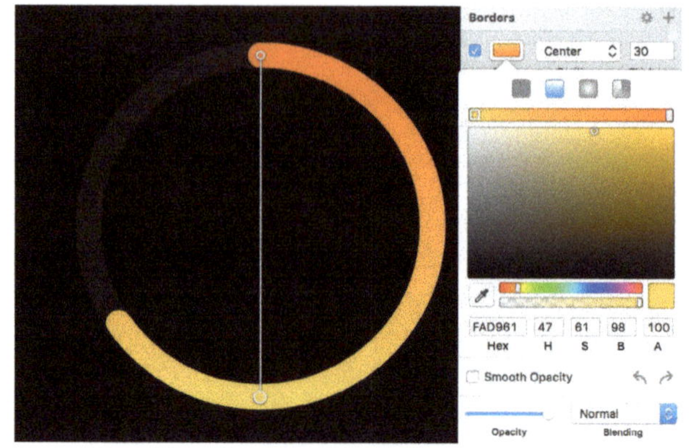

图8-54

8.2.2 复制图层的CSS属性

在本书的第6章专门讲到了如何对设计稿进行标注和导出，但是在实际工作中，前端程序员有可能还是会向设计师要某一图层的参数，其实前端程序员要的参数往往是某一内容的CSS样式；或者有时候我们自己设计完界面后希望自己用代码将其实现，而不会对界面进行标注。那么如何才能快速将CSS样式复制出来呢？在Sketch中提供了非常简单快速的方式，可以一键复制图层的CSS样式，并可以直接将这些属性导入到代码中。

如果需要获取内容文本的CSS属性，则只需选中该文本图层，然后单击鼠标右键，接着在弹出的菜单中选中Copy CSS Attributes（复制CSS属性）选项，即可将该图层的CSS属性进行复制，如图8-55所示。

复制完CSS属性后，此时剪贴板里面是一段文本，可以直接按快捷键command+V进行粘贴。具体内容如图8-56所示，首先会以图层名生成一个注释，即"/* */"部分，然后便是符合CSS代码的CSS属性。用这样的方式跟程序员进行沟通相信效率会非常高。

```
/* 文本内容 */
font family: PingFangSC Regular;
font-size: 16px;
color: #666666;
line-height: 26px;
```

图8-55

图8-56

8.2.3 Sketch对位图文件的处理

Sketch虽然是一款矢量软件，但依然具备一定的位图处理功能，对于简单的位图处理可以直接在Sketch中进行。

1.位图的编辑

选中位图后用鼠标左键双击，或者按enter键，或者单击工具栏上的编辑工具（该工具即只是选中位图图层后，图标会自动变为前者），即可进入位图的编辑模式。

进入编辑模式的位图四周会有一条黑边，且图层的检查器变成图8-57所示的样子。

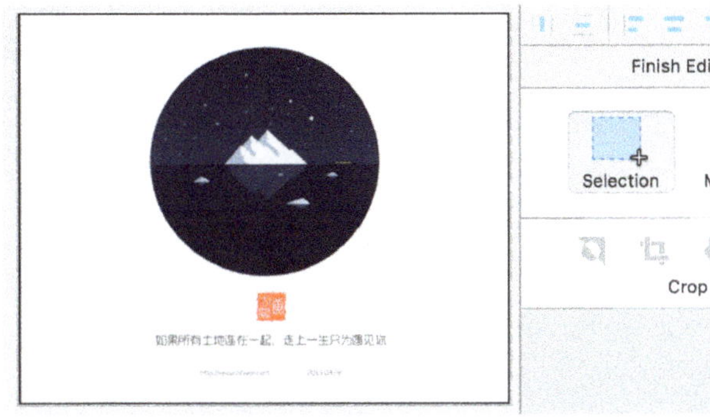

图8-57

可以看到检查器除对齐工具外被分成3部分：顶部是Finish Editing按钮，单击即退出编辑模式。中间是选区工具。第1次进入位图编辑模式默认的选区工具为Selection，即矩形选框工具，此时将光标移动至位图上方会呈现一个"十"字造型，按住并拖曳鼠标可以拖出一个选框，如图8-58所示。

图8-58

可以选择矩形选框拖曳鼠标移动选框，也可以在选框外按鼠标进行拖曳重新绘制选框。

若在检查器中选择Magic Wand，则使用魔术棒工具进行选区的绘制，Sketch中的魔术棒工具类似于Photoshop中的魔棒，选中该工具后对位图进行单击，即可选中相同色值的区域。如在白色背景处单击，即自动选中全部的白色内容，如图8-59所示。若要改变选区，则直接在其他位置单击即可。

图8-59

若通过单击位图选取的范围小于预期，可以按鼠标并拖曳。想要查看选择的区域可以按空格键，魔术棒选取的区域会用红色表示出来，松开空格键红色消失，如图8-60所示。

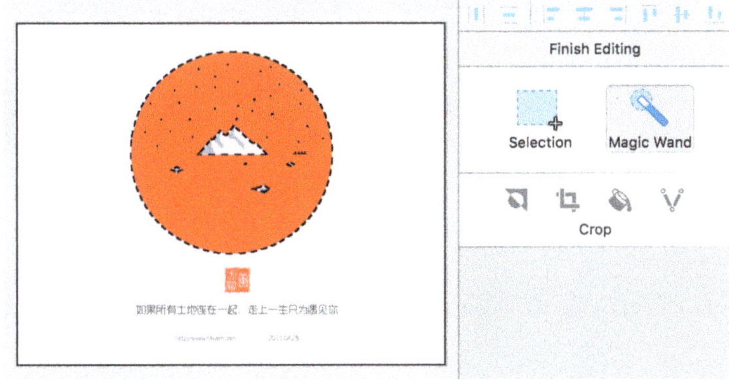

图8-60

选择好选区后，下方的4个工具即可被激活。下方的4个工具从左到右分别是：Invert Selection（反选工具），单击该工具即可反向选择选区；Crop（裁切工具），单击后即可将选中区域删除；Fill Selection（油漆桶工具），单击该工具后会出现调色盘，选择颜色后即对所选区域做纯色填充，如图8-61所示；最后一个是Vectorize Seletion（矢量转变工具），即将选中区域转变为矢量形状图层，单击该工具后，会在位图上方根据选中区域内容生成一个形状图层，但是该功能只对形状相对简单的位图生效，对复杂的位图如风景图和插画等的矢量转变不是特别准确。

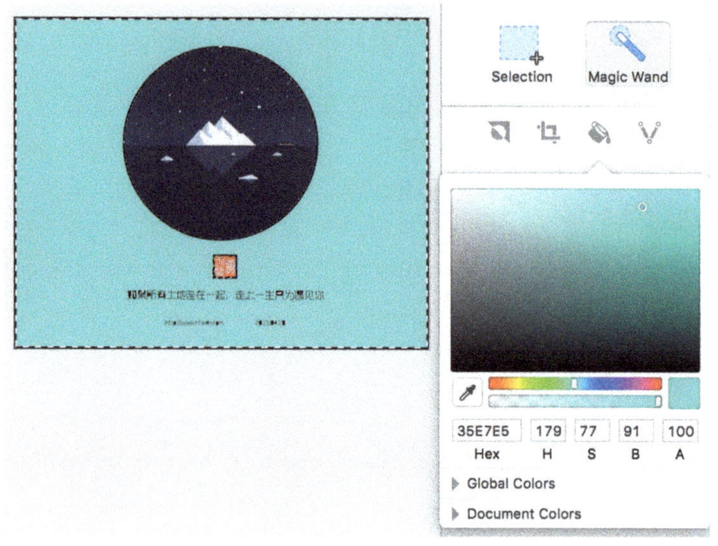

图8-61

2.位图颜色的调整

选中位图，然后在位图图层检查器中勾选Color Adjust选项，会出现4个调整项，如图8-62所示。分别可以调整位图的Hue（色相）、Saturation（饱和度）、Brightness（明度）和Contrast（对比度），滑动滑杆即可调节，往右是正数值，往左侧是负数数值。其中色相正数为暖色调，负数为冷色调。单击Color Adjust右侧的刷新按钮，即可重置数值，取消勾选则取消色彩调节。

图8-62

3.位图的菜单选项

在Sketch的菜单中，有专门针对位图的菜单，可以对位图进行一些处理。

执行Layer>Image菜单命令可以找到针对位图的菜单，展开Image菜单后会看到里面有4个选项，如图8-63所示。

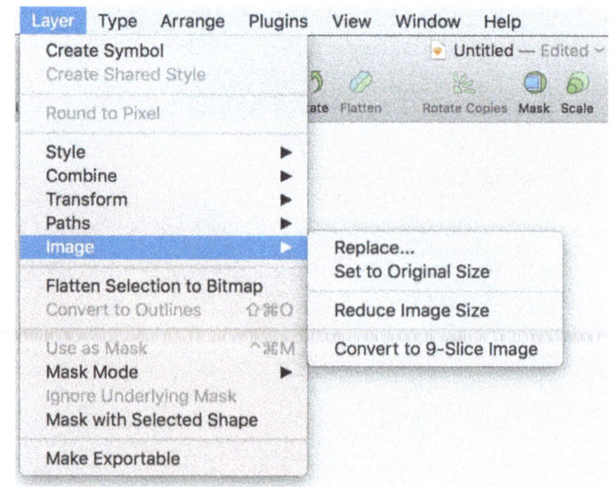

图8-63

Replace…（替换图片）：单击该选项，会弹出对话框，可以选择替换的图片地址，使用这种方法替换图片，可以让替换后的图片在被替换图片的位置而无需手动调节。

Set to Original Size（设置为原始大小）：导入Sketch的图片经过处理后，可能会对图片的尺寸进行调整，执行该选项，则可以一键恢复到导入时的图片尺寸。

Reduce Image Size（压缩位图体积）：不同于矢量图，一般位图的体积会比较大，特别是导入一些高清图片的时候，其实在进行界面设计时往往没必要使用这么大尺寸的图片。在Sketch中修改位图的尺寸并不会改变其大小，使用该选项，软件会根据当前图片尺寸对图片的体积进行压缩。

Convert to 9-Slice Image（转变位图为九宫格图）：正常情况下，当我们对位图进行缩放时，位图会对称的向各个方向发生变化，如图8-64所示，可以看到图片整体发生了缩放。

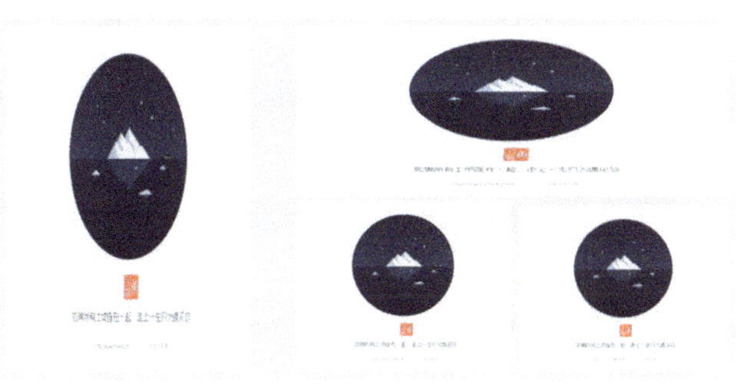

图8-64

若此时我们希望在缩放时只有部分内容随着图片的缩放变化，而其他内容不受影响，则可以使用该选项将位图转变为九宫格图，如图8-65所示。在选择该选项后，图片上出现的线条和锚点将位图分成九块。

对于九宫格图可以移动锚点调整由4个锚点所圈定的矩形范围——即位图最中心的这一块。对转变为九宫图的位图进行缩放时，只有这一块会随着缩放，其他8块内容不随着位图尺寸变更进行对称的各方向缩放。在图8-66中是将锚点的位置调整到图片冰山范围，然后按住shift键对图片进行等比缩放。

图8-65

可以看到只有冰山随着图片进行等比放大，其他区域，如四个角上保持原大小，而长和宽则被拉伸，有点类似于点九切图中的缩放。

一般在网页设计中，若网页的背景为位图，则可以将位图转变为九宫图，此时图片背景会随着内容的增加而扩大，但不是等比扩大，而是部分区域扩大，让视觉更加连贯。

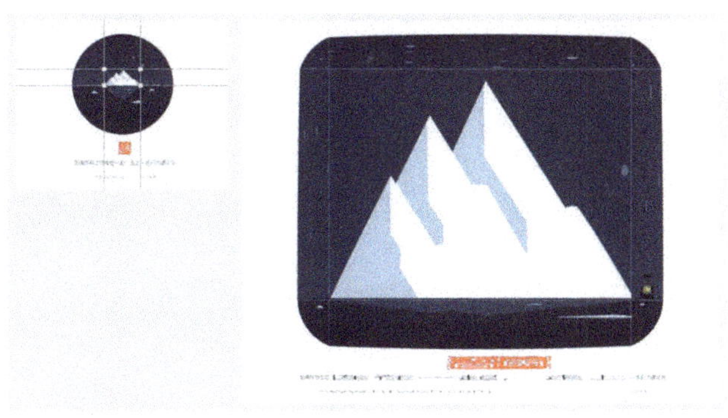

图8-66

8.2.4 按一定规律复制图层

在进行界面设计时，经常遇到需要对同一个元素进行几次复制，然后这几个图层之间的间距一致的情况，如图8-67所示。

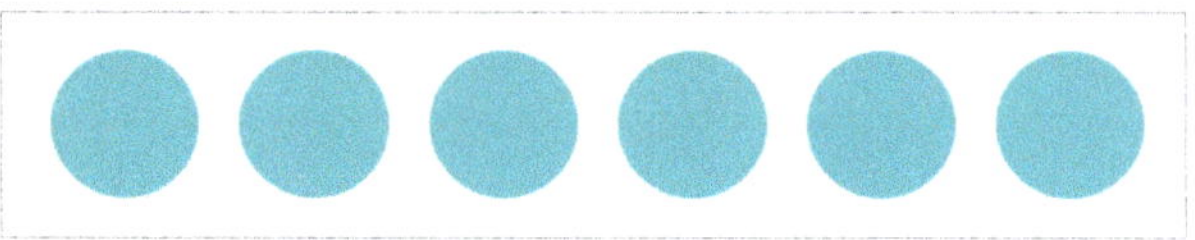

图8-67

通常的办法是复制几遍，然后进行平均分布，但是在Sketch中有一个小技巧可以快速地实现按照一定规律进行复制。

首先选中画板中需要复制的元素，然后按住option键并拖曳鼠标对图层进行复制，注意不要松开option键，将复制的图层移动至合适的位置后再释放键盘和鼠标，如图8-68所示。

图8-68

此时再立刻按快捷键command+D进行复制，则发现复制的图层会按照上一步中的复制规律进行复制，如图8-69所示。需要注意的是，该操作只能是按住option键进行复制的图层，且复制完后直接使用快捷键command+D才会生效，若按住option键复制图层后松开option键，然后调整复制的图层，再使用快捷键command+D，该功能将不会起作用。

图8-69

8.2.5 背景模糊

在之前的章节中介绍了如何在Sketch中进行高斯模糊来设计毛玻璃的效果，但是在iOS系统中，还有一种实时模糊的效果，类似毛玻璃效果，它会根据背景的不同自动匹配模糊效果，最常见的是在iOS通知中心，不同的壁纸下都会有较好的模糊效果，如图8-70所示。

图8-70

在Sketch中利用背景模糊工具可以很容易设计出类似的效果，如图8-71所示，在界面上设计出一个弹出窗口，可以看到无论窗口在页面的哪个位置都能和背景进行很好的匹配。

图8-71

 提示　当然实际设计中效果不应该这么明显，这里只是做一个演示为了让大家能够看清。

要设计出背景模糊效果，首先应将弹出窗口的填充色设置为#FFFFFF，如图8-72所示。

再将填充色的Alpha值设置为50%，注意在颜色填充中设置，而不要设置整个图层的不透明度，然后将图层的混合模式设置为Soft Light（柔光），此时界面如图8-73所示。

图8-72

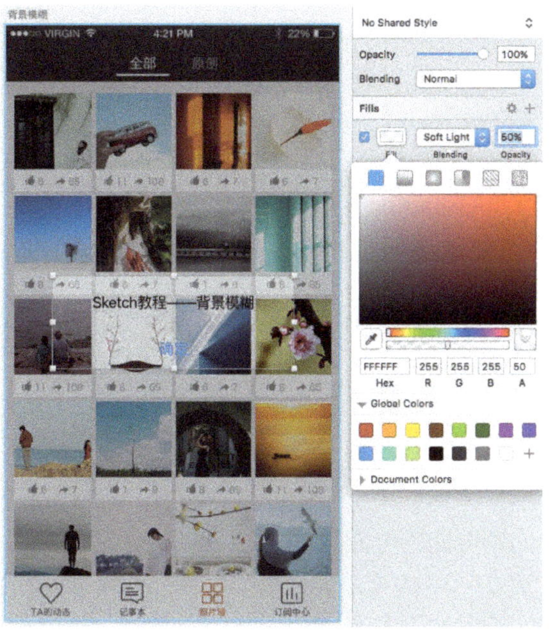

图8-73

最后勾选检查器的模糊效果，将模糊类型选择为Background Blur（背景模糊），模糊值可以根据实际需要进行设置，如这里设置为10%。效果如图8-74所示。

理论上我们已经完成了背景模糊的设计，但是这样太透，不容易和背景进行区分，且影响文字阅读，所以可以在填充处再添加一个填充色，注意新建的填充色往往在原来填充色的上层，Sketch中无法对填充色的位置进行移动，只能将新建的填充色先调整为原来填充色的设置，然后再在原来的填充色上做调整，将下方的填充色调整为#FFFFFF，混合模式为Normal（普通），不透明度调整为80%，如图8-75所示。因为涉及多个填充色，所以对于多个填充色的图层，一般不去调整图层本身的不透明度。

图8-74

图8-75

另外可以在文字和按钮之间添加一条分割线，如图8-76所示。该线可以用快捷键L绘制，也可以用快捷键R绘制，但注意只需很小的一条线，因为使用的1倍尺寸进行设计，所以高度可以给0.5px，这样在2倍界面上就是1px了，对这条线的填充可以给出100%的Overlay混合模式以及78%的Color Burn混合模式，填充色都为#4D4D4D。

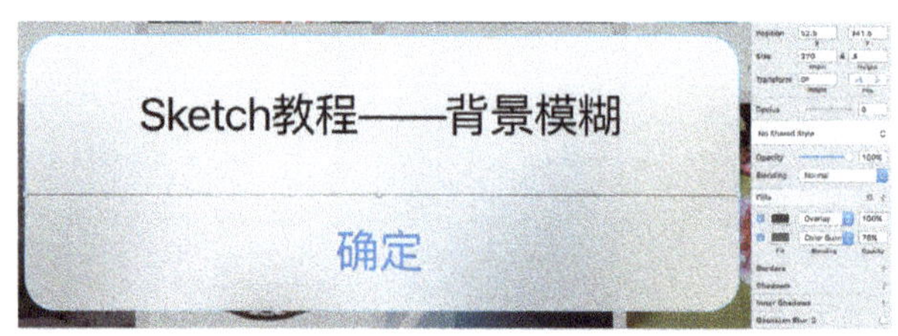

图8-76

通过以上的介绍可以看出，UI设计在细节上是很需要注意的，然后很多时候扁平设计并不是完全的纯色设计，会包含一些小细节，风格不是最重要的，重要的是要坚持内容为王的设计理念，但同时尽可能地将界面设计得精细。

背景模糊和毛玻璃效果的高斯模糊的区别在于两者适用的主体不同，背景模糊往往适用于覆盖层，如弹窗、下拉菜单和上拉菜单等，一般需要和底层图层叠加才能看出效果，而高斯模糊作用于图层本身，不管是否有图层覆盖都能看出模糊效果。在实际设计中，应根据实际情况，选择模糊种类。

8.2.6 路径文本

在设计Logo或者引导页时，有时候需要让文字按照特定的路径排版，若一个个地调整往往会很浪费时间也没必要，Sketch中提供了非常方便的设计路径文本的功能，可以让文字按照我们想要的形状进行排列，如图8-77所示。

图8-77

要设计路径文字，首先需要绘制路径，在Sketch中并不能像Photoshop那样很明确地区分形状和路径，Sketch中路径和形状可以随时进行转换，可以用钢笔工具绘制路径，也可以用矩形工具和椭圆工具等形状工具绘制，只是使用形状工具绘制完成后保留描边，去掉填充即可。

以钢笔工具为例绘制一条路径，如图8-78所示。

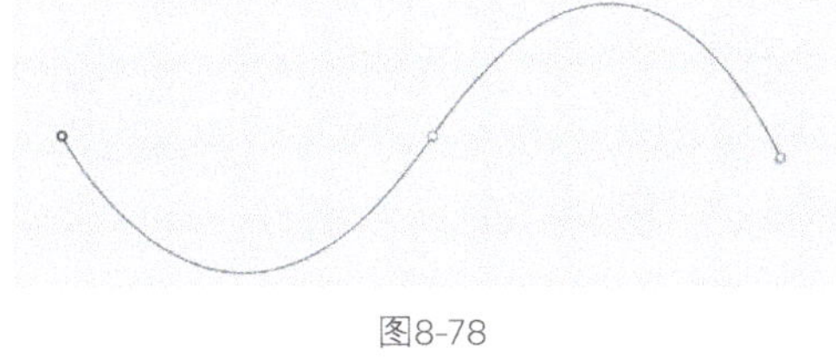

图8-78

绘制完成后退出编辑模式，然后按快捷键T输入文字，如图8-79所示。输入任意文字，无需在意输入文字的位置，任意位置即可，输入完成将其靠近路径。

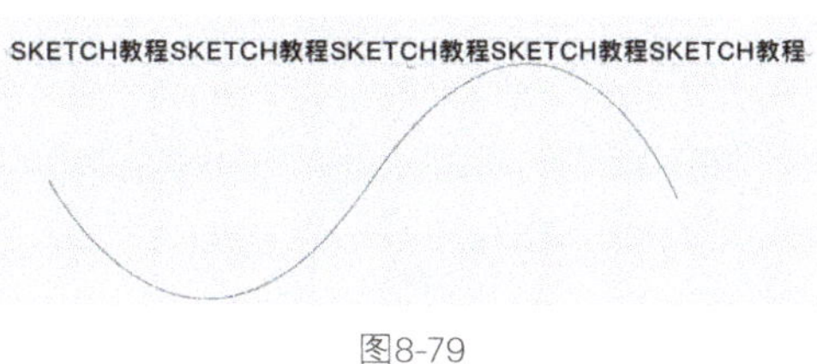

图8-79

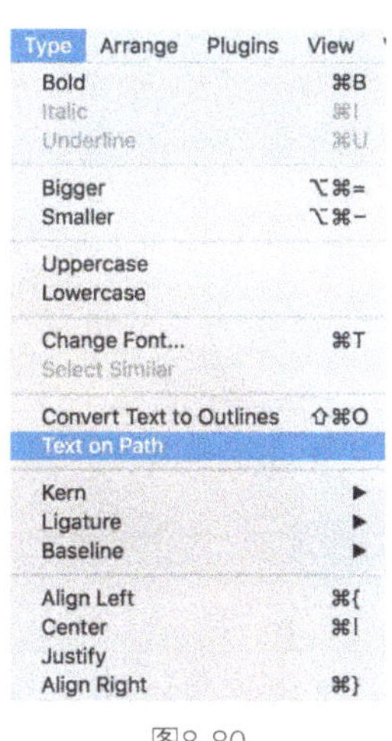

图8-80

此时在保持选中文本图层的状态下，执行"Type（文本）>Text on Path（路径文本）"菜单命令，即可发现文字已经自动按照路径进行排列了，如图8-80所示。

如果在执行菜单命令后没有反应，是因为文字离路径还有点距离，用鼠标将文本拖动到路径上即可，如图8-81所示。

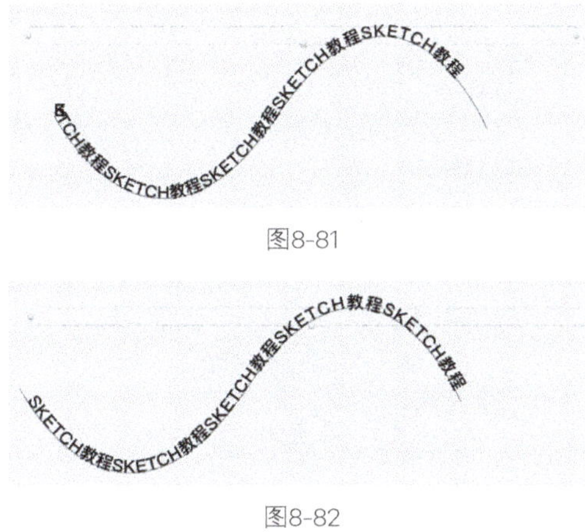

图8-81

图8-82

虽然文字已经按照路径形状进行排列了，但是没有完全显示出来，这是因为Sketch中的路径文本需要手动调节。大家注意到虽然文本按照路径形状排列，但是文本选中框依然是保持原样，这时只需要调整文本选中框即可，调整的方式为左右拖动选中框到合适位置即可，如图8-82所示。

设计完成后可以选中文本图层，在检查器中调整文本的各种属性，一切设计完成后，一般界面上只需要文本即可，此时可以选中路径图层，隐藏该图层即可。注意只能隐藏，若删除路径图层文本则会恢复直线排列。

8.2.7 按指定尺寸导出

本书第6章讲导出时，讲到Sketch可以按照各种倍数和格式对图层和画板进行导出，但一些特殊情况也需要导出到指定的尺寸，如将某一图层导出宽为800px。虽然可以在Sketch中将该图层尺寸调整为800的倍数再进行导出，但是这样会比较麻烦。

简单的做法是：选中需要导出的图层或画板，然后单击检查器下方的导出按钮，接着在倍数的输入框处，直接输入需要导出的数值即可，如宽为800px，则输入800w，若需要按照指定高度导出，则输入800h，如图8-83所示。

因为画板或图层的导出必须按照长、宽等比进行导出，否则就会失真，所以在导出的输入框中只能输入宽的值或者高的值，系统会根据指定的宽或者高进行自动的换算。

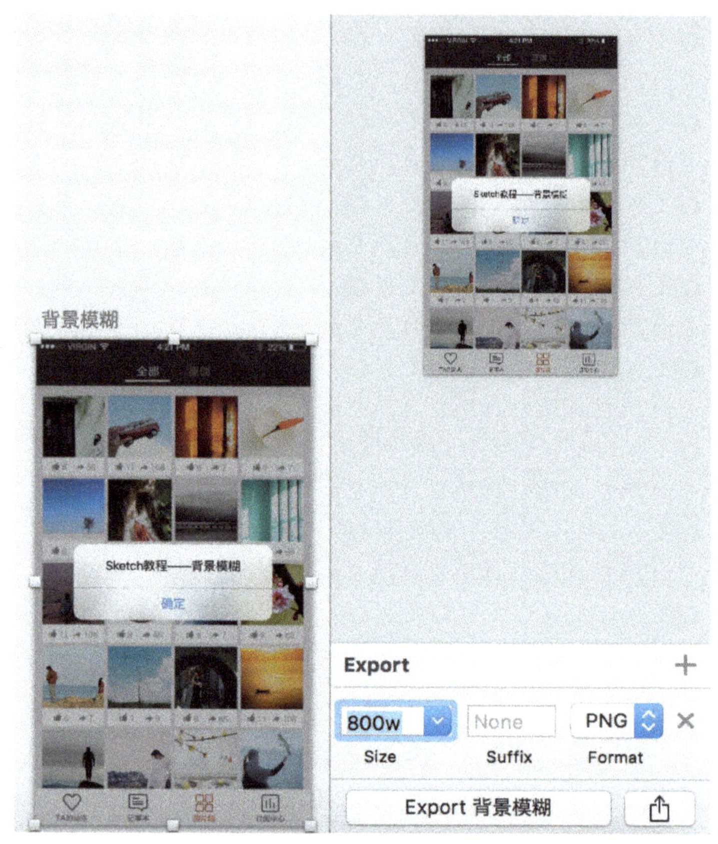

图8-83

以上是我在日常工作中所发现的一些小技巧，但我相信Sketch一定还有更多的小技巧等着我们去发现。Sketch是一个工具，也和其他所有软件一样熟能生巧，大家在日常工作中，掌握该软件最好的方式便是不断地使用。

8.3 本章小结

到本章为止，已经将Sketch的全部知识点讲完，若大家一步步跟着学也应该已经完完全全掌握了Sketch的每一个知识点，大家已经可以用Sketch设计任何脑海中的各种界面了。但是随着移动互联网的不断发展，对UI设计师也提出了更高的要求，特别是页面之间的交互动效已经被越来越多的人所关注，从下一章开始，将带大家走入移动界面交互动效领域的大门，相信大家学完后续章节，除了能设计出优美的界面，还能让这些界面动起来——更加高效具体地表达出自己的想法。

CHAPTER 09

移动交互动效设计基础知识

　　在现在这个内容为王的时代，交互动效设计在产品研发中越来越受到重视。但是交互动效设计和普通的动画不同，合理的动效会提升用户体验，不合理的动效反而会降低用户体验，而交互动效设计对刚入行的设计师来说还是一个相对比较陌生的领域。

　　在本章中，将向大家介绍移动交互动效设计中的一些基础知识，只有具备了这些基础知识，在进行动效设计时才能更加有感觉，做出能提升用户体验的动效，毕竟所有交互动效设计的出发点都一定是为了提升用户体验。

9.1 从AE来看动画是怎么形成的

对于首次接触动动效的设计师来说，明白一个元素是如何动起来的是非常有必要的，Adobe After Effects（以下简称AE）是大部分设计师相对比较熟悉的一款软件，特别是从AE CC开始，已经有官方原生的中文版，使用起来更加方便。

使用AE能做出特别优秀炫酷的动效，在Dribbble上有大量的优秀设计师使用AE制作交互动效，可以搜索UI Animation（或UX Animation）等关键词找到，如图9-1所示。

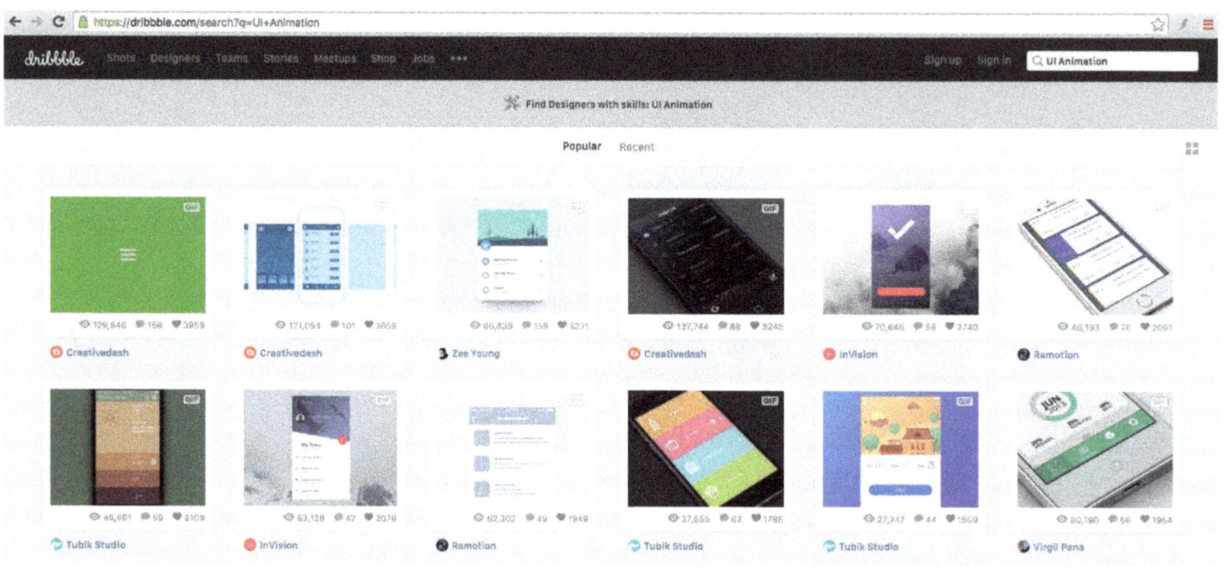

图9-1

但是使用AE制作交互动效必须知道两个缺点：一个是用AE制作的效果是纯视觉的，是不可交互的。而实际App中大部分动效是根据用户的行为去触发的。另一个是AE并非专门针对交互动效设计而开发的软件，入门门槛相对较高，且若设计师的思维是天马行空的，有时候设计出来的动效对用户体验并没有很大的提升，反而需要花费大量的时间去研发，因此这种动效是否需要应该仔细斟酌。

尽管如此，若对动效完全没有了解过的朋友还是应该从AE开始，对动效进行一个简单的了解，在本节中也会结合AE向大家展示一个元素为什么会动起来。但是需要说明的是，本书并非AE的教程，本节的内容也并非是AE的入门教程，只是结合AE进行讲解会让大家有一个更加具体的感知。大家对AE若感兴趣可以进行更加深入的了解。

打开AE，新建一个尺寸为750px×1334px的合成，如图9-2所示。

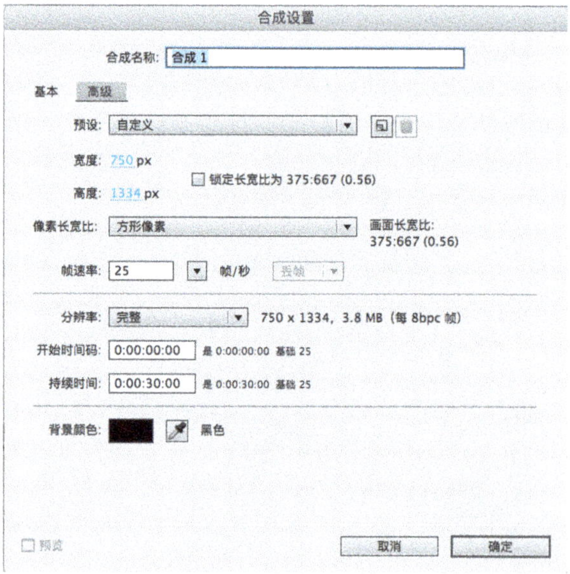

图9-2

在这里有两个概念需要注意，一个是像素长宽比，若使用AE做交互动效，像素长宽比务必选择方形像素，否则在进行动效设计时图层可能会变形失真，这个概念在视频制作时用得比较多。另外一个是帧速率，我们可以理解为所有的动效都是由一张张静止的图片构成，这些图片通过高速播放形成连贯的画面，每一帧代表一个画面，默认25帧/秒表示1秒钟播放25张图片。一般帧速率越高视觉效果越连贯精细，但是也需要更多的画面，导出的文件体积也越大。在实际中，使用默认设置即可。

此时，插入一个在Sketch中导出的图层，如一个矩形，并将该矩形插入到合成中，如图9-3所示。当然实际工作中，对于这种基本形状，完全可以用AE中的形状工具进行绘制，但AE中的矢量图层拥有很多属性，这些属性是本节中所涉及不到的。

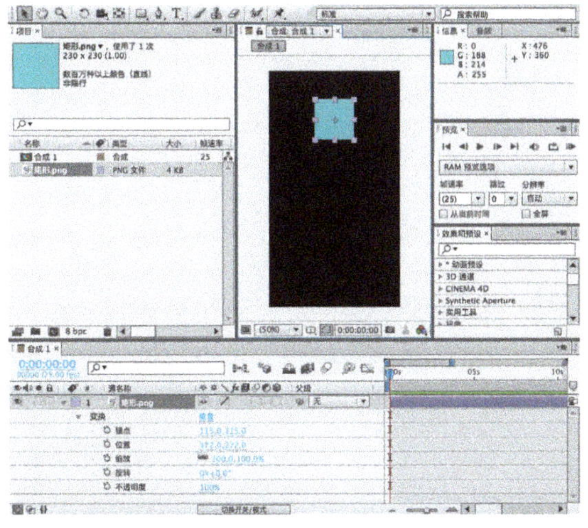

图9-3

AE是一个典型的视频制作软件，相比平面设计软件，视频制作软件的特点之一便是一般都有时间线窗口。在图9-3所示的时间线窗口中，可以很清楚地看到元素的变换属性下有5个属性：锚点、位置、缩放、旋转和不透明度。这5个属性便是动画的最基本属性。

锚点： 在AE中快捷键为A。选中图层后图层中间会有一个圆圈和4个线段组成的图形，这便是锚点，如图9-4所示。可以理解为锚点是图层进行运动时的参考点，如将矩形进行旋转运动，并将锚点设置在矩形中间，则矩形旋转时以锚点为中心进行旋转，若将矩形的锚点移动至某一角，则矩形旋转会以这个角为中心进行旋转，但是本质上还是围绕锚点在旋转。

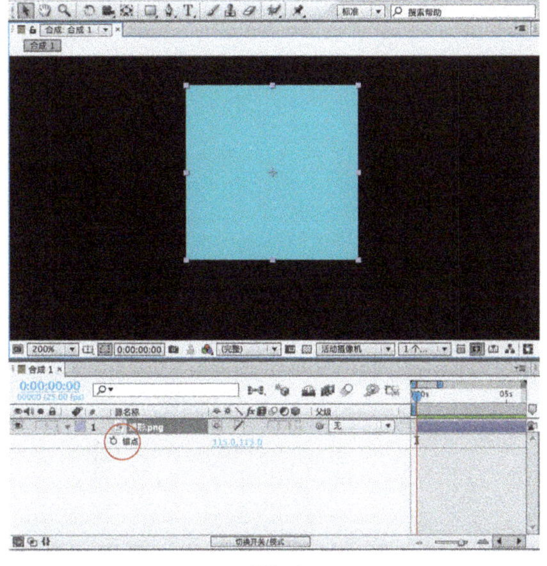

图9-4

位置： AE中快捷键为P。位置表示该图层在屏幕的x轴和y轴的坐标，任何图层的移动，都一定是位置发生了改变，若x轴不变，只有y轴变，则发生竖直位移，反之，则是水平位移，如图9-5所示。

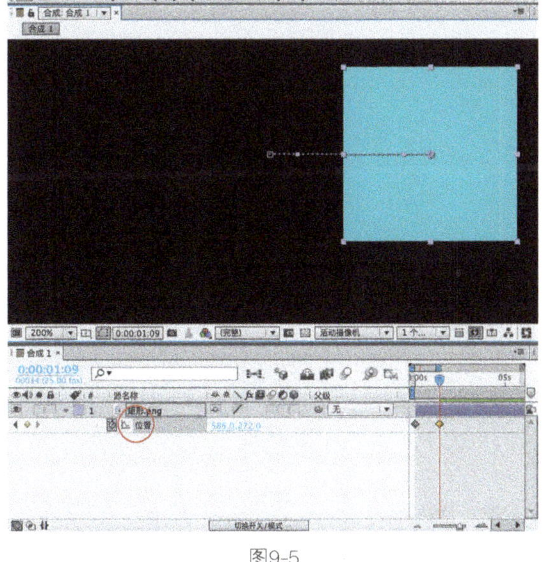

图9-5

缩放： AE中快捷键为S。可以看到缩放的属性数值与锚点和位置的属性数值不同，并不是一个坐标，而是两个百分比，分别代表图层x轴和y轴的缩放，默认为100%，若数值小于100%图层会产生缩小效果，大于100%则会产生放大效果，如图9-6所示。

旋 转： ＡＥ中快捷键为Ｒ。旋转即改变图层的角度，旋转的属性数值为Ｎx+Ｎ°，如图9-7所示。如0x+45.0°，表示将图层顺时针旋转45°；若2x+45°，则表示顺时针旋转2×360°+45°=765°。若是负数则表示逆时针旋转。图层的旋转对称点为锚点。

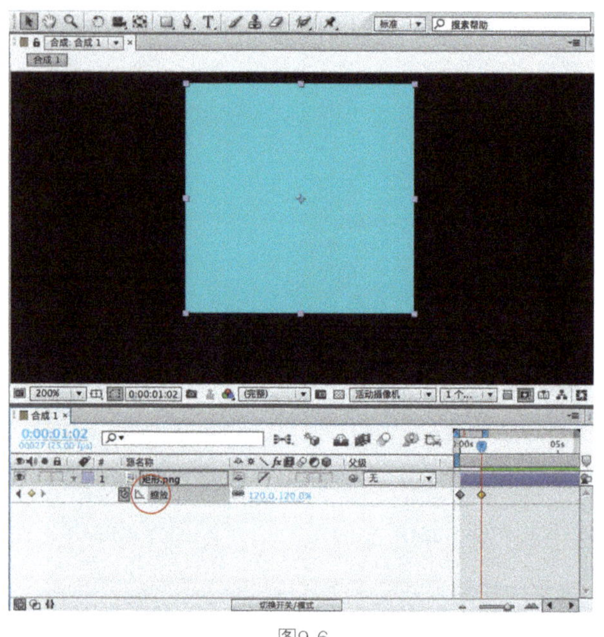

图9-6

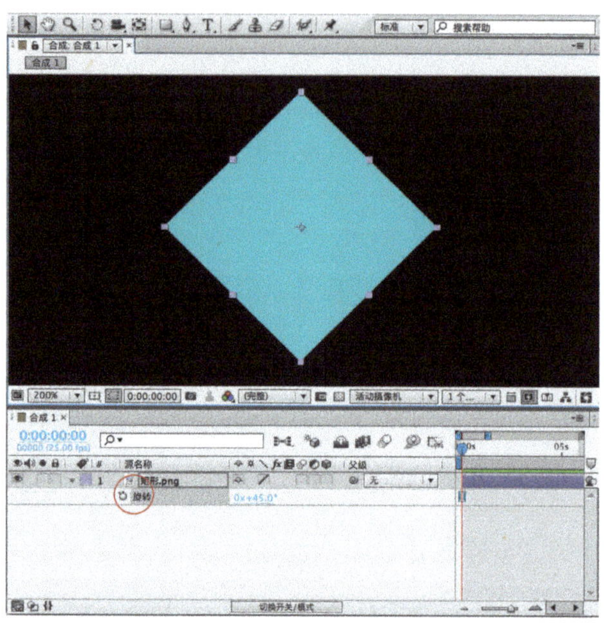

图9-7

不透明度： AE中快捷键为T。100%为完全不透明，0%为完全透明，如图9-8所示。

以上5个属性是动画最基本的属性，在动画中这5个属性可以都出现变化，也可以只有部分发生变化，凡是产生动效的图层一定是这5个属性发生了变化，如图层由A点移动到B点，一定是位置属性发生了变化。若图层在移动过程中，慢慢缩小并慢慢消失，一定是缩放和不透明度发生了变化。

但是可以看到的是，只要有动画就一定会有时间的变化，即任何动画都会伴随着时间的变化而变化，若是一个时间点，则只可能是静止的画面。

以25帧/秒的动画为例，可以理解为这段动画由无数个静止的图像组成，这些图像每25张为一组构成1秒钟的动画，按照一定的顺序进行排列，每1/25秒的时间进行切换，这种动画为逐帧动画。

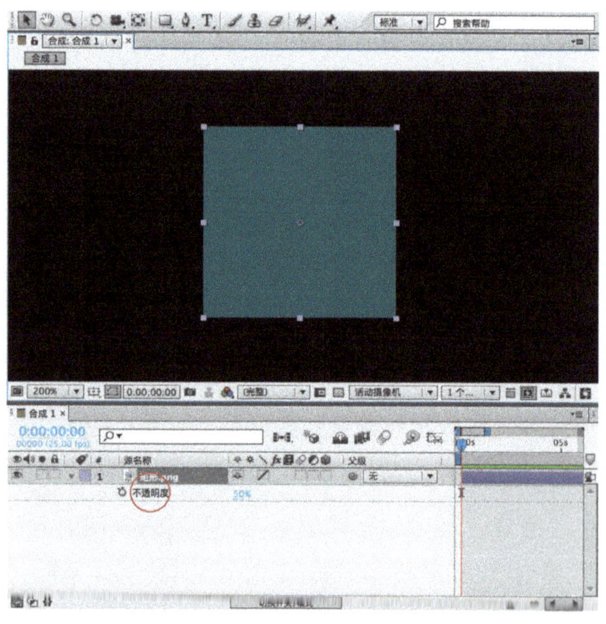

图9-8

但是在AE中，只需要对某一图层设置起始关键帧，AE则会根据开始关键帧和结束关键帧图层属性的变化自动运算出之间的运动变化。如图9-9所示，选中图层后，在时间开始处给出关键帧，在时间结束处给出关键帧，开始关键帧处设置图层的不透明度为0%，结束时设置图层的不透明度为100%，可以看到当时间停留在中间时，图层的不透明度会根据光标所在时间自动进行计算，该动画的效果即为该图层从不可见到完全可见的过程。

在AE中可以对图层的5个属性分别设置关键帧，对每个属性也可以设置多个关键帧。如果需要对图层的某一属性添加关键帧，只需选中该图层，使用快捷键让其显示出该属性，然后将光标移动至需要添加关键帧的时间，单击属性名称左侧的秒针图标即可添加，此时若再移动光标到其他时间，对该属性做任何改变，都会自动在光标所在处添加一个新的关键帧，系统会根据两个关键帧之间属性值的变化进行计算。

添加关键帧的属性左侧的秒表图标会呈现选中状态，未添加关键帧的属性左侧的秒表则是灰色默认状态，如图9-10所示。

图9-9

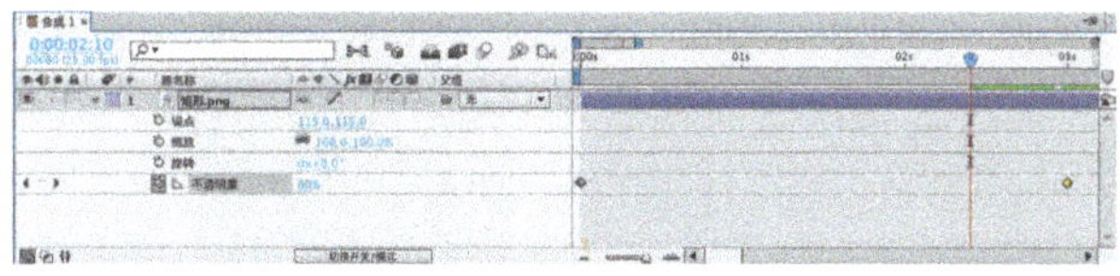

图9-10

在对图层的位置添加关键帧时，当图层的开始关键帧和结束关键帧的位置不相同时，则会在图层开始位置和结束位置之间出现一根虚线连接两个位置的锚点，如图9-11所示。

这条曲线便是路径线，即图层位置的改变是根据什么样的路径进行改变，默认为直线路径。放大画布仔细看路径线便会发现在AE中路径线为贝塞尔曲线，单击锚点则会发现在路径上出现一个圆形手柄，拖动该手柄，则可以改变路径形状让图层沿着变化后的路径进行位移，如图9-12所示。

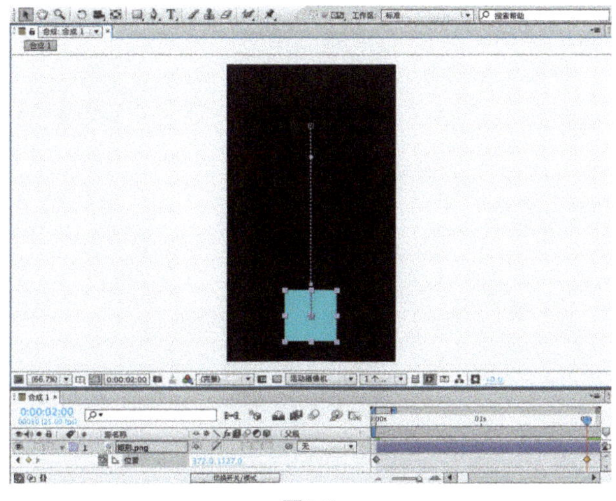

图9-11

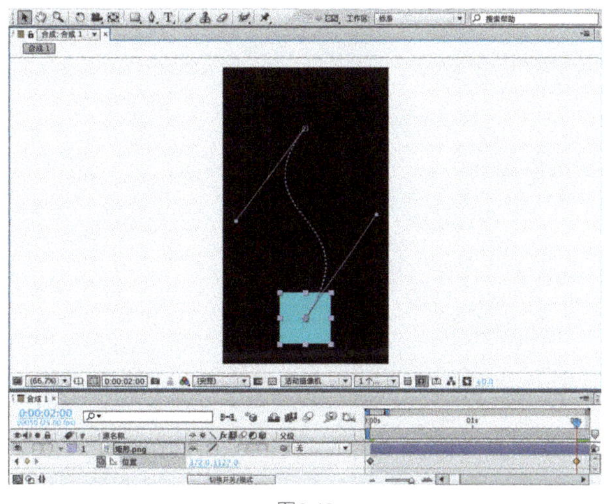

图9-12

通过上面的介绍，大家对动画的产生应该有了一定的了解，实际上，关键帧、时间和属性的变化决定了动画的最终效果，如同一个图层对位置发生变化，两个关键帧在时间轴上时间间距越短，则运动速度越快。使用时间轴类软件进行动效设计一定是一个不断进行调整的过程，这也是这类软件进行交互动效设计时不如本书后续章节介绍的软件效率高的一个原因，但是多使用时间轴软件进行动效的制作和分析，能让我们更好地理解动效，提升自己的动效设计感觉，并设计出更加优秀的动效。

9.2 更加真实的动效

在本节中，将带领大家完成AE教学中一个经典的入门动效：小球的降落动效。尽管这个动效非常简单，但希望大家在做完这样一个动效后能对AE有更深的理解，同时，还能思考这个动效背后所包含的知识点。

（1）将表示小球的图层引入AE，并将图层拖入合成中，如图9-13所示。

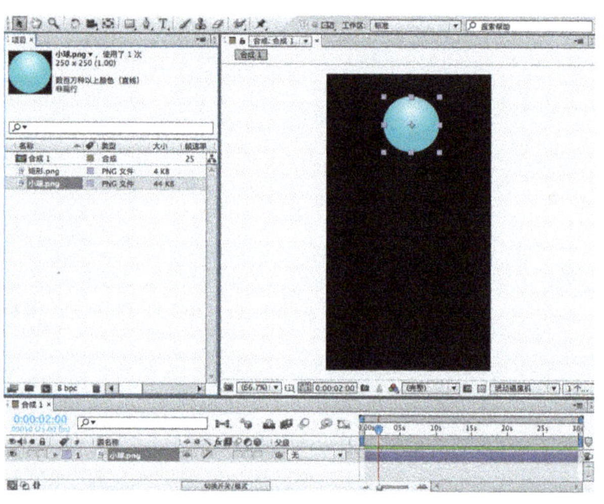

图9-13

（2）在舞台处单击鼠标右键，然后在弹出的菜单中执行"新建>纯色..."命令，新建纯色图层，如图9-14所示。

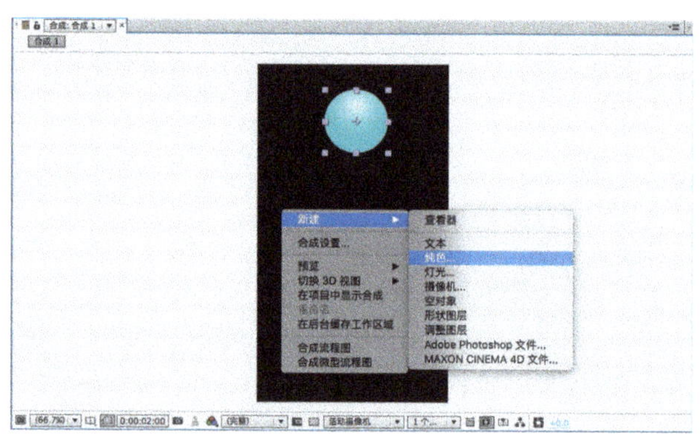

图9-14

（3）在弹出的对话框中将颜色设置为#00BCD4，将名称设置为"地板"，具体参数设置如图9-15所示。

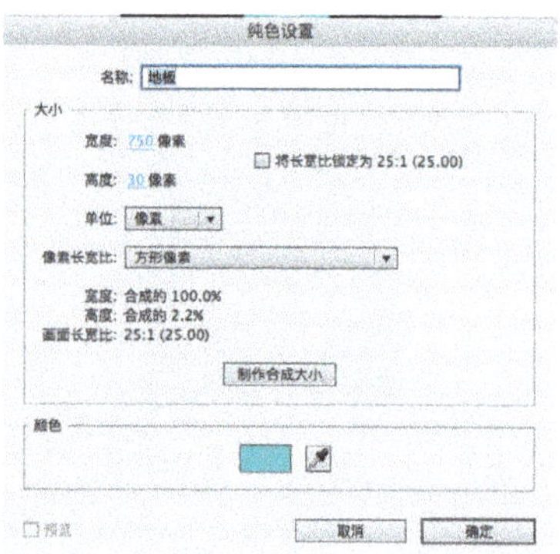

图9-15

（4）将插入的纯色图层移动至合适位置，如图9-16所示，即可开始进行动效的制作。

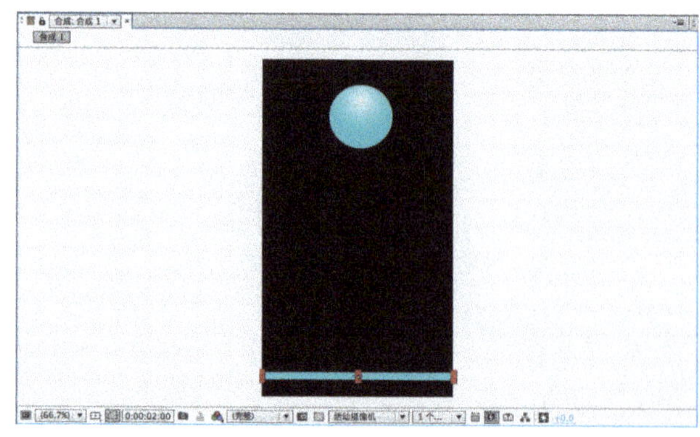

图9-16

（5）选中小球图层，并按快捷键P（位置），然后单击时间轴上位置属性左侧的秒表图标，打一个关键帧，如图9-17所示。

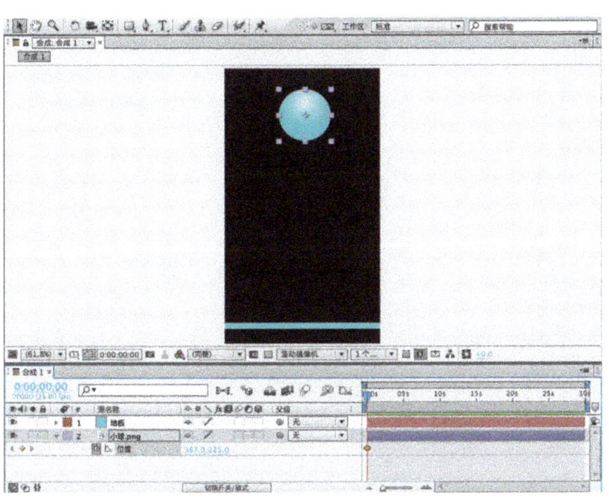

图9-17

（6）将时间轴上的"当前时间指示器"拖动到合适的时间位置，然后按住shift键竖直移动小球到地板位置，如图9-18所示。

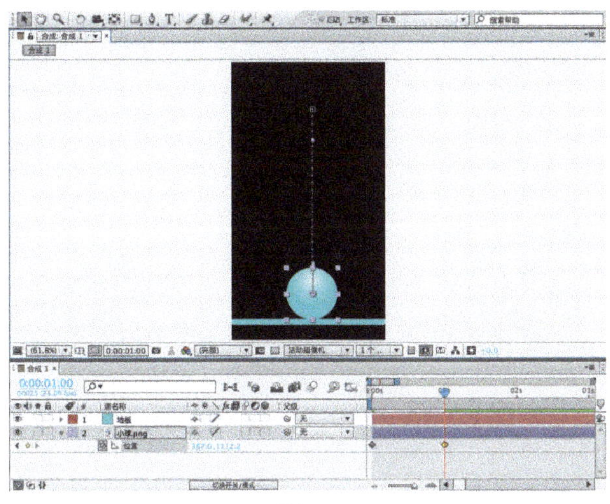

图9-18

> 提示：此时便完成了一个小球降落的动效，但是实际生活中一个小球落到地面，一定不是这样的动效，一般会有一个反弹再落下再反弹再落下的过程，并且反弹的高度逐渐降低，为了让动效更加真实，需要对这一效果进行模拟。

（7）将"当前时间指示器"移动到比上一步中距离起点的长度更近的地方，然后选中小球图层，并按住shift键将小球向上拖动，拖动到比最初高度低的位置，如图9-19所示。

（8）此时时间轴上出现了3个位置的关键帧，然后用鼠标左键在第2个关键帧上单击，并按快捷键command+C进行复制，接着将"当前时间指示器"拖动到比第2个关键帧和第3个关键帧之间距离更短的位置，最后按快捷键command+V对关键帧进行粘贴，如图9-20所示。

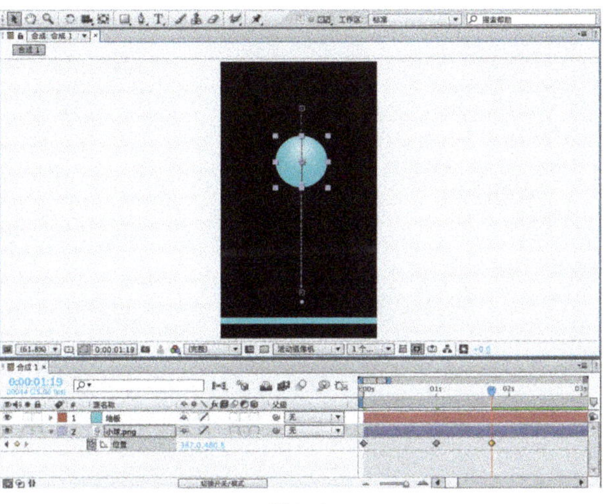

图9-19

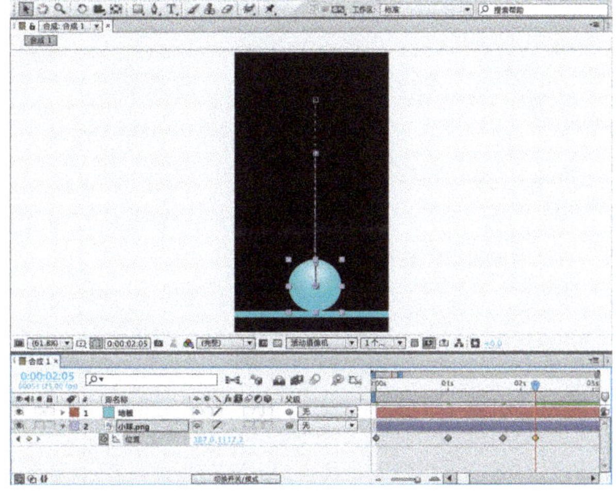

图9-20

（9）重复上述操作，每次关键帧之间的间隔都不断缩小，每次反弹的高度也不断变小，重复3次，如图9-21所示。

（10）对每个关键帧进行微调，让速度更加接近实际效果，如图9-22所示。

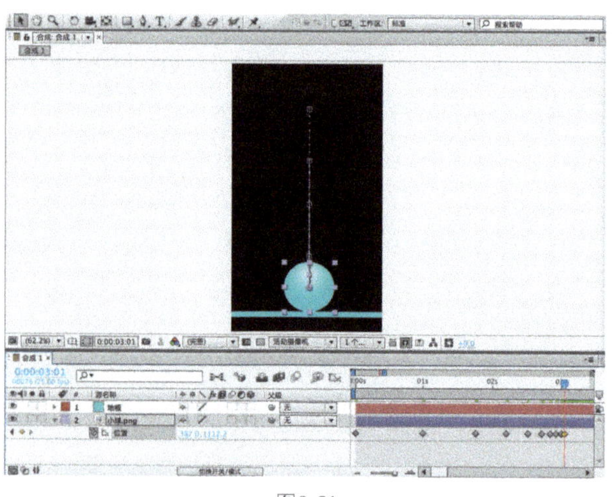

图9-21

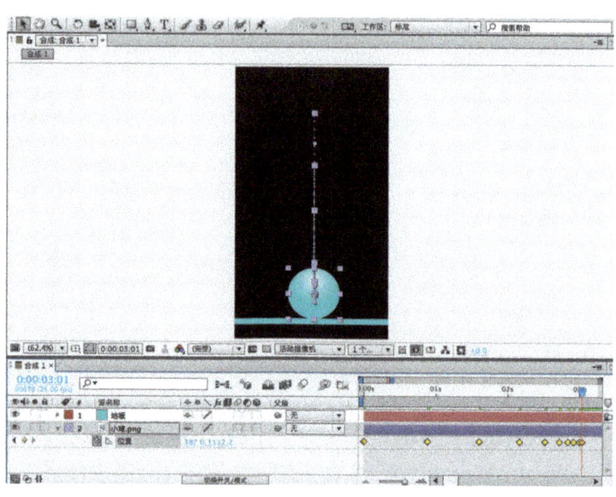

图9-22

（11）即使如此，大家可能还是会觉得这个动效有点怪，这是因为在实际中，物体在运动状态下会产生一些视觉模糊，而不会完全看清。在AE中，可以很容易地模拟这一模糊效果，操作方法是在时间轴左侧单击运动模糊开关，单击后变成，如图9-23所示。

（12）在小球图层上打开运动模糊功能。单击运动模糊图标下方的矩形选项框即可打开，再次单击可关闭，如图9-24所示。若看不到设置小球运动模糊效果的开关界面，请单击左下角的图标。

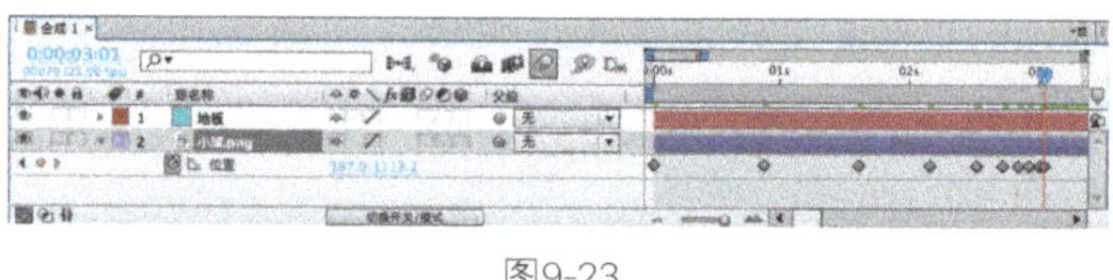

图9-23

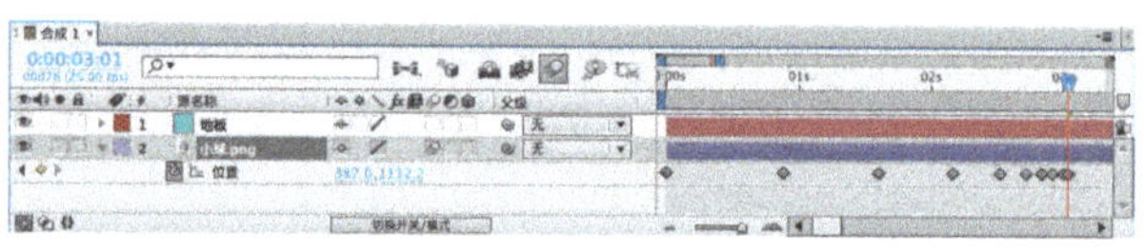

图9-24

（13）此时可以看到小球在移动过程中会自带一定的模糊效果，如图9-25所示。

（14）若需要对模糊的程度进行修改，可以在舞台处单击鼠标右键。然后在弹出的菜单中选择"合成设置…"命令，接着在弹出的对话框中单击"高级"选项卡，即可看到运动模糊的设置，如图9-26所示。里面的数值大家可以根据需要进行修改，在此不做过多介绍，一般情况下，建议使用默认数值。

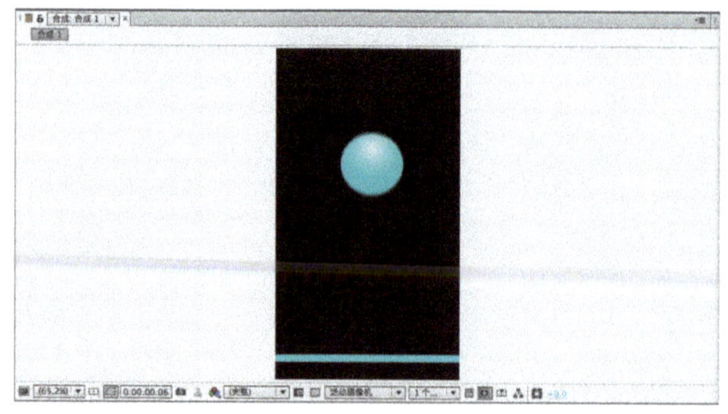

图9-25

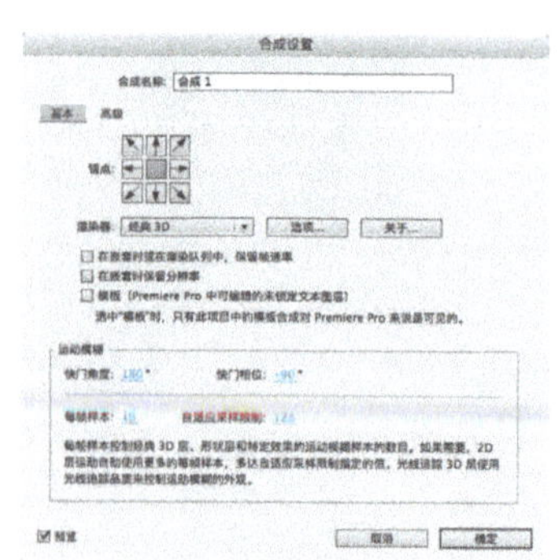

图9-26

此时进行预览，会发现视觉上舒服了很多，但实际上要更加接近真实，小球在落地的瞬间还有一个挤压变形的效果，因篇幅有限且和交互中的动效关系不是很大，在此不做展开。

通过上述实例可以看到，动效的制作是一个原理简单但重复工作非常多的事情，而且对人的耐心和细心度有很高的要求。

本节让大家通过上述实例了解更加真实的动效，是因为在交互动效设计中，动效应该尽可能地模拟真实情况，如加速度和弹跳等效果。当前的一个设计趋势是，界面越来越扁平，交互越来越拟物。在下一节中，将向大家介绍移动交互动效设计的基础知识。

9.3 理解移动交互动效设计

9.3.1 移动交互动效设计的概念

在本书中所提到的移动交互动效设计，是指用户在使用App时进行交互后产生的动效，也可以将其理解为UI动效。非常常见的有刷新的动效，页面之间跳转的动效，图片缩放的动效等。

优秀的交互动效可以提供超预期的用户体验，可以增强用户粘性，相比普通的动效设计，UI动效设计往往是非常微小的动效，但是正因为是微动效，所以需要设计人员对每一帧都进行深入思考和不断尝试，获取视觉和体验的最佳平衡。

一般来说，交互动效的作用有两种：用户操作的反馈提示以及视觉的引导。

用户操作的反馈提示常见的如点击按钮后按钮颜色和状态的变化、页面的跳转等。

视觉的引导功能在数据类页面中比较常见，如用户第1次进入数据类页面，数据由0到实际数值的一个变化动效。

9.3.2 移动设备的手势

在进行移动交互动效设计之前，应先了解移动设备常见的交互手势，前面提到，移动交互动效的一个作用是对用户操作的反馈提示，这便需要我们针对不同的手势设计不同的动效。

1.点击

这是触屏设备最常见的一种手势，即用户用一根手指单次点击屏幕。一般按钮和输入框的触发需要使用这种手势，对于点击手势的动效设计应使用明显的反馈效果，且动效的时间不应影响执行效率，如图9-27所示。

在iOS设备的拨号界面中，点击数字按钮会给予反馈动效，点击完成后效果立刻消失，不会出现延迟现象以至影响软件操作效率。

图9-27

2.双击

该手势是指用户非常快速地连续两次点击屏幕，类似于鼠标的双击，在移动设备中使用双击手势最常见的情况是，在浏览图片时对图片进行快速的缩放，如图9-28所示。在iOS设备的"照片"应用中浏览图片时对图片双击即可快速放大该图片。

图9-28

在设计双击缩放图片的动效时，双击的地方一般默认为图片缩放的中心点，即围绕双击的位置进行缩放，一般该动效程序可以直接写出不需要额外进行设计。

3.拖动

拖动是指用户按住界面上某一元素并对其进行拖动的手势，拖动的区域可以是任意的，也可以是固定在某一范围的，常见的如对滑杆的拖动，如图9-29所示。

图9-29

用户拖动滑杆上的圆点（右侧）后，圆点变成左侧的水滴状，并在中间显示数值，在拖动过程中数值会随之发生变化，且用绿色和灰色进行区分。手指释放后圆点恢复初始状态。

拖动的动效路径应与手指移动的轨迹相同，也可以如图9-29所示，当用户按住某一元素时给该元素一个反馈动效。

4.长按

长按是指用户持续按住某一内容，一般使用该手势可以执行删除或者弹出菜单功能，有点类似于鼠标右击的功能。图9-30所示的是在Windows Phone设备的应用列表中对某一应用名长按，可以弹出将该应用固定到"开始"屏幕的菜单。

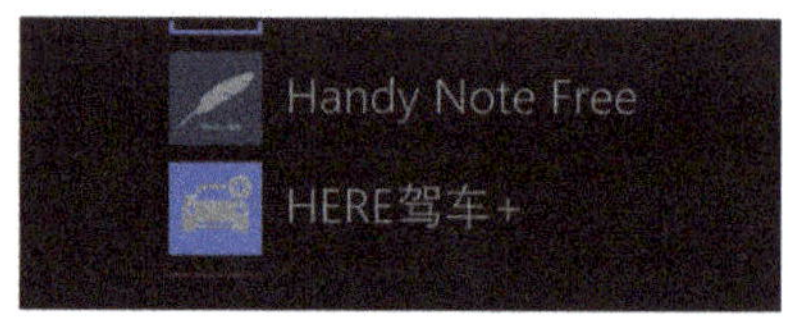

图9-30

在iOS设备桌面上长按可以删除App，这也是非常经典的一个交互例子。长按手势一般需要告知用户——即用户在新接触某一应用时，很少会不需要告知便知道可以长按。在进行动效设计时，对长按的操作反馈最常见的是设计一条进度条提示需要按住的时间。

5.滑动

　　滑动是指用户从屏幕的一侧轻扫到屏幕的另外一侧的手势，滑动可以分成左滑动、右滑动、上滑动和下滑动，针对滑动的起始位置不同可能会有不同的效果。

　　一般来说，上下滑动是最常见的手势，对列表和文章等需要多屏展示的内容会需要上下滑动来查看，此时的滑动区域应是内容本身的区域，若从屏幕上方往下滑可能会出现系统层的内容，如下拉通知，从屏幕底部往上滑可能出现快捷功能，如iOS设备的底部快捷菜单，如图9-31所示。

　　左右滑动也会因为滑动区域的不同而产生不同的效果，如在浏览网页时，在banner区域左右滑动，可以切换banner；若在使用App时，尤其是采用Material Design设计的App，左滑往往会出现菜单。

　　针对某一列表左右滑动，又可能会是打开这一列表的操作菜单。如iOS设备上的"邮件"应用，在邮件列表中对某一列表左滑，可以看到会出现3个菜单："更多""旗标"和"删除"。而再次右滑则会退出菜单，如图9-32所示。

图9-31

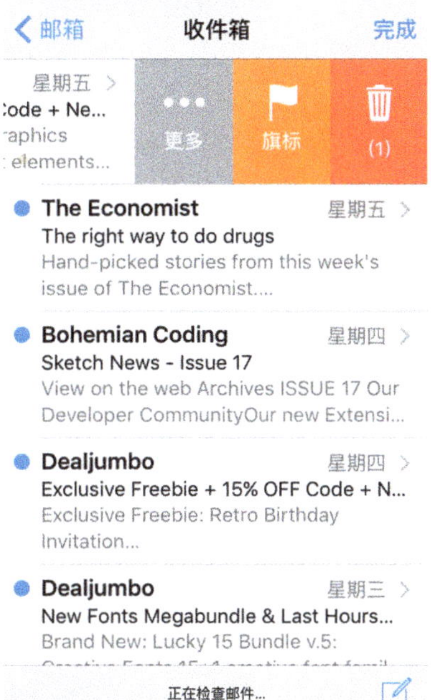

图9-32

6.双指缩放

双指缩放的手势是指两个手指在屏幕上捏合和扩张的操作，一般用于执行界面的缩放功能。相比双击放大图片，双指缩放几乎可以缩放任何内容，且缩放更加直观和精确，一般在地图类应用和游戏类应用中使用该手势较多，如图9-33所示，左右两个界面是使用双指缩放的对比效果。

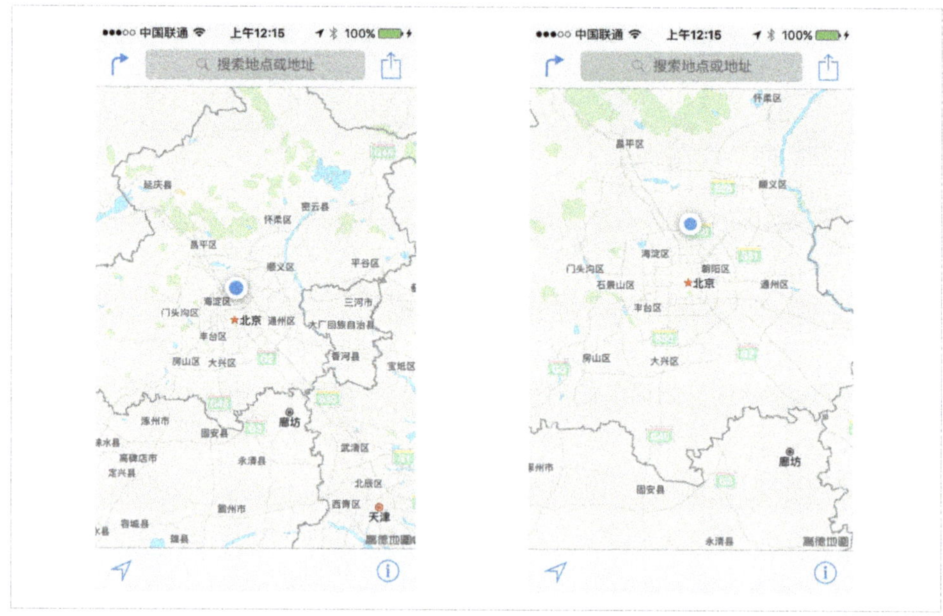

图9-33

7.旋转

旋转指用两个手指在屏幕上旋转，可以对某一元素执行旋转操作，如图9-34所示。在iOS平台上的"照片"应用中可以对照片进行旋转操作。但是这一操作在实际应用中使用得不多，在特定场景尤其是游戏中会有所应用。

以上是移动设备的常见手势，除此之外针对设备的不同以及手机和平板的不同，还有特定的手势，如iPhone 6s和iPhone 6s Plus上的3D Touch手势，以及在iPad上可以支持五指捏合返回桌面等手势，但这些手势一般有固定的动效，程序直接引用即可，且一般不支持自定义。

在设计移动交互的动效时，一定要考虑交互手势的运用，所有的动效要符合用户的预期。关于动效设计中需要注意的事项和原则，在下一节中向大家介绍。

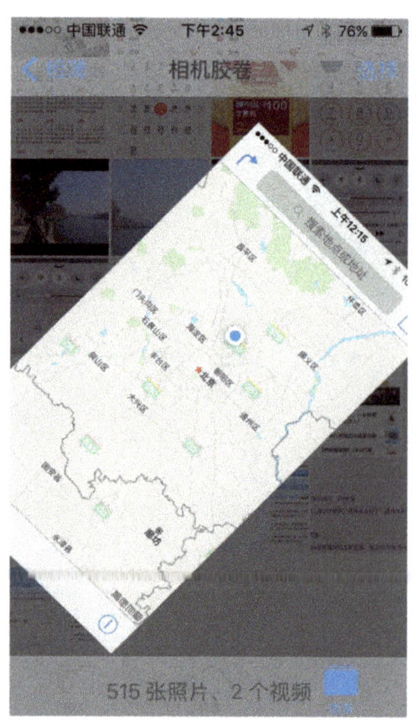

图9-34

9.4 移动交互动效设计的注意事项

本节中提到的几点注意事项，是笔者在多年工作中总结出来的，大家在进行动效设计时，应多总结思考，相信在进行一段时间的设计后再回来看这些注意事项又会有新的体会。

■ 任何动效的持续时间最好在0.3~1秒之间

移动交互动效不同于动画，用户使用软件的目的不是为了欣赏动画——就算这款应用中动效做得再精美，过长的动效也会给用户带来不便。所有的动效应该是瞬间完成的。但是动效又不应该过短，过短的动效会让用户察觉不到。如设置页面中按钮的动效和搜索框选中后的动效，都应该是在0.3~1秒之间持续，这样用户既能很清楚地感受到动效的出现，又不会因为动效而导致用户需要花时间去等待，如图9-35和图9-36所示。

图9-35

图9-36

■ 动效的出现和效果要符合用户的心里预期

一般来说，合理的动效是用户可以预期到的，如最常见的侧滑菜单，当用户向右滑动时该菜单也会从左侧向右滑出，如图9-37所示。若用户向右滑动，给出的动效是菜单从底部弹出或者从上方弹出，都会给用户造成困扰。

图9-37

■ 动效应基于系统动效进行设计

不管是 i O S 、安卓还是 Windows Phone平台，都有大量精美的系统动效。图9-38所示是iOS自带下拉刷新的动效，而图9-39所示的"想去"这款App的下拉刷新动效出现的位置也是在相似的地方，动效的视觉效果也类似。这是因为用户往往对系统自带的动效很熟悉，当你的应用中出现相似动效时用户能第一时间理解，降低学习成本，能更好地使用软件。

当然，如果是进行游戏的设计，可以不用基于系统动效进行设计。在实际工作中也应该灵活选择，确保动效的出现能更好地提升用户体验即可。

图9-38　　　　　　图9-39

■ 在一款应用中相同功能的动效应是一致的

动效除了在视觉上能提供更好的用户体验，同时也可以起到引导和提示用户的作用，在同一款应用中，表示相同功能的动效应是一致的，这样用户在熟悉这款应用后看到动效便在一定程度上可以明白执行了什么操作，而且一致的动效会让软件整体非常有秩序和整洁。如图9-40和图9-41所示，在iOS平台的"日历"应用中，不管哪年哪月，从年到月的动效是一致的。

图9-40　　　　　　图9-41

■ **在需要用户等待的情况下应尽可能地设计动效来增强用户等待的耐心**

虽然现在的网速和硬件配置越来越快，越来越强大，但是随着各应用商店中大部分软件用户体验的不断提升，让App越来越好用，一定程度上导致用户的耐心也越来越差（当然我们要相信用户的耐心本来就是差的），一些需要时间进行加载的应用，应设计一个简单有趣的动效来分散用户的注意力，让用户可以"忽略"等待的时间，如页面加载时和刷新时等。图9-42和图9-43所示是Android L的开机动画，在系统加载完成前，小圆点会不断地运动，非常有趣。

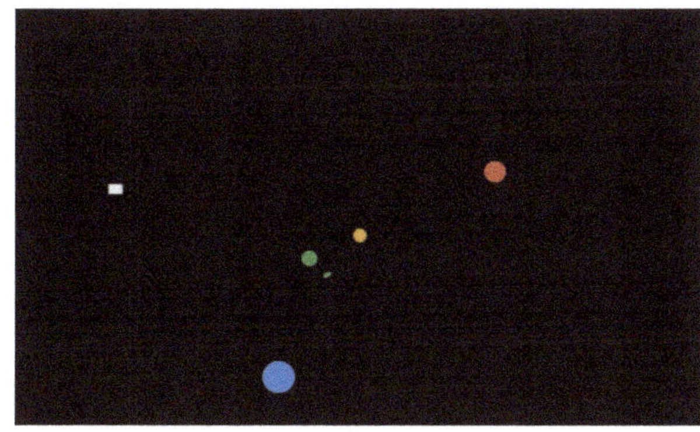

图9-42

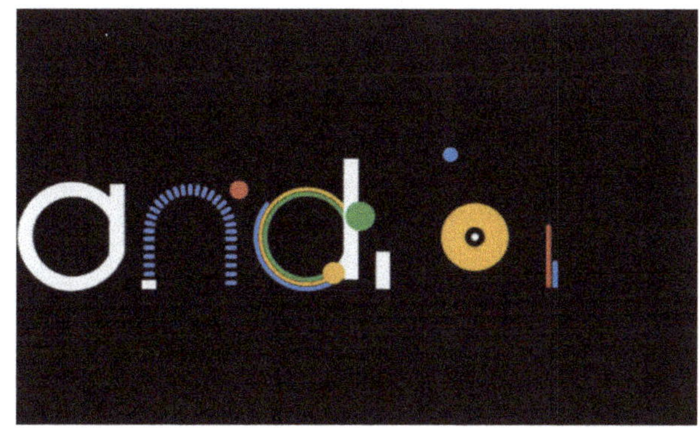

图9-43

■ **设计动效时应综合考虑，平衡性能和开发难度，并非动效越多越好**

在移动UI动效设计中，特别是交互动效，动效存在的意义并非为了动效而动效，对于用户来说，一款应用的流畅度是很重要的，而过多的动效会导致更多的资源消耗，如果动效影响了软件的整体效率，那么这个动效在设计时就需要重新思考。对于开发来说，每一个动效的实现都可能需要大量的代码，而互联网的应用对时效性的要求非常高，在日常工作中，常常会遇到因为时效问题压缩动效的实现（如为了产品能按时上线，如果需要砍掉一部分需求，往往会先想到砍掉部分对功能影响不大的动效的需求）：虽然这更多的是产品经理关注的事情，但是作为设计师，具备一定的换位思考的思维也是非常重要的。在iOS系统中提供了"减弱动态效果"的设置来节省电量和提升系统流畅度，如图9-44所示。

做动效设计时，要明白动效是为了更高层次的用户体验而生，而非必不可少的内容。

图9-44

图9-45

■ **动效应该尽可能真实地模拟现实**

在移动交互动效设计中，动效应尽可能地模拟地实世界，如通过投影和速度等来体现物体的轻重和高低，尽量避免使用直线匀速运动。在本书下一章向大家介绍的几款动效设计软件中，都能很容易调整元素的运动曲线需要，让动效更加生动形象。在图9-45中相比红色小球的匀速运动，绿色小球的运动能给用户更加明确而愉悦的指示。因为迅速加速和平滑减速会让用户感到自然和愉快。

■ 动效应能明确地引导用户

好的动效一定可以让用户直观地感受到"是如何来到了这里"，页面之间的跳转会有一定的衔接，具有连贯的视觉性，每一个页面之间的跳转都应该包含3个元素：新入元素，即跳转后页面的内容；淡出元素，即上一个页面在跳转中消失的内容；通用元素，即两个页面中共同的元素。通用元素并非是不变的元素，在跳转中大小和形状等属性可以发生改变。例如，用户在点击通讯录时，名字起着一个衔接的作用，能让用户很清晰地感受到两者的关联，如图9-46和图9-47所示。

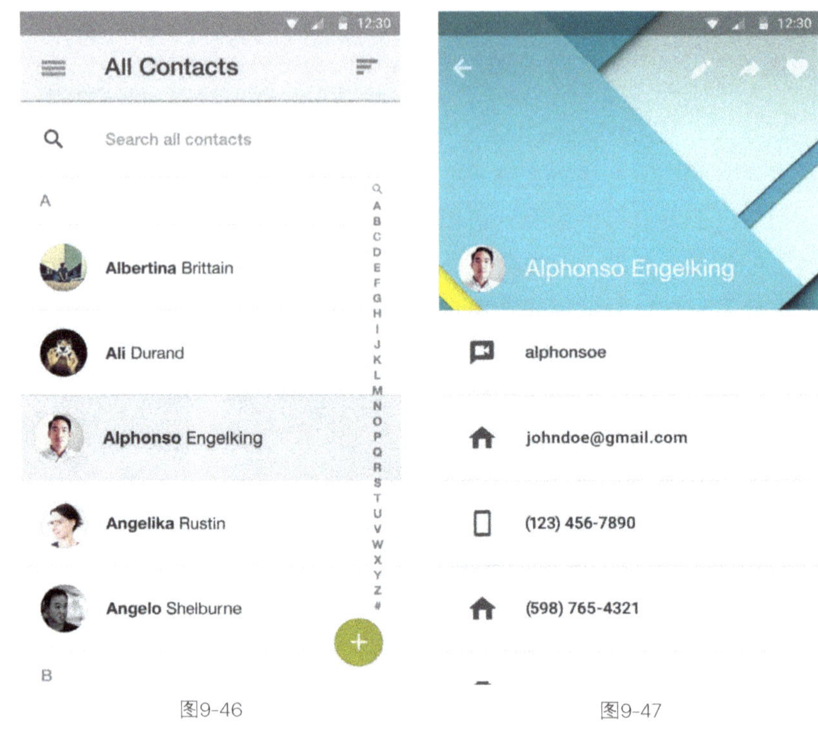

图9-46　　　　　　　　　　图9-47

■ 动效应具有层次性和逻辑性

在移动交互动效设计中最常见的动效是涉及元素的出现和消失，在设计动效时，对每个元素的运动规律和顺序都应该做一定的思考，如何更好地引导用户。如元素之间的出场和消失的动效最好不要同时出现，但是也不应该过于有先后顺序的区分，应让整个动画过程平滑流畅。元素之间的运动在一个屏幕上也最好有一个统一的焦点，避免混乱不连贯的动画，元素以随机方向离开或进入造成用户的困惑。元素运动的规律应是有层次和逻辑的，而不是混乱的，如图9-48和图9-49所示的对比效果。（该图出自《Material Design》官方文档）

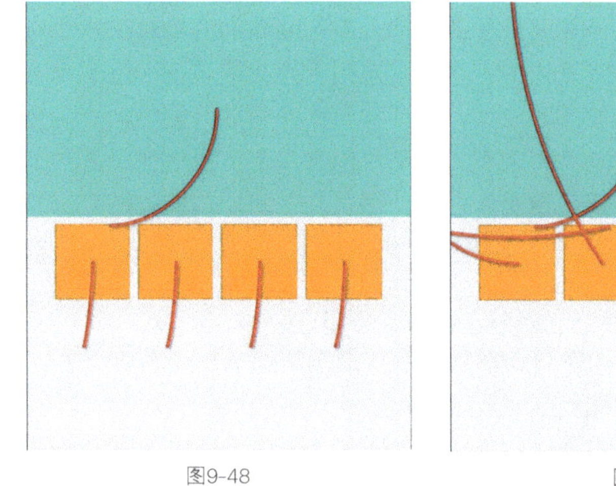

图9-48　　　　　　　　　　图9-49

9.5 本章小结

以上是大家在进行移动交互动效设计时应注意的几个点，大家一定要相信动效制作方法是非常简单的，但是做出优秀的动效却不是一件容易的事情。在日常工作中，应多对优秀的动效范例做分析和思考，关于如何对动效进行分析在本书后续章节也会向大家介绍。在下一章中，将向大家介绍常见的交互动效设计软件，以及会选取一些笔者认为效率和效果均非常不错的几款软件做深入介绍。

CHAPTER 10

让界面动起来

在上一章中向大家介绍了移动UI动效设计的基础知识，相信大家已经对动效设计有了基本的概念。在本章中将向大家介绍几款非常简单好用的动效设计软件，这些动效软件往往有着几个共同点：专为UI动效而生、能和Sketch无缝衔接、能在移动设备上实时预览和交互。

但同时也必须要了解的是，任何软件的本质都只是工具，一款软件如何用，能够做出怎样的效果，都取决于使用软件的人。大家在平时工作中可以对任何动效软件都做了解，综合比较后选择最适合自己的，并且也可以在不同的场景使用不同的软件进行设计。

10.1 常见UI动效软件介绍

在早几年移动互联网刚出现的时候，交互设计师往往只能选择AE做动效设计，但最近几年，有越来越多的UI动效设计软件出现，这些软件相比AE，完全为UI动效设计而生，并且几乎所有都软件能模拟真实交互体验，让设计师有了更多更好的选择。在本章开始，便向大家介绍目前市面上常见的几款动效软件，让大家对这些常见软件有一个基本的认识。

动效设计软件根据自身的特色，按照入门门槛从易到难可以分成4类：快速交互原型动效软件、 时间轴为设计导向的动效软件、信号流式的动效软件和需要编程的动效软件。除了需要编程的动效软件，其他3类软件在熟练掌握其中一款后，再学习其他动效软件会非常容易，但不管怎样，建议大家都应该至少认识这些软件。

10.1.1 快速交互原型的动效软件

这类软件最大的特点是极低的入门门槛，一般普通设计师只需要几个小时的学习便可掌握，并且在进行设计时无需编写代码。这类软件一般都是最近几年才出现的，还没有一家独大的现象，但这类软件是最符合现在互联网时代的需求的，且一般都能很好地和Sketch进行衔接，本书中重点介绍的软件也都是这类软件。

这类软件的代表有：Keynote、Principle、Flinto和Pixate等。

1.Keynote

Keynote是苹果公司于2003年推出的演示幻灯片软件，所有的原生的iOS动效都能在该软件中找到，相比PPT，"神奇移动"这一功能是这款软件最大的杀手锏，也正是这一功能，让Keynote进行动效原型设计成为可能，苹果团队内部也经常用该软件进行原型设计，并且苹果于2014年在WWDC2014上还特别介绍了如何使用该软件进行原型设计（Prototyping: Fake It Till You Make It，网址为https://developer.apple.com/videos/play/wwdc2014-223/）。Keynote的界面如图10-1所示。

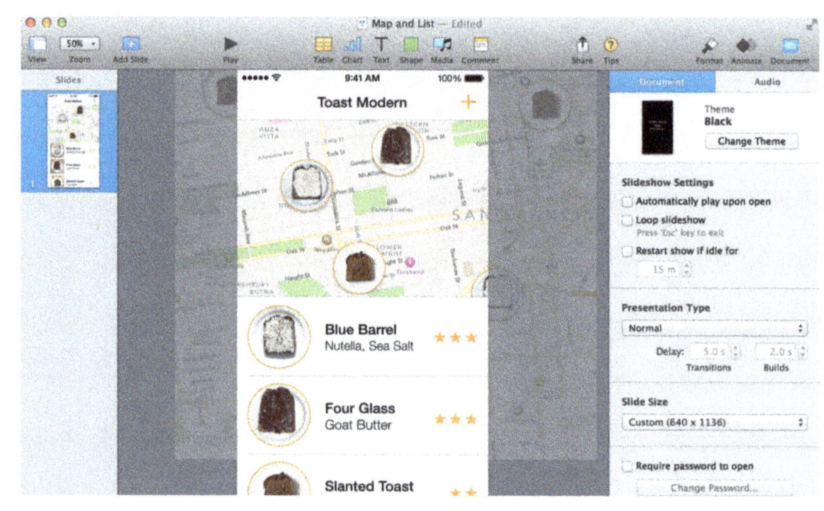

图10-1

该软件几乎不需要专门学习便可设计出动效，但是该软件设计的动效往往精细度不够，对于低保真原型的交互动效设计使用该软件再合适不过了。

在本书10.2节会对该软件做详细介绍，在此不做过多描述。

2.Principle

相比Keynote，Principle可以说是真正意义上的UI动效设计软件，该软件由苹果的前工程师研发，该软件的官网为http://principleformac.com/，该软件的界面如图10-2所示。可以看出和Sketch很相似，Sketch的图层可以直接复制粘贴到Principle。该软件也在iOS设备上的App客户端，可以让设计出来的效果在该App中实时呈现，并且该软件支持录制演示视频，并保存为视频格式或GIF动画。

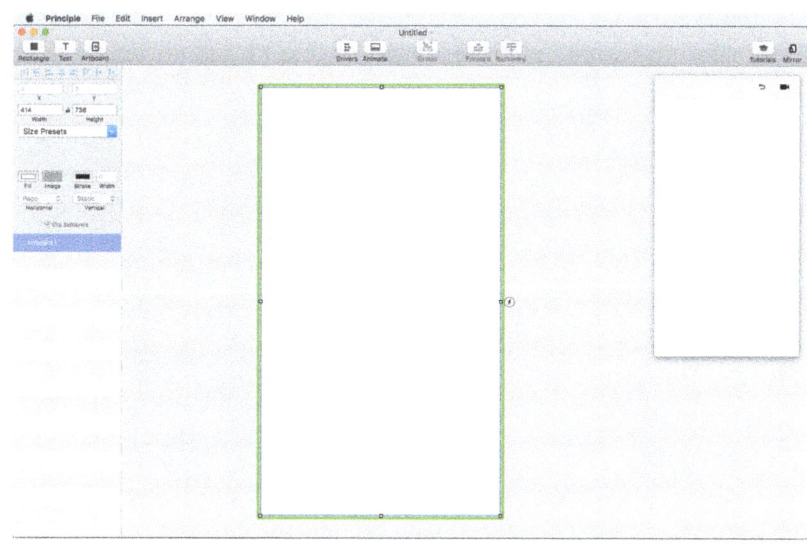

图10-2

在本书10.3节会对该软件做详细介绍，该软件也是强烈推荐大家进行学习的一款软件。

3.Flinto

Flinto和Principle类似，但是Flinto专门为Sketch开发了一个插件，通过该插件大家可以非常方便地将Sketch的图层导入到Flinto里面，相比Principle，界面之间的专场动画在Flinto中能更加方便地实现，打开Flinto后大家会发现界面也和Sketch十分相似，如图10-3所示。Flinto内置了大量的预设，可定义的空间较小。

图10-3

Flinto最初是一个简单的Web原型工具，并不是用来制作动效的，但随着软件的发展，特别是Flinto For Mac的推出，无论是动效效果还是易用性都得到了提升，但是对于细小动效的设计仍然不适合。所以若需要设计展示页面之间的跳转动效，Flinto是比较适合的一款软件。

该软件同样有iOS设备的App客户端，可以用来进行真机模拟演示，实际上该软件在目前行业内更多的是运用在原型设计上，若掌握了Principle等软件再来接触该软件，足够可以做到无师自通。有兴趣的朋友可以在阅读完本书后续章节后使用一下Flinto，相信会很快上手。

4.Pixate

Pixate是上述软件中唯一一款可以在Mac和Windows上运行的软件，对于使用Windows的设计师来说，这款软件是最好的选择。该软件目前已经被谷歌收购，谷歌收购后直接将该软件变成为免费软件，Pixate的界面如图10-4所示。Pixate的官网为http://www.pixate.com/，可以直接在官网进行下载安装。

相比前面介绍的几款动效设计软件，Pixate可以将动效做得更加精细：可以设计出界面的层次感并嵌入交互手势；可以让设计出来的动效文件上传，方便团队进行共享。Pixate也可以直接调用Xcode中的iOS模拟器，模拟真机体验。并且Pixate移动端的预览App，不仅支持iOS平台，而且支持安卓平台。

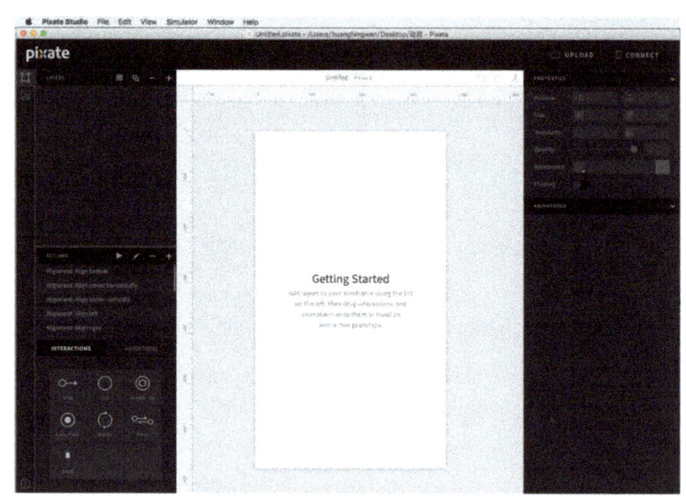

图10-4

但是Pixate最大的一个问题是只支持一个界面的动效，若两个完全不同的界面需要做动效，就需要分别创建两个文档。所以，若只需设计一个界面的动效时，可以选择Pixate。在本章10.4节也会对该软件做详细介绍。

10.1.2 时间轴为设计导向的动效软件

这类软件往往是早期的设计软件，从本质上说，使用这类软件设计的动效往往是一段视频，虽然可以很直观地看到动效的呈现形式，但是无法对动效进行交互。这类软件的入门相对于第1类软件会慢一些，但使用这类软件能让我们更好地理解动画的原理，并且可以完全依照自己的想法进行设计。这类软件的代表有Adobe After Effects、Adobe Flash以及非常有潜力的Hype3。

这类软件都有时间轴，动效的实现是通过对元素在时间轴上打关键帧来实现，也正因为如此，常常使用此类软件对动效进行分析（本书第11章有对该方法的详细介绍）。

1.Adobe After Effects

Adobe After Effects简称AE，是一款非常强大的图形视频处理软件，一般用于视频的后期处理，该软件本质上并不是UI动效设计软件，但是因为AE能设计出非常好的动画效果，所以一些相比交互更注重视觉的动效设计依然会选择在AE上进行设计。关于AE的优缺点在本书第9章已经有详细介绍，在此不做展开。

本书写作过程中AE的最新版本为CC2015，启动界面如图10-5所示。

图10-5

2.Adobe Flash

Adobe Flash同样是由Adobe公司推出的动画设计软件，Flash是一款矢量动画设计软件，被大量运用于Web动画的制作中，Flash制作的动画具备短小精悍的特点，而Flash最大的优点是具有强大的补间动画功能，Flash也支持一定的交互。

但是因为Flash自身的一些特点，iOS平台并不支持Flash，且2012年8月15日，Flash也宣布推出安卓平台，这意味着Flash几乎已经告别移动端。所以若使用Flash制作动效，导出的格式并不能很好地在移动设备上进行传播。

使用Flash进行动效设计的方法和After Effects有很多相似之处，但相比After Effects，Flash最初是为了快速生成动画而生，在UI动效，特别是移动UI动效设计上不具备太多优势，若在After Effects和Flash两款软件中二选一进行学习设计UI动效，笔者更建议大家直接学习After Effects。

图10-6所示的是本书写作过程中Flash最新版本（Flash CC 2015）的软件界面。

3.Hype3

Hype3是一款非常强大的Mac独享软件，该软件可以无需编写代码创建HTML5网页和动画，这对设计师来说是一大福音，该软件设计出来的全部动效均可导出为HTML文档，极大地方便了传播和共享。虽然这款软件最开始是为了帮设计人员无需代码制作HTML网页，但随着这款软件被越来越多的人喜爱，加上这款软件本身的一些特点，也有越来越多的人用该软件进行UI动效的设计。

国内现在有越来越多的Hype3教学资源，笔者强烈建议大家去学习和了解。该软件也可以和Sketch进行非常好的衔接。Hype3的下载地址为http://tumult.com/hype/，普通版的售价为328元人民币，若是专业版的完整版则是656元人民币，可以直接在App Store里面购买基础版后内购升级。

图10-7所示的是Hype3的启动页面，可以看到该软件有官方中文版，且有非常完善的教程可供大家学习。Mac独享软件的一个特点是具有相似的用户体验，大家可以看到和Sketch类似，属性面板也在界面的右侧，相信大家学会Sketch后再学习该软件是一件很容易的事情。

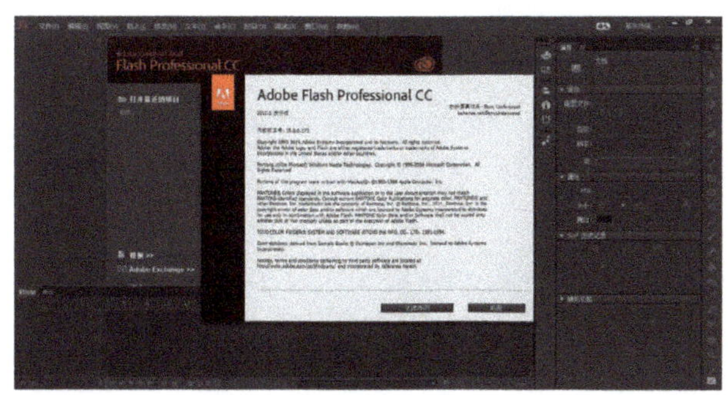

图10-6

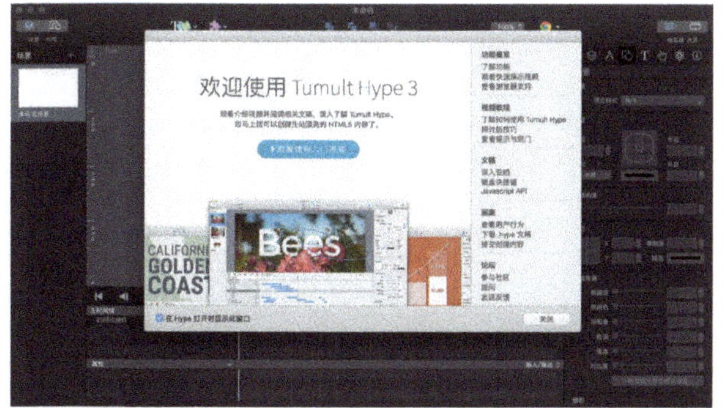

图10-7

10.1.3 信号流式的动效软件

信号流式的动效软件其实很早之前就已经出现了，典型代表为Quartz Composer。这类软件对于初次接触动画设计的人员来说，入门门槛比前面介绍的几款软件相对较高，可以把这类软件理解为图形化的编程工具，这类软件生成的文件一般都是可以交互的，而且设计思路更接近于编程思路，方便程序员代码的实现。若学会了这类软件，理论上可以设计出移动设备可以实现的任何效果。要学习这类软件，最好有一定的编程基础，便于理解，如会JavaScript等方便实现复制的动效。

除了Quartz Composer外，常用于移动UI动效设计的还有Form和Noodle。这类软件建议立志成为交互设计师的朋友去了解和学习。

1.Quartz Composer/Origami

最早，苹果公司在OS X 10.4 Tiger的开发软件包中便自带该软件，但是被广泛运用于交互设计上。最大的功臣应该是Facebook开发的Origami（Origami是Facebook的设计团队花费了9个月时间开发的交互设计工具），是基于Quartz Composer的一款插件。安装Origami后，Quartz Composer界面变得更加友好，而且极大程度地提升了易用性，让学习Quartz Composer的成本降低。

大家学习Quartz Composer时可以直接学习Origami即可，使用该软件设计出来的App代表作为Facebook Paper。国内也有越来越多的设计师使用Origami进行交互设计，大家可以在Origami的官网http://facebook.github.io/origami/看到更多详细的内容。Origami还特别针对Sketch开发了插件，如图10-8所示。

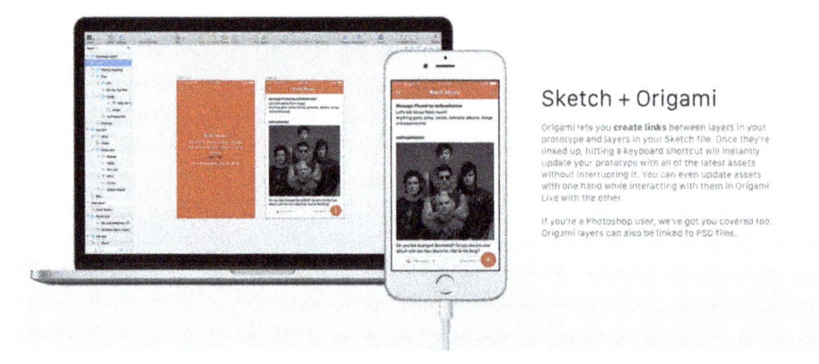

图10-8

Quartz Composer/Origami是一款免费软件，安装Origami需要先安装Quartz Composer后再进行安装。Origami也开发了手机App可以实时进行效果预览。图10-9所示的是Origami的软件界面，第1次接触到这类软件的朋友估计会很不适应这种界面。如果大家有兴趣，可以去如"知乎"之类的社区搜索相关的学习方法和学习建议。

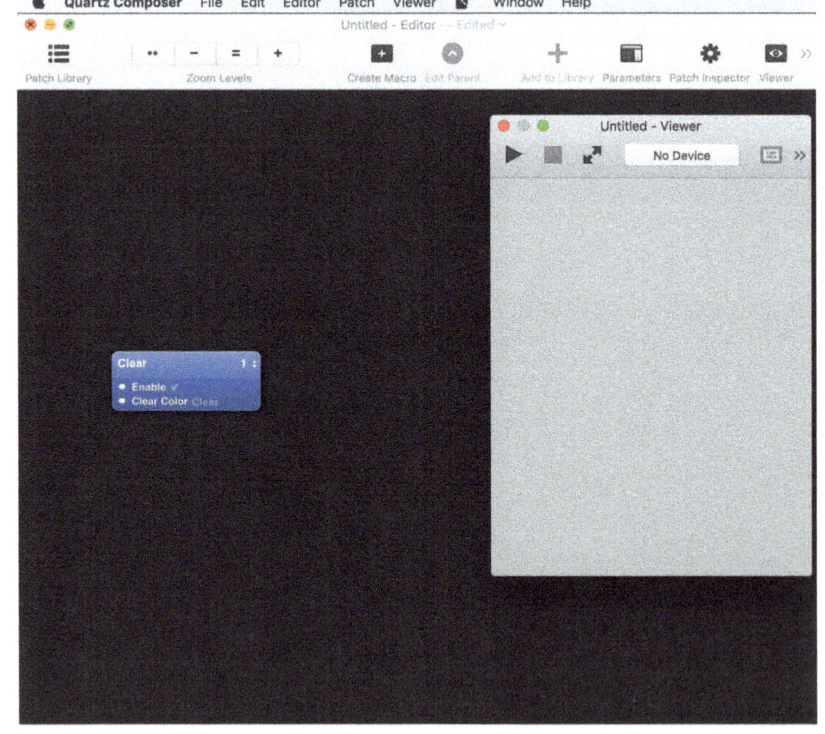

图10-9

2.Form

Form最初是由RelativeWave团队开发的一款收费的iOS原型设计工具，随着RelativeWave在2014年被谷歌收购，该软件已经免费发布，大家可以在Form的官网http://relativewave.com/form/下载到该软件。

相比Quartz Composer最开始的目的是为了制作屏保，Form从一开始就专注于移动交互设计，尤其是被谷歌收购后更是支持Material Design的交互设计，如图10-10所示。

Form的界面和使用方式都和Quartz Composer类似，但是上手比Quartz Composer容易一些，在Patch设置、说明和使用上都更具优势，但是目前Patch种类还不如Quartz Composer丰富。而且不同于Quartz Composer可以生成代码直接给iOS开发复用，Form并不支持直接导入到IDE中。图10-11所示的是Form的软件工作窗口。

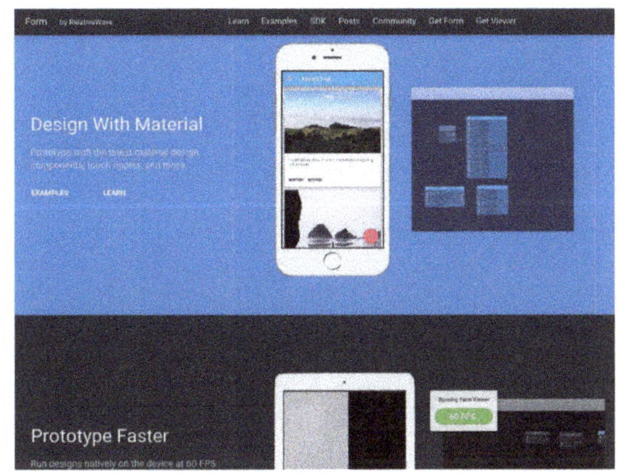

图10-10

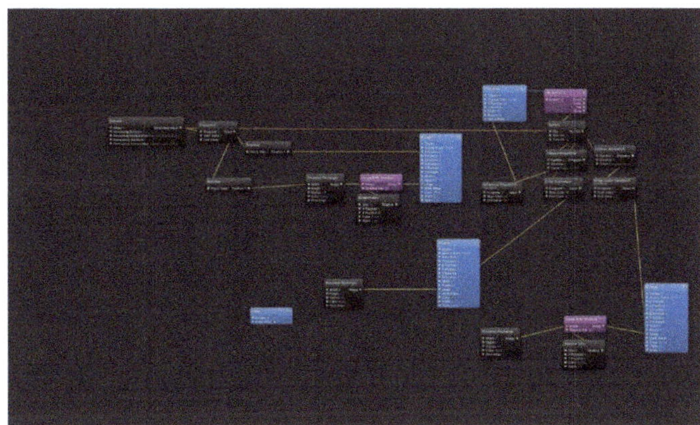

图10-11

3.Noodl

Noodl这款软件刚出来不久，很多人都没有听说过，甚至在互联网上都难找到除了官网外更多的信息，但是该软件作为信号流类的软件是最容易上手的，Noodl的官网为http://www.getnoodl.com/，大家可以在该网站上找到该软件的教程和下载地址，最新版本为0.9.0，界面如图10-12所示。

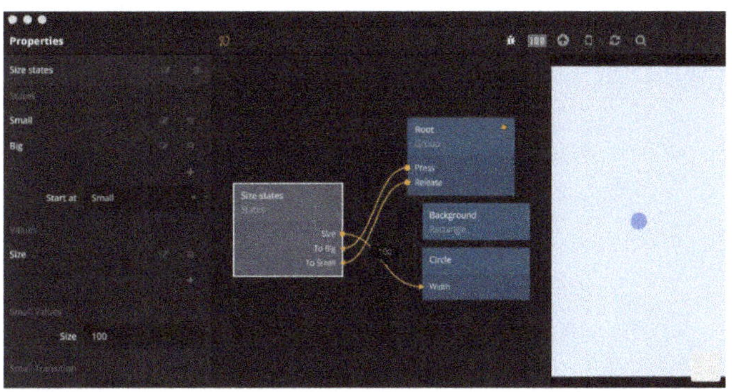

图10-12

10.1.4 编程类动效软件

从名字上便可知道这类的软件是需要编写代码的，或是以编写代码为主的软件，这类软件的代表有Xcode和Framer。使用这类软件进行动效设计的往往是全栈设计师，随着可视化编程工具越来越多也越来越好用，这类软件的门槛也在不断降低。对于普通的UI设计师，这类软件可以不用掌握，但应做了解，而对于交互设计师，能掌握这类软件将会有很强的竞争力。

1.Xcode

Xcode是在Mac上运行的集成开发工具（IDE），是开发iOS App和Mac App的工具，对于交互设计师来说，使用Xcode的绝大部分时间是使用Xcode的Storyboard（故事板），如图10-13所示。

关于设计师是否需要使用Xcode进行动效设计，需要根据实际情况进行分析。笔者作为一名向全栈方向成长的设计师，在工作中深刻感受到设计师懂一定的代码对提升工作效率，并跟程序员更加有效沟通是非常有帮助的。特别是苹果退出Swift语言后，学习代码的成本不断降低。

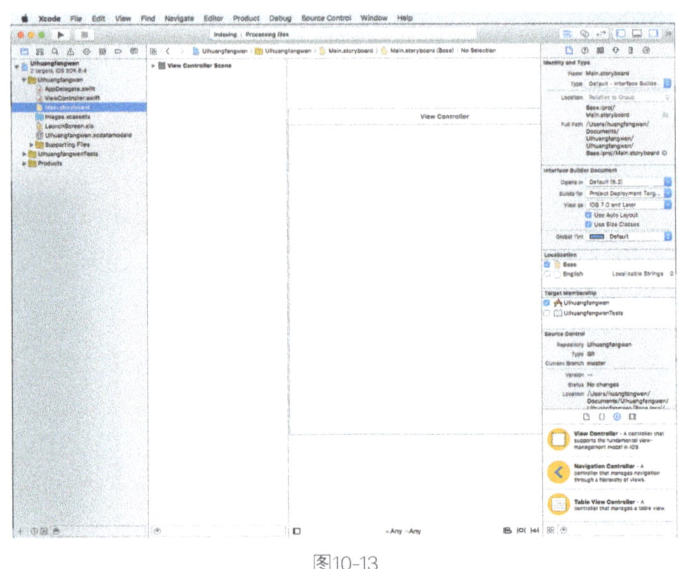

图10-13

关于使用Xcode进行动效设计的教程在互联网上有一些,但并不是特别全面,建议零基础的朋友可以试着从学习代码的角度接触Xcode。虽然入门学习慢了点,但是这样能让大家在遇到问题时,知道如何去解决。

2.Framer

Framer是专门为交互设计师开发的，基于JavaScript的开源框架开发的一款动效设计软件，Framer的官网为http://framerjs.com/，Framer是一款收费软件，但可以免费试用，如图10-14所示。

Framer是基于JavaScript开发的，所以若大家懂JavaScript语言要掌握该软件便非常容易，目前互联网上也有大量关于Framer的教程，笔者认为，作为交互设计师，懂JavaScript语言应该是最基本的要求，所以若完全没有接触过JavaScprit语言，以Framer为动力也是一个很不错的选择。

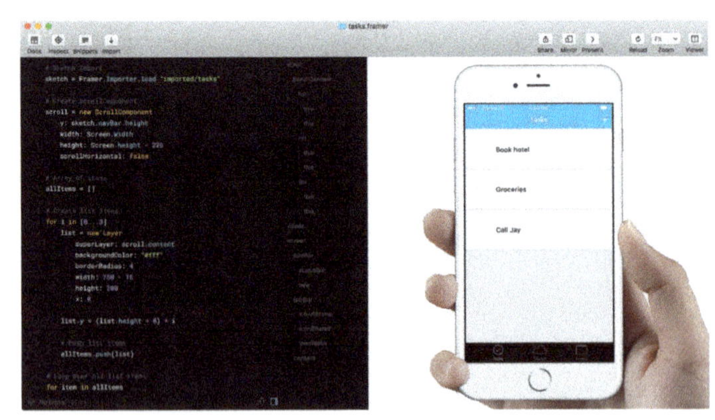

图10-14

以上便是对常见的几款动效设计软件的介绍,大家可以分别去找到对应的软件试用一下,其实所有的软件都只是工具,更重要的是各位设计师的头脑。在工作中选择何种软件我认为只需要把握住3个方面即可。

第1点： 所在团队的软件使用习惯。

第2点： 自己使用效率最高的软件。

第3点： 如何能更快更高效地达成目标。

就如同在设计UI界面时，会以Sketch为主Photoshop为辅一样，在进行动效设计时，也可以使用多款软件进行设计。从下一节开始，将用几个范例带着大家学习以下几款快速交互原型的动效软件，希望大家在学习中对每款软件有更深的体会。

10.2 使用Keynote进行动效设计

很多人第1次听说使用Keynote制作动效的时候都表示很惊讶，实际上苹果内部有一支独立的团队专门使用Keynote进行动态原型设计，并且如果大家仔细观察，会发现iOS和Mac平台上很多动效都是出自Keynote。苹果公司也在WWDC2014大会上专门有教大家如何使用Keynote进行原型设计，大家可以访问网址https://developer.apple.com/videos/play/wwdc2014-223/进行观看。

在本节中，将向大家介绍如何使用Keynote进行动效设计。在使用Keynote进行设计之前，大家需要先对Keynote做一定的了解。

10.2.1 Keynote的基础入门

Keynote诞生于2003年，是苹果公司推出的幻灯片制作软件，目前Keynote的最新版本为6.6.1，且Mac和iOS设备均可运行该软件。该软件目前已经免费，大家可以从App Store下载到，左边为Keynote的图标，如图10-15所示。

图10-15

1.新建Keynote文档

安装完Keynote后打开该软件，会弹出图10-16所示的界面。Keynote内置了非常漂亮的主题可供选择，可以在喜欢的主题上双击创建新的文件，也可以选中主题后单击右下角的选取按钮，即可创建新的演示文档，其中标准为4:3尺寸，宽幅为16:9尺寸，这些在制作当中可以调整。

图10-16

因为是用于动效设计，所以任意选择一款主题即可，如选中默认的黑色主题，创建的新文档界面如图10-17所示。

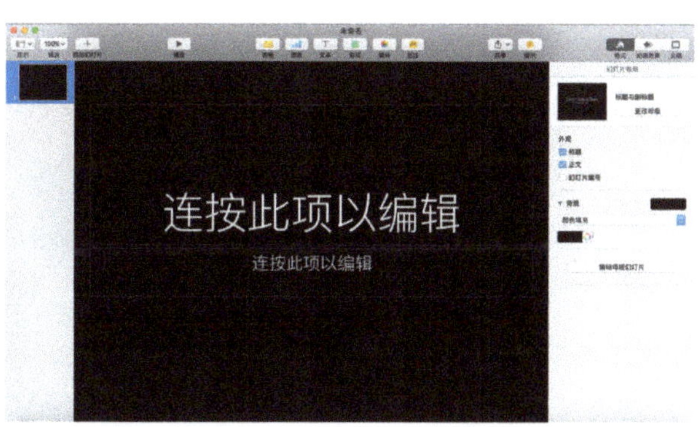

图10-17

这便是Keynote的主界面，上述过程便是新建Keynote文档的过程，若打开Keynote时没有弹出主题选择窗口，则可使用快捷键command+N进行新建，新建完文档后可以使用快捷键command+S进行文档的保存。

2.Keynote的工具栏

大家可以发现Keynote的软件界面和Sketch非常相似，实际上大部分的Mac独占应用软件都采用这种布局：上方是工具栏，左侧是图层和文件层等面板，中间是最主要的操作面板，右侧是属性面板。

在Keynote的工具栏上单击鼠标右键，同样可以和Sketch一样对工具栏进行自定义，如图10-18所示。实际上使用Keynote默认的工具栏，几乎可以完成所有的工作，因篇幅有限，在此只对默认的工具栏做一个非常简单的介绍，剩下的工具后文中有涉及，再做介绍。

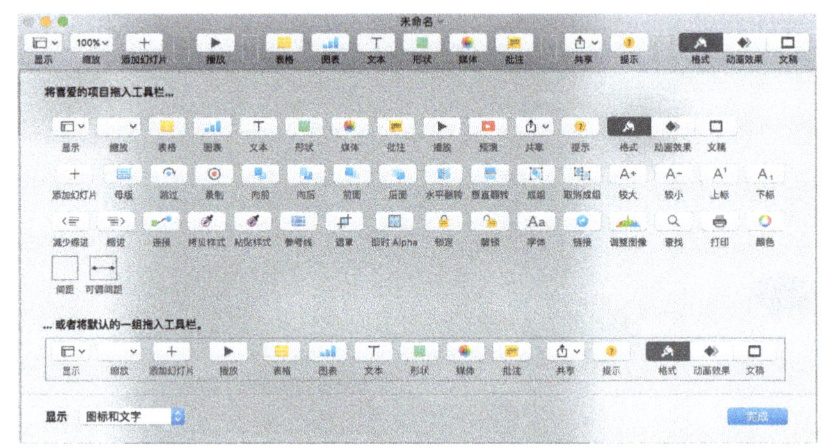

图10-18

默认工具栏中的工具分成5组，其中最左侧的为"显示""缩放"和"添加幻灯片"工具，分别可以设置软件的显示内容、对幻灯片画布进行缩放显示以及添加幻灯片，单击"显示"工具菜单如图10-19所示。

显示类工具组右侧是一个"播放"工具，单击该工具即可得到类似于PPT中按F5的效果：播放幻灯片。

"播放"工具右侧是6个插入编辑内容工具组，包括"表格""图表""文本""形状""媒体"和"批注"工具，根据标题也能明白分别代表可以在幻灯片中插入表格、图表、文本、形状、媒体和批注。其中表格和图表的区别是表格是常规意义的列表，图表是类似于折线图和饼状图之类的图表。Keynote提供了非常丰富的表格和图表的样式可供选择，单击工具弹出的菜单中可以对各种样式进行预览。插入的媒体包括图片、音乐和视频，在使用Keynote进行动效设计时使用最多的工具是"形状"工具，单击该工具弹出图10-20所示的菜单。

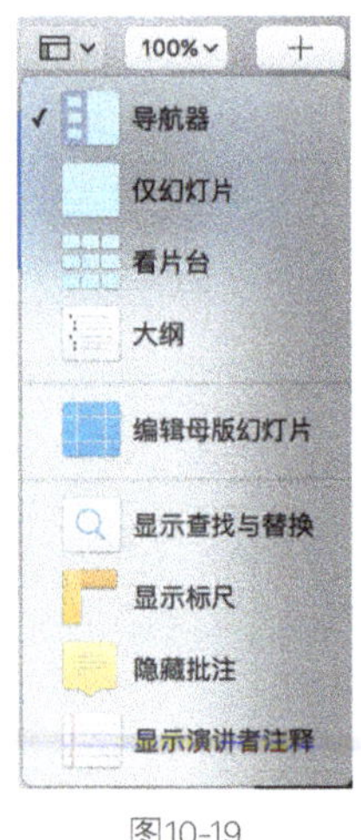

图10-19

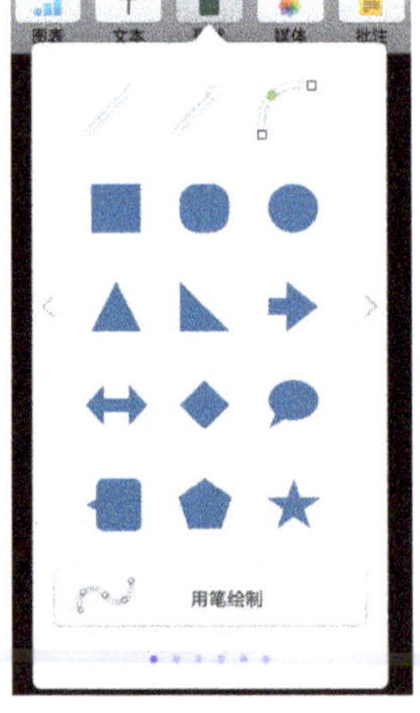

图10-20

可以看到该工具提供了非常多的形状可供选择，插入方法和插入图表等方法一致，对每个形状可以任意调节其长度和宽度，菜单左右滑动可以选择不同样式的形状，但这些形状内容相同，实际上对每个形状都可以在Keynote中对其样式进行自定义。在形状菜单的最下方是"用笔绘制"工具，使用该工具可以绘制一条曲线，绘制方式和Sketch中钢笔工具相似但又不相同。每次使用该工具都会有提示，如图10-21所示。如果需要使用该工具绘制曲线，也需要在线条的另一端按住鼠标并拖曳，但是不同于Sketch的是拖曳后在Keynote上只会显示一条细线做示意图，必须在拖曳到合适位置后再单击鼠标才会生效。

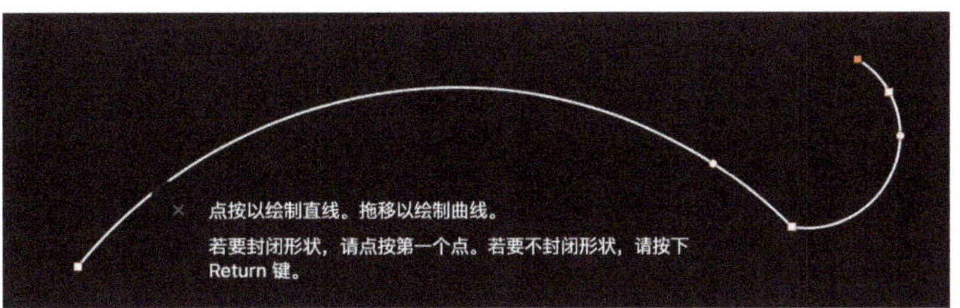

图10-21

在插入内容类工具组的右侧是"共享"和"提示"工具，其中"共享"工具可以将制作完成的Keynote文件通过邮件等方式发送给其他人，或者通过Airdrop发送到其他苹果设备。"提示"工具类似于一个简单地帮助界面，如图10-22所示。

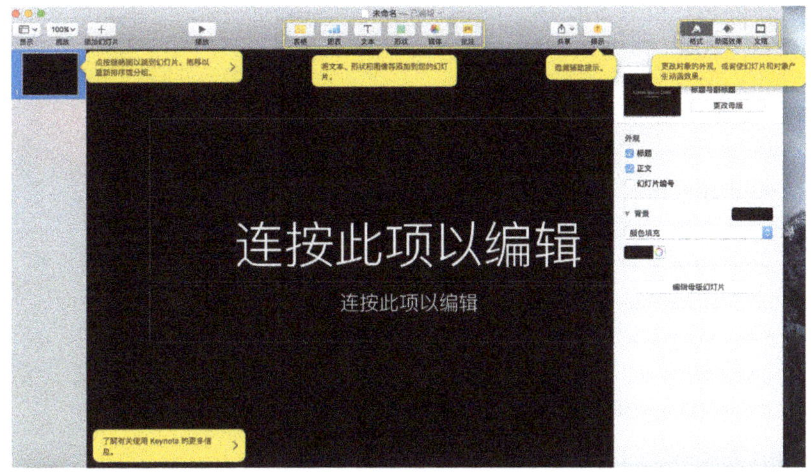

图10-22

在该状态下单击左下角的"了解有关使用Keynote的更多信息"按钮，即可进入Keynote的帮助界面，如果在工作中遇到问题大家可以在该界面中试着搜索答案。

在工具栏的最右侧分别是"格式""动画效果"和"文稿"工具，这3个工具会让右侧的属性面板发生变更，在进行动效设计时，会非常频繁地运用到这3个工具，这3个工具分别可以对幻灯片整体进行设置、对幻灯片的动画效果进行设置以及对幻灯片文稿的属性进行设置。关于这3个工具的详细内容和用法将在后文中详细向大家介绍。

3.Keynote的幻灯片列表面板

幻灯片列表面板又称为幻灯片导航器，位于Keynote的左侧，在一个制作完成的keynote文件中该面板如图10-23所示，若大家在使用Keynote时没有看到该面板，单击上方的"显示"工具可以找到。

在该面板中，可以看到每张幻灯片的缩略图，若缩略图的右下角有蓝色小三角，则表示该幻灯片有转场动画，在该面板中，可对幻灯片进行复制、粘贴、移动、编组、新建和删除等操作，一个Keynote文档至少有一张幻灯片，当前幻灯片用蓝色高亮显示。

在幻灯片缩略图上单击鼠标右键，在弹出的菜单中可以对幻灯片进行操作，如图10-24所示。

使用右侧菜单新建的幻灯片主题会根据上一张幻灯片"走"，若使用工具栏上的"添加幻灯片"工具则可以选中当前模板中幻灯片的主题，如图10-25所示。

选中幻灯片后按键盘上的delete键即可对该幻灯片进行删除。对于暂时不需要的幻灯片，可以在该幻灯片上单击鼠标右键，然后在弹出的菜单中选择"跳过幻灯片"选项对该幻灯片进行跳过处理。

鼠标按住某张幻灯片，然后拖曳即可对幻灯片进行排序，如图10-26所示。若拖曳至某一张幻灯片的右下方，则表示将该幻灯片变为上方幻灯片的子幻灯片。需要注意的是，幻灯片的序号是系统自动计算的，序号不会跟着幻灯片走，即将第1张幻灯片移动到第3张幻灯片后，该幻灯片的序号也由1变成3。所以大家在移动时，序号应只做一个参考。

图10-23　　　　　图10-24　　　　　图10-25　　　　　图10-26

4.Keynote的属性面板

Keynote的属性面板一共有3种，分别对应工具栏上的3个工具。属性面板位于Keynote的右侧。属性面板中详细的内容会随着选中的元素类型不同而有所不同。

格式属性面板如图10-27所示，这时选中整张幻灯片的属性面板（在导航器中选中单击幻灯片缩略图即可），可以对幻灯片的布局和背景颜色等做修改。

如果选中幻灯片内的元素为文本，则格式属性栏变成图10-28所示的内容。可以看到在属性栏的上方又出现了样式、文本和排列3个选项卡，单击进去又分别可以做相应设置，建议大家可以对每个选项卡下的内容做一个大致的了解，在后文中会用实例来演示相应的功能。

动画效果属性面板是使用Keynote制作动效时经常用到的，选中幻灯片和选中幻灯片内元素的属性面板内容分别如图10-29和图10-30所示。

在Keynote中，将幻灯片之间的转场动效称为过渡效果，将幻灯片内元素的动效分成：出现、动作和消失。3个选项卡中可以全部设置动效，也可以只设置其中某部分。在面板中可以对每个元素和幻灯片的动效进行排序，关于动画效果的属性面板在后文实例中会详细讲到，在此不做过多介绍。

文稿的属性面板无论选择幻灯片本身还是幻灯片内容，属性面板的内容都是固定的，如图10-31所示。在该面板下可以对文稿的属性进行设置，可以设置幻灯片的主题、放映设置、尺寸和背景音等，在使用Keynote进行动效设计时，为了更好地演示，需要事先在此做一定的设置。具体的设置方式会在实例中向大家介绍。

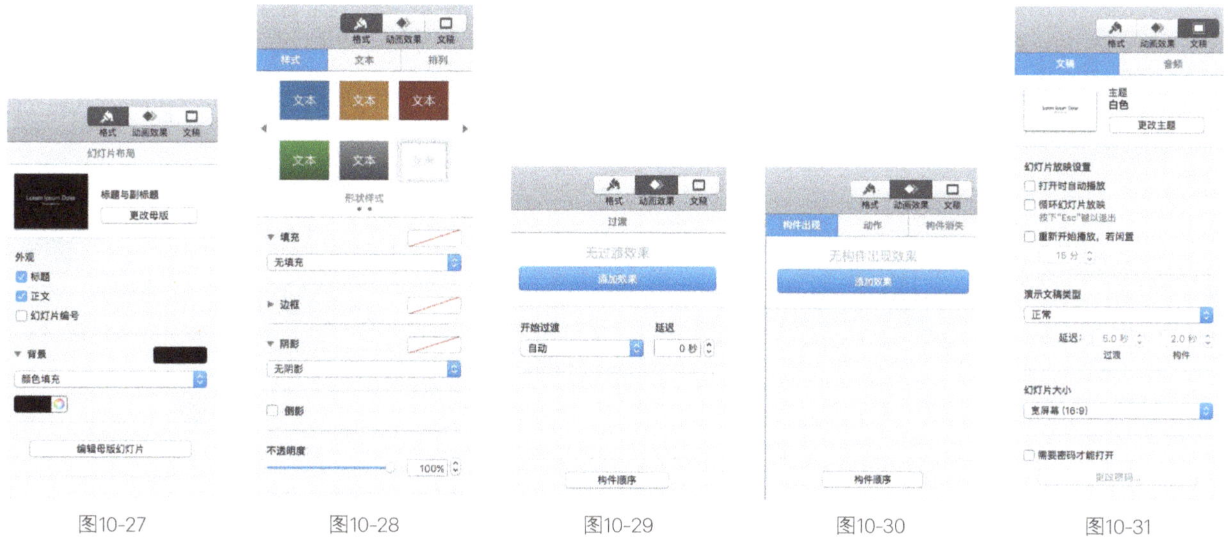

图10-27　　　　图10-28　　　　图10-29　　　　图10-30　　　　图10-31

5.Keynote的幻灯片面板

在Keynote软件占据绝大部分内容的是最中间的幻灯片面板。在新建文档后幻灯片上会默认放两个图10-32所示的预留文本框，这样的文本框在播放时不会被显示出来。

如果需要删除文本框，可以在选中文本框后按delete键进行删除。在Keynote上移动元素时，会出现智能参考线方便对齐，在移动过程中也会出现x轴和y轴的坐标方便精确定位，如图10-33所示。

图10-32

图10-33

以上是对Keynote的一些基础讲解，相信大家现在对Keynote已经不再陌生了。下一节将带大家进行几个小实例的制作，需要说明的是，动效设计教程并没有一个通用的标准，同样的一个效果往往也可能有多种方法实现，每个动效的时间不同对效果也会产生很大的影响，本书中所有实战教程的目的都是为了让大家更快地上手各种软件，也就是说学完本书，大家完全可以使用这几款软件制作动效，但是最终效果的好坏，还需要大家在平时工作中多思考，多尝试。

10.2.2 Keynote设计UI动效的初始化设置

Keynote是一款幻灯片演示软件，要将这款软件用来设计UI动效，需要对默认的文稿属性进行一些设置，让其更加符合移动UI的设计规范。

为了便于演示，新建一个白色主题的Keynote文档，然后选中"文稿"工具，如图10-34所示。

在文稿的属性面板内，将"幻灯片放映设置"下面的"打开时自动播放"和"循环幻灯片放映"两项勾选，如图10-35所示。

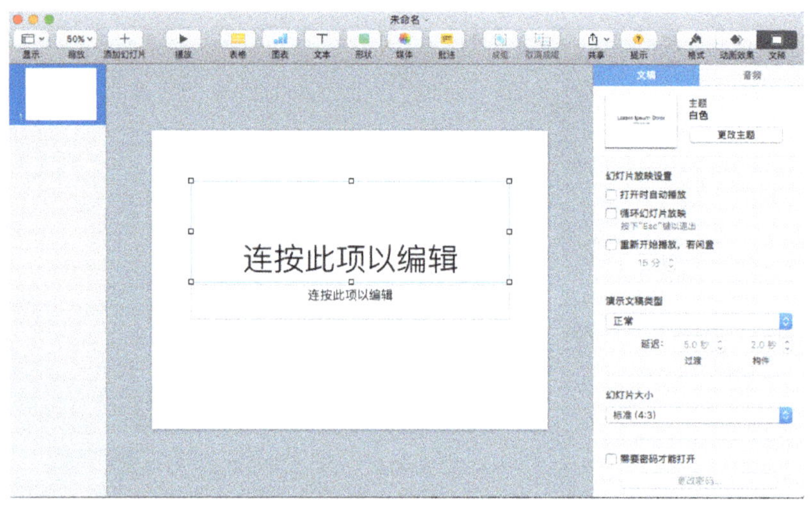

图10-34

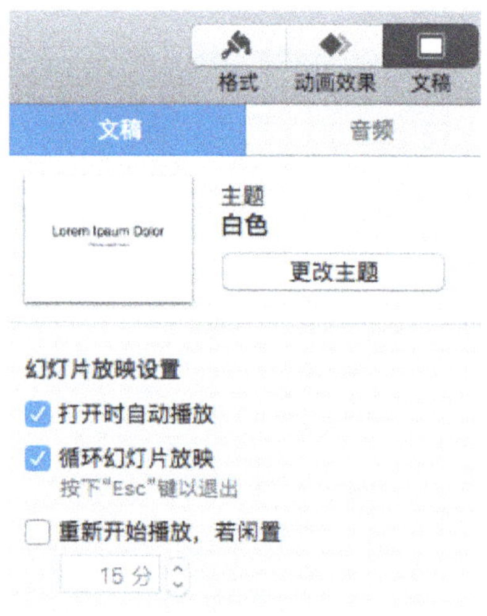

图10-35

此处的设置是在单击"播放"按钮后进行幻灯片演示的设置，一般来说动效的演示是一个较短的过程，正常来说幻灯片播放完成后会退出播放界面回到编辑界面，若勾选"循环幻灯片放映"选项则在播放完成后自动再重新播放，这样更符合我们进行演示的需要。而"打开时自动播放"是指在进入幻灯片放映界面后便自动开始播放，这个可以根据实际情况勾选，一般情况下建议勾选。

在设置完幻灯片放映设置后，进入"演示文稿类型"的设置，将类型设置为"自行播放"，并将"延迟"和"构件"的时间设置为0（很重要），如图10-36所示。

时间对动效的实现效果影响非常大，此处若出现延迟，在进行演示时会出现间隔，会影响演示效果。

以上两部分设置都只是推荐设置，即使大家保持默认不变也不会出现错误，但是下方的"幻灯片大小"设置，则非常重要。单击该处的下拉菜单，选择"自定义幻灯片大小…"，然后在弹出的对话框中输入幻灯片的长和宽，需要注意的是，在Keynote中单位为磅，大家可以将该单位理解为pt。此处的数值应该与Sketch中画板的尺寸一致，因为在Sketch中一般使用iPhone 6设备尺寸进行设计，所以在此处输入的尺寸为375×667，如图10-37所示，可以看到幻灯片尺寸已经变成iPhone设备屏幕尺寸了。

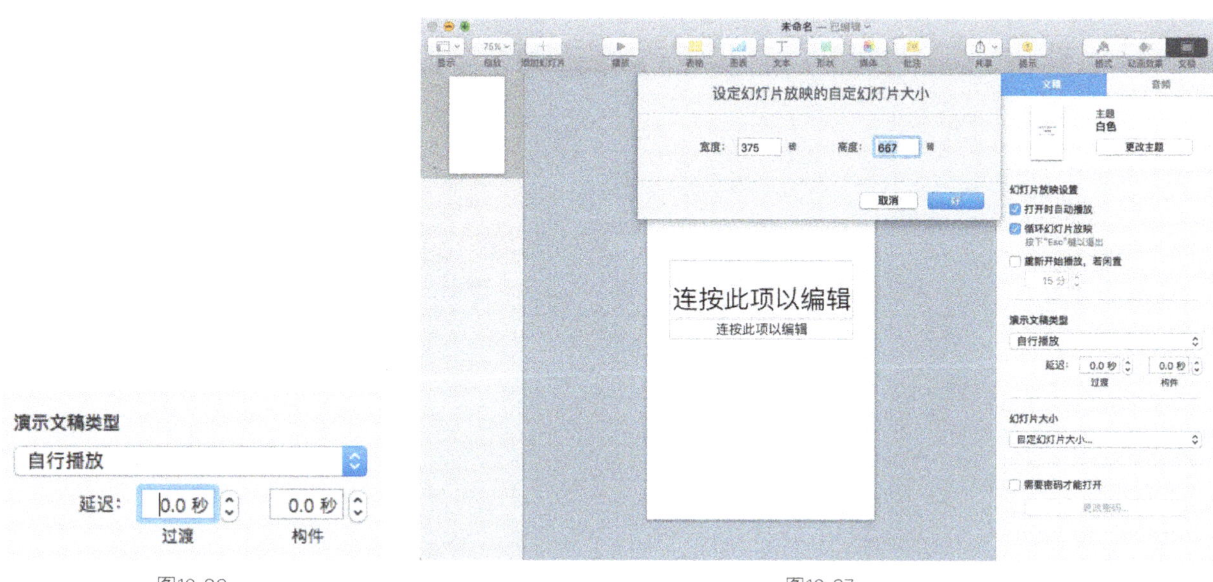

图10-36 图10-37

至于下方的"需要密码才能打开"则取决于项目的保密程度，大家可以根据实际情况自行选择。

以上便完成了Keynote的初始化设置。

10.2.3 元素变形——Keynote的神奇移动

本节带大家设计一个非常简单的动效：元素的变形。通过该动效，大家将学会Keynote中非常重要也非常强大的"神奇移动"效果。效果如图10-38所示。

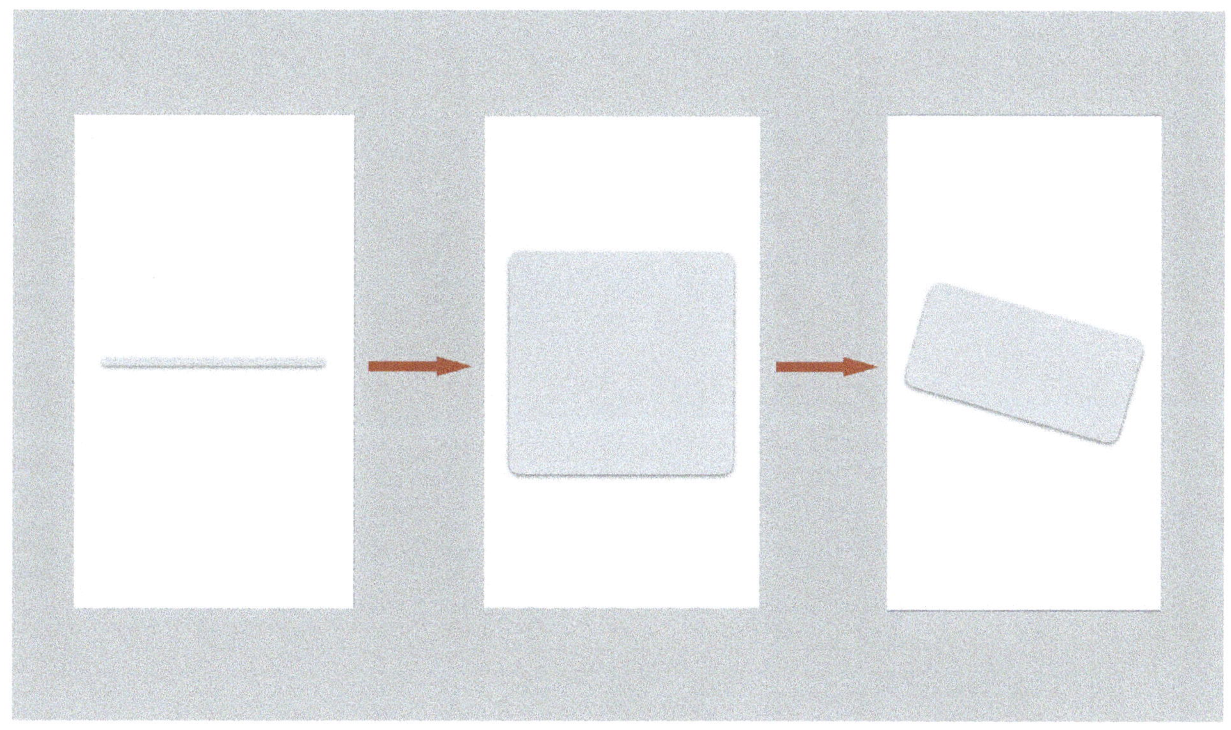

图10-38

（1）新建文档，将幻灯片的大小设置为iPhone 6尺寸，然后单击"形状"工具，选中圆角矩形，如图10-39所示。

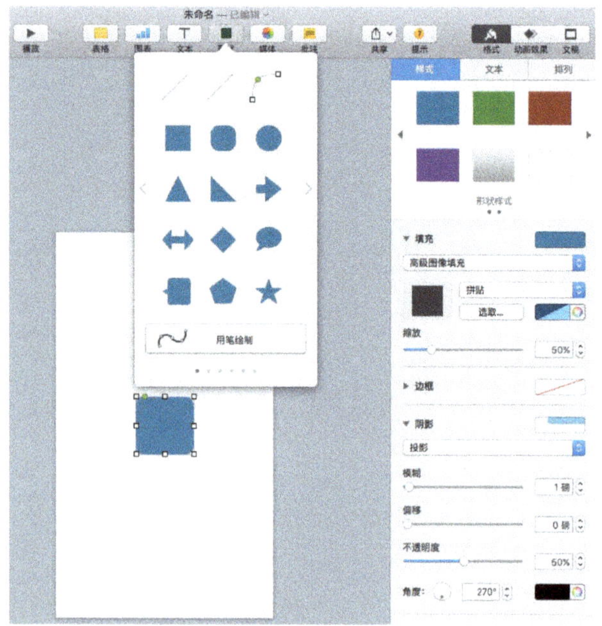

图10-39

（2）可以看到在圆角矩形上有个绿色的点，拖动点可以调整圆角矩形的圆角半径大小。然后在右侧属性面板选中"样式"选项卡，接着选中圆角矩形，将"填充"选择为"颜色填充"并设置成灰色，将"阴影"设置为"投影"，"模糊"调整为"8磅"，"偏移"调整为"3磅"，"不透明度"设置为45%，"角度"设置为270°，颜色为黑色，其他保持不变，如图10-40所示。

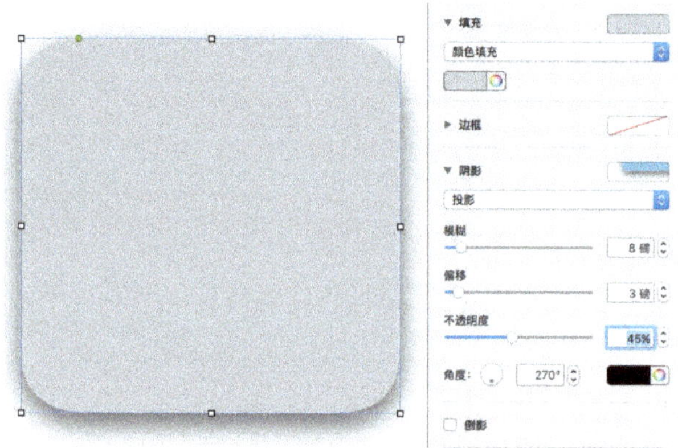

图10-40

（3）选中"排列"选项卡，将圆角矩形的"大小"设置为300磅×10磅，"位置"x轴为"38磅"，y轴为"329磅"，即完全界面居中对齐，如图10-41所示。

（4）在导航器面板选中第1张幻灯片，然后按快捷键command+C进行复制，接着按快捷键command+V进行粘贴，如图10-42所示。

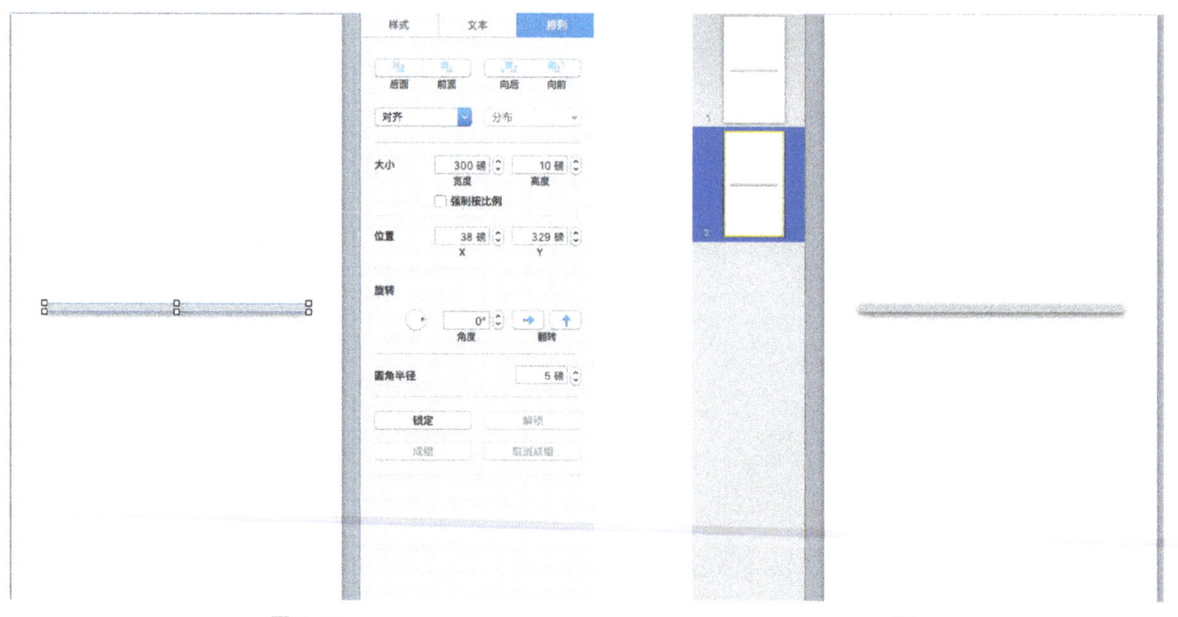

图10-41   图10-42

236

（5）将第2张幻灯片的圆角矩形选中，然后将其"大小"变更为300磅×300磅，接着将其"位置"设置成x轴为"37磅"，y轴为"183磅"，如图10-43所示。

（6）在导航器中选中第1张幻灯片，然后在工具栏中选中"动画效果"工具，接着单击"添加效果"按钮，选择"神奇移动"选项，如图10-44所示。

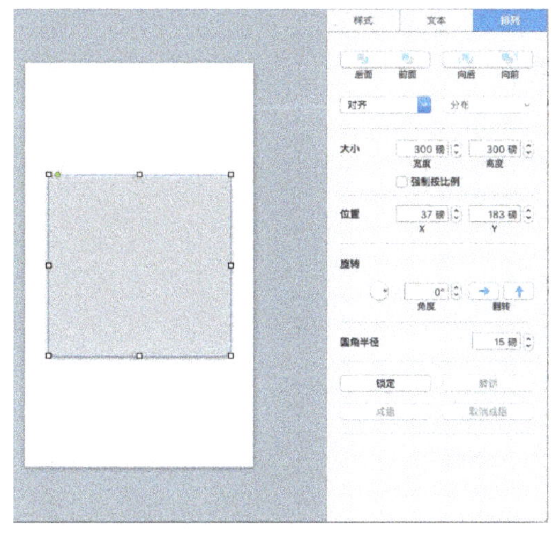

图10-43

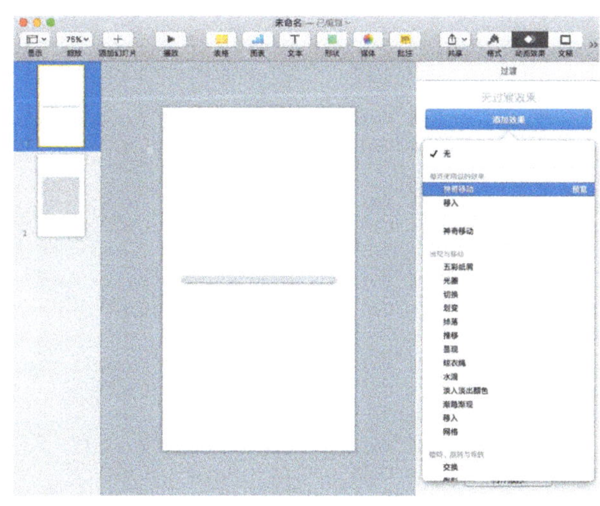

图10-44

（7）选中"神奇移动"选项后，对其做一些设置，如图10-45所示。"持续时间"根据上一章所讲知识，一般在0.3~1秒内，这里选择"0.50秒"，然后勾选"使不匹配的对象渐变"，"匹配"选择"按对象"，"加速"选择"抹入与抹出"，"开始过渡"选择"自动"，"延迟"选择为"0秒"。

图10-45

> 提示
>
> 预览幻灯片可以看到一个圆角矩形展开的动效，并且在展开过程中有加速度。这便是神奇移动的效果：两张幻灯片中有共同元素，但是两张幻灯片中共同元素的位置和尺寸不相同，神奇移动效果将会让这两张幻灯片中的共同元素发生动态的变化。在UI动效设计中，前面提到，动效从某一方面讲，起着引导作用，如"新闻"应用中，在列表中单击某一内容，会出现图片放大到上方，然后下方出现正文的动效，就可以用"神奇移动"非常方便地设计出来。

（8）选中第2张幻灯片，按快捷键command+C进行复制，再按快捷键command+V进行粘贴，然后选中第3张幻灯片中的圆角矩形，接着在"排列"属性面板中，将其"大小"调整为145磅×300磅，"位置"调整为x轴"37磅"，y轴"261磅"，最后将旋转角度设置为270°，如图10-46所示。

（9）选中第2张幻灯片，然后选择"动画效果"工具添加"神奇移动"效果，并对其做图10-47所示的设置（同步骤7）。再次播放幻灯片可以看到：已经完成将一个矩形拉伸为正方形，再旋转并缩放为一个长方形的动效。

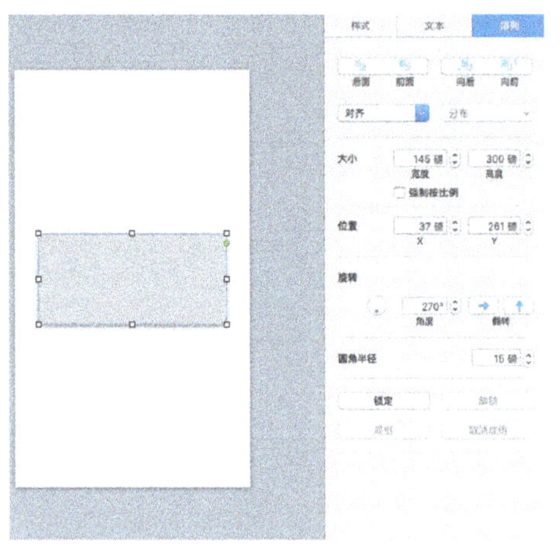

图10-46

图10-47

10.2.4 Keynote和Sketch的无缝衔接

本节中，通过一个实例让大家看看在实际工作中，Sketch和Keynote如何配合使用。最终效果如图10-48所示。动效过程为：启动界面→Logo往上移动并缩小→出现按钮和背景图。

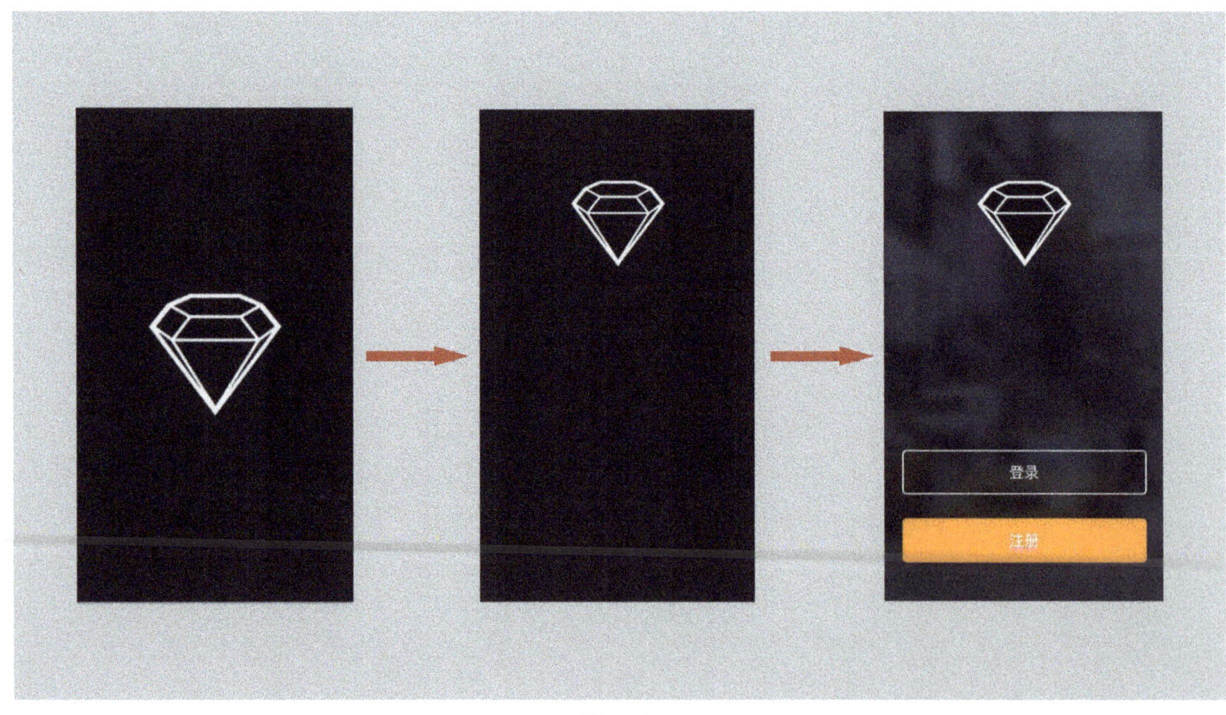

图10-48

（1）打开第4章中所设计的Sketch文件，如图10-49所示，并将注册登录页画板进行复制。

（2）新建一个Sketch文件，将复制的画板粘贴进去，注意粘贴两次，然后将第1个画板的背景图层不透明度变成100%，接着删除按钮图层，并将Logo进行放大，调整为居中对齐，如图10-50所示。

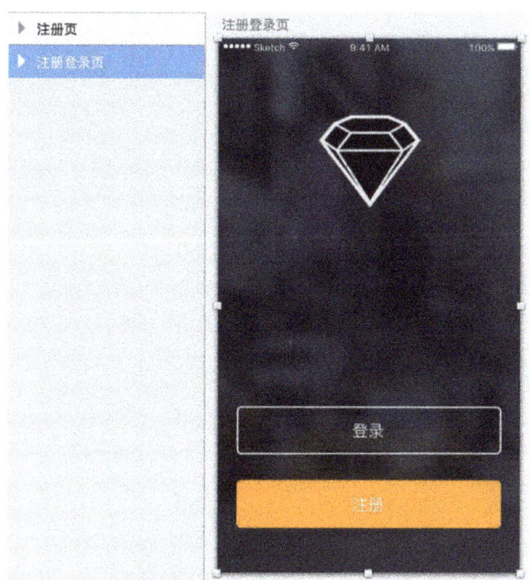

图10-49

图10-50

（3）在Sketch上的操作基本完成后，就可以开始界面的动效设计了。打开Keynote，新建一个文档，将"幻灯片大小"调整为375磅×667磅，然后删除默认的预留文本框，如图10-51所示。

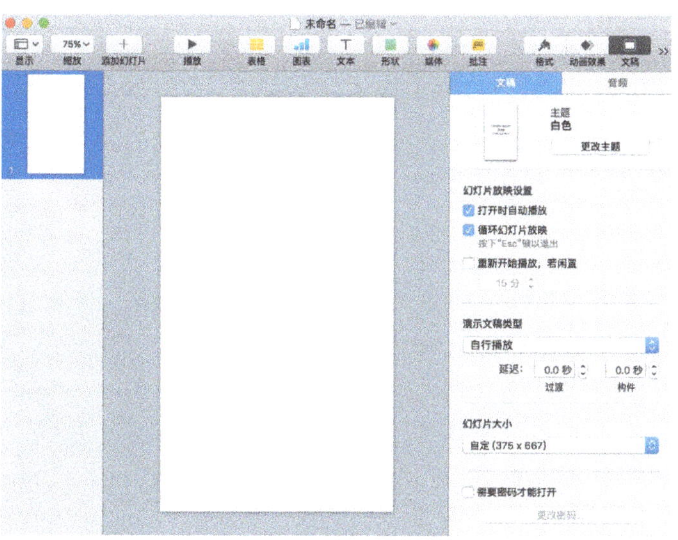

图10-51

（4）选择"格式"工具，并将幻灯片的背景颜色设置为与Sketch中画板的背景色一致。在背景颜色色块右侧单击按钮即可打开调色盘，然后单击下方的吸管工具，Keynote的吸管工具和Sketch的相似，并非只针对软件本身窗口，而是可以吸取屏幕上任何位置的颜色，在Keynote中要吸取到Sketch中的颜色，需要将两个窗口放置在同一屏幕再吸取，如图10-52所示。

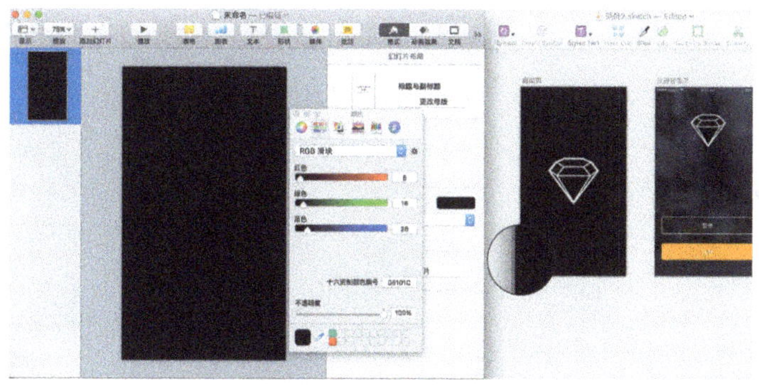

图10-52

> 提示
>
> 　　需要注意的是，Keynote的颜色采用的是Mac最经典的调色盘样式，默认并没有直接输入颜色十六进制的功能，所以需要使用吸色器吸取颜色。
>
> 　　在Keynote中为了方便颜色的选择，可以通过第3方的插件让调色盘支持十六进制颜色直接输入。
>
> 　　第1步：大家可以访问http://wafflesoftware.net/，找到Hex Color Picker，再单击Download v1.6.1，即可下载该插件，如图10-53所示。
>
> 　　第2步：将下载的文件解压，得到HexColorPicker.colorPicker文件，然后打开Finder，找到资源库，并在资源库文件夹下找到ColorPickers文件夹，接着将HexColorPicker.colorPicker复制进该文件夹，如图10-54所示。
>
> 　　第3步：此时，再打开Keynote的调色盘，即可找到■选项卡，在该选项卡下即可直接输入颜色的十六进制数值选择颜色，如图10-55所示。
>
> 
>
> 图10-53　　　　　　　　　　　　图10-54　　　　　　　　　　　　图10-55

（5）在Sketch的启动页画板中选中Logo图层，然后按快捷键command+C进行复制，再回到Keynote按快捷键command+V即可将该图层粘贴至Keynote。接着在"格式"工具下的"排列"属性面板中，确保"大小"的数值和Sketch中的Size的数值一致，"位置"的数值和Sketch中Position的数值一致，即可在Keynote中100%还原设计稿，如图10-56所示。

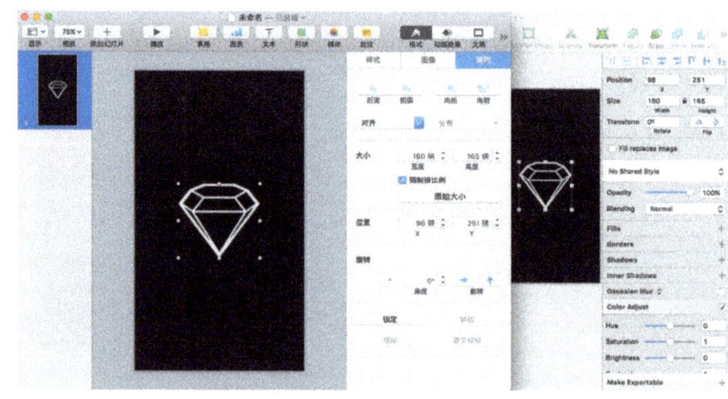

图10-56

（6）在导航器中选中幻灯片，然后按快捷键command+C复制，再按快捷键command+V进行粘贴，接着回到Sketch，选中背景位图图层按快捷键command+C进行复制，再回到Keynote选中第2张幻灯片按快捷键command+V进行粘贴，会发现无论原始位图图层多大尺寸，也只会截取Sketch画板的那一部分，如图10-57所示。

图10-57

（7）选择"形状"工具，插入矩形形状，然后直接在"排列"中输入"大小"为375磅×667磅，"位置"的x轴为0，y轴为0，接着在"样式"选项卡下，将"填充"选择为"颜色填充"，并将颜色设置为#060F1B，去掉阴影，"不透明度"设置为70%，如图10-58所示。

（8）稍微移动开形状图层和位图图层，让Logo可见，然后在Logo上单击鼠标右键，选择"移动到最前"选项，如图10-59所示。

图10-58

图10-59

（9）将背景图层全部对齐，然后选中Logo图层，在"排列"属性面板下将"大小"和"位置"设置成跟Sketch的检查器中对应数值一致，最终效果如图10-60所示。

（10）在Sketch中同时选中两个按钮的图层组，然后按快捷键command+C复制，再回到Keynote中按快捷键command+V粘贴，接着在"排列"属性面板中将"位置"设置成和Sketch中登录按钮的位置一致，如图10-61所示。

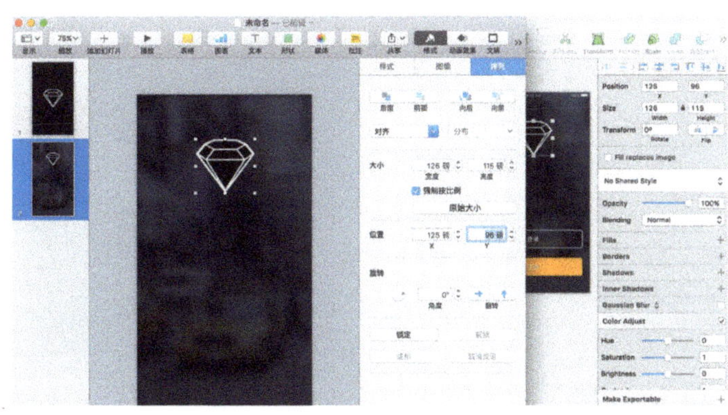

图10-60

> 提示　需要注意的是，因为此处的动效是两个按钮同时出现，所以将两个按钮一起选中后复制，这样可以让两个按钮在Keynote中在同一个图层上，若需要对不同按钮做不同的动效，如添加点击效果，则需要分开复制。Sketch中的图层如何进行复制取决于动效的需要。越精细的动效需要复制越细，甚至需要在Keynote中用形状工具重新绘制出来。

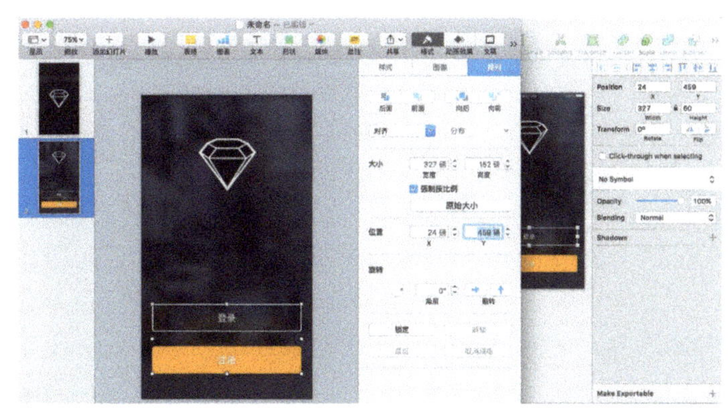

图10-61

（11）选中第1个幻灯片，然后选择"动画效果"工具，添加效果为"神奇移动"，因为是引导页，所以动效时间可以稍微长一点，设置为"1秒"，如图10-62所示。

（12）选中第2个幻灯片，分别选中位图背景图层、形状背景图层和按钮图层，然后选择"动画效果"工具，在"构件出现"选项卡下添加效果为"渐隐渐现"，若位图背景图层点选不中，可以将形状背景图层稍微移开，在设置完动效后移动回来，"持续时间"设置为"0.5秒"，如图10-63所示。

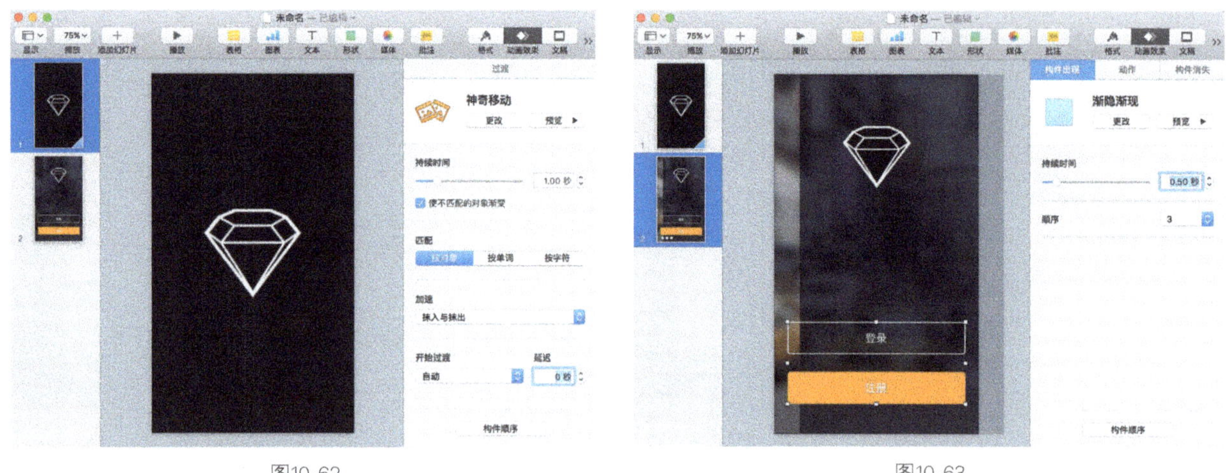

图10-62　　　　　　　　　　　　　　　　图10-63

（13）全部图层动效设置完成后，单击该属性面板下的"构件顺序"按钮，可以看到里面会出现当前幻灯片中所有设置过动效的图层列表，然后选中第1个图层，在下方的"起始"处选择"过渡之后"，"延迟"为"0秒"，如图10-64所示。

（14）选择第2个图层，"起始"设置为"与构件1一起"，"延迟"为"0秒"，第3个图层也是相同设置，如图10-65所示。这样可以保证3个图层同时发生动效。这样便完成了这一个实例的动效设计。

图10-64　　　　　　　　　　　　　　　　图10-65

以上是利用Keynote制作UI动效的实例讲解，通过上述实例的学习大家应该可以使用Keynote制作动效了，可能大家会觉得很简单，实际上，所有复杂的动效都是由简单构成的，如做一个由A~Z的快速跳转的动效，使用Keynote需要首先做26张幻灯片，分别是A~Z的26个字母，然后再做动效。

在Keynote中制作动效的方法基本上就是，通过对"构件顺序"的调整，通过绘制移动路径，以及通过"神奇移动"等。因篇幅有限Keynote的动效制作就为大家介绍到这里，大家在互联网上可以找到大

（15）上述动效的设计中步骤有些繁琐，且效果有细微的问题，实际上，这个动效就是一个简单的Logo缩放并移动，然后显示出背景和按钮的动效，这种动效完全可以使用神奇移动一步到位。操作方法是复制第2张幻灯片，然后粘贴两次，接着将第3张和第4张中所有的动效全部设置为无，如图10-66所示。

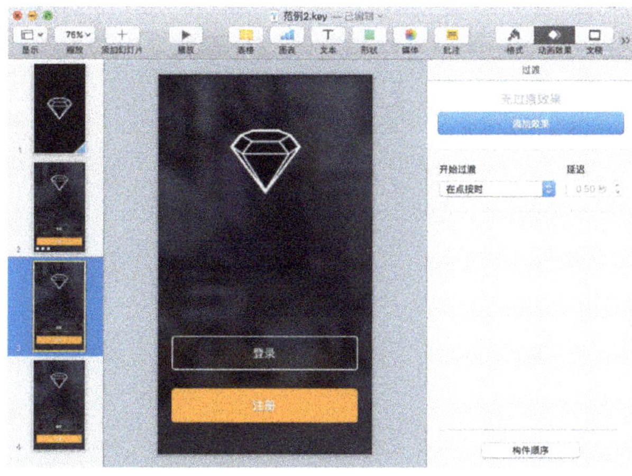

图10-66

> 提示　判断一张幻灯片中有无设置动效只需看导航器的缩略图左下角是否有3个圆点，若没有圆点则表示没有设置动效。

（17）选中第3张幻灯片，给其设置"神奇移动"动画效果，必须是选中幻灯片本身才能够设置该动效，然后将"持续时间"设置为"1秒"，确保一定要勾选"使不匹配的对象渐变"选项。可以发现，通过这一步，便可以实现想要的效果，如图10-68所示。

（16）选中第3张幻灯片，将该幻灯片上的按钮图层删除，然后将形状背景图层的不透明度设置为100%，接着选中Logo，在"排列"属性面板中将Logo的"大小"和"位置"设置成跟第1张幻灯片的Logo"大小"和"位置"一致，如图10-67所示。

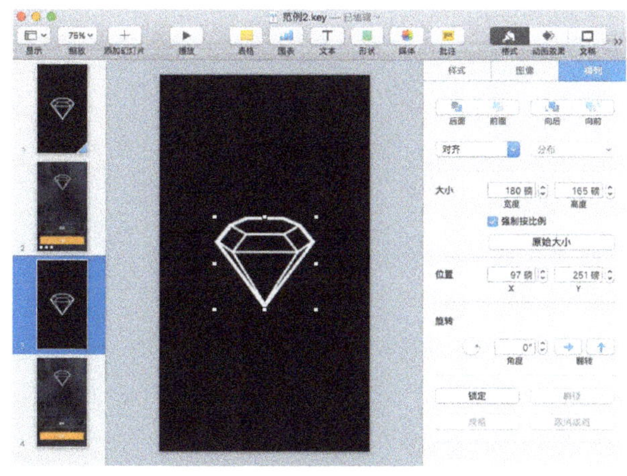

图10-67

> 提示　视觉上和第1张幻灯片相同，但是实际上这张幻灯片相比第1张幻灯片，多了一个位图背景图层和一个形状背景图层。

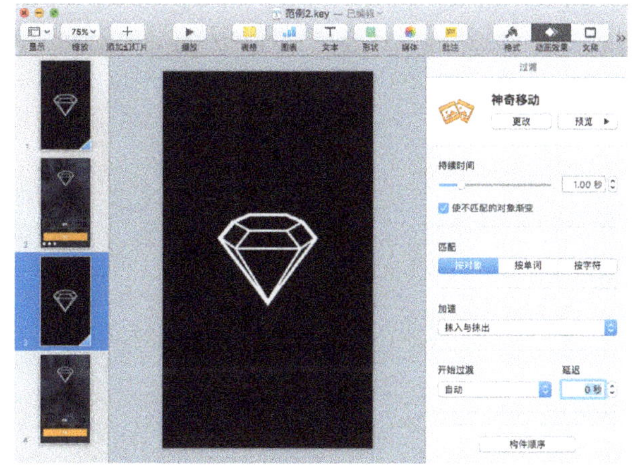

图10-68

量使用Keynote制作的动效范例，建议找一些源文件仔细研究，笔者再次强烈建议大家访问本书10.2节一开始推荐给大家的网站：https://developer.apple.com/videos/play/wwdc2014-223/，这是苹果研发团队在WWDC2014上的Keynote制作动效的教学讲座，大家可以在该网站中下载到视频、课件和源文件，相信通过对该源文件的学习研究，能够获得巨大的提升。

10.3 使用Principle进行动效设计

说Principle为交互设计的神器，一点都不为过，作为由苹果的前工程师打造的一款交互设计软件，因其高效和高质量的产出，现在已经成为笔者在日常工作中使用最频繁的动效设计软件。在本节中将带大家来认识一下这款神奇的软件。

10.3.1 Principle的基础入门

1.Principle的下载和安装

目前大家可以在Principle的官网找到该软件，官网地址为http://principleformac.com/。进入官网可以看到一个演示视频，建议大家观看，如图10-69所示。在该视频中展示了Principle的基本用法以及和手机连接的演示。

Principle是收费软件，99美元，大家可以在官网中单击Free Trial按钮下载试用版，若直接购买可以单击红色的Buy $99按钮购买，团购会有优惠。该网站还有非常重要的两个功能，在顶部的导航栏中单击Tutorials进去是该软件的几个教学视频，而Documentation是该软件的用户指南。

在手机上进入App Store搜索Principle即可找到该软件的iOS客户端，大家在制作动效时可以实时在手机上查看，如图10-70所示。可以看到该客户端不仅可以支持和Mac上的软件同步实时查看效果，而且支持从手机邮件的附件中打开Principle文件。

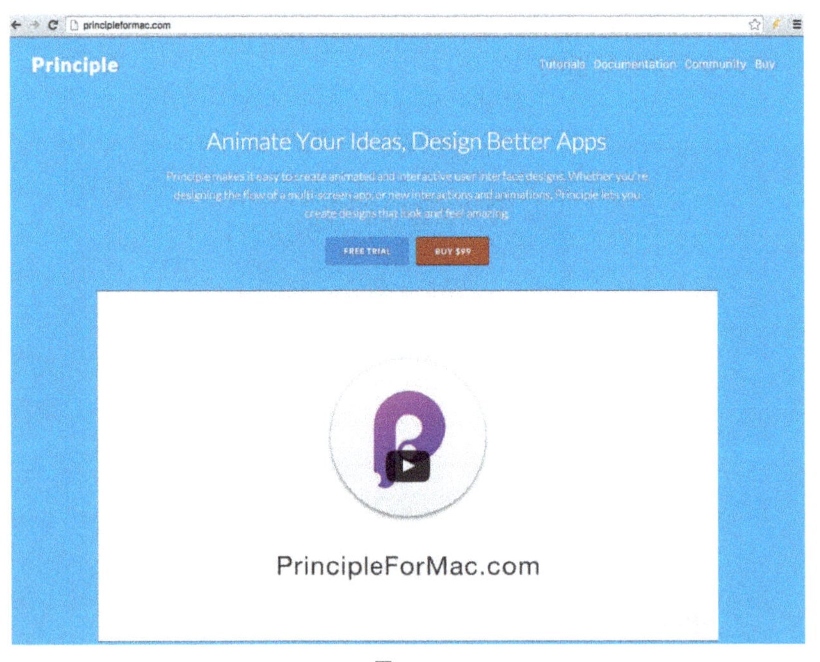

图10-69

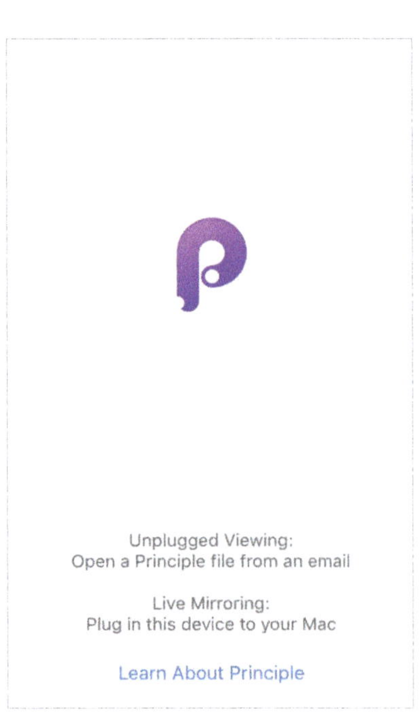

图10-70

在应用程序文件中可以看到Principle的图标时就安装完成了，Principle当前的最新版本为1.0版。

2.Principle的软件界面

图10-71所示是Principle的界面。和一般的Mac软件类似，上方是工具栏，但是Principle只有左侧有面板，右侧只有一个预览窗口，顶部的工具栏虽然可以自定义，但是基本上所有的工具都已经默认出现在工具栏上，所以一般保持原状即可。

接下来对软件界面中各部分的内容和功能做一个简单介绍。

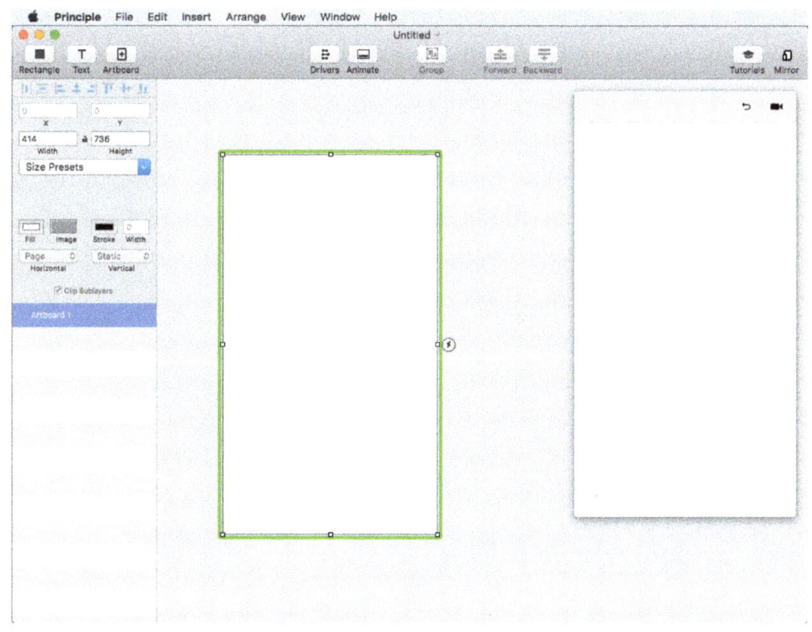

图10-71

3.Principle的工具栏

Principle的工具栏如图10-72所示。

图10-72

Rectangle（矩形工具）：快捷键为R，使用该工具可以在画板内插入一个矩形。

Text（文本工具）：快捷键为T，使用该工具可以插入文本。

Artboard（画板工具）：快捷键为A，类似于Sketch，Principle中也有画板的概念，使用该工具可以在画布中新建一个画板。

Drivers（Drivers面板工具）：单击该工具可以显示/隐藏Drivers面板，如图10-73所示，在这个面板中可以创建补间动画等，具体的使用方法在后文实例中会详细讲到。

Animate（动效面板工具）：单击该工具可以显示/隐藏动效面板，如图10-74所示，在这个面板中可以设置动效的时间和动画曲线，该面板的具体使用方法会在实例中详细介绍。

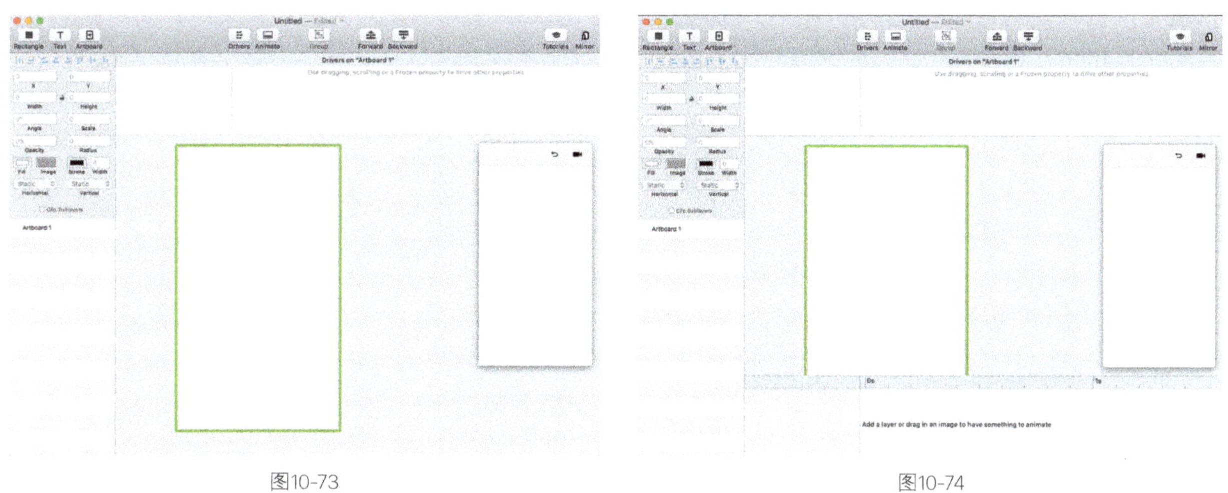

图10-73 图10-74

Group（编组工具）：快捷键为command+G，可以对画板中的图层进行编组。编组在制作更复杂的图层交互、旋转不同原点的图层以及在每个图层的基础上实现连环动画是非常有用的。

Forward（上移图层）：快捷键为command+]，可以将选中的图层上移一层。

Backward（下移图层）：快捷键为command+[，可以将选中的图层下移一层。

Tutorials（教程）：单击该按钮可以跳转到官网的Tutorals界面。

Mirror（镜像工具）：和Sketch的Mirror工具不同，Principle要求数据线连接Mac和iOS设备，iOS设备上打开Principle App后，使用数据线将其和Mac连接，Principle会自动发现该设备并立即发送当前的设计稿到设备上，可以使用command+~快捷键快速切换两个设计稿。若单击该工具，则会弹出图10-75所示的对话框。单击Get Mirror…按钮即可跳转至Principle App的下载页面。

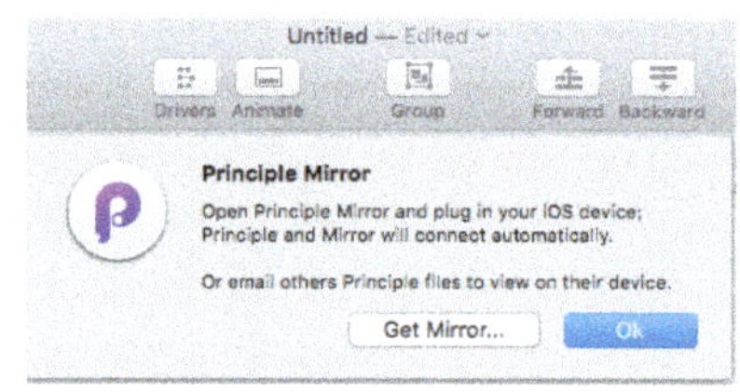

图10-75

4.Principle的检查器和图层列表

Principle的检查器和图层列表都在软件的左侧，且图层列表在检查器的下方，如图10-76所示。

Principle左侧的上方是检查器，和Sketch相似，在选中不同类型的图层时会有不同的显示内容，从上往下包括对齐工具、*x/y*轴坐标、长/宽的尺寸、角度、缩放比例、不透明度、圆角半径、填充、描边、水平/竖直操作等。其中除了水平/竖直操作和Sketch不同外，其他的都跟Sketch相似，关于水平/竖直的具体操作方式在实例中会详细讲解。

左侧的下方是图层列表，也和Sketch相似，在图层列表中可以看到画板、图层组和图层的层级关系，可以对图层进行排列、显示/隐藏和编组等操作。

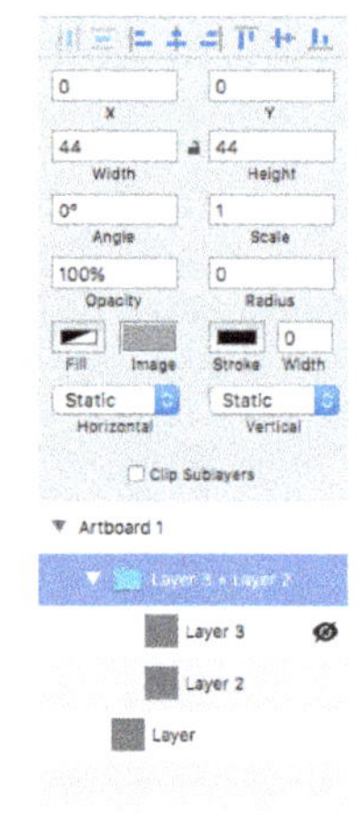

图10-76

5.Principle的预览面板

Principle的预览面板如图10-77所示，默认显示在软件的右上方，但是可以自行拖曳到软件的四角，也可以拖出来成为一个独立的窗口。光标移动至预览面板区域会变成一个圆形指针，在该窗口中可以对设计的动效进行预览。当光标移动至该面板的边框时可以对该面板的大小进行缩放，窗口大于画布时，画布不会放大，但窗口小于画布时会等比缩小。在面板的右上角有返回和摄像机的图标，单击返回按钮可以返回上一步动效，单击摄像机图标按钮可以将动效录制下来，支持保存为mov视频格式和gif图片格式。

以上是对Principle软件的简单介绍，大家应该对Principle有了一个初步的认识，接下来进一步了解Principle的基础用法，如形状的插入、图层的导入、文字的编辑和遮罩的用法等。了解这些基础的用法，对快速制作动效有非常大的帮助。

图10-77

6.在Principle中插入形状图层

在Principle中插入形状，矩形形状是Principle中唯一的形状图层，可使用快捷键R，或使用工具栏中的Rectangle工具。单击该工具或按R键，可以发现在画板的左上角会出现一个44px×44px的正方形。出现这个尺寸的原因是因为这是建议的最小可点击尺寸，如图10-78所示。

选中该图层，可以在检查器中对该形状的属性进行设置。检查器顶部的对齐工具和Sketch类似，只选中一个形状图层，使用这一排对齐工具则默认与画板本身对齐。下方是该图层在x轴和y轴的位置，0/0表示该图层在画板的左上角。

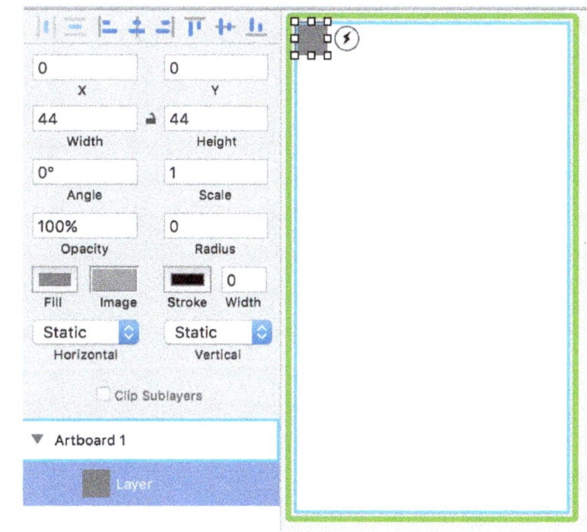

图10-78

Width是图层的宽度，Height是图层的高度，和Sketch一样输入框内也可以做简单的计算，长和宽之间有一个锁形的图标，锁住状态则表示锁定长宽比。

Angle表示形状的旋转角度，0° 表示不旋转。Scale是形状缩放倍数，1倍则表示不进行缩放，支持小数，如1.5倍。需要注意的是，在Principle中，设置缩放倍数后图层会进行缩放，但是该图层的长和宽在检查器中的数值并未发生变化，所以若在工作中发现某一形状变大了，但是长宽数值没有发生改变，可以看看是否设置了缩放属性。

Opacity是不透明度，100%表示完全不透明。Radius是圆角半径，若一个正方形的圆角半径设置足够大，可以绘制出圆形的效果。

Fill是填充颜色的设置，Principle中的颜色填充只支持纯色填充。Image是图片填充，若需要图层填充，将图片拖入到该处即可，而不是单击此处选择图片。Stroke是描边，单击可以设置描边颜色，Principle中所有的描边都为内描边，Width是描边的宽度，0为去掉描边。

Horizontal表示水平方向，Vertical表示竖直方向，默认为Static（静止）。该处和下方的Clip Sublayers都是动效设置的选项，具体操作方式在动效设置中会详细介绍。

在图层列表中，默认的第一个画板的名字为Artboard1，在名字上双击可以对其重命名，选中图层后在图层的名字上双击可以对图层进行重命名。

图10-79所示，是绘制一个尺寸为44px×44px，缩放为2，并有1px的描边，且圆角半径设置为44px的效果。

因为Principle并非专业的设计软件，所以形状工具只有一个矩形工具，实际上，在使用Principle时，该工具最常见的用法是用该形状来确定一个点击区域，具体的操作方法在后文中会详细介绍。

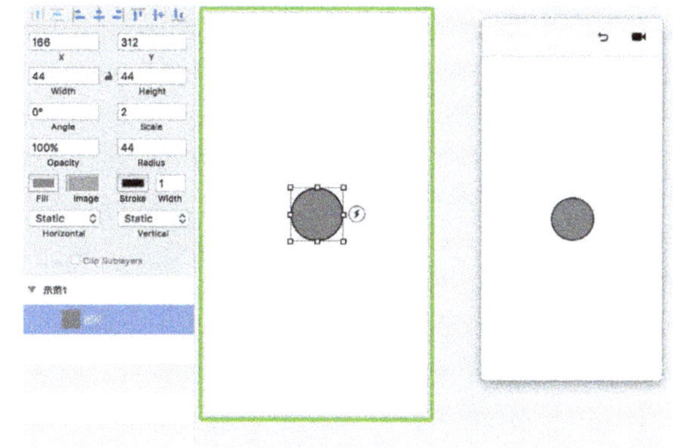

图10-79

7.在Principle中新建画板

和Sketch相似，在画布中Principle可以新建任何数量的画板（最少一个），但是同一个文件中所有的画板尺寸必须是一致的。

使用快捷键A或者单击工具栏的Artboard工具即可新建画板，如图10-80所示。

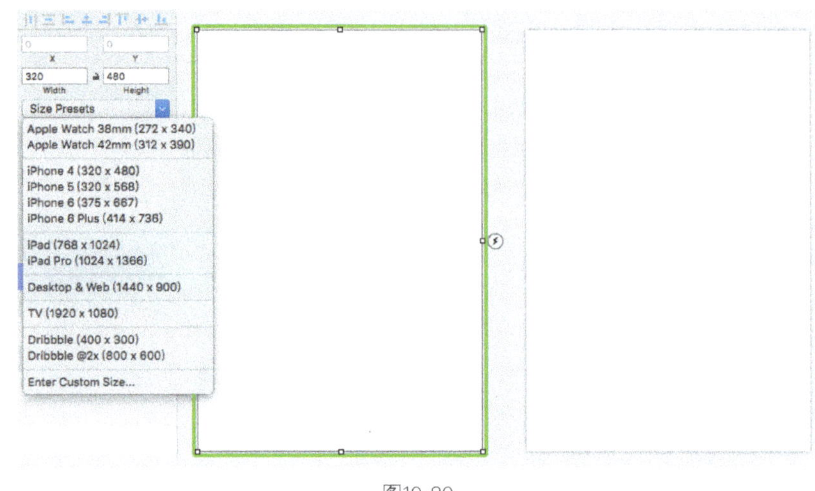

图10-80

系统已经预置了常用设备的尺寸，包括Apple Watch、iPhone和iPad设备，常见的Web尺寸以及1080px尺寸，除此之外Principle还非常有特色地内置了Dribbble的尺寸，Dribbble是全球非常优秀的设计师分享网站，在本书下一章会对该网站做简单介绍。

除此之外也可以自定义尺寸，直接在Width处输入宽和Height处输入高即可。

修改尺寸后，当前文档中所有画板的尺寸全部会发生变化，预览面板中的界面尺寸也同时发生变化。

在图层列表中，双击可以对画板进行重命名，选中某一画板后按delete键可以删除该画板。

8.在Principle中导入图片

使用Principle以及其他动效软件做交互动效，最常见的方式就是使用Sketch等工具进行界面设计，设计完成后将切图导入到动效软件再做动效。

Principle导入图片非常简单，只需要在Finder中找到需要导入的图片文件，然后拖入至Principle的画板即可，如图10-81所示。

图10-81

也可以选中需要导入的图片，使用快捷键command+C进行复制后，然后选中Principle的画板按快捷键command+V进行粘贴，这也是一个非常方便导入图片的方法。

大家应该记得在10.2节中，从Sketch中导入图层到Keynote的方法，该方法也同样适用于Principle，在Sketch中选中图层按快捷键command+C复制后，再选中Principle中的画板按快捷键command+V进行粘贴。同样也支持从Sketch的图层列表中选中图层后直接拖入到Principle。

使用Sketch进行设计时，一般使用单倍尺寸设计，但会导出@2×尺寸的图层，而在Principle中，默认的尺寸也是单倍的，当使用2倍尺寸图进行动效设计时，修改Principle画板的尺寸虽然可行，但是会出现很多不方便的地方，如图层位置的数值如果要和Sketch对应也要同时乘以2。

好在Principle能够智能识别2倍尺寸的图层。图10-82所示是在单倍尺寸的画板上导入一个2倍尺寸的图片效果。

此时，若在将该图片导入到Principle之前重命名，如XXX@2×.png，即在文件名后添加@2x，再导入到Principle，则会发现该图片自动以单倍尺寸显示，如图10-83所示。可以看到虽然图层列表中图层名没有发生任何变化，但是尺寸已经变成单倍尺寸。在Principle中导入的图片，文件名后缀添加了@2x的会用单倍显示，但是在图层名中不会显示出后缀。

如果是从Sketch中直接导入2x图层到Principle，则需选中导出的图层或图层组，然后单击右侧检查器下方的导出按钮，将尺寸选中2x，再手动将图层或图层组的名字重命名为XXX@2×，如图10-84所示。接着从图层列表中拖动该图层或图层组到Principle的画布即可。

不仅2倍尺寸，3倍尺寸的图片也同样可以使用上述方法导入，只是需要将后缀由@2×变成@3×即可。

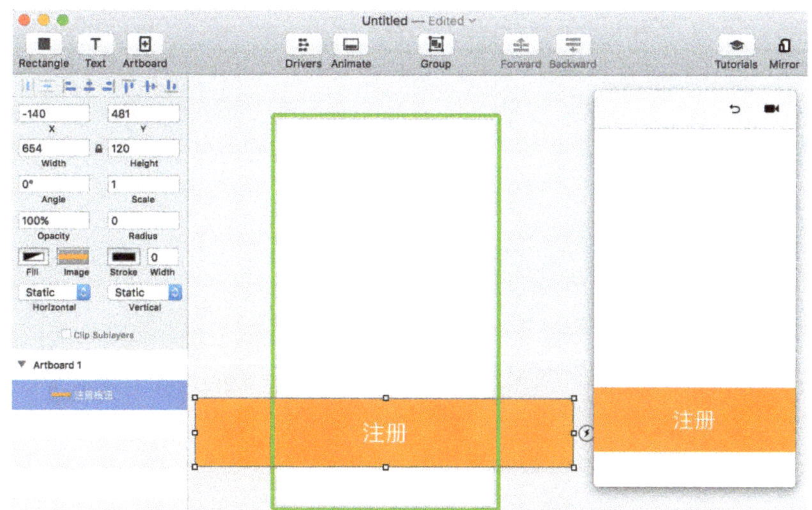

图10-82

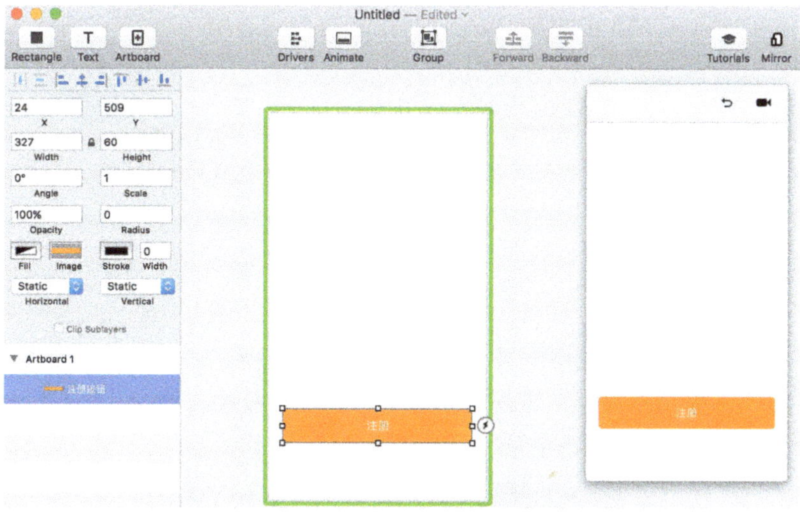

图10-83

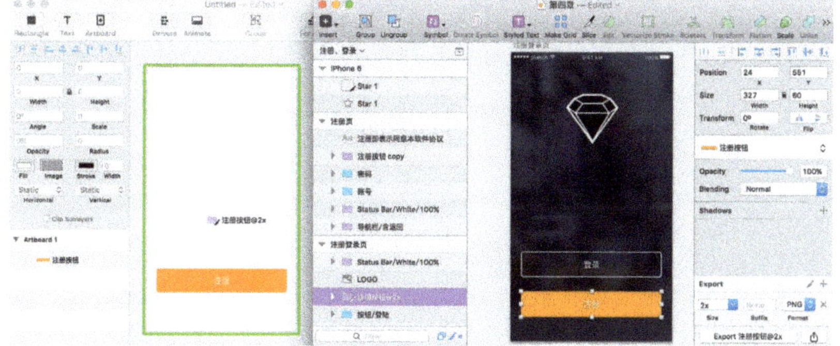

图10-84

以上便是Principle的一个基础入门教程，相信大家对Principle已经有了初步的认识，把需要进行动效设计的设计稿导入到Principle后即可开始动效设计，要将Sketch中的设计稿百分百在Principle中重现，也可以和使用Keynote的方式一样，选中图层后，直接输入该图层在Sketch中x、y轴的数值即可，两个软件中画板的尺寸需一致。

10.3.2 Principle的动效设计

任何复杂的动效都是由简单的动效构成。本节将通过几个简单的动效制作实例，向大家介绍Principle如何制作动效。最终效果如图10-85所示。

图10-85

总的来说，Principle制作动效就是3个面板的操作：检查器面板、Animate面板和Driver面板。

1.Principle的拖曳、滚动和翻页效果

使用快捷键R新建一个矩形图层，将其大小设置为300px×300px，并居中于画板，如图10-86所示。可以看到在检查器的Horizontal和Vertical处的下拉菜单中有4个选项分别是：Static（静止）、Drag（拖曳）、Scroll（滚动）和Page（翻页），大家从这里便可以对图层设置一个最简单的交互效果，并了解Principle的遮罩的使用方法。

新建或插入图层后，Principle默认的状态是Static（静止），即无交互。Horizontal表示x轴上的运动，Vertical表示y轴上的运动。

选中矩形图层后，将Horizontal的状态选为Static，Vertical的状态选为Drag，将光标移动至预览面板，发现可以将该图层在屏幕上竖直拖曳，并可以拖曳出屏幕，如图10-87所示。

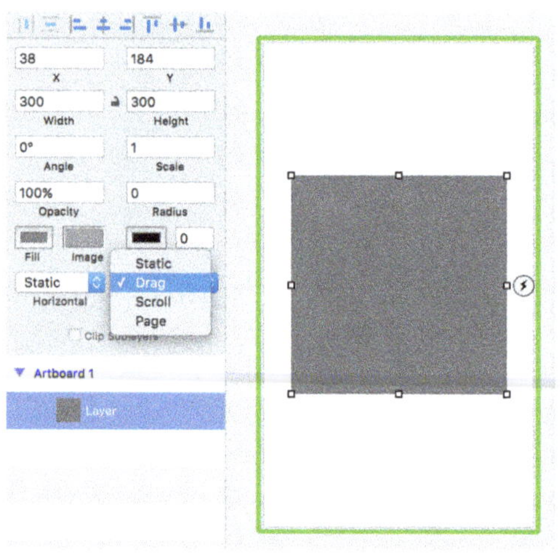

图10-86

图10-87

再将该图层的Vertical状态设置为Static，将Horizontal的状态设置为Scroll，如图10-88所示。发现该图层可以沿着*x*轴水平滑动，在当前状态下可能感受不出Drag和Scroll的区别。但是可以发现图层列表中，将状态设置为Scroll后图层上方自动新建了一个图层组，并命名为Scroll Window，并且水平滑动时，边界并不是屏幕的边界。

在Principle中，图层组除了编组的作用，还有更重要的作用——遮罩。在Principle中，选中图层组和图层，会发现两者有分别独立的边框，如扩大图层的尺寸，但是显示范围依然为图层组的尺寸，如图10-89所示。

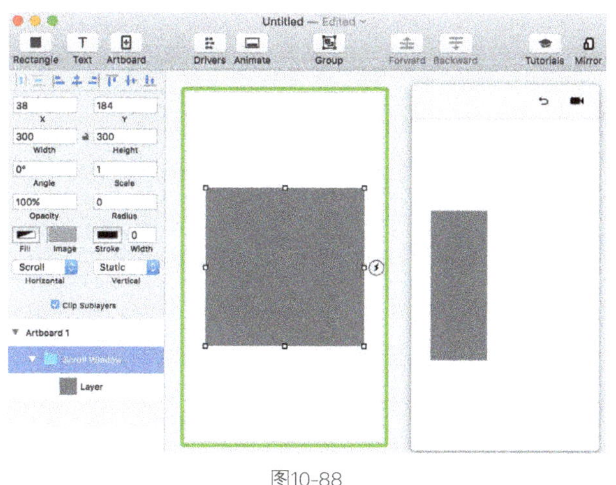

图10-88

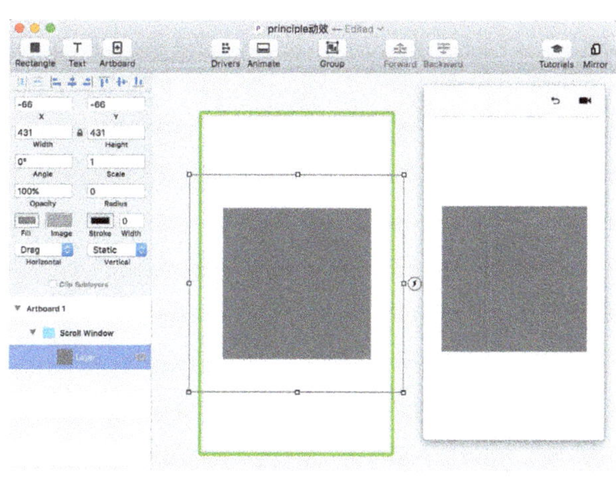

图10-89

需要注意的是，要让图层组具备遮罩功能，需要选中图层组后勾选Clip Sublayers选项，如图10-90所示，若未勾选，则不具备遮罩功能，此时Scroll便可以滑动到屏幕边框。

在工作中，经常会使用到遮罩功能，如图10-91所示，将图层组的圆角半径变大，也是非常常见的处理方式。

图10-90

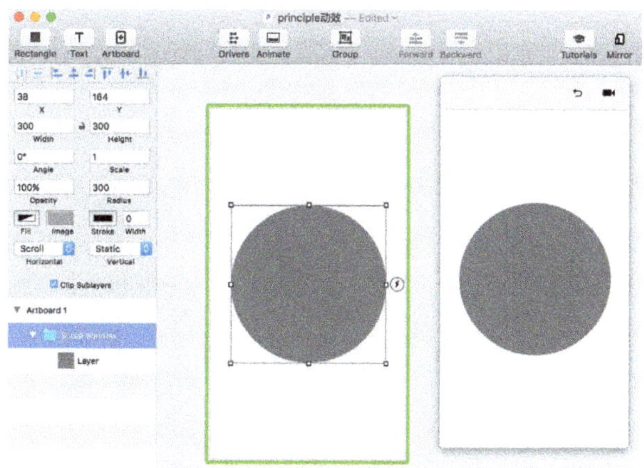

图10-91

最后一个是Page，即翻页的效果，大家可以自行尝试。

大家在进行动效设计的时候，一定要非常清楚需要达到的预期效果以及选择对应的交互方式。一般如悬浮窗等，允许用户自定义界面的交互效果会选择Drag（拖曳）。而列表类的，如通讯录和新闻等会选择Scroll（滚动），且一般该方式是竖直滚动。Page（翻页），顾名思义一般左右滑动时使用。

下面通过两个实例让大家感受一下。

2.Principle的滚动动效设计

（1）使用快捷键R插入矩形，将其大小设置为340px×160px，圆角半径设置为10px，然后将其居中对齐，距离顶边20px，如图10-92所示。

（2）选中该圆角矩形，然后按住快捷键command+shift并拖曳鼠标，依次复制出4个图层，每个图层之间的间隔20px。为了区别图层，将每个图层设置不同的填充颜色（颜色任意），如图10-93所示。

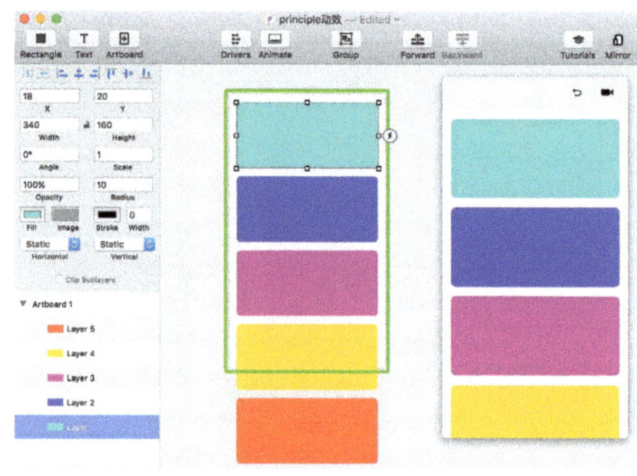

图10-92

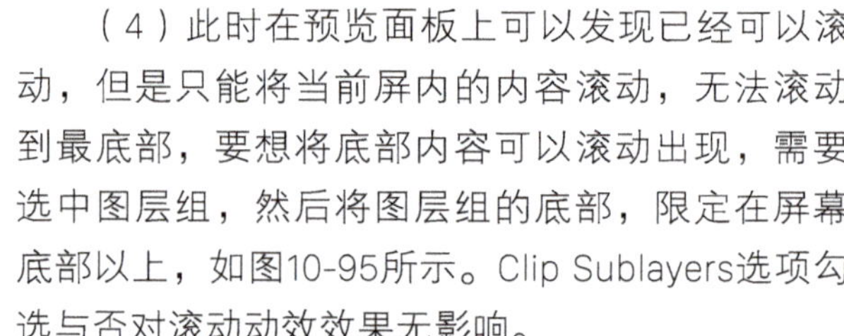

图10-93

（3）选中所有图层，然后按快捷键command+G进行编组，接着选中图层组，将图层组的Vertical状态设置为Scroll，如图10-94所示。

（4）此时在预览面板上可以发现已经可以滚动，但是只能将当前屏内的内容滚动，无法滚动到最底部，要想将底部内容可以滚动出现，需要选中图层组，然后将图层组的底部，限定在屏幕底部以上，如图10-95所示。Clip Sublayers选项勾选与否对滚动动效效果无影响。

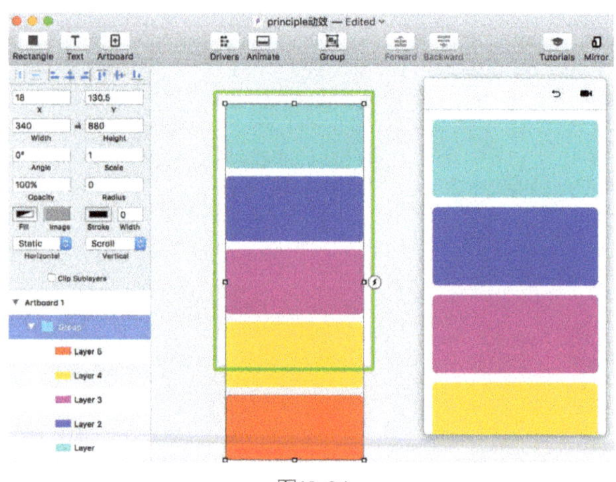

图10-94

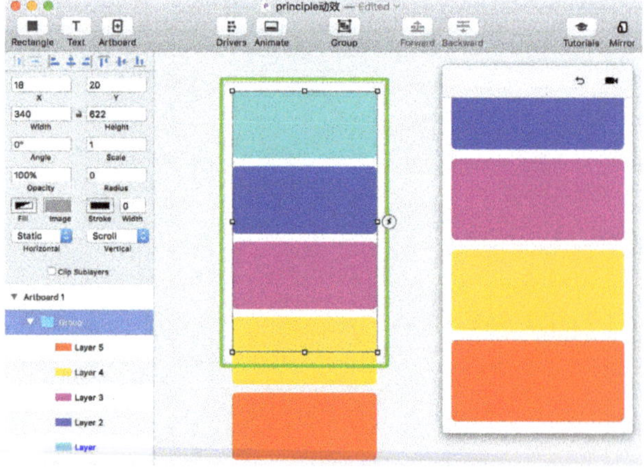

图10-95

3. Principle的翻页动效设计

大家是不是已经体会到了Principle制作动效的高效和便捷？希望大家能在实例中不断熟悉，并理解图层组尺寸范围对动效的影响，接下来制作一个翻页的动效。

（1）使用快捷键A新建一个画板，然后使用快捷键R插入一个矩形，并将矩形的尺寸设置为与画板相同的尺寸，接着将其和画板重合，如图10-96所示。

（2）选中该图层按住快捷键command+shift，并向右拖曳鼠标，复制两个图层，为了区分图层，将每个图层设置不同的填充色，如图10-97所示。

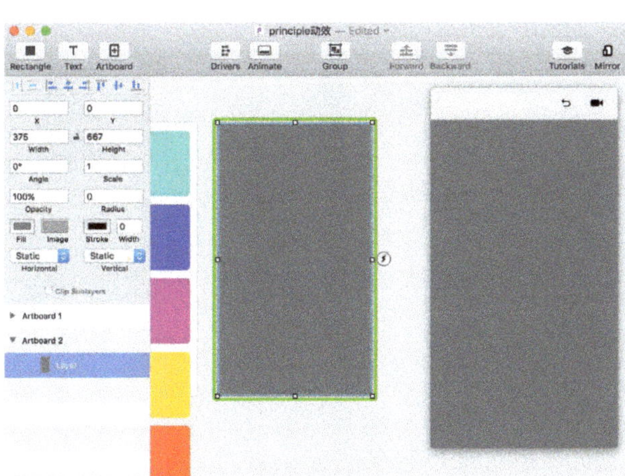

图10-96

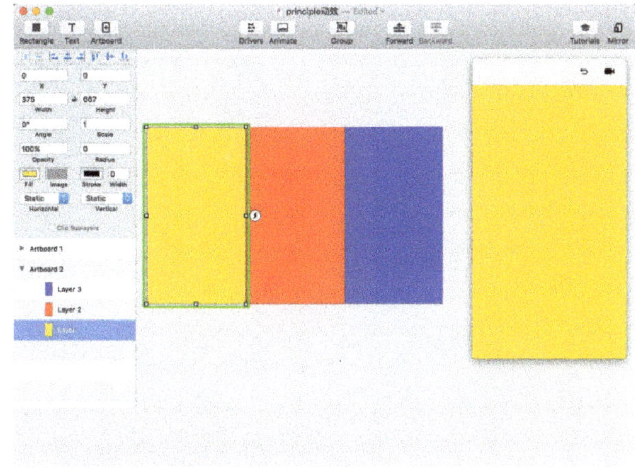

图10-97

（3）选中所有图层，然后按快捷键command+G进行编组，接着将图层组的Horizontal状态设置为Page，如图10-98所示。

（4）可以发现此时在预览面板中虽然可以左右拖动，但是最终屏幕上永远是黄色图层。这是因为没有设置图层组的尺寸范围，将图层组尺寸的右侧边框拖动到和画板的右边框重合，如图10-99所示。可以发现在预览面板上，非常容易地实现了左右翻页的效果。

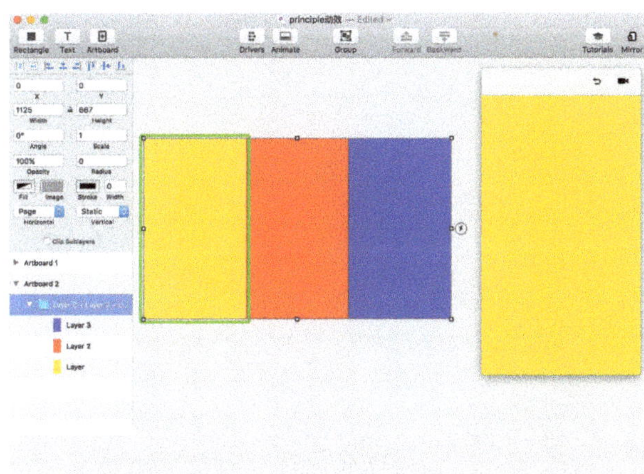

图10-98

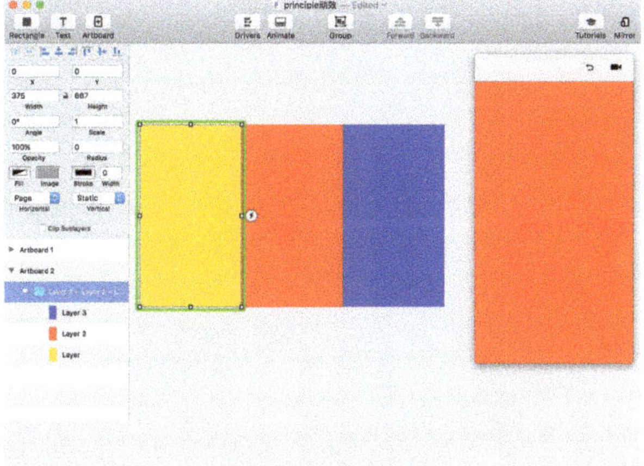

图10-99

（5）为了更好地理解翻页效果，选中3个图层，并将其缩放至0.6倍，如图10-100所示。在预览面板中翻页时发现后面的图层并未居中对齐屏幕。

（6）这是因为每次翻页的翻动范围是根据图层组的边框来决定的。为了解决这个问题，不能将图层组的边框也同样缩小，否则会出现图10-101所示的效果，这并不是我们的预期效果。

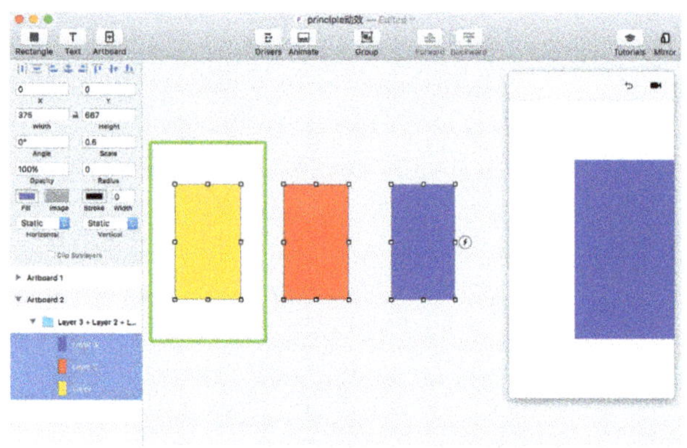

图10-100

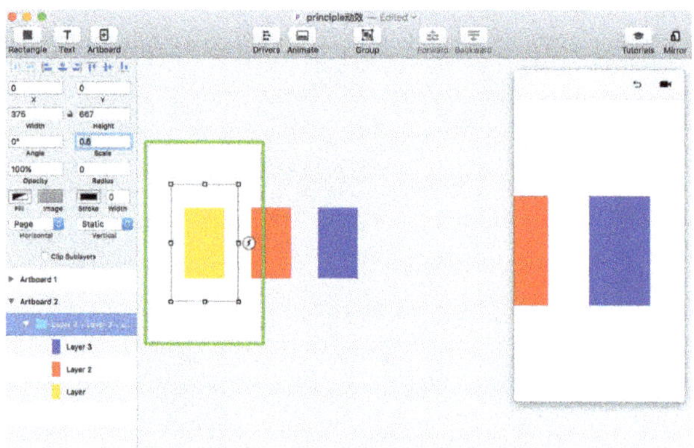

图10-101

（7）为了解决这样的问题，首先将图层组的边框保持不变，即一个屏幕的边框，然后按快捷键R插入一个矩形图层，接着将该矩形图层移动至图层组内（在图层组内即可，顺序任意），最后将该矩形的宽设置为屏幕宽度×页面数，如此例中为375px×3，如图10-102所示。

（8）此时在预览面板上进行翻页操作，可以发现所有的页面又重新居中在屏幕上了，但是在视觉效果上，不需要顶部的灰色线条，这时可以将该线条的不透明度设置为0%，这样便无法看见该线条了，如图10-103所示。这样这个翻页动效便已制作完成。

图10-102

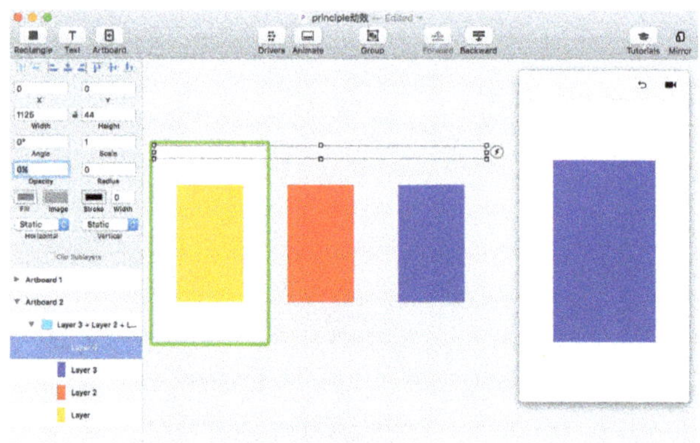

图10-103

> ⚙️ 提示　　而更多情况下，在翻页的同时底部会有一组小圆点表示进度，这个效果在Principle中也非常容易实现，但是该效果需要配合Drivers面板制作，在后文中会详细介绍。

通过以上的两个典型案例，相信大家已经掌握了Principle内置的交互方式的使用方法，但是在实际工作中，往往需要更加复杂的动效，Principle也提供了更高级的动效制作功能，如页面之间的跳转，下文中便向大家介绍如何实现该效果。

4.Principle的事件

大家注意到，无论选中图层还是图层组，甚至是画板本身，右侧都会出现一个闪电的图标，在Principle的官方文档中，把该功能称之为Events，即事件。事件用于界面之间的跳转，表现在Principle中即画板之间的跳转。

单击该闪电图标可以弹出事件列表，Principle中目前内置了12种类型的事件，如图10-104所示。下面对每种类型做一个简单的介绍。

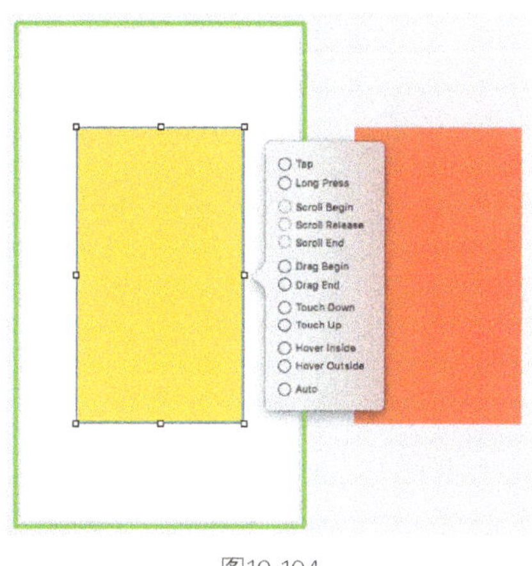

图10-104

Tap：点击事件。这是最常用的一种事件，即当用户点击屏幕时触发。

Long Press：长按事件。当用户按住屏幕时触发。

Scroll Begin：开始滚动事件。当用户滚动屏幕时触发。

Scroll Release：释放滚动事件。当用户停止滚动屏幕时触发。

Scroll End：停止滚动事件。当用户滚动完后触发，该事件和Scroll Release事件的区别在于，该事件必须是滚动全部结束才触发，而Scroll Release只需要滚动时手指离开屏幕即可触发。

Drag Begin：开始拖曳事件。当用户在屏幕上拖曳时触发。

Drag End：结束拖曳时间。当用户拖曳元素后释放时触发。

Touch Down：按下事件。当用户点按屏幕时触发，对应鼠标则是鼠标按下后触发，一般用于按钮按下的效果。

Touch Up：释放事件。当用户离开屏幕时触发，该事件一般需要和Touch Down事件配合使用。

Hover Inside：移入热区事件。当光标移动至某一区域触发。

Hover Outside：移出热区事件。当光标移出某一区域后触发。

Auto：自动触发事件。当跳入设置了该事件的界面时，当前界面上的所有效果自动触发，无需用户操作，可以用于循环动效等。

在Principle中，事件是用于界面之间的跳转。选中需要触发事件的图层，单击右侧的闪电图标，在弹出的事件列表中选中需要选择的事件，按住鼠标不放，将其拖曳到需要跳转的画板上释放鼠标，即可完成事件的添加，如图10-105所示。在该图中设置该事件后，用户点击"界面1"图层，则可跳转至"界面2"。

添加事件成功后画板上方会出现一个箭头，该箭头指向跳转的画板，如图10-106所示。单击该箭头可以激活Animate面板。在该箭头上单击鼠标右键，并选中出现的选项可以删除该事件，或选中箭头后按delete键，也可以删除事件。

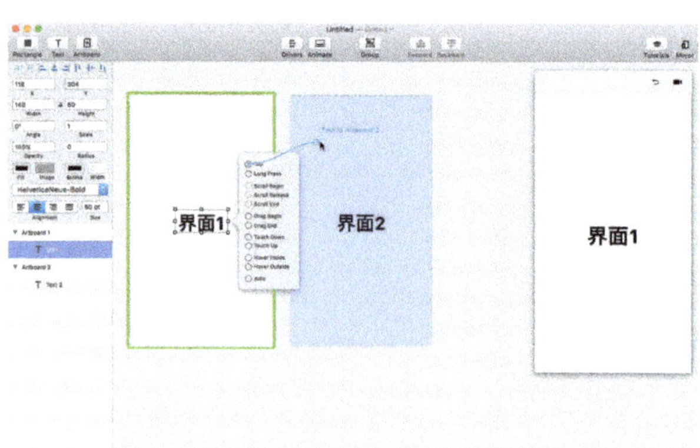

图10-105

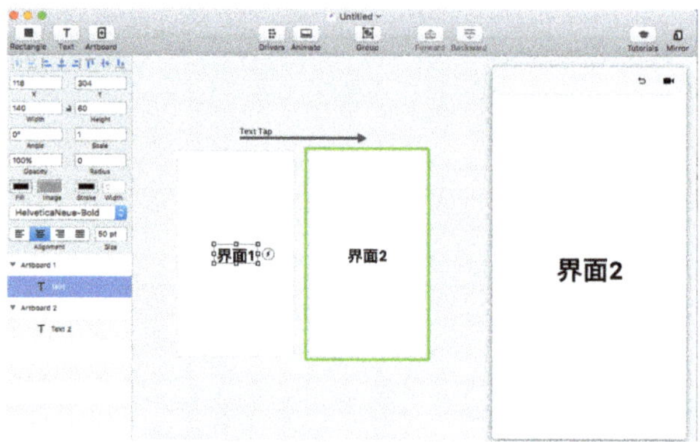

图10-106

添加事件必须指向另一个画板，若添加事件时指向自身的画板，则Principle会自动复制该画板创建事件，如图10-107所示。

添加事件的图层或图层组的不透明度不能为0%，若不透明度为0%，虽然可以设置事件，但是设置的事件不会生效，因为事件需要用户交互来触发，若不透明度为0%，用户无法触碰到图层，也就无法触发事件。在图10-108中图层不透明度设置为0%，在预览面板上无法触发该事件。

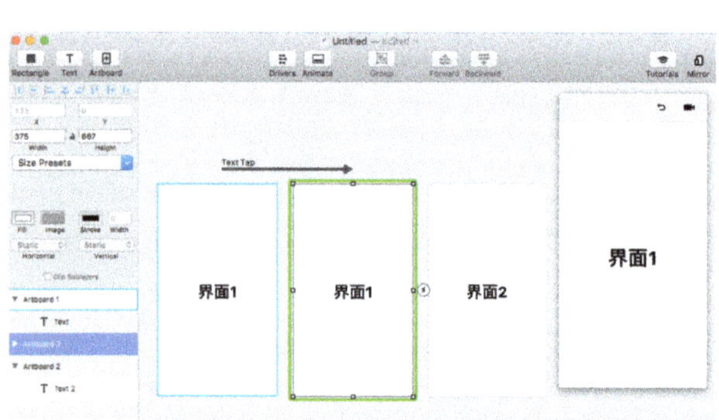

图10-107

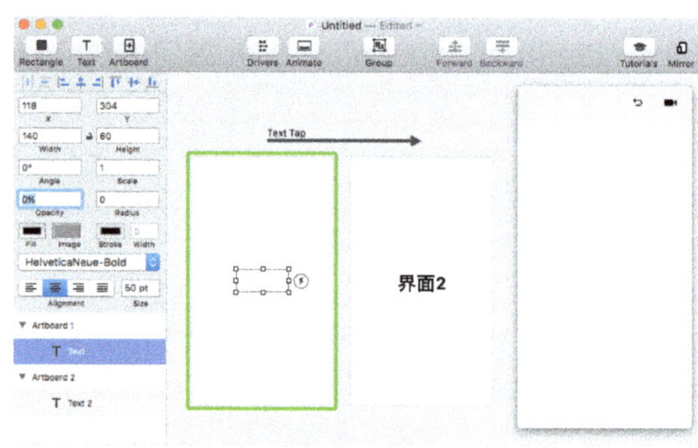

图10-108

事件也是使用Principle做动效设计时非常重要的一个工具，下面通过一个实例看看事件在动效设计中的运用。

5.Principle的事件动效设计

首先打开之前做滚动和翻页的Principle文档，制作一个这样的动效：当用户滚动到底部，跳转至翻页的界面，翻页到最后一页，点击该界面跳转到滚动页面。

（1）选中滚动界面中的图层组，然后单击右侧的闪电图标，在弹出的事件列表中选中Scroll End事件，指向翻页界面画板，如图10-109所示。

（2）选中翻页界面的最后一个图层，然后单击图层右侧的闪电图标，选择Tap事件，接着指向滚动画板，如图10-110所示。

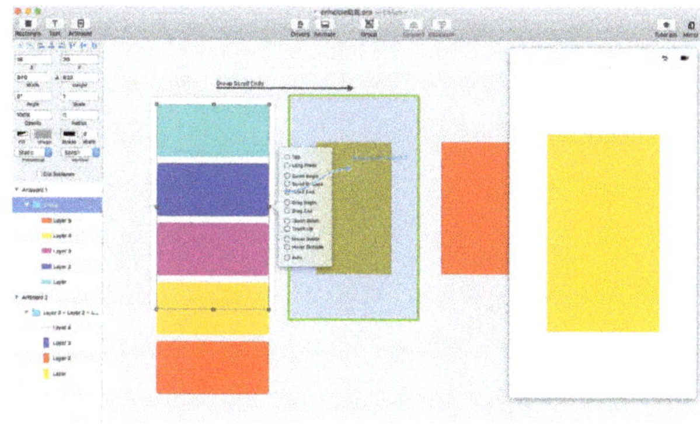

图10-109

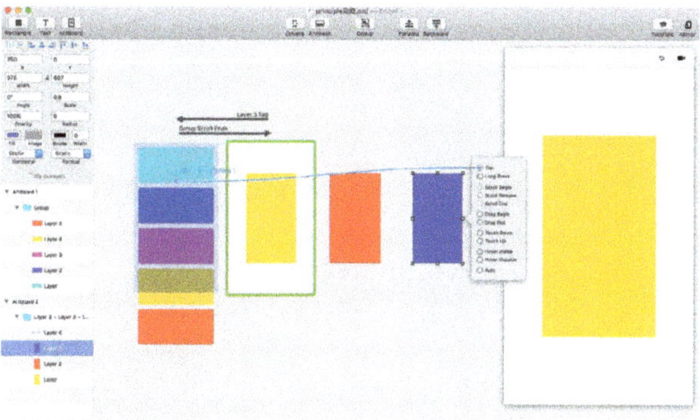

图10-110

要使用Scroll系列的事件，必须之前已经设置了图层的Scroll状态。

实际上，在进行UI动效设计时最最重要的就是一定要有完整的流程——界面的跳转必须考虑无论用户在哪个界面都可以返回，否则当用户跳到一个无法返回的界面，会使应用不可用。

所以在制作动效时，必须对流程有清晰的认识。在实际生活中，类似上述实例的情况不多，更多情况是给出两个可以交互的按钮用来跳转。

（3）选中第1个画板，使用快捷键R插入矩形，然后将矩形尺寸设置为80px×80px，同时设置圆角半径为80px（实际上40px即可），接着将其调整到距离左边18px的位置，最后复制该矩形图层并距离右边18px。确保这两个图层在滚动图层组的上方，如图10-111所示。

（4）将两个图层的填充颜色设置为#0099FF，然后将左侧的图层缩放设置为1.5倍缩放，接着将右侧图层的不透明度设置为60%，如图10-112所示。

图10-111

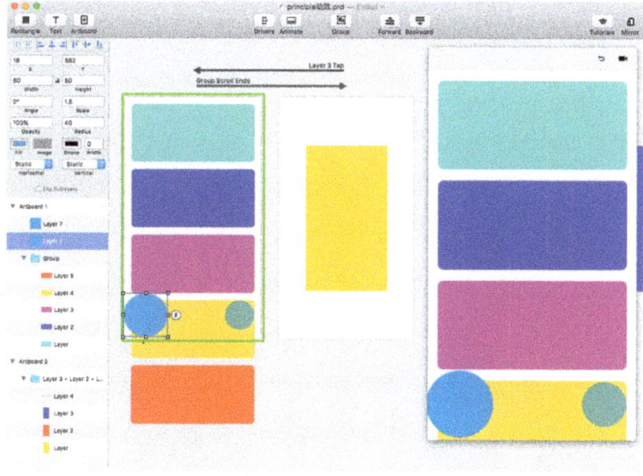

图10-112

（5）将两个图层复制到第2个画板，然后将第2个画板左侧图层的不透明度设置为60%，不进行缩放，接着将右侧图层的不透明度设置为100%，缩放1.5倍，如图10-113所示。

（6）选中第1个画板中右侧的形状图层，然后单击右侧的闪电图标，在弹出的菜单中选择Tap事件，并指向第2个画板。接着选中第2个画板中左侧的形状图层，并单击右侧的闪电图标，在弹出的菜单中选择Tap事件，再指向第1个画板，如图10-114所示。此时在预览面板单击两个形状图层，可以非常完整地跳转，完成动效设计。

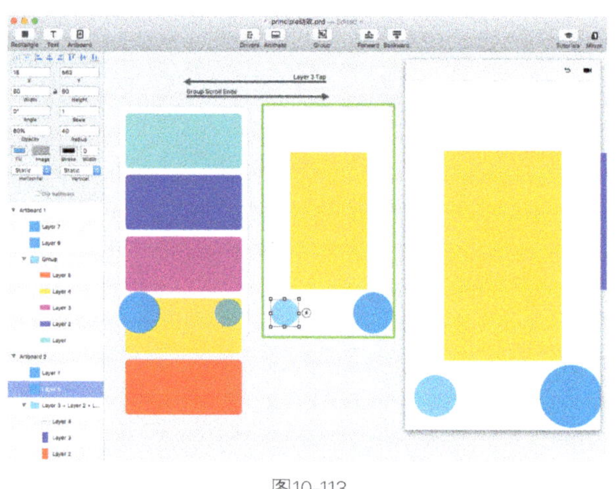

图10-113

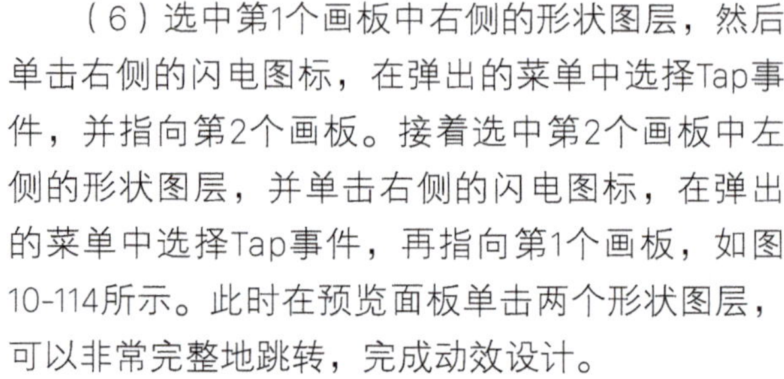

图10-114

在进行上述动效设计的时候，可以通过两个按钮的变化，让用户更加明确地知道所处的页面，这是动效设计中需要思考的一个重点。截止到现在，可以看到Principle中所有的动效都是自动形成的，可是有时候我们需要更进一步自定义动效，包括动效持续的时间等，这便需要用到Principle另一个非常重要的面板——Animate面板。

6.Principle的Animate面板

在设置Principle事件时，本质上是让Principle针对两个界面之间的变化自动创建各个图层的补间动画，也就是说，在使用Animate面板的前提是必须有Principle事件的存在。

图10-115所示的是制作的一个简单的Tap事件动效，单击矩形会跳转到圆形界面，单击圆形会跳转回矩形界面，并伴随着颜色的改变。

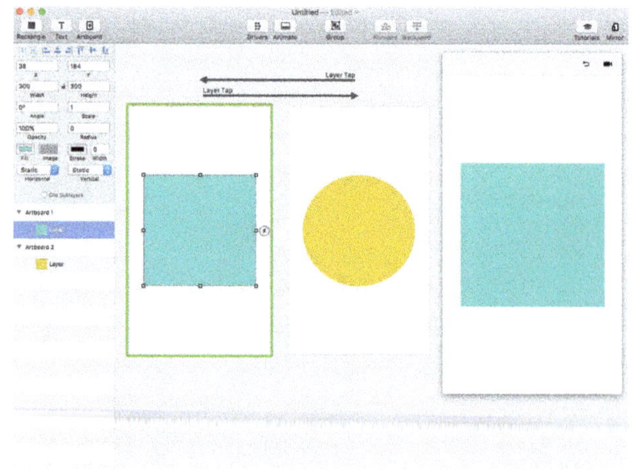

图10-115

此时单击画板顶部的箭头，可以看到Principle底部会出现Animate界面，并且需要注意的是，左侧的图层列表中，两个画板间图层的名字是一致的，都是Layer，如图10-116所示。

若将画板中两个图层的名字变成不相同的，如将画板2中的Layer重命名为Layer 2，再次单击画板顶部的箭头，会发现Animate面板里面没有了任何信息，且在预览面板中单击矩形或圆形，跳转的动效非常生硬，如图10-117所示。

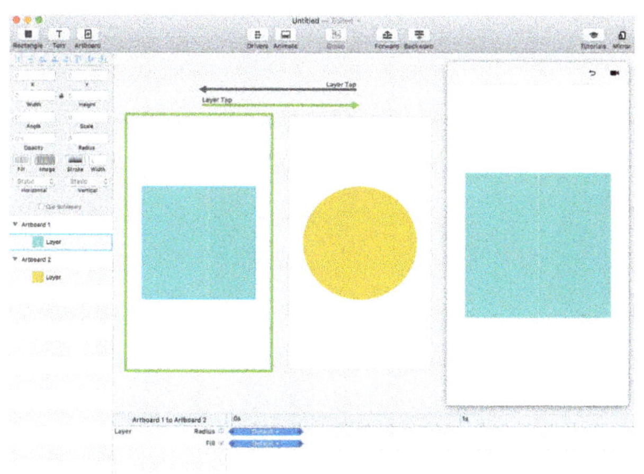

图10-116

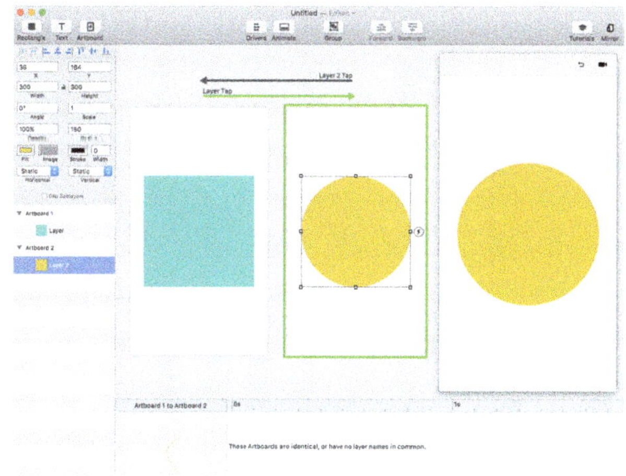

图10-117

这是Principle中需要特别注意的一点，要让Principle创建补间动画的前提是，两个画板中图层的名字是一致的，如果大家在进行动效设计时发现跳转非常生硬，且在Animate面板中找不到内容，请务必仔细检查是否是因为图层名字设置不一致所导致的。

将图层名恢复到一致，然后单击画板顶部的箭头，仔细看看Animate面板的内容，如图10-118所示。

左上方的Artboard 1 to Artboard 2表示动画是从画板1跳转至画板2，格式为"目标画板名 to 跳转至画板名"，即表示该动画是在哪两个画板间发生。

上方右侧的0s、1s……则表示时间，即时间轴。

最左边的Layer是图层名，同一个事件中可以允许多个图层属性发生变化，每个图层间用线条隔开。

图层名的右侧，如Radius和Fill等是表示该补间动画中出现了变化的属性，如画板1跳转到画板2，矩形变成圆形的过程中，圆角半径和填充色发生了变化，则在Animate面板上出现Radius和Fill属性的设置。若画板1中矩形，缩放为0.5倍，且旋转45°，移动x轴和y轴的位置，则可以看到在Animate面板中，Priciple自动计算发生变化的属性值，并显示在该面板让我们方便进行设置，如图10-119所示。可以看到x轴、y轴、Angle、Scale、Radius和Fill都发生了变化。

图10-118

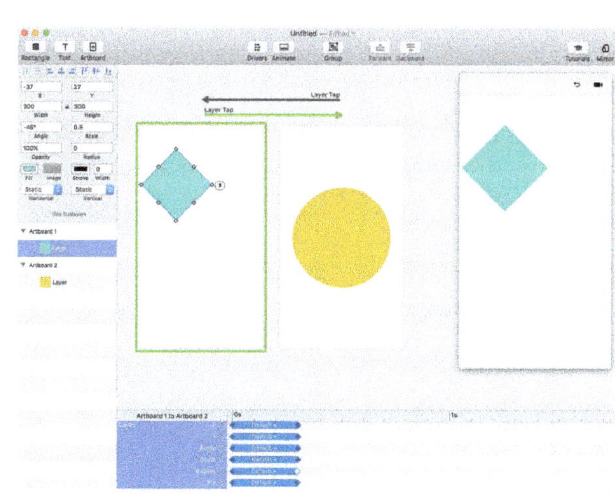

图10-119

在各属性的后面可以对动效进行精细设计。左右两侧的菱形点代表该属性的两个关键帧，用鼠标单击右侧的关键帧并拖曳，则可以设置动效持续的时间，Principle中默认所有动效持续时间为0.3秒。图10-120所示表示在执行画板1跳转至画板2动效时，圆角半径属性改变的时间持续为1秒，填充变化的时间为0.3秒。被选中的关键帧的菱形方块为白色状态。

总的动效持续时长取决于最长的一个属性变化的持续时长。

也可以选中整个属性的关键帧，可以整体移动。图10-121表示该动效总持续时间为0.6秒，其中0~0.3秒填充色发生变化，0.3~0.6秒圆角半径发生变化。

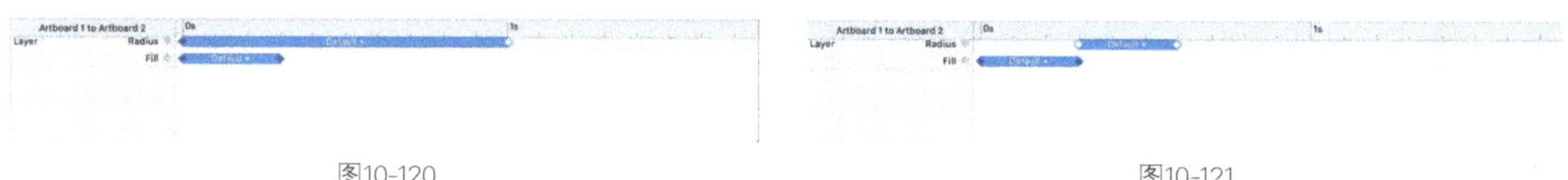

图10-120　　　　　　　　　　　　　　　　图10-121

在两个关键帧之间单击会弹出运动曲线，如图10-122所示。在Principle中的运动曲线和iOS以及MacOS中的曲线一致，可以设置出加速度的效果，让动效更加舒服和真实。在右侧的示意图中可以看到各效果，同样也可以拖动曲线上的曲柄进行调整，可以任意调整，不会对预设曲线的数值造成变动。正如同Linear旁边的"哭脸"表情一样，非常不建议使用Linear（线性运动）效果。

在属性名和关键帧曲线之间，还有个雪花状的图标，单击该图标则可以"点亮/取消点亮"图标。点亮该图标则表示冻结该动效。图10-123表示只对填充的变化设置补间动画，圆角半径的变化动效不生效。

熟悉Animate面板后，在实际中便可以对动画效果进行精细的设置了。回到实例，单击画板顶部的箭头，可以看到Animate面板上有非常多的信息，任何发生了属性变化的图层都在该面板上可以找到，如图10-124所示。

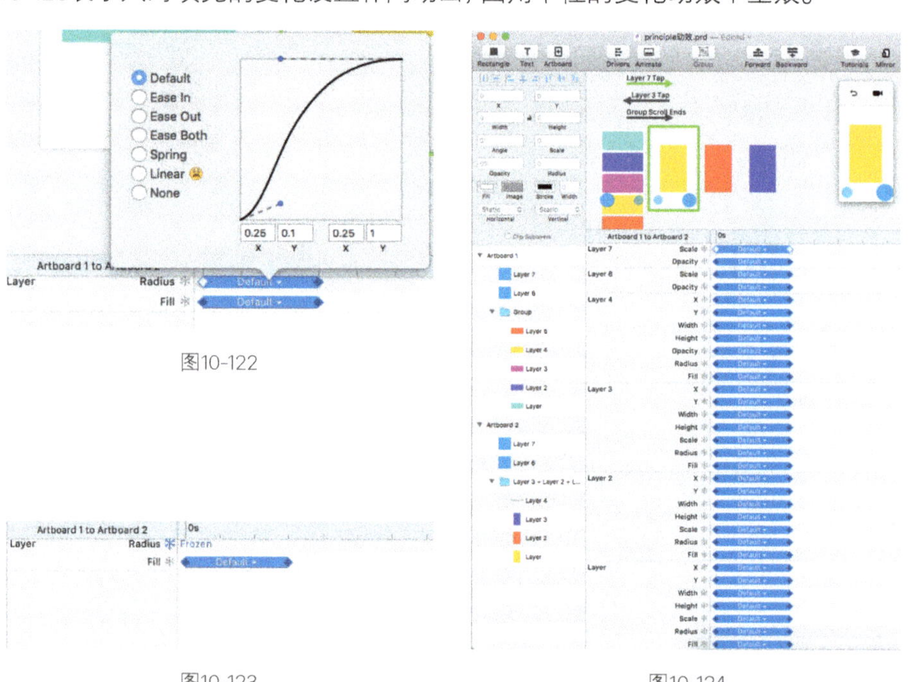

图10-122　　　　　　　　　　　图10-123　　　　　　　　　　　图10-124

在实际工作中，要对动效进行精细设计，是一个虽然简单但需要花时间去探索的事情，任何的变动都可能对动效的实现造成影响，要找到最合适的一个动效不是件容易的事情，需要足够的耐心和细心去进行调节和实验，才能达到最佳效果。

以上便是Animate面板的内容，通过上面的学习，相信大家已经可以制作出非常优秀的动效了，但是在更多情况下，动效往往不是单一的，如拖曳某个内容，其他内容也同时发生变化——而不是跳转到另一个界面。这需要运用到Principle中非常强大却非常易用的Drivers面板。

7.Principle的Drivers面板

要使用Drivers面板，首先需要打开该面板。单击顶部工具栏的Drivers工具，即可打开该面板，如图10-125所示。此时Drivers面板中内容是空白的。

要想Drivers面板起作用，首选需要有一个目标图层——即动效通过该图层来触发，任何图层都可以成为目标图层，该图层应该是可以交互的——即Horizontal或Vertical的状态至少有一个不是Static。

使用快捷R插入两个矩形图层，尺寸为100px×100px，然后将其中一个图层的圆角半径设置为50px，并将该图层重命名为"图层1"，然后将另一个图层重命名为"图层2"，接着将"图层2"移动至画板下方，将"图层1"移动至画板居中位置。最后将"图层1"的Vertical状态设置为Drag，如图10-126所示。

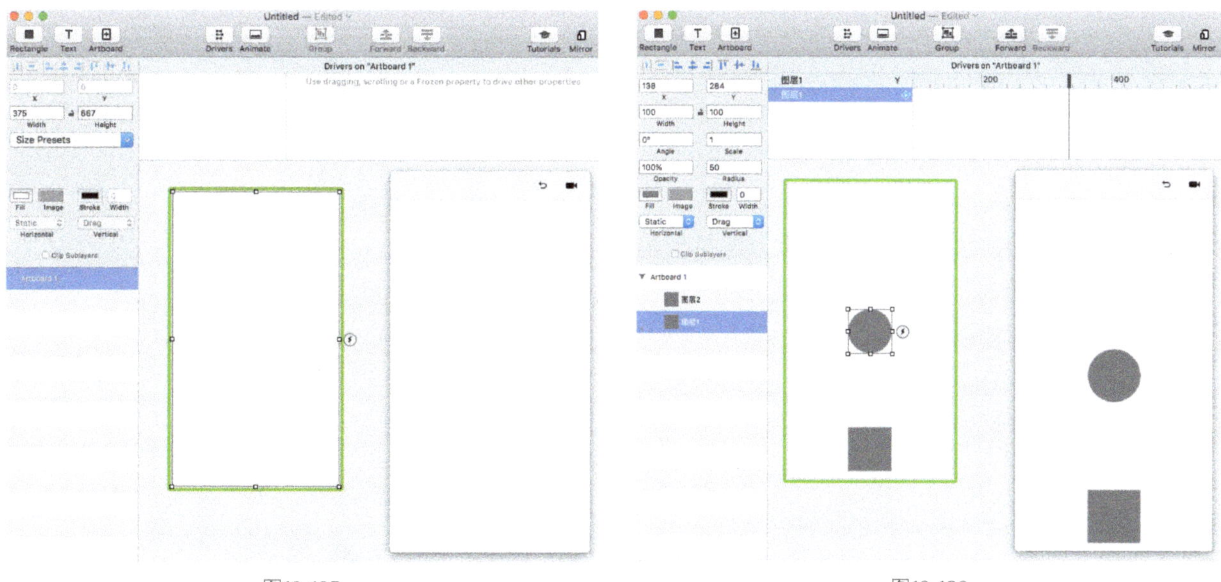

图10-125　　　　　　　　　　　　　　　　　　　图10-126

此时可以看到Drivers面板中已经有了内容，Drivers面板的详细内容如下。

顶部的Drivers on "Artboard 1"则表示当前Drivers面板所对应的画板，如图10-127所示。

下方左侧"图层1"，表示目标图层的图层名，该名称右侧的y，表示y轴属性，因为设置的Vertical状态为Drag，所以此处是y；若设置的是Horizontal的状态，此处则显示x，若两者都设置了则会出现两条状态，如图10-128所示。

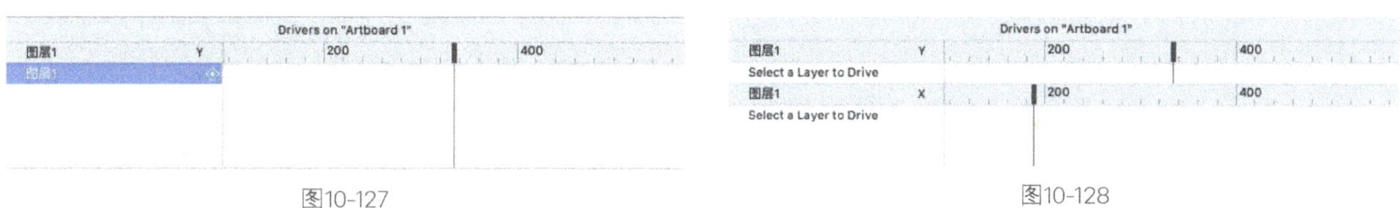

图10-127　　　　　　　　　　　　　　　　　　　图10-128

右侧的数值类似于时间轴，只是这里的数值不是表示时间，而是表示坐标。如"图层1"当前的位置在x轴上为138，在y轴上为284。拖动坐标轴上的黑色滑块，可以发现画板上的图层位置也相应发生变化。

再往下，若未选中任何图层，则显示Select a Layer to Drive（选择一个图层设置联动效果），此时应选择的图层为：当目标图层的x轴或y轴发生变化时，属性需要改变的图层。这一图层可以是"自己"，也可以是画板上的其他图层。图10-123所示的是选中自身图层时的效果。选中哪个图层，左侧便是选中图层的图层名，右侧是一个中间有+号的菱形图标，单击该图标，出现图10-129所示的界面。

在图10-125中弹出的列表可以设置发生变化的属性，从上到下分别为：x轴、y轴、宽度、高度、缩放、角度、不透明度、圆角半径和描边宽度。如希望在拖动"图层1"时，"图层1"的不透明度发生变化，则选择Opacity选项，在列表中便会出现Opacity属性，且在当前位置坐标轴下方出现一个关键帧，如图10-130所示。

如果需要设计一个动效为：当向上拖动圆形图层时，该图层不透明度不断降低，当拖出屏幕时不透明度变为0%。此时需要将坐标轴上的滑块向左移动到0的后面，然后将"图层1"的不透明度设置为0%，会发现在Drivers面板上，会自动创建一个新的关键帧，在两个关键帧之间生成了补间动画，如图10-131所示。

移动滑将"图层1"回到居中位置，并在预览面板向上拖曳"图层1"，可以发现拖曳的同时不透明度也发生了变化。

可以给同一个图层添加多个属性变化，只需要再重复上述方式即可。

若需要在拖曳"图层1"的同时，"图层2"也发生改变，只需要选择"图层2"，此时Drivers面板上会出现"图层2"，然后单击右侧带加号的菱形图标，接着设置需要变化的属性即可，操作方法和上面一样。

如希望在拖曳"图层1"的时候，"图层2"发生旋转，则先将"图层1"移动至效果触发位置，如居中位置，然后选择"图层2"，并在Drivers面板上添加Angle属性，如图10-132所示。接着移动坐标轴上的滑块到合适位置，并在"图层2"的检查器的Angle中输入角度数值，如360°，此时会发现Drivers面板上自动创建了一个新的关键帧且形成了补间动画，如图10-133所示。此时拖曳"图层1"，不仅"图层1"不透明度发生变化，"图层2"的角度也同时发生变化。

以上是Drivers面板使用方法的介绍，因为大部分朋友之前所接触动效类软件是通过时间轴驱动的，而Priciple中Drivers面板是坐标轴驱动，会有一些不习惯，这就需要在平时多使用、多思考、多理解，相信很快就能掌握。为了进一步理解，下面通过一个实例进一步熟悉Drivers面板的使用方法。

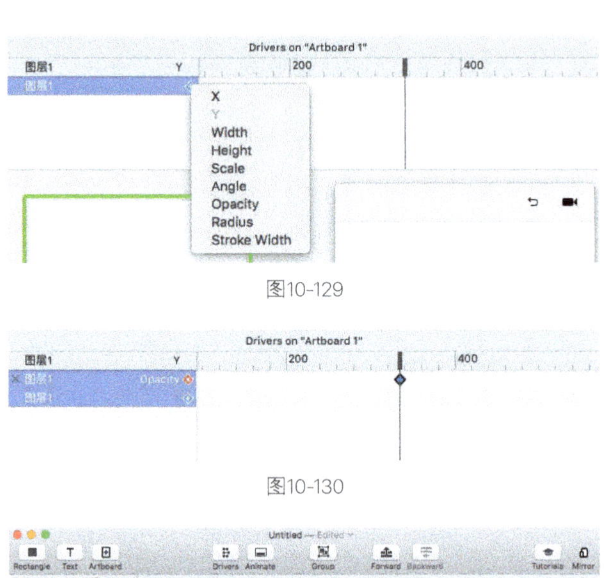
图10-129

图10-130

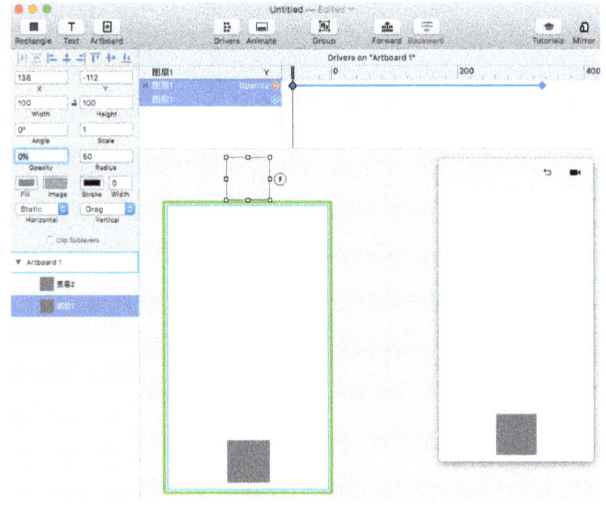
图10-131

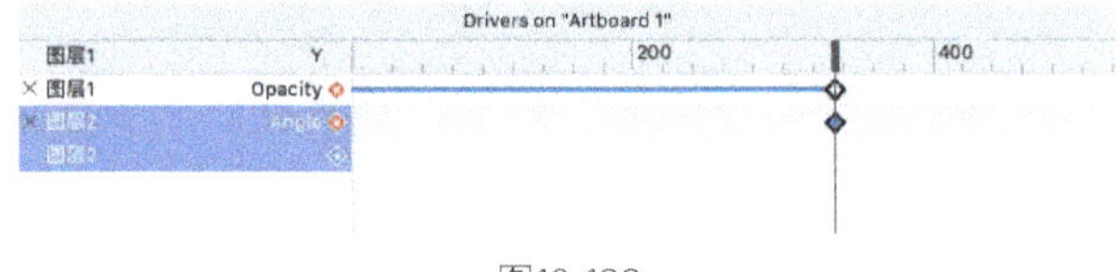
图10-132

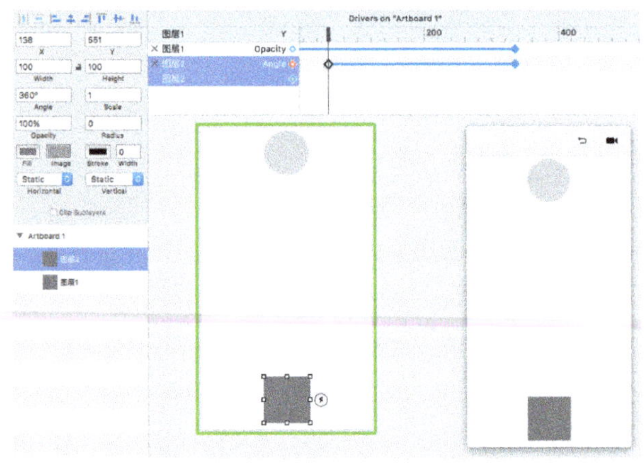
图10-133

8.Principle的Drivers动效设计

在之前的实例中，完成了一个翻页界面的动效设计，但是更多情况下，遇到翻页的界面，会有一个翻页位置指示，一般用圆点表示。通过Drivers面板，能够非常简单地实现该效果。

（1）打开之前的实例文档选中"画板2"，然后使用快捷键R插入矩形，接着将矩形的尺寸设置为20px×20px，圆角半径设置为10px，并复制两次，最后将3个图层分别以10px的间距排列，并水平对齐，如图10-134所示。

（2）将3个图层从左往右分别命名为1、2、3，并将其填充颜色变更为#F74B41。因为翻页位置指示的动效涉及不透明度的变化，所以选中3个图层，在Drivers面板上单击带+号的菱形图标，然后选择Opacity属性，如图10-135所示。

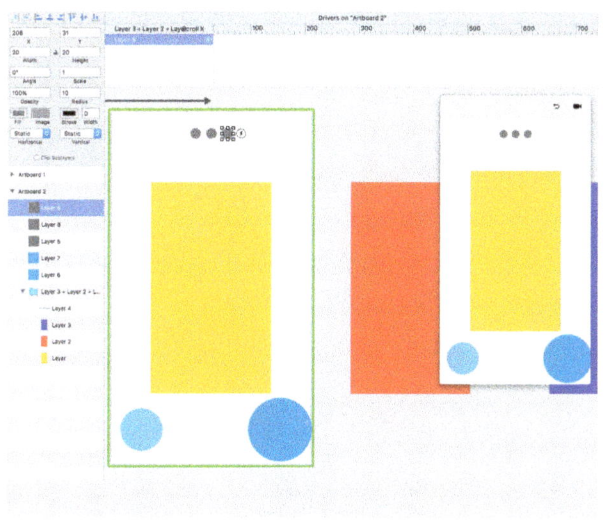

图10-134

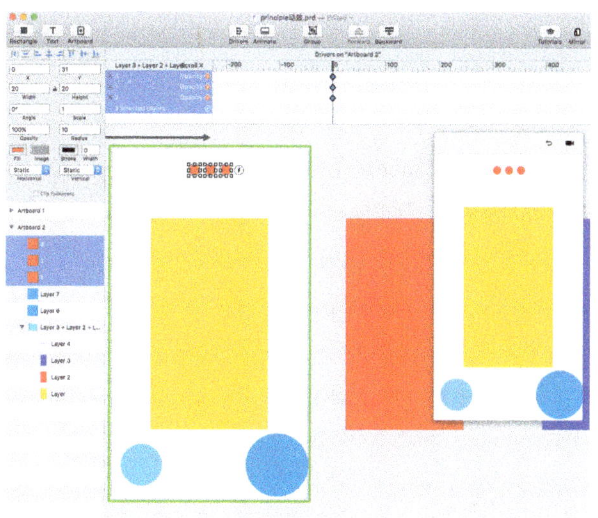

图10-135

（3）当在第1页时，应高亮显示第1个点，于是将第2个和第3个点的不透明度设置为30%，第1个点保持不变，如图10-136所示。

（4）拖动Drivers面板中坐标轴上的滑块，因为当前画板的宽度为375px，则将滑块拖动到375px，此时第2页出现在屏幕上，3个点的状态应该是第1个点和第3个点不透明度变为30%，第2个点的不透明度变为100%，调整相应点的不透明度，如图10-137所示。

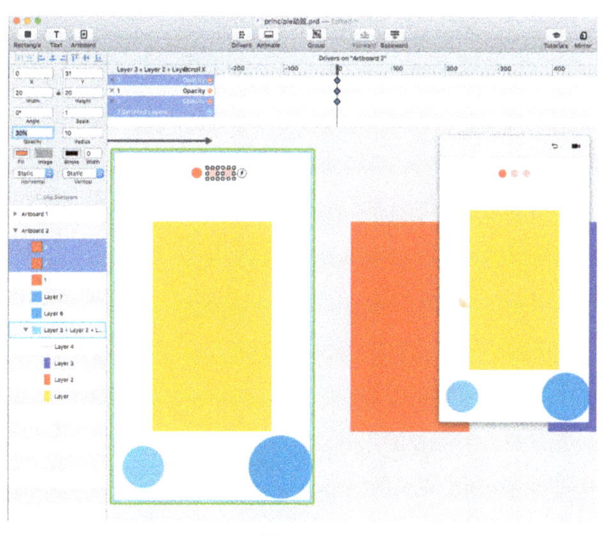

图10-136

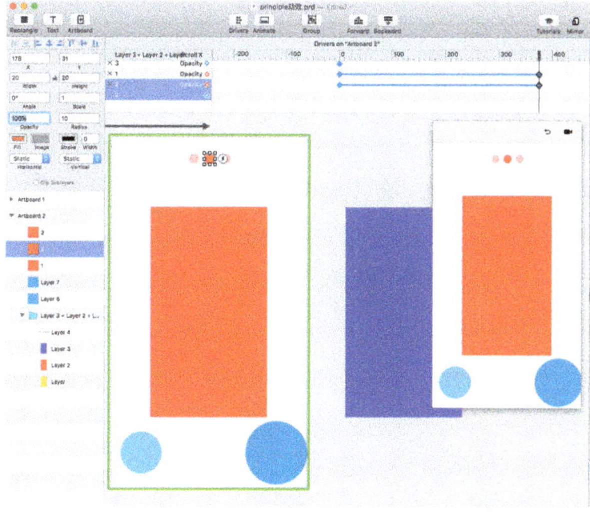

图10-137

（5）可以看到发生变化的图层自动添加了关键帧并生成了补间动画，但是第3个圆点，因为从位置0px到位置375px不透明度都是30%，所以Principle并未自动添加关键帧，此时可以单击Drivers面板左侧的Opacity旁带+号的菱形图标 ◇，手动添加关键帧，如图10-138所示。

（6）继续拖曳Drivers面板坐标轴上的滑块，拖曳到375px×2=750px处，此时屏幕上出现第3个页面，圆点的状态变化为第1个和第2个圆点的不透明度为30%，第3个圆点的不透明度为100%，同时因为第1个点状态未发生变化，需要手动添加关键帧，如图10-139所示。此时在预览面板可以看到动效已经达到我们的预期，完成设计。

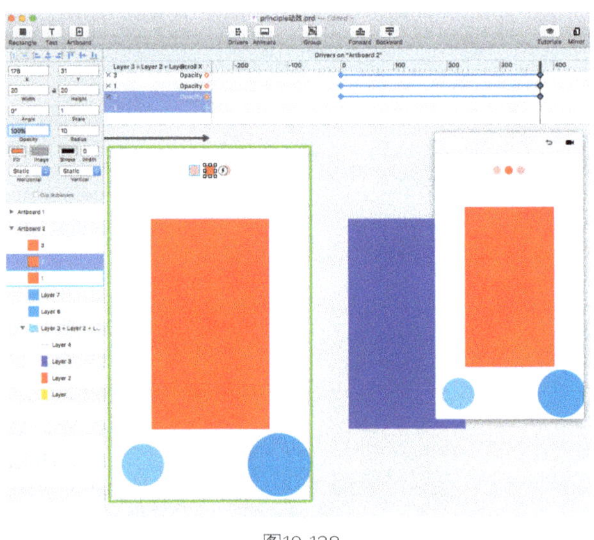

图10-138

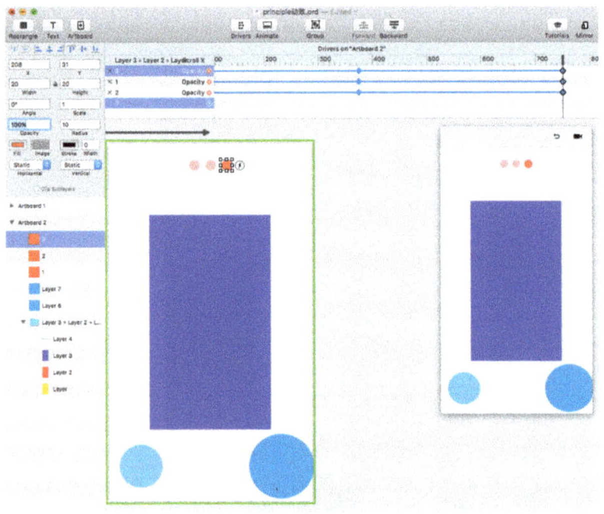

图10-139

10.3.3 Principle的导出和分享

动效设计完成后，Principle提供了非常方便的方式可以将动效导出，Principle的动效导出分成两种：纯视频演示类和可交互类。前者可以将动效导出为视频格式或GIF图片格式，适合任何设备查看，但是缺点是无法交互，另一种是保存为prd文档，可以在iOS设备上打开，支持交互。

1.导出Principle动效为视频

Principle导出为视频时需要手动将动效录制一遍，再将过程导出为视频。

打开制作完成的Principle文档，可以看到在预览面板的右上角有一个 图标，单击该图标会弹出图10-140所示的界面。可以选择录制视频时鼠标的样式：Touch Cursor为触控鼠标，即在预览面板上的默认样式；Arrow Cursor为箭头鼠标，即默认的箭头鼠标样式；Cursor Hidden为隐藏鼠标，即录制过程中不显示鼠标。大家可以根据需要自行选择。

选择好鼠标样式后，即开始录制视频，录制过程中右上角的图标会变成红色和黑色交替闪烁状态，录制完成后再次单击右上角的图标，即可完成录制，弹出图10-141所示的对话框，在该对话框中可以选择保存的名字和位置，保存类型为.mov。

图10-140

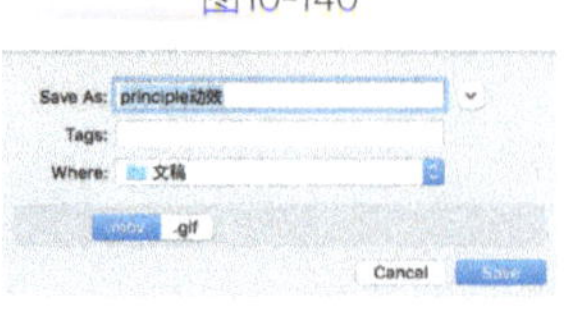

图10-141

2.导出Principle动效为GIF图片

支持将录制的动效保存为GIF格式是Principle的一个优势，录制完动效后，在弹出的对话框中将格式选择为.gif即可将动效保存为GIF格式图片，如图10-142所示。相比MOV格式视频，GIF图片可以选择保持的尺寸：Dribbble Retina 800w，可以保持尺寸为800px宽的GIF图片；Dribbble 400w 300h，可以保存为Dribble标准尺寸：400px×300px；200h，可以保存高为200px的GIF图片；100%，则表示保存为设计画板尺寸。

图10-142

需要注意的是，选择100%时可能导致文件非常巨大，不利于传播，若非特殊要求，如上传至Dribbble需要或特殊情况下互联网的传播，建议还是保存为MOV视频格式。

3.导出Principle动效为PRD格式在iOS设备上演示

在之前有介绍过在iOS设备上安装Principle，让动效在iOS设备上进行实时交互预览和演示，该App除了可以和其他Mirror类型的App实时在设备上查看设计效果的功能外，还支持打开PRD格式文件。

PRD格式的文件是Principle生成的文档类型，设计完成后的Principle文档可以使用快捷键command+S进行保存后，即生成XXX.prd文件。将该文件作为附件发送到自己的邮箱，邮件正文和标题不限，此时在安装了Principle App的iOS设备上打开该邮箱的收件箱，可以在附件上看到该文档，如图10-143所示。

单击该附件，弹出图10-144所示的界面，选择"拷贝至Principle"，即可使用iOS设备上的Principle App打开附件，并且支持交互，也可以在该界面中通过AirDrop发送到其他安装Principle软件的设备上。

图10-143

图10-144

4.导出Principle动画参数

虽然Principle暂时不支持导出动画参数，但工程师依然可以从源文件中获取有价值的内容。因为Principle使用了和iOS一致的缓动曲线，可以在Animate界面中获取到图层各运动属性的持续时间和曲线，操作方法是用鼠标单击右侧的关键帧，可以看到持续时间，然后单击缓动曲线类型名称，在弹出的界面中，右下角可以看到x、y的数值，该数值对工程师非常有用，如图10-145所示。

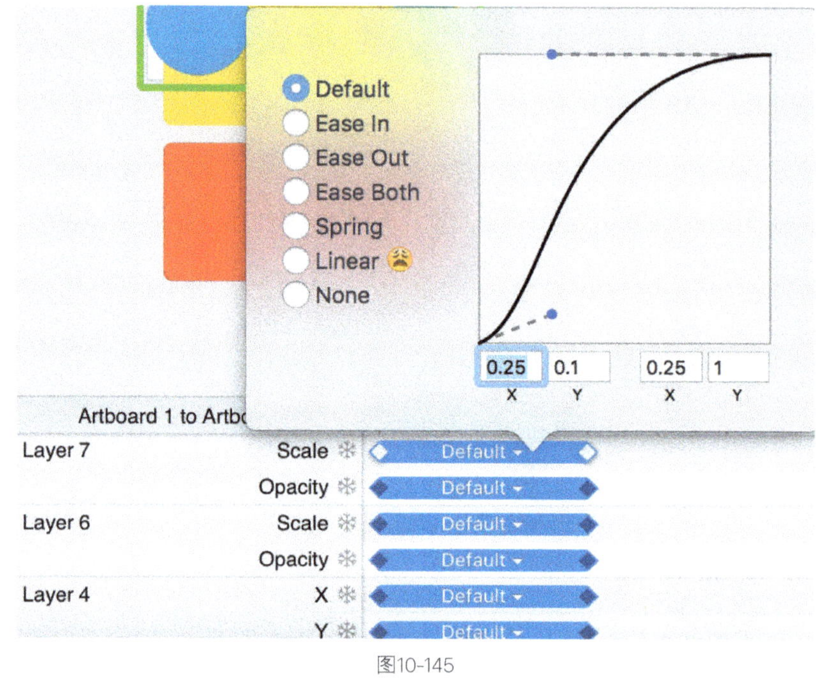

图10-145

因篇幅有限，Principle的教程就到这里，实际上已经学完了全部的Principle内容，Principle作为一款非常优秀的动效软件还在不断地进行迭代优化中，相信这款软件的功能会越来越完善，但是能否利用这款软件做出优秀的动效，还得靠各位自己。在互联网上已经有大量使用Principle设计的优秀动效作品，并可以找到相应的源文件，建议大家在平时多参考优秀的动效作品，并多多分析和临摹，相信很快就能成为Principle动效设计大师。在本书下一章会介绍一些找到这些源文件的地址，大家也可以参考。

在下一节中将会向大家介绍同样非常常见的交互动效软件Pixate，该软件相对于Keynote和Principle入门难度会高一些，但是若大家掌握了前面的两款软件，要理解和学会Pixate也是非常容易的事情。

10.4 使用Pixate进行动效设计

虽然Principle已经基本上满足大部分设计师的需求，但是一方面Principle是一款收费软件，另一方面Principle只支持Mac系统，且移动端只支持iOS设备，而Pixate又能很好地解决这两个问题，所以Pixate是一款非常强大且免费的交互动效制作软件，更重要的是，自从Pixate的研发团队被谷歌收购后，Pixate支持Mac和Windows双平台，且支持安卓设备和Pixate桌面端的连接。

Pixate目前的普及率已经相对较高，Pixate的入门门槛也是本书介绍的3款动效软件中相对较高的一款，说到门槛相对较高是因为一方面在进行交互动效设计时会涉及一些编程思维（只是思维不是代码），另一方面是Pixate需要设置的选项较多，对英文水平有一定的要求。

但也正因为如此，Pixate能设计出更加细致具有质感的动效，Pixate可以算是连接快速交互原型动效软件和信号流式的动效软件的一个过渡，建议所有的交互设计师或打算从UI转为UE的设计师朋友们学习一下该软件。该软件对动效制作的逻辑思维有一定的要求，经常使用该软件能有效锻炼自己的思维能力。

相信大家学过了之前的知识，即使是第一次接触Pixate，也不会特别陌生，今天便带大家来认识一下这款神奇的软件。

10.4.1 Pixate的基础入门

1.Pixate的下载和安装

下载Pixate的最好途径是从官网下载，Pixate的官网为http://www.pixate.com/。在进入该网站后可以看到有一个很大的按钮Download now - it's free!，单击该按钮，即可下载到软件的安装包，如图10-146所示。

软件会自动判断你所使用的系统，然后下载相应的软件。以Mac为例，单击按钮后下载一个名为PixateStudio.zip的压缩包，双击解压后得到图10-147所示的文件，将该文件移动到"应用程序"文件夹，即完成安装。

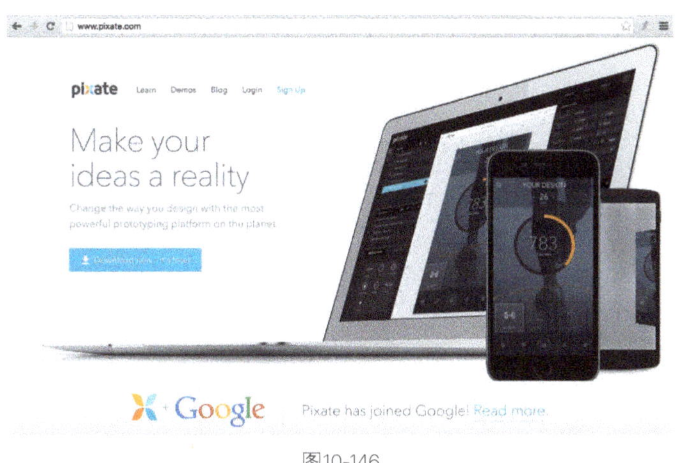

图10-146

图10-147

需要使用时只需在"应用程序"中单击该图标即可。

2.Pixate新建文档

安装完Pixate后打开软件会看到Pixate的欢迎页，如图10-148所示。在左侧单击Creat a new prototype（创建一个新的原型文档）即可新建一个文档，另外两个按钮分别可以链接到Pixate的官方教程网页和Pixate的帮助页面。右侧分成Samples（示范文档）和Recent（最近打开文档），单击即可打开相应文档，单击下面的Open another file按钮，即可打开Pixate的源文件。

单击左侧第1个按钮后会弹出对话框，需要先对创建的文档命名和选择保存位置，如将文件名命名为"Pixate动效"，设置完成后单击SAVE按钮即可弹出图10-149所示的界面。

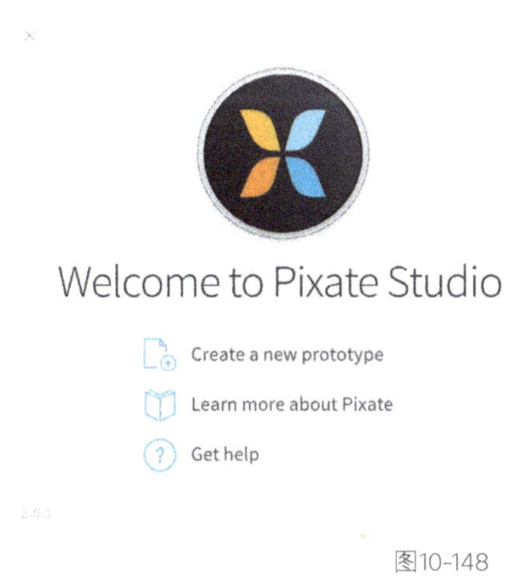
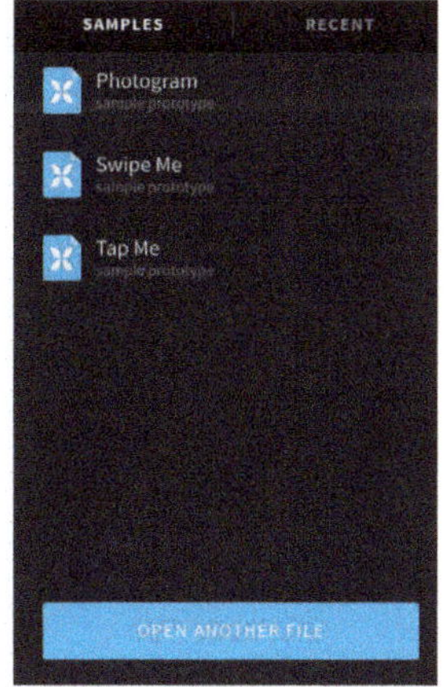
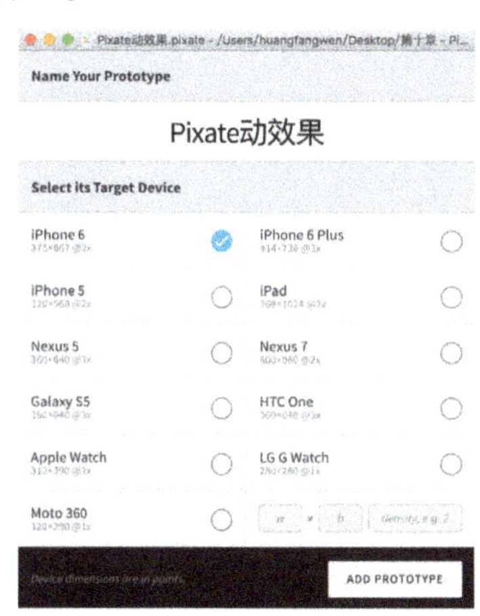

图10-148

图10-149

此处需要选择设计动效的目标设备——也就是目标尺寸，在Pixate中所有使用的单位为pt。选择好设备后，单击右下角的ADD PROTOTYPE按钮即可完成文档的新建。

尺寸建议在创建文档时就选好，当然在创建完文档后也可以很方便地对尺寸进行修改，但是若在该文档上已经进行了动效设计再调整尺寸时会增加不必要的工作量。

3.Pixate的软件界面总览

Pixate空白文档的软件界面如图10-150所示。

对于正常的文档来说，官方将该界面分成6个板块，如图10-151所示（该图出自官方用户手册）。

A板块：单击该板块最左侧的选项卡可以切换板块内容。该板块包括3部分——图层列表、资源列表和动作脚本列表。

B板块：分成交互和动画两部分。交互即用户的交互手势，动画是针对图层的动画。

C板块：Pixate的画布。绝大部分可视化操作都在该区域完成。

D板块：对齐工具，和Sketch类似，用于对齐操作。

E板块：图层的属性面板，在该区域处可以修改图层的属性，类似于Sketch和Principle的检查器。

F板块：交互和动画的属性面板，在该区域可以设置和修改交互、动画的各种属性。通过对属性的设置制作预期的动效。

下面对每个板块的内容和功能做一个简单的介绍。

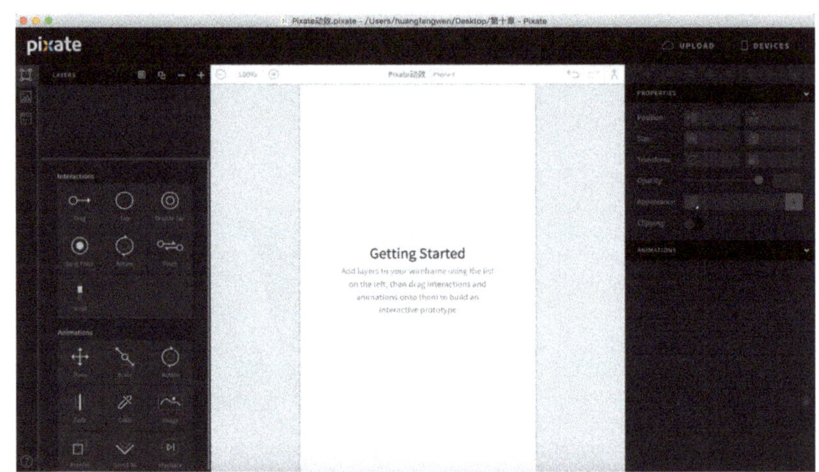

图10-150

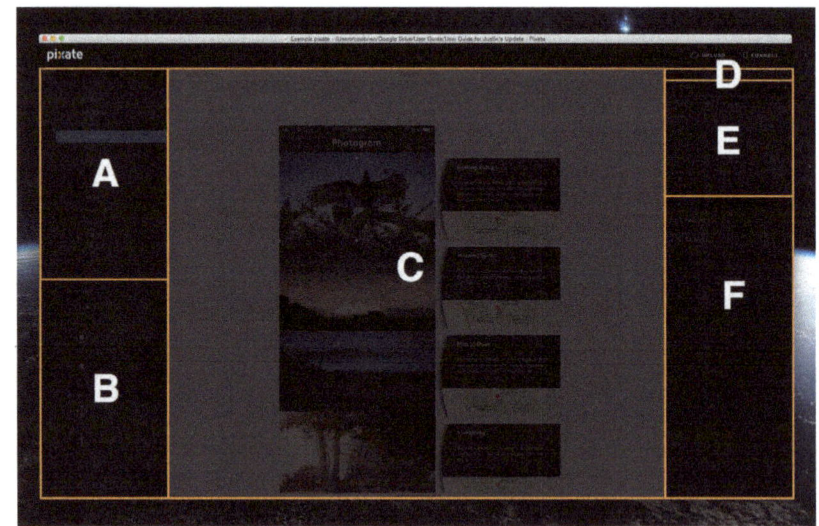

图10-151

4.Pixate的图层列表

Pixate的图层列表如图10-152所示。在Pixate的图层列表中，可以执行添加图层、删除图层和复制图层等操作，在Pixate中添加的图层类似于Principle中的矩形形状图层，若用户自己导入图片图层也会显示在这里。

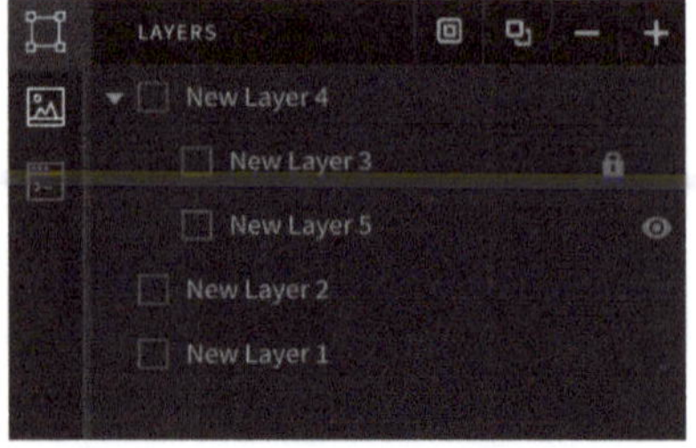

图10-152

在图层列表中可以拖曳图层进行排序，同时在Pixate中并没有编组的概念，但有图层的从属概念，可以在图层列表中把一个图层拖曳到另一个图层的上面，此时拖曳的这个图层便可变为另一个图层的子图层，子图层拥有和父图层相同的属性。

在图层列表中同样也可以设置图层的显示与隐藏以及锁定状态。在图层的名字上双击鼠标左键即可对图层进行重命名。

图层列表右上方的4个按钮分别是：图层裁剪工具（隐藏或者显示被选择图层在舞台画布上的裁剪效果）、复制图层工具、删除图层工具和添加图层工具。

5.Pixate的资源列表

Pixate的资源列表里保存了用于该动效文件中所使用的全部图片，支持IPEG、PNG和TIFF格式，如图10-153所示。

单击资源列表右上角的加号，即可将图片资源添加至资源列表，在资源列表中选中某一图片可在列表上方进行预览，光标悬浮在资源列表某一行上右侧会出现删除图标，单击即可从资源列表中移除该图片。

6.Pixate的动作脚本列表

Pixate的动作脚本列表如图10-154所示。

动作脚本可以做非常多的事情，对于懂脚本语言的朋友该功能会非常有用，在列表中选中脚本后单击右上角的播放按钮即可执行该脚本，单击第2个铅笔图标的按钮即可对该脚本进行编辑。

在互联网上也有非常多的Pixate脚本可供参考，可以找到所需要的脚本后将其添加至脚本列表。

7.Pixate的交互列表

要找到Pixate的交互列表，首先需要保证A板块中选项卡是在图层列表选中状态。Pixate的交互列表如图10-155所示。系统内置了7种交互方式，这7种交互方式在前面的知识讲解中都已经有过介绍：Drag（拖曳）、Tap（点击）、Double Tap（双击）、Long Press（长按）、Rotate（旋转）、Pinch（双指缩放）和Scroll（滚动）。

在Pixate中要为图层添加交互方式非常简单，只需要将需要添加的交互选中并拖曳到相应的图层上即可。而要对交互的属性进行设置，则需要配合板块F中的交互属性进行。在后文的实例中会为大家演示。

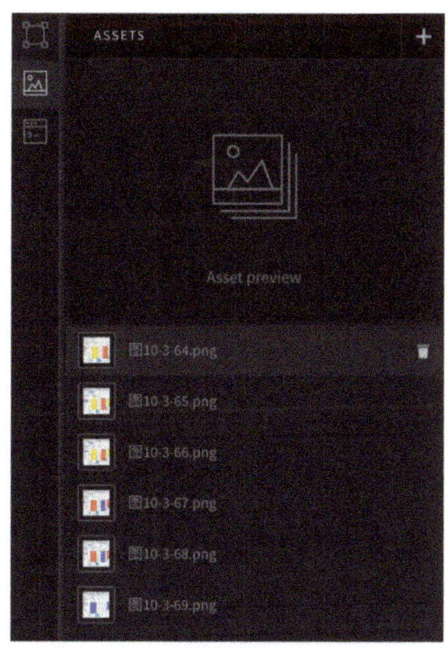

图10-153

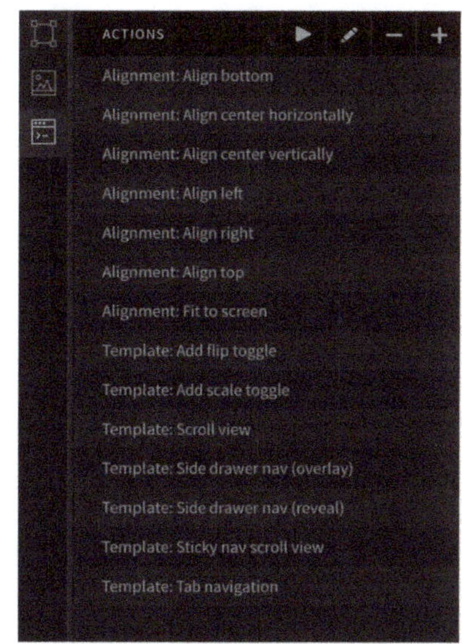

图10-154

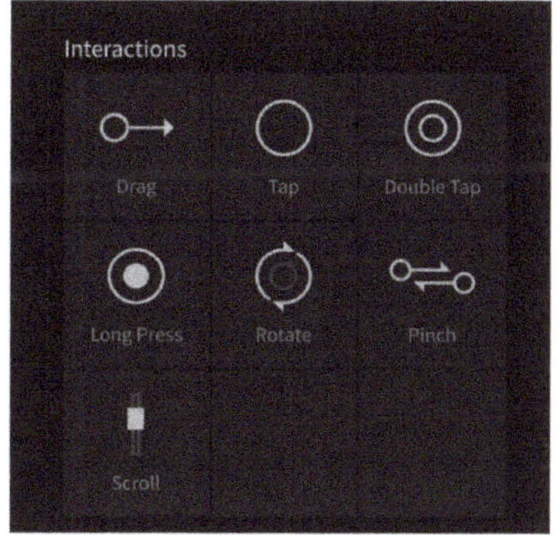

图10-155

8.Pixate的动画列表

Pixate的动画列表在交互列表的下方，如图10-156所示。目前Pixate中包括了9种动画效果，使用动画和使用交互的方式相同，选中并拖曳到需要应用的图层上即可，同样要对动画的属性进行设置，也需要配合F板块的动画属性进行设置。下面对每种动画的内容做一个简单介绍。

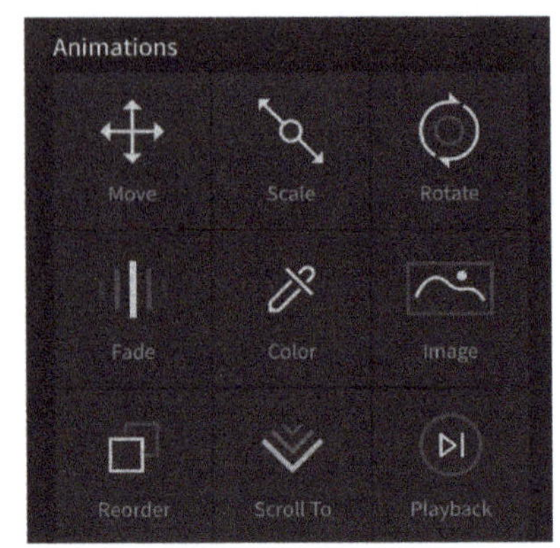

图10-156

Move（移动）：改变图层的位置。

Scale（缩放）：让图层的大小发生变化。

Rotate（旋转）：通过图层角度的改变让图层进行旋转。

Fade（渐隐渐现）：对图层不透明度的变更，产生渐隐渐现的效果。

Color（颜色改变）：改变图层的填充颜色。

Image（图片填充动画）：可以让图层在运动中用一个图片进行替换。

Reorder（图层排序）：改变图层之间的顺序。

Scroll To（滚动到）：可以让图层滚动到指定位置。

Playback（播放）：该动画可以控制界面中的音频和视频，变更其状态。

9.Pixate的画布

Pixate的画布如图10-157所示，是占据整个软件最大的区域，所有可视化的设计都在该区域进行。Pixate不同于Principle，一个文档中只能有一个画板，但是允许图层在画板外面。

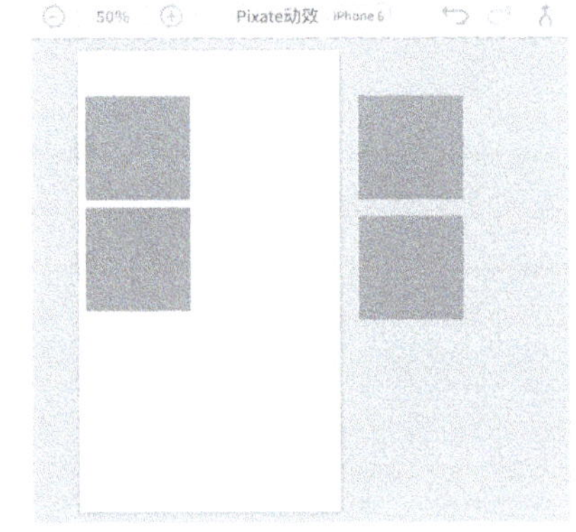

图10-157

左上方可以控制画布的缩放，中间是文档名和当前屏幕尺寸，单击iPhone 6按钮弹出的对话框可以更改屏幕尺寸。右侧的按钮分别是撤销、重做和合并。合并功能可以将其他.pixate文件中的图层、资源、交互和动画等信息合并到当前正在设计的文档中，这可以让你复用已经完成保存的内容。这个功能也一定程度上弥补了Pixate不支持多个画板的不足。

图10-158

在画布上对某一图层单击即可选中该图层，也可以按住鼠标并拖曳出一个范围对图层进行框选。

10.Pixate的对齐工具

Pixate的对齐工具和Sketch几乎相同，如图10-158所示，在此不做过多介绍。

11.Pixate的图层属性面板

Pixate的图层属性面板如图10-159所示，是对图层属性进行设置的地方。下面对该面板上各内容做简单介绍。

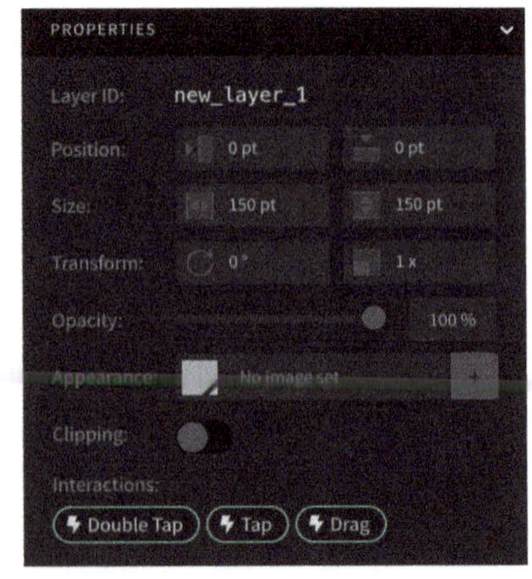

图10-159

Layer ID（图层的ID）：和图层名不是完全相同的概念，类似于HTML/CSS中的ID概念，名称不能包含空格，在设置交互和动画属性中会用到ID，在Pixate中软件通过ID确定图层而非图层名。在ID名称上双击可以选中ID，方便进行复制。

Position（位置）：和其他软件相似，设置图层的位置，只是需要注意在Pixate中的单位为pt。

Size（尺寸大小）：用于设置图层的尺寸，前面的数值为宽，后面的数值为高。

Transform（旋转）：用于设置图层的旋转角度。在旋转的后面是缩放属性，1×表示不进行缩放，可以直接在此输入缩放数值，支持小数。

Opacity（不透明度）：可以调整图层的不透明度。

Appearance（填充样式）：设置图层的填充样式，前面的正方形为填充色，单击方块即可选择填充的颜色，Pixate不支持自定义颜色，只能够选中内置的几种颜色。后面No image set区域是设置图层的填充图案，单击后面的加号，弹出资源列表，可以选择资源列表中的图片对其进行填充。需要注意的是，图片填充的优先级高于颜色填充，即设置了图片填充，再进行颜色填充的设置，填充不会显示。

Clipping（裁切）：设置当前的图层是否会被父图层设定的区域（Bounds）裁剪。

Interactions（交互）：该处显示当前图层所运用的交互，光标移动到某一交互名上可以删除该交互。

12.Pixate的动画属性面板

Pixate的动画属性面板需要配合交互进行设置，也就是说要有触发动画的交互行为，面板内容会根据交互和动画的不同有所不同。图10-160所示的是Move动画的属性面板。

Based On（基于）：此处用于设置交互和动画的指定对象。第1个下拉列表是设定交互作用的图层，里面会显示当前文档中包含交互属性的图层。第2个下拉列表则是对该图层中的交互类型的选择，因为每个图层可以包含多个交互，每个交互有可能有多种交互动作，如Drag包含Drag Start（开始拖曳）和Drag Release（释放拖曳）。若第1个下拉框选择的是*SCREEN*，则第2个下拉框只有Loaded选项，表示当屏幕载入便开始执行。

Animates（动画）：用来控制动画在执行过程中的效果，根据交互和动画类型的不同，在Pixate中最多有3种不同的动画模式。Continuously to final value（最终值固定），在该模式下图层随着交互事件如拖曳和滚动进行移动，受到动画参数范围和交互设定的限制，当移动范围超过设定的最终值，保持不变。Continuously with rate（速度固定），在该模式下图层随着交互事件如拖曳和滚动按照设定的速度进行移动，不受最终值的限制。With duration to final value（在设定的时间内执行到最终值），在该模式下当触发事件后图层在规定的时间内完成运动。

再往下是CONDITION，即设置条件。关于Pixate的条件在后文会详细介绍，在此不做展开。

当满足上述条件时，下方是设置动画效果。

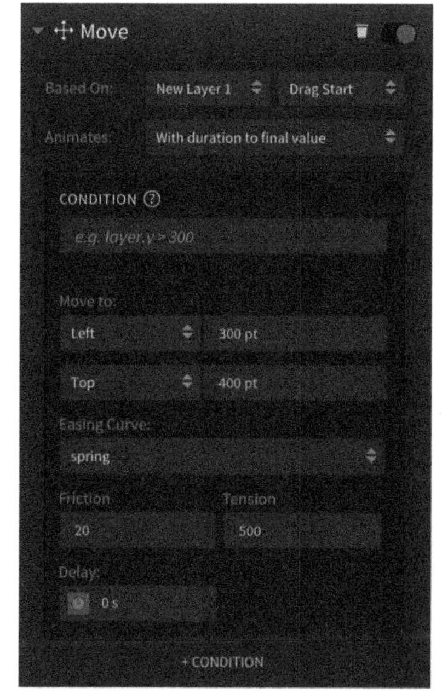

图10-160

Move to（表示移动到）：下面第1个下拉选项可以选择距离左边距、居中、右边距的距离；第2选项选择距离上边距、居中和下边距的距离。

Easing Curve（缓动曲线）：该处的曲线和Principle中的缓动曲线相同，根据不同的曲线会有不同的显示，如图中选择spring后，出现friction（摩擦数）和Tension（张力数）。

Delay（延迟）：设置延迟数值。

动画属性面板的逻辑为：先选择基于的图层和动画模式，然后设置动画条件。不同的动画类型会有不同的条件设置界面出现，图10-156所示的是Move动画的属性设置面板；图10-161所示的是Scale动画的属性面板。

在Scale动画面板中，Scale type处用于选择缩放类型，分为等比缩放和按指定大小缩放。勾选Link X and Y选项可以让*x*轴和*y*轴同时缩放。再往下可以选择缩放时的中心点。

图10-162所示的是Rotate动画的属性面板。

在Pixate中支持3D旋转动画，若选择3D Rotation（3D模式），则需要设置*x*轴、*y*轴和*z*轴的旋转数值，以及可以设置背面的图层。

当动画效果较多时，为了便于管理和辨认，可以双击属性面板的名称自定义属性面板的名字。

其他的动画属性面板都比较简单，大家可以自行探索一下，在本书后面的实例中会进一步详细介绍动画属性面板的操作方法。

13.Pixate的交互属性面板

Pixate一共有7种交互形式，但是有的交互形式是瞬时完成的，如点击、双击和长按，对于这3种交互方式Pixate没有提供交互属性面板。

图10-163所示的是Drag交互的属性面板，面板名称为Move with Drag，在该面板下，用户可以设置拖曳的方式：Free、Vertical和Horizontal。

默认的拖曳方式为Free，在该模式下允许用户在界面上朝任意方向拖动。

Vertical和Horizontal都会对用户的拖曳方向做限制，分别表示垂直方向拖曳和水平方向拖曳。选择这两种拖曳模式下方会出现设置选项，可以做进一步的限定。

Refernce edge（参考边缘）：该选项用于设置约束条件时所参考的边。Min position设定最小值；Max position设定最大值；不输入则表示不做限制。如参考边缘都设定为Top，最小值设定为10pt，最大值设定为500pt，则表示可以拖曳的范围为距离顶边距10pt~500pt之间。

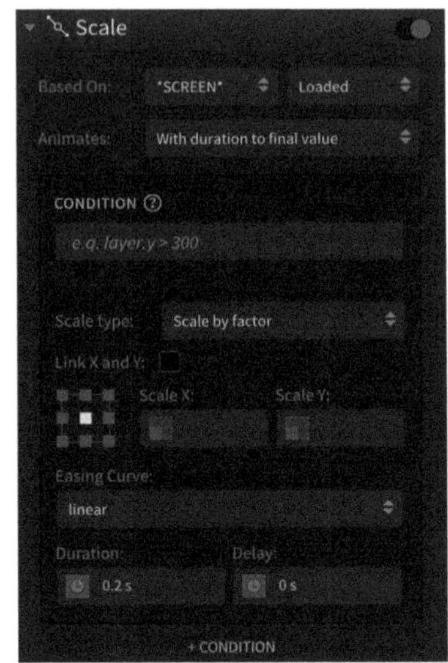

图10-161

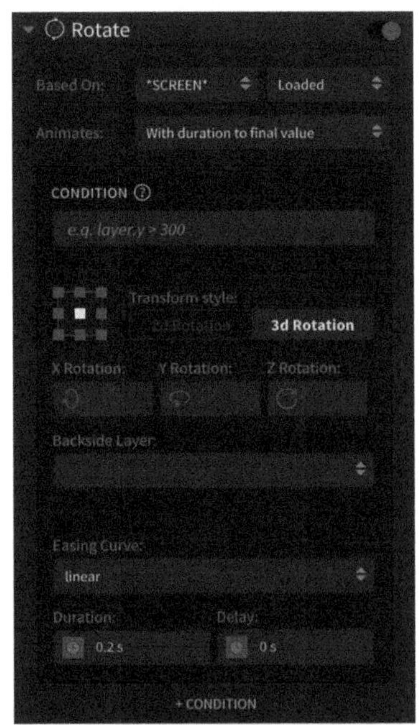

图10-162

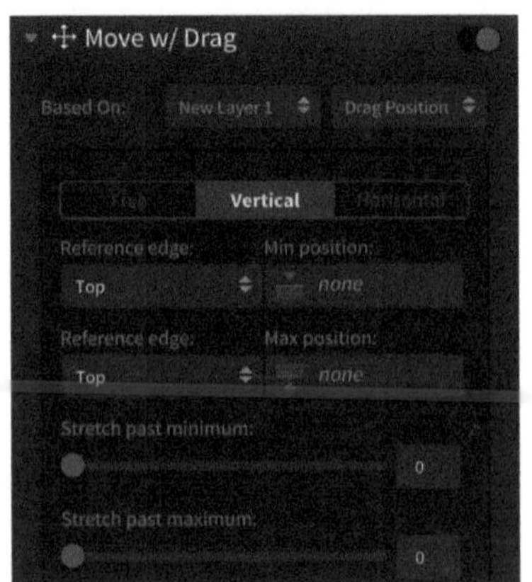

图10-163

Stretch past minimun和Stretch past maximum用于设定拖曳弹性的最小值和最大值，数值越小弹性越小，0表示不设置弹性。

图10-164所示的是Rotate交互的属性面板。面板名称为Turn with Rotate，在该面板下，可以设置旋转的最小角度和最大角度，以及旋转的最小弹性和最大弹性。

其中Min angle最小角度代表逆时针旋转角度，而Max angle最大角度代表顺时针旋转角度。而弹性数值的设置和Drag交互属性的弹性设置方法相同。

图10-165所示为Pinch交互的属性面板。面板名称为Resize with Pinch，在该面板下可以设置双指缩放的最小倍数和最大倍数，以及设置缩放弹性。

若面板中设置为空则表示不做限制。

图10-166所示的是Scroll交互的属性面板。面板名称为Scroll with Drag，在该面板下可以设置翻页模式。

当把Paging Mode（翻页模式）设置为paging（翻页）时，则可以制作出翻页的动效，效果和Principle中图层状态设置为Page的效果相似。

以上是对Pixate的一个基础入门介绍，学完大家对Pixate应该有了一定的认识了，其实说Pixate相对于Principle等软件的入门门槛稍微高了一些，是因为在Pixate中设置动画时需要用类似于代码的方式输入，这对很多设计师来说有一定的不适应性。

在下一节中将通过几个实例为大家讲解在实际工作中Pixate是如何使用的，相信学完之后大家也能很轻松地掌握Pixate。

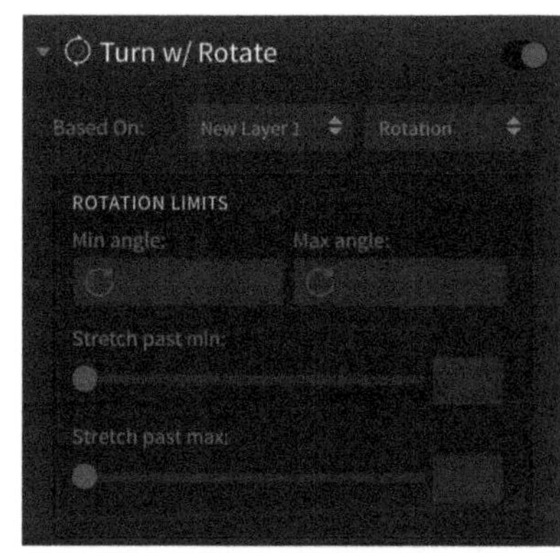

图10-164

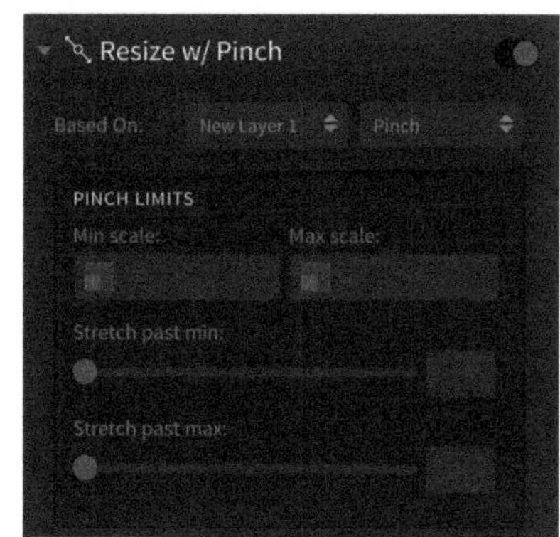

图10-165

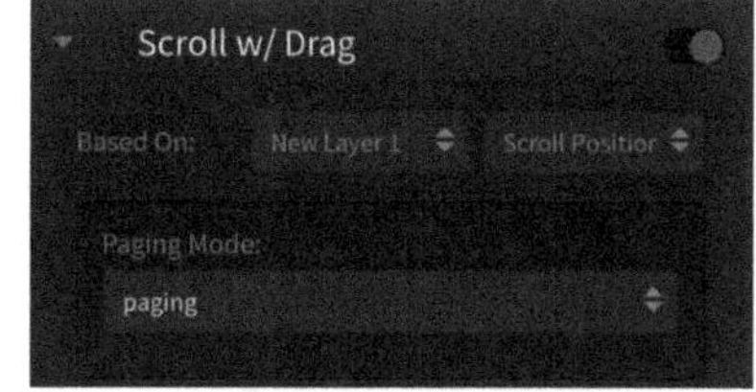

图10-166

10.4.2 使用Pixate设计动效

1.使用Pixate设计动效前的准备工作

在使用Pixate设计动效之前，大家可能会有疑问：上一节中对Pixate做介绍时，并没有发现Pixate的预览窗口，也没有找到预览功能。而作为设计师，一方面习惯了可视化操作，另一方面，在设计动效过程中实时预览可以方便及时地对动效进行调整达到最佳效果。

实际上，Pixate软件本身确实不提供预览功能，但是如果使用的是Mac计算机，打开Pixate后，在顶部菜单中可以找到Simulater（模拟器），单击可以选择需要模拟的设备，即可打开iOS的原生模拟器，如图10-167所示。

当模拟器打开时，可以看到在底部Dock上会显示该模拟器的图标，这说明模拟器并非内置在Pixate中，实际上是Pixate调用的Xcode的模拟器，所以若Mac电脑没有安装Xcode，单击此处时会弹出需要安装Xcode的警告。也正因为如此，该功能只能在Mac计算机上使用。

若是Windows计算机或者不愿意安装Xcode的话，Pixate也支持在iOS设备和安卓设备上进行预览。Pixate和移动设备的连接方式可以通过蓝牙、WIFI或者USB进行连接。下面以iOS设备为例进行演示。

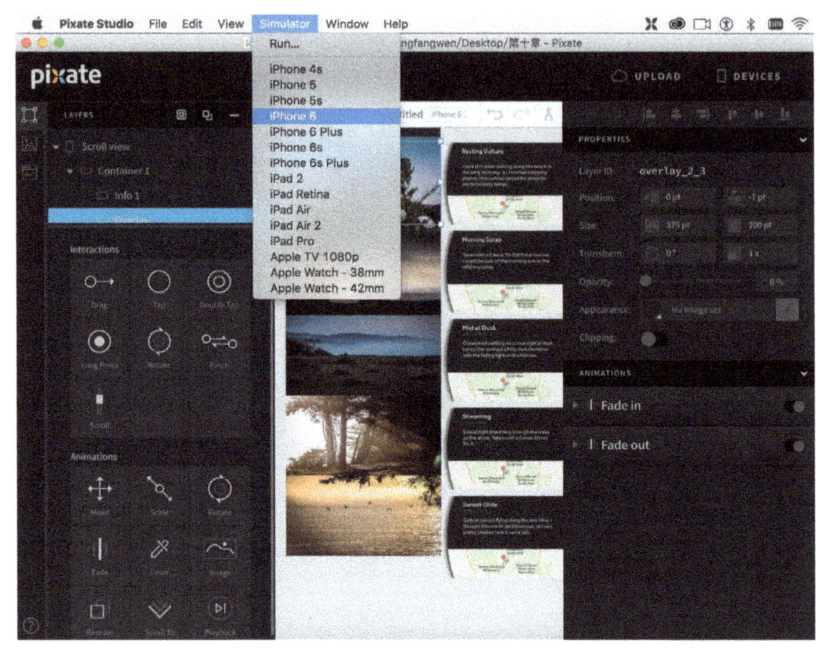

图10-167

（1）在iOS设备上打开App Store搜索Pixate，进行下载安装，如图10-168所示。

（2）App安装完成后，打开Pixate App，若iOS设备和计算机已经在同一个WIFI下，且计算机上已经打开Pixate，则App会自动搜索到该计算机，如图10-169所示。

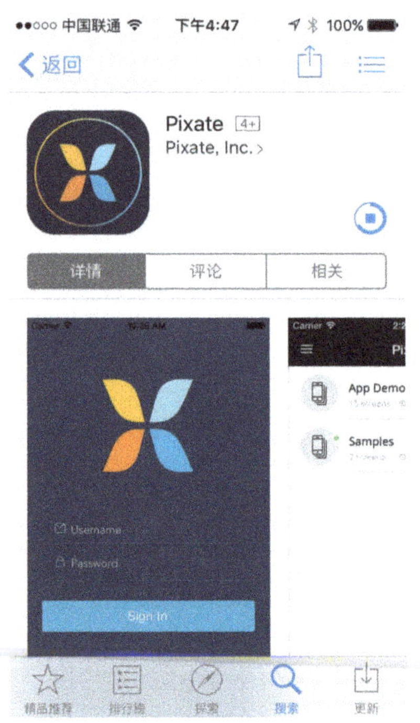

图10-168

图10-169

（3）点击计算机名App跳转到图10-170所示的界面，表示正在连接中，此时回到计算机的Pixate软件，单击右上角的Devices按钮，如图10-171所示，可以看到弹出的列表中有一个设备正在等待链接，单击绿色的"勾"图标，表示同意连接。

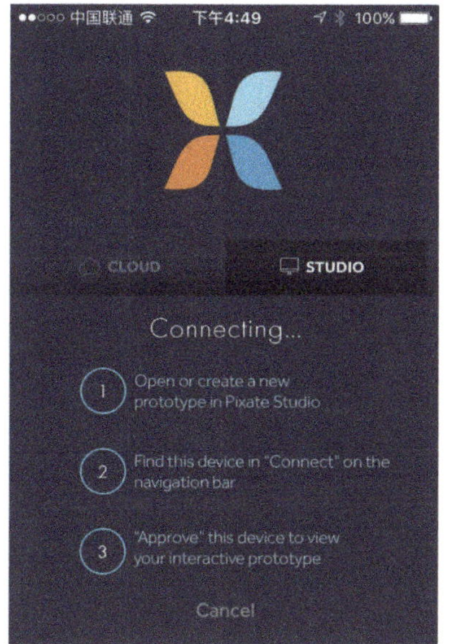

图10-170

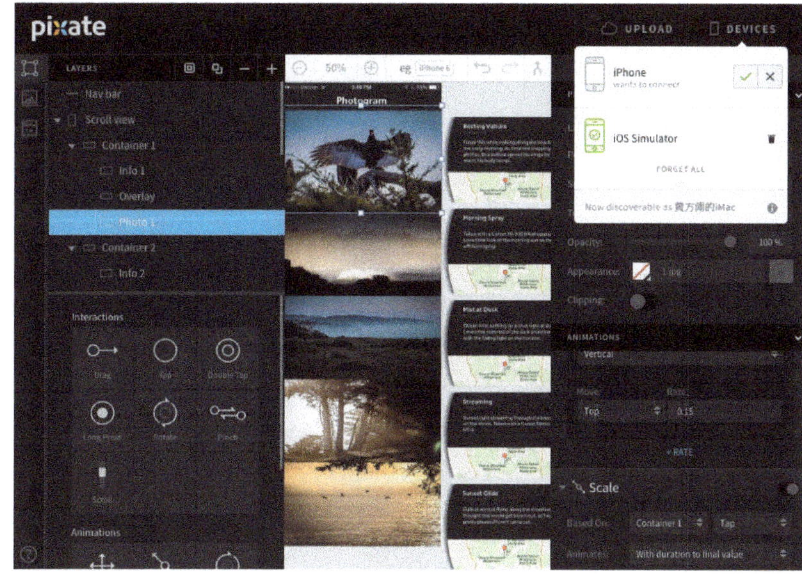

图10-171

（4）稍等片刻，App的界面上出现计算机的列表，如图10-172所示，单击该计算机，即可进入实时预览效果。

至于其他的连接方法也都非常简单，因篇幅有限不在此详细描述，大家可以通过http://help.pixate.com/knowledgebase/articles/665521-3a-connecting-your-devices网站查看到非常详细的iOS和安卓设备通过不同方式连接Mac和PC的方法。若英文阅读有困难的朋友也可以访问http://doc.cnpixate.com/#equipment查看中文版手册。

解决预览问题后，便可以开始使用Pixate进行动效设计了。

图10-172

2.Pixate的第一个动效

接下来试着使用Pixate做一个非常简单的动效，感受一下Pixate制作动效的过程。效果如图10-173所示。

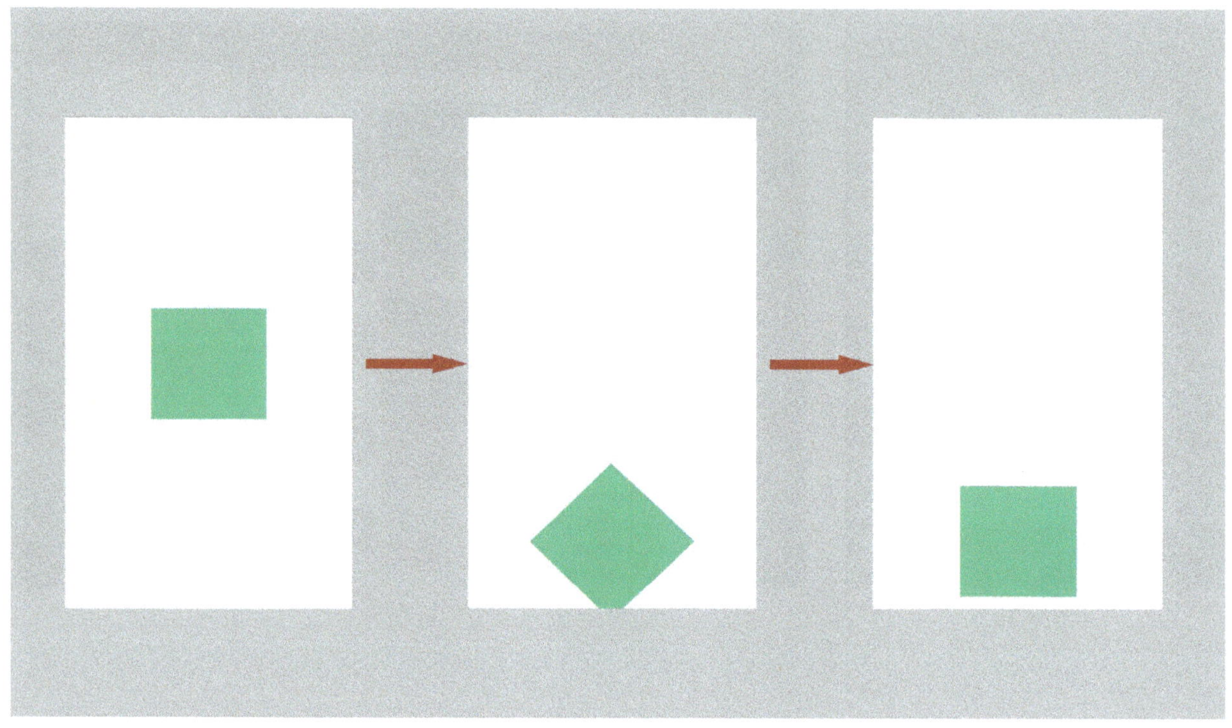

图10-173

（1）新建Pixate文档，然后单击图层列表右上角的加号添加一个图层，并将该图层和画板完全居中对齐，接着将图层的填充颜色设置为绿色，如图10-174所示。

（2）希望设计一个动效：点击该正方形，正方形的填充颜色变更为橙色。先添加交互，在交互列表中选中Tap，然后将该交互拖动到绿色方块上，在右侧的图层属性面板上可以看到Tap交互已经运用到该图层上，如图10-175所示。

图10-174

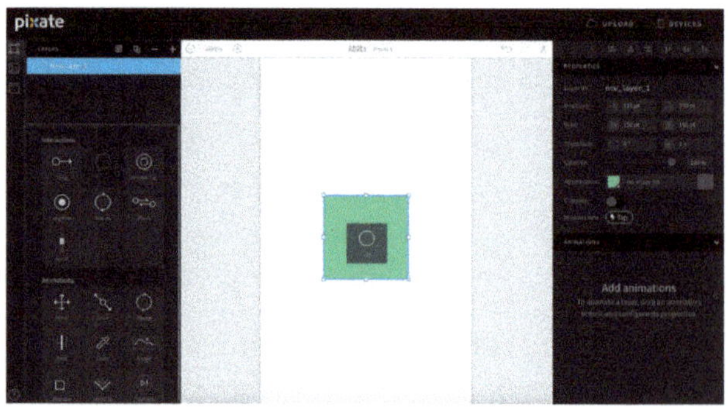

图10-175

（3）因为需要颜色变化，所以在动画列表中选择Color动画，并将其拖曳到图层上，在右侧动画属性中可以看到Color属性面板，如图10-176所示。Based On选择图层1，交互方式选择Tap，动画模式选择With duration to final value，在Change color to处选择橙色，其他留空。此时在Pixate App上点击该图层，可以发现图层变更为橙色。

（4）如果希望动效再进一步：点击图层变色的同时，图层顺时针旋转45°，并在旋转时产生弹跳的效果。因为是旋转动画，所以在动画列表中将Rotate动画拖曳到图层上，因为Color属性已经设置完成，所以可以单击面板左上角的箭头将其收缩，然后在Rotate属性面板上，对Based On和动画模式的设置同上一步，并选择2D模式，接着在Rotate to处输入45，软件会自动加上单位，因为要在旋转时有弹跳效果，所以在Easing Curve处选择spring，如图10-177所示。此时在Pixate App上点击图层，可以发现在颜色变更的同时，旋转了45°。

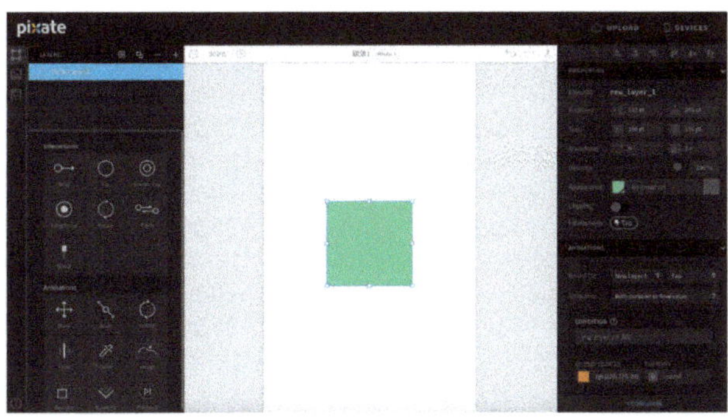

图10-176

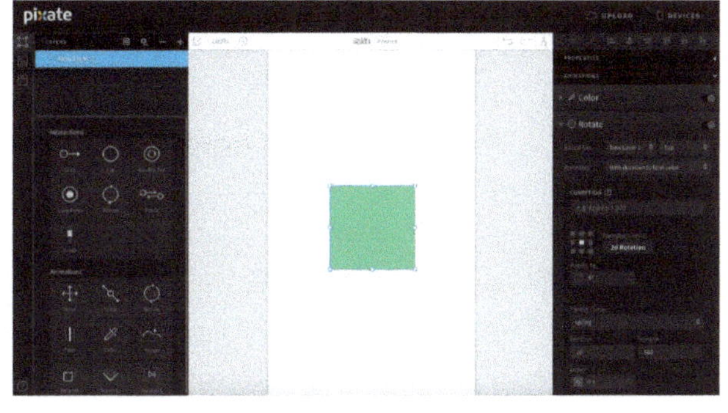

图10-177

（5）再添加一个动效：当用户点击矩形图层时，不仅颜色变化，而且旋转，同时还竖直往下移动到指定位置。因为有移动动画，在动画列表中选中Move动画并将其拖曳到图层上，然后在右侧的Move动画属性面板中，对Based On和动画模式的设置与之前步骤一致，因为是竖直移动，所以在Move to第1排Left处保持空白即可，如果希望移动至距离顶边距500pt的位置，则在第2排选择Top，输入数值为500pt，接着在Easing Curve处选择spring，如图10-178所示。此时再对动效进行预览，会发现已经实现了希望的效果。

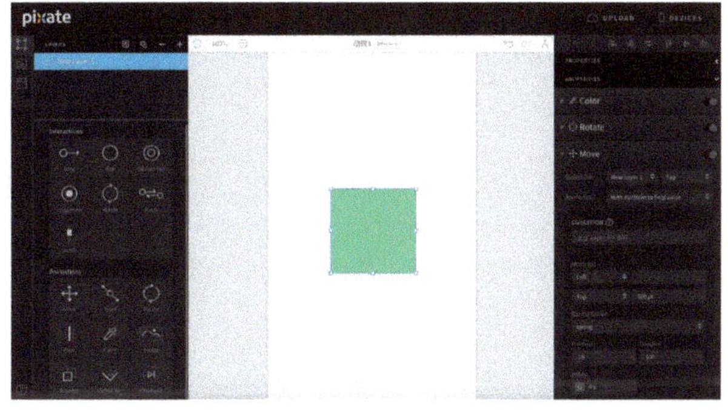

图10-178

以上便完成了使用Pixate制作的第一个动效，大家应该可以慢慢熟悉并掌握Pixate制作动效的思路和方法了。但是这个动效并未涉及条件的判断，条件判断是Pixate中相对比较重要的一个知识点，下面来看看条件判断语句在Pixate中的运用。

3.Pixate的条件

在将条件判断语句运用到Pixate之前，需要先来了解条件判断语句。可能对于很多设计师来说，这是第一次接触类似的语句，条件判断表达语句又称条件判断表达式，在Pixate中条件判断语句由图层ID、属性、运算符、值和逻辑运算符组成，其中逻辑运算符不一定会出现。

如：layer1x == 0 and layer1.y <= 200，这就是一个条件判断语句。其中layer1为图层ID，x和.y为图层属性，==和<=为运算符，0和200为值，and为逻辑运算符。

图层的ID可以在图层属性面板的第1排找到，对ID名称双击即可选中复制。

在Pixate中提供的图层属性如下表所示，表格包含了每个属性的名称和所表达的含义。

属性名	所表达的含义
.x or .left	x轴坐标
.cx	水平中心
.right	距离右边距离
.y or .top	y轴坐标
.cy	纵向中心
.bottom	距离底边距离
.width	图层宽
.height	图层高
.scale	图层缩放系数
.scaleX	横向缩放系数
.scaleY	纵向缩放系数
.opacity	图层不透明度
.rotation	图层旋转角度（2D模式，3D模式下同z轴旋转角度）
.rotationX	x轴旋转角度
.rotationY	y轴旋转角度
.rotationZ	z轴旋转角度
.contentX	横向滚动位移
.contentY	纵向滚动位移
.velocityX	横向滑动方向和速度，负数表示方向向左
.velocityY	纵向滑动方向和速度，负数表示方向向上

计算机中的运算符和数学中的运算符不同，在Pixate的条件判断中，一共有如下表所示的6种运算符。

运算符	所表达的含义
<	小于
<=	小于等于
>	大于
>=	大于等于
==	赋值运算，等于
!=	不等于

特别需要注意的是赋值运算符==，如x==100，表示把100的值赋给变量x，需要连续写两个等号，一个等号不是运算符。

Pixate中的值为纯数字，如x==100，表示x轴的坐标为100pt，不需要加单位，软件会根据属性名自动判断，值可以是整数也可以是小数，若是0.x的小数，前面的0不能省略。

逻辑运算符是用来连接多个条件判断语句的，一般表达式为 "条件判断语句1 逻辑运算符 条件判断语句2"。在Pixate中逻辑运算符包括3种，如下表所示。

逻辑运算符	所表达的含义
and	逻辑与，条件1和条件2必须同时满足
or	逻辑或，条件1和条件2至少有一个满足
not	逻辑非，不满足条件

在了解了条件判断语句的基础知识后，通过实例讲解在Pixate中如何运用条件语句写出动画的条件限制。最终效果如图10-179所示：点击方块→方块缩小→再次点击→方块恢复。

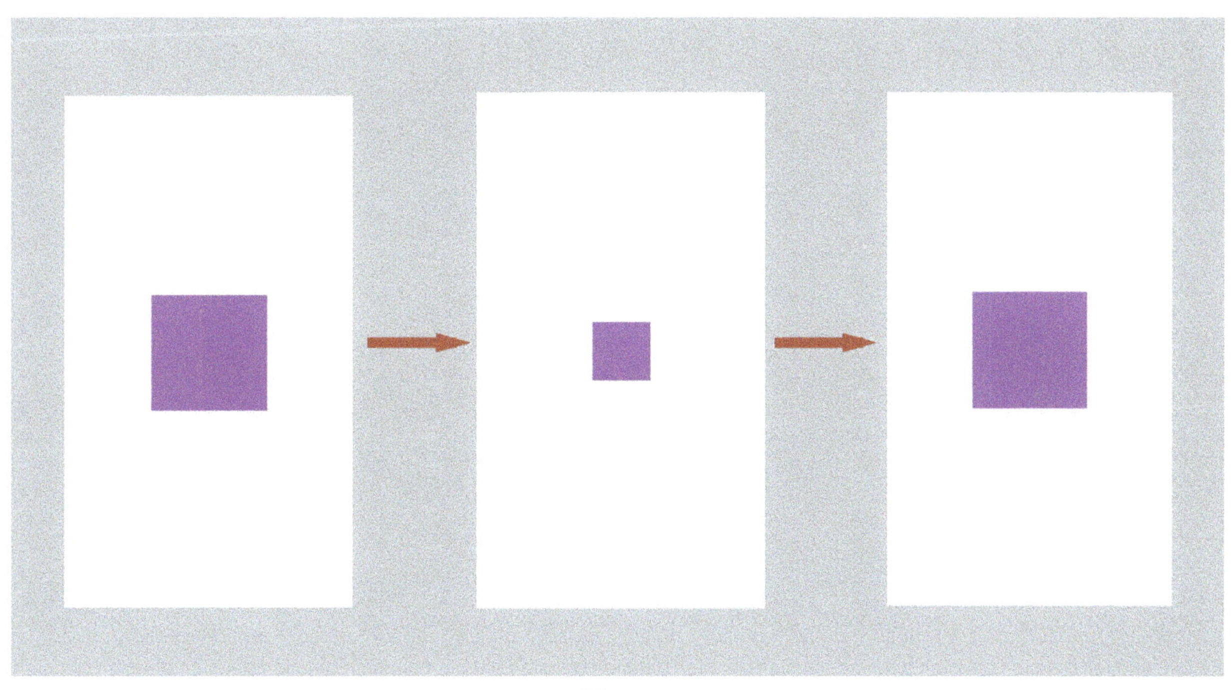

图10-179

（1）新建一个Pixate文档，添加一个图层，并将该图层完全居中于画板，然后设置图层的填充色为紫色，并对其添加Tap交互，如图10-180所示。

（2）希望在点击该图层时：图层缩小到0.5倍尺寸。此时给图层添加Scale动画，并在Scale面板中将缩放类型选择为Scale by factor，接着勾选Link X and Y，并在Scale处填写0.5，最后在Easing Curve处选择spring，如图10-181所示。此时在预览中单击该图层，会缩小到0.5倍。

图10-180

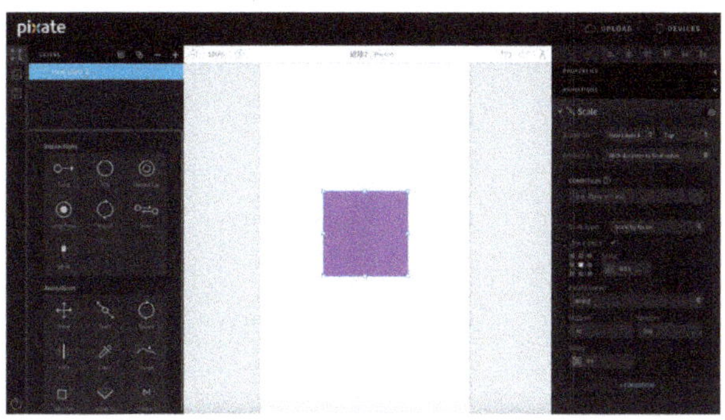

图10-181

（3）此时，如果需要再次点击缩小的图层让其回到原始尺寸，则需要添加条件判断。首先在图层属性面板中找到图层ID，然后用鼠标左键双击选中ID名并复制ID名，接着在Scale属性面板的CONDITION处，输入如下判断语句：new_layer_1.scale==1，其中new_layer_1为复制的图层ID名。输入完成后按enter键确认，最后单击下方的+CONDITION按钮，并在新添加的条件中勾选Link X and Y，再将Scale值设置为1×，如图10-182所示。

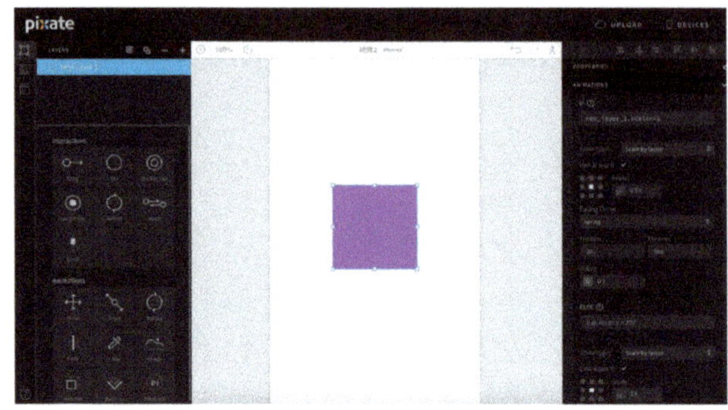

图10-182

此时在预览中再次点击缩小的图层，图层会恢复到1倍尺寸。

以上便是Pixate的条件判断的一个非常简单的例子，所有的复杂动效都由最简单、最基本的动效构成，要熟练准确地运用条件判断语句，一方面要求我们对Pixate的条件判断语句的组成非常熟悉，另一方面要求我们有非常强的逻辑思维能力，而要培养这两方面的能力的最好的办法便是不断地练习和尝试。

4.Pixate页面内容的变更

前面提到，一个Pixate文件只能有一个面板，而在实际工作中，往往需要设计页面内容变更的动效，如单击某个按钮后，从右侧移入一个页面，针对这种情况，Pixate也能轻易地实现预期目标。下面我们通过一个简单的实例来演示一下这个过程：点击黄色方块→蓝色长方形从右侧移入。最终效果如图10-183所示。

图10-183

（1）新建一个Pixate文档，并添加一个图层，然后将该图层完全居中于画板，再次添加一个图层，接着将该图层的尺寸设置为150pt×600pt，再将其移动至画板右侧之外，最后将正方形图层1填充色设置为黄色，将长方形图层2设置为浅蓝色，如图10-184所示。

（2）将Tap交互添加到黄色正方形图层上，并将Move动画添加到蓝色长方形上，然后设置Move属性：将Based On选择图层1，Tap交互，Move to第1排选择Left（x轴），数值为225pt，如图10-185所示。此时在预览中单击黄色正方形方块，会发现蓝色长方形出现在屏幕中，完成设计。

图10-184

图10-185

> 提示　要得到x轴的数值，需要先将长方形拖曳到希望在画布中出现的位置，然后从图层属性中记下x轴的位置，x轴的位置对应的坐标即此处输入的数值。

以上是带领大家使用Pixate设计制作的3个非常简单的动效，相信大家学习到这里会觉得Pixate也是非常容易掌握的，Pixate提供了3个非常经典的示范案例，在Pixate的欢迎界面右侧的Samples选项卡中可以找到。若启动Pixate时没有弹出欢迎界面，可以执行File>New from Sample菜单命令找到。强烈建议大家运用在本书中学习到的Pixate的基础知识，对这3个示范案例的每个图层进行分析，相信大家在分析完这3个示范文件后，Pixate的水平会有极大程度的提升。

10.4.3 Pixate的导出和共享

使用Pixate设计完成后，可以按快捷键command+S保存文档，然后在创建文档时选择的路径中可以找到保存的文件，Pixate的文档的后缀名为.pixate。可以将该文件发送给同事，只要对方计算机上也安装了Pixate，便可以直接打开。

除了这种最原始的方法外，Pixate还具备十分强大的团队协作功能，可以将Pixate文档保存在云端，方便团队对文档进行查看和修改。

如果是Mac计算机，在顶部菜单栏的右侧可以找到Pixate的Logo图标 X，单击该图标弹出图10-186所示的界面。

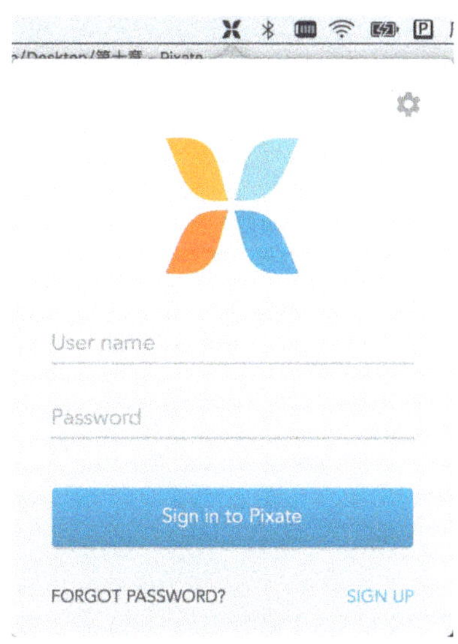

图10-186

若已经注册过Pixate账号，可以直接输入账号和密码进行登录，若没有注册过，需要单击右下角的SIGN UP按钮进行注册。注册完成后，回到该页面进行登录。登录完成后回到Pixate软件界面，单击右上角的UPLOAD，即可将该文档上传到云端。上传之前Pixate会弹出图10-187所示的界面，跟着提示便可以完成上传。

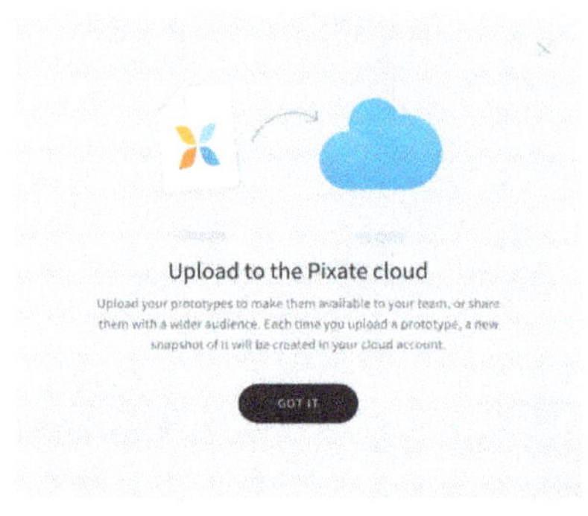

图10-187

若是Windows用户，需要访问网站https://app.pixate.com/，登录后直接从网页上传即可。

在该页面，相当于用户的管理中心，可以对已上传的文档进行管理，也可以对团队协作成员进行管理。需要注意的是，该功能为付费功能，需要5美元/月。

若不希望付费也不希望通过保存为.pixate文件的方式进行分享，还有一个非常好的办法是使用Pixate App导出动效。

在预览界面，通过按音量键或者在屏幕上单击3下，可以调出App的菜单，单击第一个菜单选项Record video即可录制视频，录制完成后，再次按音量键或者在屏幕上单击3下，在弹出的界面中选择储存视频，即可在系统的相册或视频中找到录制的视频文件，如图10-188所示。该方式的优点与缺点同Principle录制视频的方式相同，优点都是便于传播，缺点是导出的视频无法进行交互。

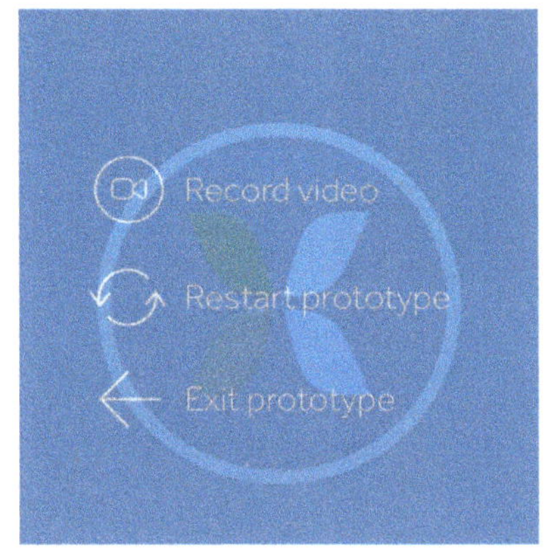

图10-188

关于Pixate的内容就为大家介绍到这，再次强调，要熟练掌握Pixata的最快也是唯一的方法，便是大量的临摹官方以及互联网上优秀的Pixate动效文档，当练习的足够多了，想不掌握都难。

实际上，在如今App同质化日趋严重的情况下，交互动效变得越来越重要，也有越来越多的团队致力于研发更加优秀易用的交互动效设计软件，现在基本上每隔一段时间就会出来一款新的动效设计软件，包括Sketch，有消息称Sketch研发的下个目标便是让Sketch具备交互设计的功能，而目前就已经有一款专门针对Sketch而研发的交互动效设计的插件：Silver Flows，已经快接近研发的尾声。在下一节中，将向大家初步介绍一下Silver Flows，并且向大家分享一下笔者自己面对一款全新的动效设计软件的学习方法，因为毕竟谁也不能保证，是否明天会有更加优秀的交互动效设计软件出现。

10.5 探索更多的交互动效设计软件

10.5.1 值得期待的Silver Flows

在本书中介绍的所有交互动效软件中，Silver Flows是唯一一款还在研发中的软件，当然并不是因为该软件没有研发完成而特别提出来，而是因为该软件试图去解决很多设计师希望解决的问题：如何在一款软件内完成界面的设计和交互动效的设计。

虽然本书介绍的这几款软件，基本上可以做到和Sketch的无缝衔接，如可以直接在Sketch中复制图层，然后粘贴到另外的软件中，可以根据图层位置很快地还原设计稿，但是毕竟有个重新组合设计稿的过程，这个过程实际上是做了一遍重复的工作。

在Silver Flows中，设计稿即交互文档，可以直接在Sketch的设计稿上进行交互动效的设计，并且可以触发iOS内核功能，如浏览iOS设备中的照片，可以模拟真实的输入框等。

遗憾的是截止至本书截稿，该软件依然在内测中，并未放出公测版，因此只能对这款软件做一个大致的认识，但是大家依然可以从该软件中看到当前交互动效设计软件的最新研发成果，可以预见到未来将会有更加好用的交互设计软件等着我们去发现。

Silver Flows简称Silver，官方网站为http://silverflows.com/，想要参与公测的朋友可以在该网站上注册登记，待公测开始后会第一时间收到来自官方的邮件，注册登记的位置在网站首页的下方，如图10-189所示。

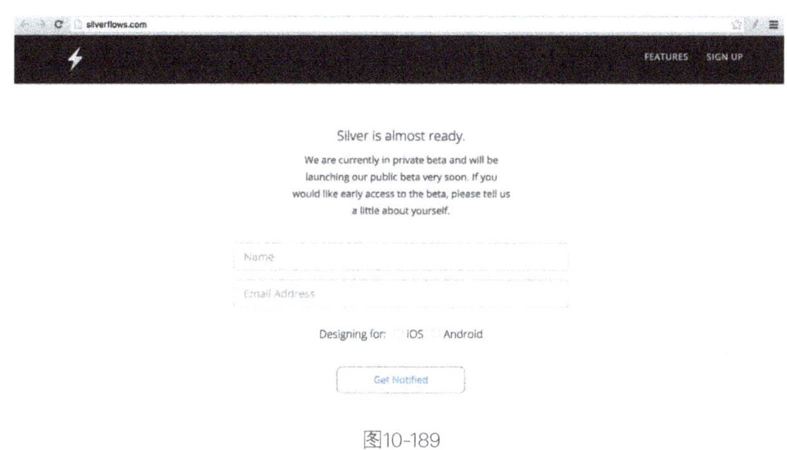

图10-189

Silver虽说是一款软件，但本质上是Sketch的一个插件，实际上这也是非常好的解决方案，这样让在Sketch中直接制作交互动效成为可能。

Silver具有7大特性，下面来简单介绍一下。

1.固定顶部标题栏和底部标签栏

在Silver中，可以通过快捷键，很方便地固定顶部标题栏和底部的标签栏，并且支持透明图层，很方便地就可以模拟出iOS应用中滚动屏幕内容的效果。

选中顶部的标题栏，按快捷键control+shift+H，即可固定顶部标题栏；选中底部标签栏，按快捷键control+shift+F，即可固定底部标签栏。固定完成后可以继续后续的设置，如图10-190所示。

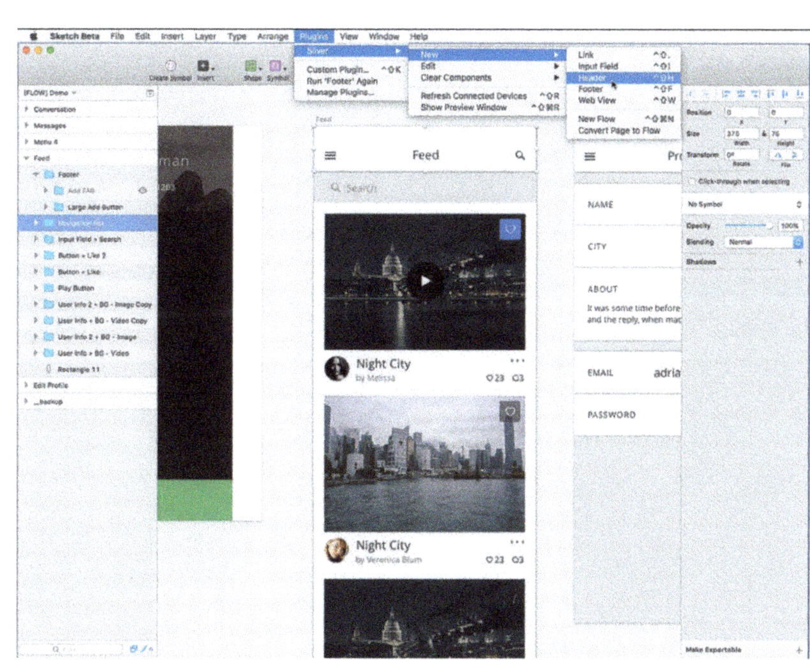

图10-190

2.可模拟真实输入框

Silver可以将Sketch中的输入框在进行交互动效预览时模拟真实的输入框，并且支UITextField对象的一些功能，如清空输入内容，选择输入键盘等。

选中需要模拟输入框的图层，然后使用快捷键control+shift+I，完成弹出的对话框的内容的配置，即可将图层设计出模拟真实输入框的效果，如图10-191所示。

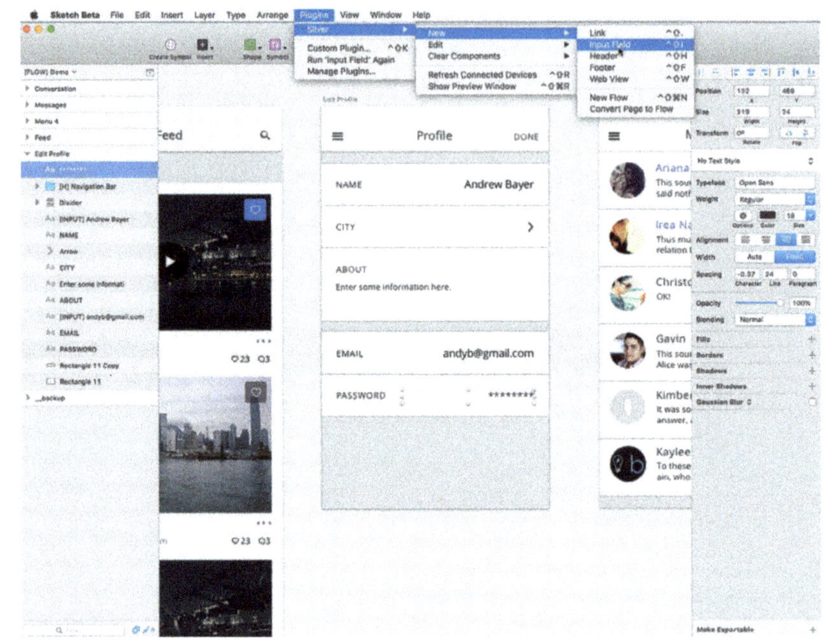

图10-191

3.将Sketch中的画板连接起来

如同Principle可以将多个画板连接起来实现彼此之间的跳转，Silver同样支持在Sketch中将各画板连接起来，然后设置跳转的细节。设计完成的界面彼此可以联系起来，不仅实现了目标，同时也帮助我们在设计中保持流程和页面的完整。

选中画板或图层后，按快捷键C，即可触发连接器，然后将连接器拖曳到目标图层或目标画板即可，如图10-192所示。

图10-192

4.嵌入Web视图

在设计App界面的时候，可能会将一个HTML页面嵌入到UI页面中，之前的解决方式是一般使用一个静态图做模拟，但是有了Silver，可以很方便地将一个矩形图层设计为Web视图页面，在进行预览交互动效时，真实的浏览Web内容，除了Web网页外，还支持将使用Framer.js制作的动效直接调用进来。

要将一个矩形图层设置为Web视图，只需要选中该图层，然后使用快捷键control+shift+W，接着在弹出的对话框中输入URL即可，如图10-193所示。

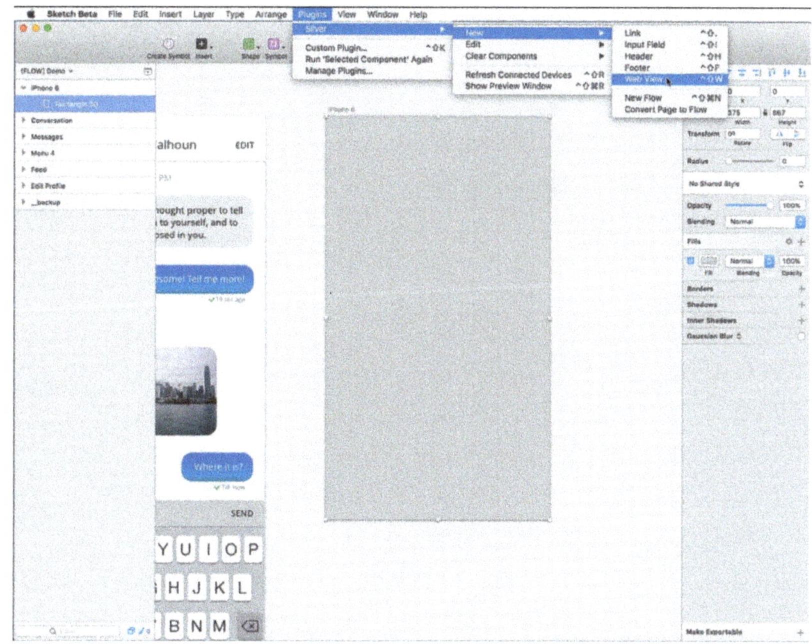

图10-193

5.原生转场效果

Silver可以很容易地设计出多种转场效果，转场效果即页面之间的跳转效果，包括支持推移、模态和忽略等交互形式，并且在转场时支持手势和一定的特效，如毛玻璃效果等。

要设计转场效果，只需要选中需要触发跳转行为的图层或画板，按快捷键C使用连接器连接到跳转的页面，然后在弹出的对话框中设置转场类型即可，如图10-194所示。

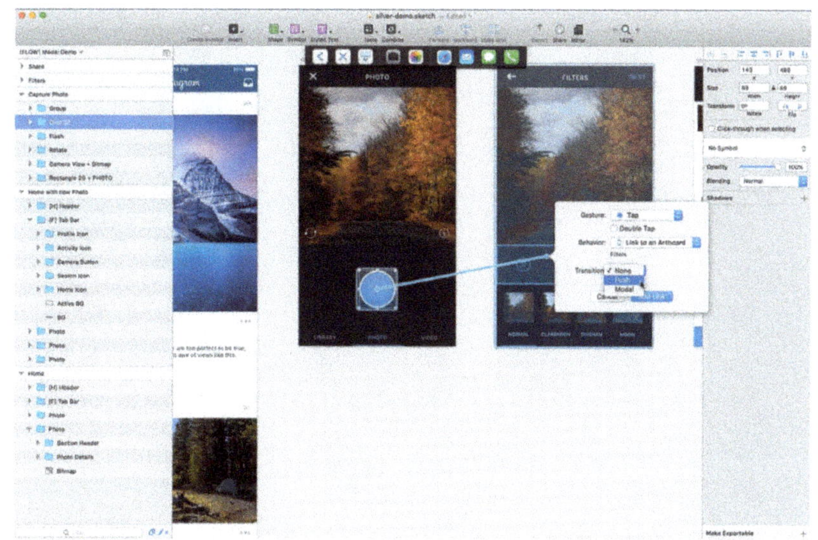

图10-194

6.触发iOS系统层级功能

在设计App时，一般会涉及一些需要使用iOS系统层级的功能，如照片的浏览选取、发送短信邮件和拨打电话等，在Silver中可以非常容易地模拟出触发iOS系统层级的功能。

要使用该功能，只需要选中需要设置的图层，然后按快捷键C触发连接器，接着将图层拖曳到画板外，此时会在Sketch的画布顶部出现一排图标，后面的几个图标对应的便是iOS系统层的功能图标，将其拖曳到对应的图标上即可，如图10-195所示。

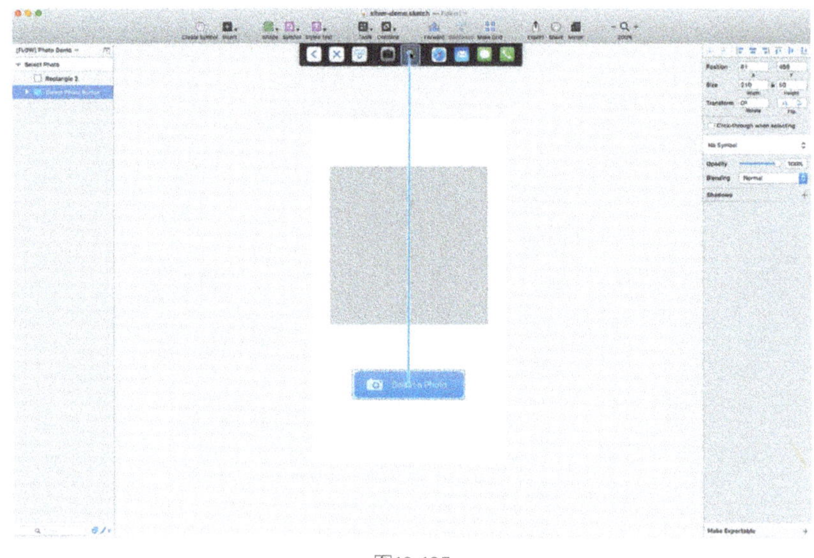

图10-195

7.iOS设备上实时预览

和其他动效设计的软件一样，Silver也提供了iOS设备的预览应用，当iOS设备下载安装了对应的预览App后，可以通过USB或者WIFI连接起来，方便对设计效果实时预览，如图10-196所示。

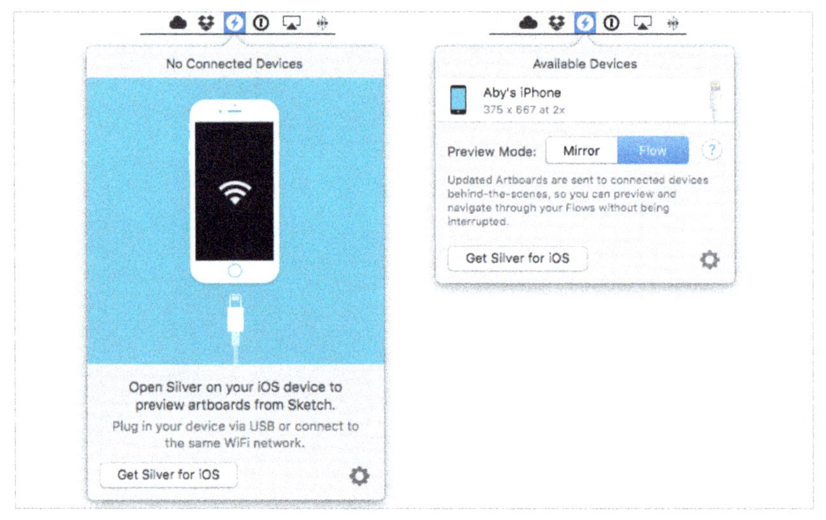

图10-196

以上是对Silver Flows这款软件的简单介绍，相信大家已经充分感受到这款软件的强大并开始期待了，大家也可以持续关注软件作者的动态，获取到关于软件的最新信息。

通过Silver，可以预见，在未来将会出现更多更强大的动效设计软件，这些软件和当初Sketch出现时一样，可以让大家快速上手，将所有的精力倾注于设计本身。

对于互联网行业来说，软件的更新迭代速度非常快，对于从业者来说，自学能力显得尤其重要，如何快速上手一款全新的软件也是大家需要思考的地方，在下一节中，将与大家分享一下笔者在接触一款全新的软件时，一般使用的自学方法。

10.5.2 快速上手全新的设计软件

在本章第一节向大家介绍了各种交互动效设计软件，这些软件有的偏交互原型，有的偏动效设计，本书篇幅有限，不可能将所有软件都详细介绍，并且随着时间的推移，软件本身也会进行迭代和变更，另外在未来的工作中，也可能接触到更多新研发出来的，更加优秀的设计软件，毕竟在交互动效设计领域，目前还没有一家独大的软件出现。

设计师要始终记住，软件只是工具，但是如何寻找适合自己的工作，适合当前研发需求的工具还是很有必要的，而找到合适工具的最好办法是尽可能多地尝试各种可能。

当接触到一款全新的软件时，下面的一个步骤可能适合绝大多数设计师。

1.发现软件

一般来说，大家知道一款设计软件的最常见途径是来源于身边的同行和朋友的推荐，可能国内的一些软件会做一定的市场推广，但是大部分软件特别是国外的软件只能通过自己去发现。

发现软件的途径有很多，但是最有效的还是通过专业的设计师网站和论坛去找到，典型的如站酷和UI中国等，浏览次数足够多了，可能某天就会突然发现一款自己之前从未听过的软件。

另外还可以关注一些优秀同行的个人网站或者博客，有一个我非常喜欢的设计师导航：牛大拿设计师导航收集了一些优秀的设计师主页，大家也可以关注，如图10-197所示。牛大拿设计师导航的网址为http://niudana.com/。

2.找到软件的官网

这一步至关重要，一般来说一款全新的软件网上资源相对较少，资源的质量更是参差不齐，这个阶段官网是客观了解这款软件的最佳途径，一般来说官网上会介绍该软件的特点，能在第一时间判断该软件对自己是否有吸引力，以及该软件和自己之前使用过的软件的区别。

一般找到官网的办法是直接通过搜索引擎搜索该软件的名字，若没有找到可以试着搜索软件研发的团队或者公司的名字。

现在也有越来越多的软件在官网的首页放一个宣传视频，大家可以通过视频了解软件的操作界面以及操作流程。如在Flinto的首页便可看到这样的视频，如图10-198所示。

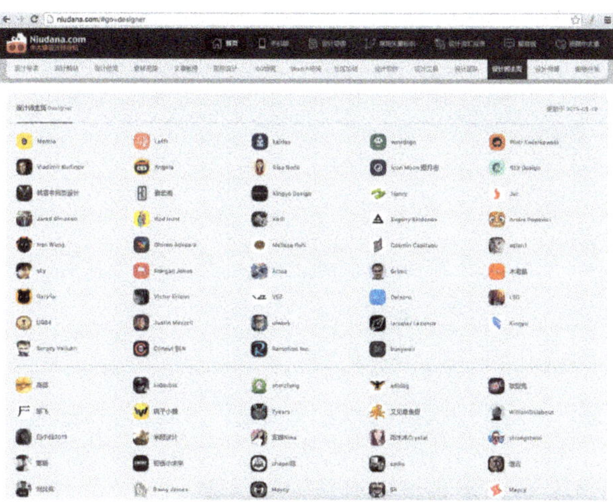

图10-197

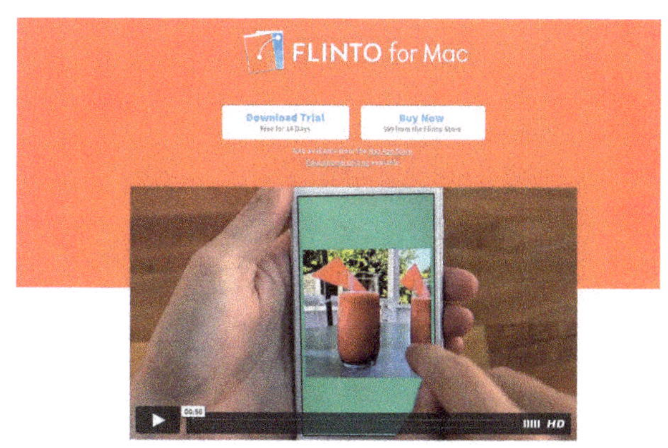

图10-198

3.下载软件，阅读相关文档

一般在官网的醒目位置可以找到软件的下载链接，即使是收费软件一般也会提供试用版供下载，毕竟真实操作一款软件是非常重要的。

下载完软件后，便可以对照相关的文档进行学习，这里的文档是指类似用户指南之类的教程文档，找到该文档一般有两个途径。

途径1： 在软件顶部菜单栏的最后一项，一般是帮助菜单，从该菜单中一般可以找到官方教程的链接。

途径2： 直接在官网找到，一般来说，在官网的导航会很清晰地标注出文档的链接，如果是英文网站，大家可以通过关键字如Docs、Learn和Help等找到。图10-199所示的是Framer.js这款软件的教程。

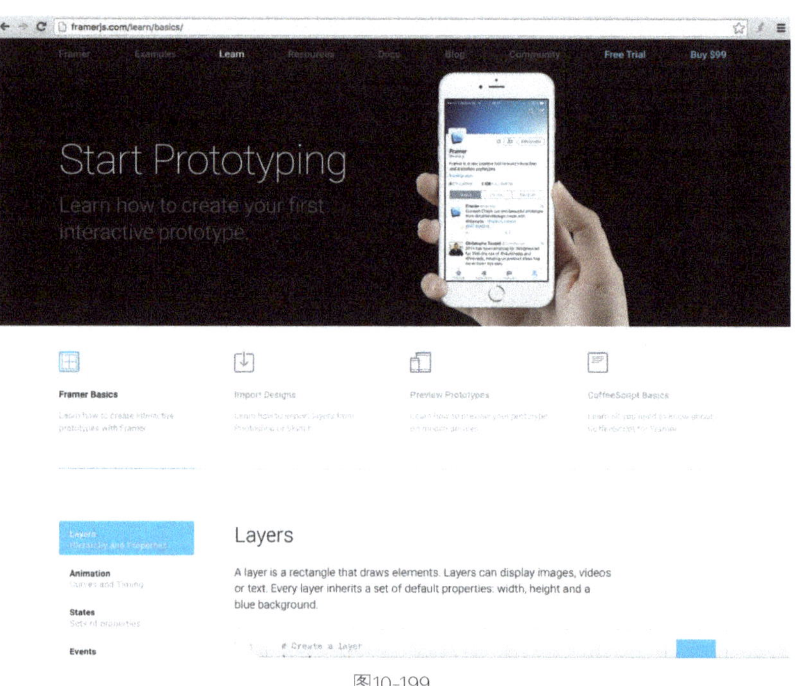

图10-199

如果英文阅读有问题的朋友也可以借助翻译软件进行翻译后阅读，可能翻译软件会有翻译错误的情况，但是如果大家看多了类似的文档，还是可以很轻松的辨别出翻译的错误。

4.看官方教学视频

看视频是学习一款软件最高效的办法，这一步和第3步可以结合起来交叉进行，通过文档可以非常全面地学习一款软件，而通过视频，可以快速熟悉一款软件并可能解决阅读文档时遇到的一些难以理解的问题。

教学视频一般在官网能找到链接，软件的教学视频即使听不懂英文往往问题也不大，可以很直观地看到操作步骤，即使一遍未能看懂，可以多看几遍。

一般在导航上看到如Tutorials和Videos等关键词便是该软件的教学视频。图10-200所示的是Origami这款软件的教学视频。

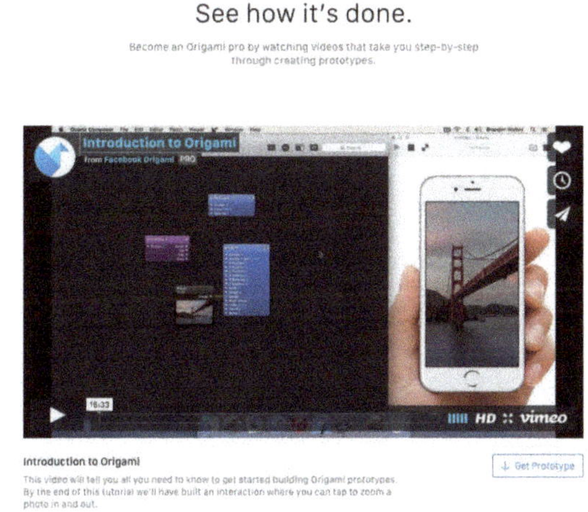

图10-200

5.找到DEMO文件进行模拟练习

经过上面的几个步骤，基本上可以对软件有个大致的了解了，也能够用这款软件试着做东西出来，但是要快速地提升自己使用该软件的能力，练习是最好的途径。

一般对于新软件来说，网上的教程和资源都非常少，但是一般官网会提供一些非常典型的DEMO文件供下载参考。

找到软件官网上的DEMO文件，下载后一个个深入研究，先弄清楚文件是如何制作出来的，然后再临摹一遍，相信经过这一步后，便可以掌握这款软件了。

一般在官网导航如果有Demo和Examples等关键词，便可单击该链接找到DEMO文件。图10-201所示的是Form这款软件的DEMO文件的下载页面。

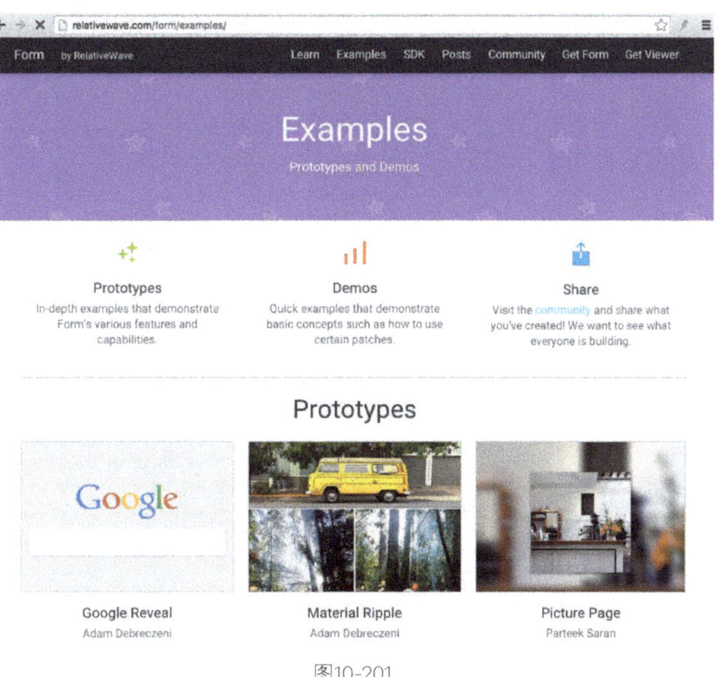

图10-201

6.多思考，多讨论

　　如果一款软件非常优秀，一般会很容易普及，相信一段时间后网络上就可以找到一些相关的信息，因为经过了上面几个步骤，对于网上信息的真伪也能自行判断。

　　此时可以去设计师常去的专业网站以及相关知识社区获取更多的信息，多跟同时使用该软件的人交流，看看别人是如何使用该软件的，又有什么技巧可以学习到。"知乎"就是一个很不错的地方，搜索软件名，可能会找到一些"大牛"的建议。

　　如果是国外的软件，且软件非常优秀，还可能找到该软件的中文社区，如Principle和Pixate等软件都有相应的中文网站，这些网站可能不是官方搭建的，而是由网友自行建立，但是这些网站往往可以找到中文的用户指南和更多的优秀案例。

　　经过上述的几个步骤，便可快速上手一款全新的软件，当然每个人自学的方式不同，以上的步骤仅供参考。

10.6 本章小结

　　学习到这里，本书的教学内容也基本接近尾声了，相信大家已经可以完全独立地使用Sketch和相关的动效软件完成一个UI界面从无到有，从静到动的过程。但是对于设计师来说，这只是职业生涯的第一步，在下一章中，将与大家分享在工作中遇到的一些问题和解决这些问题所采用的办法，以及对于一名设计师来说，如何快速成长，希望能对大家有所帮助。

CHAPTER 11

移动UI设计师的成长

　　学完之前的内容，大家便可以开始自己的UI设计师之旅，如何从一名刚入行的菜鸟迅速成长为一名优秀的设计师，是每个小伙伴都关心的问题。如果足够幸运，在进入一家公司后，有技术"大牛"愿意手把手带着你，这是最好不过的事情。但是对于大部分朋友来说，遇到愿意手把手带同事的机会少之又少，更多的时候还是得靠自己。在本章，笔者将以亲身体验与大家分享，移动UI设计师如何更好地成长：**从技术到思维。**

11.1 设计参考资源的收集和对Sketch源文件的分析

设计是一个创造的过程，UI设计和其他设计的最大区别在于它不是纯视觉的，UI需要从多个方面进行思考。当设计师拿到需求文档后，最好的办法并非立刻开始设计，而是应先做一部分的竞品分析，看看市面上同类型的产品设计，并试着去分析不同产品的设计优缺点。做到足够多的"收入"，才开始着手"产出"。

目前市面上有专门收集优秀设计作品的网站，花瓣网就是一个非常不错的选择，通过网址http://huaban.com/，在首页的搜索框中输入想要搜索的关键词，即可找到相当多的网友认为优秀的设计界面，如图11-1所示。

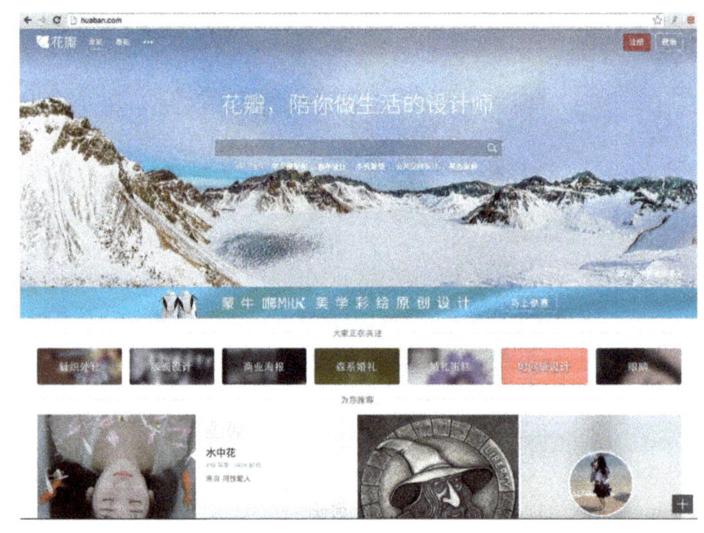

图11-1

如果希望设计一个注册界面，可以在花瓣网上搜索"注册"即可找到大量的参考。也可以自己注册一个花瓣账号，在平时遇到优秀的设计时将其采集到该账号下。花瓣网虽然搜索的数量众多，但是质量难免会有所不稳定，若是常见的界面类型的设计，在专业的设计师分享平台去搜索可能会找到更高质量的参考作品。

设计师专业网站中活跃度较高且质量较好的4个网站分别如下。

Dribbble

Dribbble的网址是http://www.dribbble.com。这是所有UI设计师都应该知道的网站，在该网站上发布作品需要有邀请码才可以，而邀请码的获取需要一定的门槛，也正因为如此，保证了该网站上内容的超高品质。但是在Dribbble上搜索内容最好使用英文关键词，而且Dribbble限制了每个作品的尺寸，会对参考造成一定的局限性，但是每个作品的详情页中，Dribbble非常贴心地为设计师整理出了该作品的配色，单击右侧配色条旁的小水滴，即可下载包含该配色的.aco文件（Photoshop的色板文件），如图11-2所示。

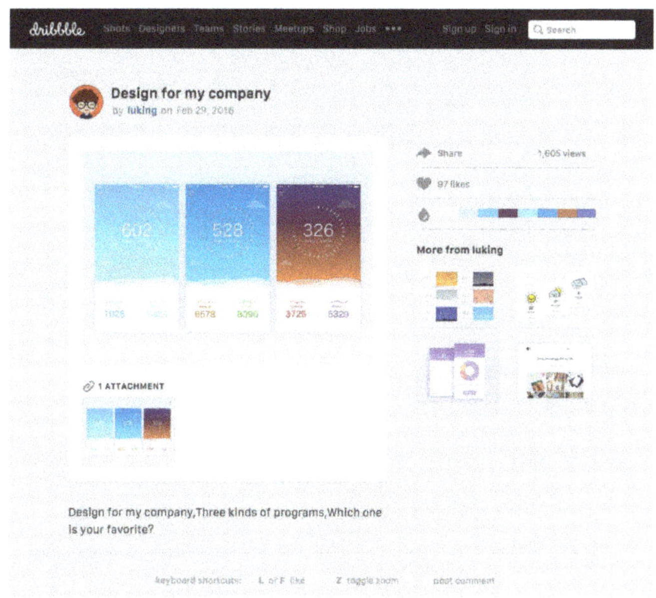

图11-2

　　大家也可以将能在Dribbble上发表作品当成自己的奋斗目标之一，国内能在Dribbble上发作品的设计师数量相对较少。从某种角度上说，若简历里的作品集是Dribbble的网址，是非常加分的。

Behance

　　Behance的网址是http://www.behance.net。Behance是2006年创立的著名设计社区，不同于Dribbble的邀请机制，Behance允许任何注册者在上面发表作品，但是这丝毫不影响Behance上面的作品质量。Behance目前是Adobe旗下的网站，大家可以直接用Adobe ID进行登录，目前Behance已经有中文语言支持，但是为了搜索到更多更符合要求的参考作品，还是建议大家使用英文关键词进行搜索。

　　Behance没有限制作品的尺寸和数量，一般在Behance上可以看到比Dribbble上作品更多的细节和内容，如果对于某位设计师的作品特别喜欢，还可以关注该设计师，并可以在下面进行留言与该设计师进行沟通。

　　大家在工作中的设计作品也可以在Behance上发布，说不定会收到特别专业的点评呢。Behance的界面如图11-3所示。

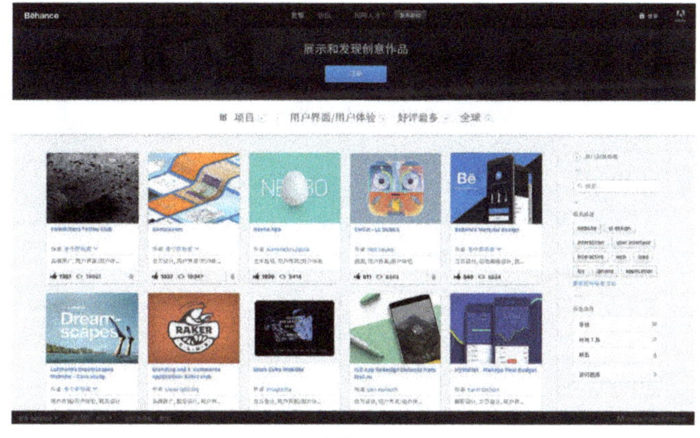

图11-3

站酷

站酷的网址是http://www.zcool.com.cn。站酷应该是大家最为熟悉的设计师专业社区之一，在站酷上不仅可以找到特别多优秀的设计参考作品，而且在该网站上经常会看到高质量的教程。不仅如此，众多的设计比赛也会在该网站上发布比赛信息，参加各种设计比赛也是一个快速成长的好办法。

相比前面介绍的两个国外的网站，在国内设计师中，站酷拥有更好的活跃度和更快的访问速度，站酷同样也是一个社区类网站，大家注册后即可发布作品，一般把作品发布在站酷，很大程度会得到来自同行的点评，甚至会获得意想不到的收获，如工作的邀请。

站酷应是每位设计师们经常访问的网站之一，即使没有特别的需求，经常访问这种设计师社区，也一定能有所收获。站酷的首页如图11-4所示。

图11-4

UI中国

UI中国的网址是http://www.ui.cn。UI中国是这4个网站中相对更专注于UI设计的网站，在该网站上可以找到相当数量的优秀作品，也可以获取非常多高质量的教程，UI中国还经常会有一些设计师的学习活动，如最近还在持续进行中的每周临摹活动。

UI中国也同样是个社区类型的网站，但是因为更加专注UI设计，大家可以在网站上看到相当多系统性的UI设计教程，强烈建议刚入行的朋友们可以持续多多关注，在UI中国上也经常会举办各种比赛和发布各种招聘信息。UI中国的页面如图11-5所示。

图11-5

以上的4个网站都是获取设计资源和参考作品非常不错的平台。但在平时设计师可能更希望获取一些优秀设计的源文件，因为从源文件中，不仅可以对作品进行临摹，而且可以看出设计师的设计思路以及设计方法，对设计水平的提升有非常大的帮助。

随着Sketch的持续火热，有越来越多的设计师使用Sketch进行设计，现在互联网上也可以找到越来越多的Sketch源文件。其中Sketch App Sources和Sketch.im便是两个相当不错的获取Sketch源文件的网站。

Sketch App Sources的网址为http://www.sketchappsources.com/；Sketch.im的访问网址为http://www.sketch.im/。二者在内容和资源数量上都旗鼓相当，而且内容都在不断增加中，因为Sketch App Sources是国外网站，访问速度和下载速度都可能偏慢，所以建议大家访问Sketch.im即可。

Sketch.im的网站页面如图11-6所示。可以直接在右上角进行搜索，中英文皆可。当把光标移动至缩略图上，可以看到缩略图右下角出现两个图标：第1个是该Sketch源文件的百度网盘下载地址；第2个是直接本地下载的链接。

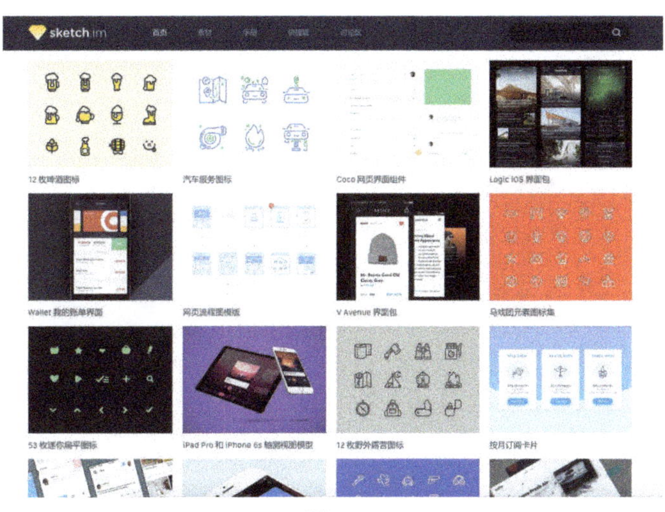

图11-6

下载源文件后便可直接用Sketch打开，若打开时提示该文件是更高级的Sketch软件创建，当前版本Sketch无法打开，则需要先将Sketch进行升级。截止到本书截稿前，Sketch的最新版本是3.6版。

那么对于一些优秀的Sketch源文件应该如何进行分析呢？可以从图层结构和图层属性两个方面进行分析。

首先是图层结构，如图11-7所示。一位优秀的设计师一定有非常好的设计习惯，将图层按照层级关系进行整理和有意义的命名，便是设计师非常有必要需要养成的一个好习惯，在各种不同的源文件中。可以观察图层的结构来看"这种层级结构"如何在设计中进行体现。

目前UI设计的一个趋势是界面越来越扁平，但是交互越来越拟物，而交互拟物的前提，是界面虽然是扁平的但是能够看出一定的层级关系：如一级标题、二级标题、内容与内容之间的层级。优秀的设计可以让用户很清楚地分清彼此之间的层级关系。

其次是图层属性。如果可能，最好对每个图层逐一进行查看，看看每个图层的内容以及该图层的存在对设计效果的影响，优秀的设计作品可以是简洁的，但一定是细致的。这种细致包括界面每个按钮和文字的尺寸和字体的选择，也包括彼此间距以及文本行高的设置，更包括填充色和不透明度的选择。

如在图片为主的界面中，为了让所有的图片看上去有一致的视觉感，往往会在图层上方统一添加一个拥有较低不透明度的图层，但是这个图层究竟给一个什么样的颜色以及究竟给多少不透明度，都是一件需要技术含量的事情，而在源文件中，选中该图层，在右侧的检查器中所有的属性一目了然。

如图11-8所示，在标签栏上给出一个包含不透明度的渐变图层，便可在不增加按钮和实质内容的前提下让用户明白该标签栏是可以滑动的，且还有内容未显示完全。在源文件中对每个图层进行分析，这样的图层便可很容易发现且不会被遗漏。

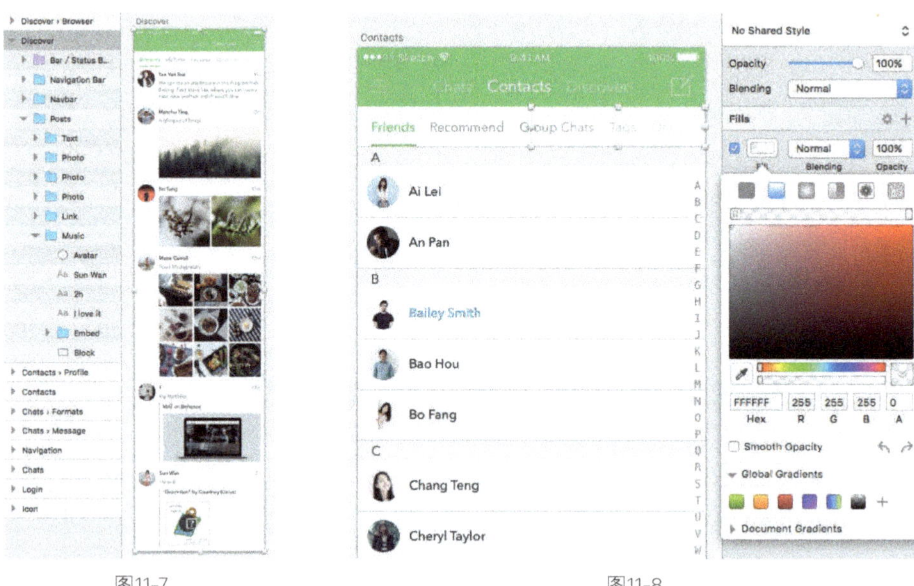

图11-7　　　　　　　　　　　　　　　　　　　　图11-8

对于UI设计师来说，提升设计水平的最好的办法便是多看、多想和多做。大家有时间多浏览行业相关的网站，优秀的作品看得多了，欣赏水平自然会提升，欣赏水平提升了，设计出来的作品也就不会太差。如果在看到优秀作品时愿意对作品进行深入分析，去想想作者为什么这么去设计，如果不这么设计是否有更好的设计方法，这样能让你在短时间内获得极大的提升，设计出来的作品便开始有了自己的风格和特点。多做是在进行深入分析和思考后，尽可能地多动手去设计，熟能生巧，大家所看到的所有的优秀设计师一定都是用足够多的时间堆积起来的。

11.2　动效资源的获取和对动效图的分析

对于新人来说，设计交互动效时最大的困扰不是如何通过软件实现某一效果，而是不知道某一效果是一个怎样的运动过程，在互联网上，目前有大量的交互动效的源文件可供大家下载参考。

因为动效设计软件种类相对繁多，所以很少有单独的一个网站来收集全部软件的源文件，这个需要大家多花心思去找。在UI中国和站酷等设计师社区网站上，经常会有优秀动效设计师分享他们的源文件，大家如果有看到，建议将该设计师进行关注。

目前网上也有专门针对某一动效软件而制作的源文件分享网站，如针对Principle这款软件就有PrincipleUX这个网站，网址为http://principleux.com/，如图11-9所示。

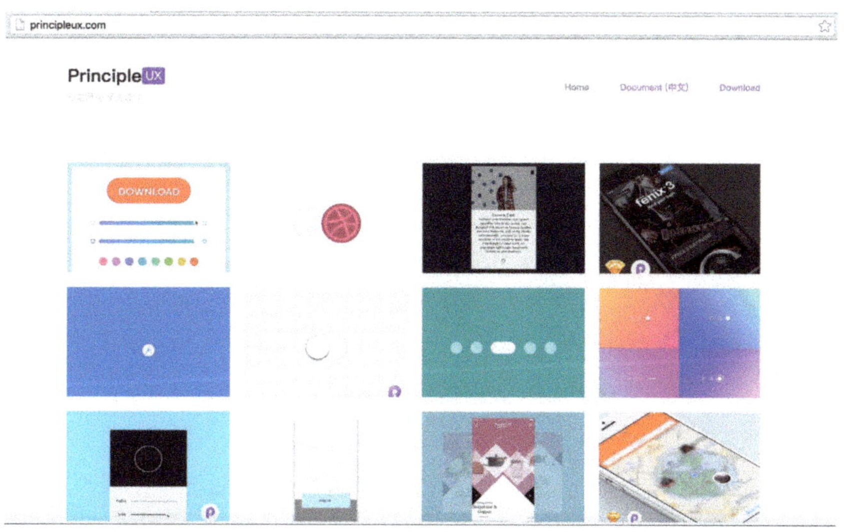

图11-9

大家在这里可以很方便地下载到Principle的源文件。

那么还有更多的让人激动的动效并没有提供源文件，我们只能下载到该动效的GIF格式文件，这个也没有关系，在Mac上使用"预览"应用打开GIF文件，会看到如图11-10所示的界面。

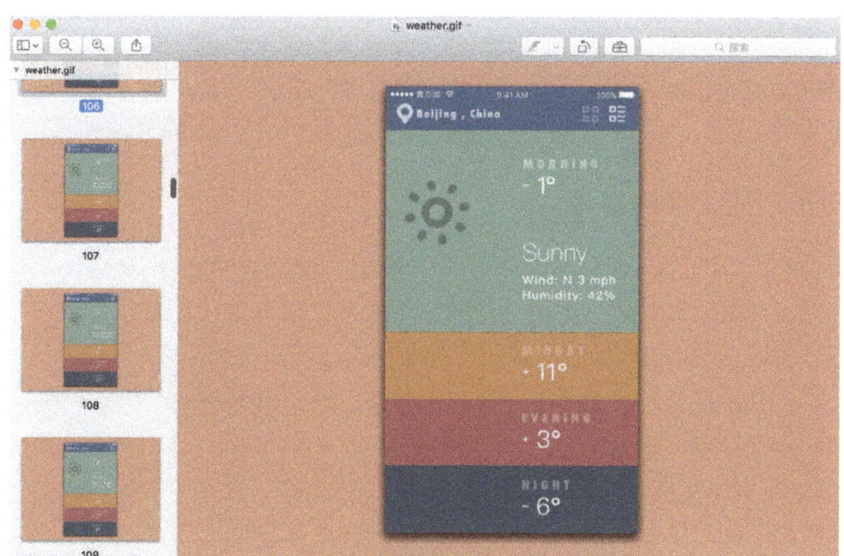

图11-10

大家注意到GIF文件在"预览"应用中是静态显示的，但是在左侧会自动将GIF文件的每一帧进行分解。大家可以一张张地看该效果是如何一帧帧地变化得出的，从而分析出作者的设计思路。

还有一部分UI设计师是从平面设计师或者其他方面的设计转行过来的，设计的水平本身并不差，但是在进行UI设计时设计的界面总是不能满足更好的用户体验的需求，如按钮设计得过小或过大，如设计的图标过于抽象造成用户学习成本的提高等，那么如何解决这类设计师的问题呢？在下一节中一起来讨论。

11.3 UI设计思维的提升

随着UI设计行业的持续热门以及UI设计人才的紧缺，现在有越来越多的人选择做UI设计师，但是经过笔者接触很多设计师后发现，其实真正理解UI的设计师并不多，如何提升自己的UI设计思维是非常有必要的事情。

本书从一开始，就特别强调设计规范，iOS平台有《iOS人机交互指南》；安卓平台虽然没有特别的设计规范，但是谷歌推出了Material Design设计语言，也推出了相应的设计规范。笔者认为这两个规范，是所有UI设计师所必备的最基础的知识。

笔者参与过部分UI设计师的面试工作，从中发现很多设计师设计水平并不差，但是因为缺少UI设计思维而导致最终没有被录用，这是非常遗憾的事情。

那么什么是UI设计思维呢？笔者认为完整的UI设计思维应该包括以下几个部分。

第1是具备充分理解需求文档的能力。

在日常工作中，绝大部分需求来源于需求文档，作为一名UI设计师，要能够充分理解需求文档，并能快速准确地将需求文档转化为视觉语言。需求文档可能是多样的，但是UI设计师的产出一定是唯一的——即UI界面。这是对UI设计师的最基本的要求，

要提升这部分的能力并不难，拿到需求文档后不要急着开始设计，而是应充分阅读并理解，确保自己所理解的需求和产品经理所理解的需求是同一个概念，这就需要和产品经理进行充分的沟通，而平时也应该多去主动了解自己所负责的产品的定位，确保自己所设计的界面是符合需求的。

第2是可以站在用户的角度去思考。

笔者不止一次提到过，UI设计不是纯视觉设计，因为UI界面最终的使用者是用户。从本书一开始笔者就提出，UI设计的3个层次是可用→好用→易用。一款设计得非常好看的界面不一定是好用的，如果设计的界面再好看，但是用户发现不好用，这样的设计实际上是失败的。

Material Design设计刚推出的时候非常惊艳，但是几年过去普及程度并不高，特别是其中的侧滑菜单，前段时间还有消息称谷歌在思考取消侧滑菜单改用底部标签菜单，因为侧滑菜单的效率不高。当然最终的结果还有待核实，但是从中可以看到的是，比起视觉效果，人们更关注的是如何更加好用，这也是UI设计最核心的价值。

设计风格从拟物化转向扁平化，并非是拟物化不好看过时了，而是在内容为王的时代，拟物风格会对视觉造成一定的干扰，作为UI设计师一定要有这样的意识：UI设计不是一个炫技的过程，而是解决用户需求的过程。

要提升这一方面的思维能力，需要一个长时间的过程，市面上暂时也没有发现针对UI设计师思维的相关书籍，但是大家可以淡化UI和UE（UX）的界限，阅读一些用户体验设计的书籍以及交互设计的书籍。然后在平时多使用各种App，保持自己的职业敏感，遇到自己觉得优秀的设计便思考对方为什么这么设计，遇到难用的设计便思考这个设计为什么会难用，多元吸收，善于总结，是提升这一思维能力的最好办法。

第3是实现产品价值的思维能力。

这一思维能力对UI设计师有较高的要求，要求UI设计师不仅能够满足产品需求，设计出具备优秀用户体验的界面，而且要求UI设计师设计出来的界面能够平衡商业价值——如怎样添加广告又不损害用户体验，如何把希望传达给用户的信息通过对界面的排版有效传达给用户之类的考虑。

可能很多朋友会认为这应该是产品经理或者至少是交互设计师的工作，实际上，UI设计师要具有产品思维是笔者一直所提倡的。笔者并不鼓励设计师去兼做产品经理的工作，但是作为一名UI设计师能否准确判断需求是否合理也是非常重要的。

设计师的发展一定是一个从被动到主动的过程，特别是现在有越来越多的企业开始设计引导产品，或者称之为设计驱动型企业。判断一位UI设计师是初级还是高级其中很重要的一个参考点就是，观察这位设计师是否能够有自己的思维，是否能够发现问题并解决问题，是否能够主动引导而非被动接受。

如果说换位思考，站在用户的角度去思考的能力要求UI设计师去涉及一些交互设计师的知识的话，那么实现产品价值的思维能力要求UI设计师去涉及一些产品方面的知识。

要提升这方面的思维，最好的办法是跟同行（包括和产品、交互以及程序）多沟通多探讨，并且有时间可以多去参加一些讲座沙龙，如"三节课"（http://www.sanjieke.com）便是一个非常优秀的免费学习社区，不仅有免费的线下课程，也有非常优秀的免费的线上课程，对设计师"产品感"的提升有极大的帮助。平时在互联网上关注的内容也可以由设计本身慢慢扩展到行业动态。

说到底，无论是提升设计水平还是提升思维能力，归根到底的方法还是：多看、多想、多动手。其实关于UI设计师的成长，我们每个人都还只是在路上，谁都不好以过来人的身份告诉谁怎样走是正确的，但是我始终相信，永远年轻，永远热泪盈眶是帮助我们走向成功的基础。

热爱和梦想，是UI设计师成长道路上，最应该坚持的东西。

后记

写到这里，本书终于到了尾声。

特别感谢能坚持看到最后的你们，若这本书能让你们有所收获，将会是我最开心的事情。

大学毕业后花了几个月的时间绕着中国走了一遍，还骑自行车从成都出发前往拉萨，拍下很多的照片制作成明信片寄给朋友，因为大学时我给自己定下的一个人生目标是传递美好。

现在我同样在做这样的一件事情，Sketch以及本书后面所介绍的交互动效软件都是非常美好的设计工具，这些工具值得被更多人了解和使用。

本书在写作过程中刻意避开使用我平时设计中最满意的作品作为范例，也刻意选择了最简单的动效作为例子，因为我希望大家明白，学会软件只是设计师生涯的第一步，而Sketch最终也只是一个工具，各位拿着这个工具在职业道路上，看到的是星辰大海，还是大漠孤烟，都取决于你们自己。

而我唯一能做的，是尽自己所能，给大家尽可能多的帮助。大家有任何问题包括但不限于本书以及Sketch及相关软件的使用方法，都可以发邮件给我：hfwen@me.com。

Stay hungry，Stay foolish。

谢谢大家。

黄方闻
2016年于北京

thank you

* 9 7 8 7 1 1 5 4 2 6 2 0 8 *